当代城市规划

Contemporary Urban Planning

（原著第11版）

[美] 约翰·利维（John M. Levy） 著

叶齐茂　倪晓晖　译

中国建筑工业出版社

著作权合同登记图字：01-2018-4604 号

图书在版编目（CIP）数据

当代城市规划：原著第 11 版 = Contemporary Urban
Planning /（美）约翰·利维（John M. Levy）著；叶
齐茂，倪晓晖译 . —北京：中国建筑工业出版社，
2022.12

ISBN 978-7-112-28071-1

Ⅰ . ①当⋯　Ⅱ . ①约⋯ ②叶⋯ ③倪⋯　Ⅲ . ①城市规
划　Ⅳ . ① TU984

中国版本图书馆 CIP 数据核字（2022）第 200970 号

Contemporary Urban Planning 11th Edition/ John M. Levy
Copyright © 2017 Taylor & Francis
All rights reserved. Authorized translation from English language edition published by Routledge，an imprint of Taylor &
Francis Group LLC.
Chinese Translation Copyright © 2021 China Architecture & Building Press
China Architecture & Building Press is authorized to publish and distribute exclusively the Chinese（Simplified Characters）
language edition. This edition is authorized for sale throughout Mainland of China. No part of the publication may be
reproduced or distributed by any means，or stored in a database or retrieval system，without the prior written permission
of the publisher.
本书中文简体翻译版授权我社独家出版并在中国大陆地区销售。未经出版者书面许可，不得以任何方式复制或
发行本书的任何部分
Copies of this book sold without a Taylor & Francis sticker on the cover are unauthorized and illegal. 书封面贴有 Taylor &
Francis 公司防伪标签，无标签者不得销售。

责任编辑：程素荣　张鹏伟
责任校对：张　颖

当代城市规划
Contemporary Urban Planning
（原著第 11 版）

[美] 约翰·利维（John M. Levy） 著
叶齐茂　倪晓晖　译
＊
中国建筑工业出版社出版、发行（北京海淀三里河路 9 号）
各地新华书店、建筑书店经销
北京雅盈中佳图文设计公司制版
北京中科印刷有限公司印刷
＊
开本：787 毫米 ×1092 毫米　1/16　印张：25$\frac{1}{4}$　字数：467 千字
2023 年 2 月第一版　2023 年 2 月第一次印刷
定价：99.00 元
ISBN 978-7-112-28071-1
　　（39545）

版权所有　翻印必究
如有印装质量问题，可寄本社图书出版中心退换
（邮政编码 100037）

目　录

第四部分　更大的问题

前　言

规划是一个非常普通的术语。有城市和城镇规划师，也有企业规划师。五角大楼雇用了许多军事规划师。一架航天飞机经过极其复杂和严密的规划过程才最终发射升空。如此等等。

因此，一般意义上的规划是指一种无处不在的活动。各种类型的规划旨在努力改善决策质量。本书仅讨论城市规划，这种规划在美国全部规划活动中所占比例很小。具体来讲，本书集中讨论的城市规划是州级以下政府承担的一种公共规划，它的规划对象是城市、县、城镇，它的编制者是州级以下的市政府、县政府、镇政府以及其他一些地方政府单元。我们还将简要地研究大都市地区、各州的规划以及国家规划问题。第18章还会简要介绍其他国家的规划。

本书是有侧重点的，尤其强调政治、经济学、意识形态和法律，以及特定规划决策对谁有利和对谁不利的问题，读过其他城市规划类图书的读者不难发现这一点。我是1969年开始从事城市规划工作的，当时的知识背景是经济学和新闻，没有受过城市规划的专门训练。那时，我想如果建筑师设计建筑，那么城市和城镇规划师以类似的方式设计城市和城镇。我当时甚至还认为，城市是放大的建筑。

我很快发现，我的这种认识是不正确的。规划是一项高度政治性的活动，它沉浸在政治之中，而且与法律密不可分，许多规划纠纷的最终仲裁人是法院。对于每一个提交法院的案件，许多规划决策都受到流程参与者认为如果该事项提交法院会是什么样的决定的制约。

规划决策通常会涉及大量公共和私人资金。即使涉及的公共支出很少，规划决策也会给一些人带来巨大的好处，给另一些人带来巨大的损失。所以，我们必须了解一些相关的经济和金融问题。

对规划的研究很快就把我们带入意识形态。规划问题和争议不可避免地引发了关于政府的适当作用，以及公共需求和私人权利之间界限的问题。什么才是真正的政治决策，什么才是真正的市场决策？规划师是一个相当理想化的群体，他们经常进入该领域为公众利益服务。沉浸在一些公共争论中之后，那些涉世不深的规划师可能会想，是否有公共利益这样的东西，因为如果有，公众应该对它是什么有一些普遍的共识。但人们可以在一些规划领域花费很长时间，却看不到这一协议的任何一个实例。

我试图传达一些规划实践的真实情况以及事件表面下的情况。我希望读者不会发现这一现实使人失望，因为在一个开放和民主的社会中，规划不可能是顺利和简单的。规划本身，涉及政治争议，试图解决法律和经济问题，并与意识形态问题相联系，远比单纯的建筑设计有趣得多。

这本书包含了一定数量的历史和技术材料，因为规划所关注的问题主要是政治、社会、人口和经济变化带来的前沿问题。

最好、最有效的规划师是那些具有良好周边视野的规划师，他们不仅掌握了规划的技术方面，而且还了解规划问题与周围社会主要力量之间的关系。我一直在努力写一篇符合这种观点的文章。

致谢

在这里要感谢每一位帮助我撰写本书的人是不现实的。当然，我要感谢弗吉尼亚理工大学城市事务和规划系的老同事们。感谢审查过本书的各个版本的 Ellen Bassett、Mirle Rabinowitz Bussell、Carissa Schively、Sheri 以及 SmithSujata Shetty。

我曾经在纽约州维斯特切斯特县规划部工作过 10 年，然后转入学术工作，正是在维斯特切斯特县工作的那段经历，让我就有机会了解到一些规划工作的实际情况。因此，我要感谢那里的老同事们，特别是艾斯维勒（Peter Q. Eschweiler）专员，规划部主席卡塞拉（William Cassella）博士。当然，最后我要重申，我对本书中可能出现的错误负责。

约翰·利维

第一部分 当代城市规划的背景与发展

第1章 概论

我们需要城市规划

也许在一本关于规划的书中，首先要回答的问题就是"为什么我们需要规划"？我们可以用相互联系和复杂性这两个词来概括城市规划的必要性。如果我们的人口数量很少，而且我们所使用的技术相对简单，那么就不需要本书中描述的城市规划。如果我们每个人真的可以各行其是，那么，我们就不会从共同的规划工作中得到什么。然而，事实并非如此，我们的人口数量非常庞大，我们的科学技术确实错综复杂。

我们想开发几英亩的城市土地，如此简单的例子就可以说明相互联系。城市建设用地的开发数量和开发性质会决定这个开发所产生的交通流量。开发独栋住宅与社区开发购物中心所产生交通流量是不同的，因此，土地开发决策也是一项交通决策。一项土地开发决策可能会潜在地影响该地区的所有人。开发场地的覆盖率是多少，甚至使用什么样的建筑材料覆盖土地，都会影响到那个物业地表自然降水排放速度。地表排水可能影响地表径流的状态，并在下游地区形成洪水。物业上的商业和住宅活动的类型和数量，都可能影响该地区的空气质量、噪声水平、水质、景观和社会品质。

有关住宅用地的决策会影响住房价格、租金和空置率，简而言之，影响到居住在社区里的每个人。这些决策还会相应影响社区的经济以及对社区教育、社会和其他服务的需求。

社区做出的土地使用决定塑造了它的性格——在那里走路感觉如何，开车感觉如何，那里有什么样的工作和企业，保存下来的自然环境如何；那里是让人流连忘返，还是令人嗤之以鼻。土地使用决策在一些情况下可能直接影响人的生命和健康，例如，城市交通模式是安全的，还是危险的。

1

土地使用决策会影响社区的财政状况。开发出来的每一处房地产都会让社区承担教育、治安和消防、休闲娱乐和社会服务等义务。反之，每一项开发都会通过物业税、营业税或缴纳的各种费用，直接或间接地增加城市财政收入。因此，土地开发模式将影响城市对居民征税的程度以及城市能够提供的公共服务水平。

所涉及的土地可能为私人所有，在这种情况下，公共控制通过监管程序进行。它可能属于公共部门，在这种情况下，直接公共投资将决定其用途。但无论哪种情况，在这片土地上发生的事情都有明显的公共利益。正是相互关联的事实有助于证明公共规划工作的合理性。

城市规划是一项独立的职业，也是政府的一项独立活动。如果所建议的所有类型的关系都很简单，那么它们可以简单而非正式地处理。如果社区规模很小，或许私人双方之间的直接谈判就足够了。如果社区规模稍大一些，也许这种关系可以很容易地与市政业务的一般流程一起处理。但是，现代社区的复杂性使得这种简单而直接的方法是不够的。

社区的复杂性还意味着，在一个更简单的地方可以私下做的许多事情必须公开进行。在人口稀少的地区，供水和废物处理可以由每户在现场进行，无需共同决策。在大都市区，这些功能可能涉及跨多个社区的系统，涉及数十亿美元的资本投资。可以就交通、教育、公共安全、娱乐等方面提出类似的意见。

因此，在美国数千个社区中，规划是一个正式和明确的政府过程。在相对较小的社区，规划职能部门可提交给一个无偿的兼职规划委员会，由规划顾问完成技术工作。在较大的社区，规划职能通常位于规划部门内。根据社区规模的不同，该部门的员工可能从一人到数百人不等。在一个非常小的部门，规划师可能是一个多面手，一天处理土地使用问题，一天处理资本预算，第三天处理经济发展问题。在一个较大的机构中，可能会有相当大的专业化劳动。该机构的一个部门可能专攻分区问题，另一个部门专攻总体规划，第三个部门专攻规划相关研究，别的部门专攻环境问题，如此等等。

城市规划的具体问题

社区可以通过规划实现什么目标？在一个不断发展的社区中，规划师可能会关注如何塑造增长模式，以实现一种合理且有吸引力的土地使用模式。规划师可能关注如何塑造增长模式，建立一种合理且具有吸引力的土地使用模式。

这种意味着既避免过度密集的开发，也要避免过度分散、零碎的开发。这意味着鼓励一种开发模式，使居民能够随时获得娱乐、文化、学校、购物和其他设施的开发模式。这意味着要有一个使用方便的街道模式，交通要畅通无阻。这意味着分离不相容的土地使用和活动，例如，把高强度的商业活动与居民区分开。在现代规划社区中，这可能意味着提供一个通道系统，以便将行人和自行车交通与汽车交通分开。

社区规划师还将关注学校和社会服务中心等公共设施的位置，以方便服务人群，并加强理想土地使用模式的发展。如果社区预期或希望有重大的工业或商业发展，其规划师将关注确保有足够的、位置便利的地块可用，并为其提供足够的道路、供水和排水设施。

在一个没有增长和没有预期增长的老社区，规划师可能主要关心的是保留或改善现有的社区。因此，规划师可能会将重点放在保护住房质量的措施上。在许多社区，规划师也会关注住房的成本问题，尤其是如何给低收入群体提供住房。在许多老社区，规划师们花了很多精力来保护历史建筑和其他地标性建筑。如果社区关心市中心的健康，规划师可能会参与实施街道改善和其他旨在帮助市中心企业与边远地区企业成功竞争的变革。

在一个面临严重失业问题或物业税税基不足的社区，经济发展可能是规划师的主要任务。他们的大部分努力可能会致力于创造条件，鼓励现有行业保持和扩大，并鼓励新公司在社区内设立。

最近几年中，许多规划工作都集中在环境问题上：如何指导和管理开发，把对环境的损害降至最低。例如，规划师可能会关注评估城市固体废物填埋处置与焚烧的相对环境优势和财务成本，然后帮助选择最佳场地。随着人们对气候变化的担忧不断增加，许多社区的规划师开始关注如何最大限度地减少交通和建筑中不可再生能源的总使用量。他们还将关注鼓励协调该地区各城市的规划工作，以避免重复基本设施和干扰工作（例如，A城市把垃圾填埋场建在B城市的居住区边界上）。

这里列举的只是城市规划问题的沧海一粟。通过这些列表，我们有可能对规划问题的范围有一些直观的认识。

城市规划师是什么人？

美国城市规划师来自不同的背景。最常见的教育背景是受过正规规划专业训练的城市规划师是美国城市规划师队伍的主体，他们通常获得硕士学位，城市规划硕士（MCP）或城市和区域规划硕士（MURP）。不过，规划领域，尤其是比较大的政府规划部门和私人咨询企业，实际上吸收了许多其他教育背景的人。那些比较大的政府规划部门可以展开研究工作，所以，它们有可能雇用受过经济训练或统计训练的人。处理交通规划的单位可能会雇用受过市政工程训练的人，尤其是受过交通工程训练的人。大型规划机构常常处理大量数据，所以，它们可能有许多员工具有编程和进行数据处理的教育背景。那些处理大量环境规划的人可能会雇用具有生物学、化学、环境科学和遥感等教育背景的人。城市规划必然包括绘图和空间地组织数据，所以，地理学家和制图专家找到了用武之地。城市规划还涉及许多法律问题，尤其是在土地使用和环境考虑方面。许多律师和具有法律和规划双重知识背景的人也加入到城市规划队伍中来了。实际上，几所大学联合开设了四年制法律和城市规划学位课程。

政府雇用了大多数规划师，而地方政府，即城市、城镇、县和其他一些行政建制单位雇用了其中的最大部分，州政府、跨州的行政组织 [如政府联合会（COGs）]，以及各种权威机构和特殊行政事务管理机关雇用了少量的规划师，联邦政府也雇用了一些规划师，特别是住房与城市发展部（HUD），管理地方政府与规划相关的活动并提供资金。政府雇用的大部分规划师是公务员，但是，一定数量的规划师是在公务员序列之外选择出来的政务人员。最近这些年，许多规划师已经找到了进入市政府行政管理机构的途径，市政府行政管理机构觉得规划工作一般会编制出来的那种"蓝图"似乎是有用的。

私人部门雇用了少量的规划师。许多人在规划咨询企业工作，既为政府工作，也为许多私人客户工作。私人组织，如土地开发商和大型房地产开发集团直接雇用了一定数量的规划师。有些规划师为需要有规划知识背景在公共论坛上陈述自己观点的特定群体工作，这些群体可能是街区或社区群体、环境组织和各种类型的民间团体。

城市规划的专业组织

美国最重要的国家规划师组织是美国规划协会（APA）。除美国规划协会外，还有州分会以及数百个地方分会。协会还创办了两种杂志。《美国规划协会杂志》（*JAPA*）是季刊，偏学术性，该杂志提供了关于当前城市规划研究和理论问题的文章。另外一种叫作《规划》的杂志，每年出版 11 期，是美国规划专业的商业杂志，当我们关注规划界正在发生的事情——名称、地点、项目、矛盾、法庭案件等，它是最有用的资料来源。除了这两种期刊外，美国规划协会还通过其规划咨询服务机构（PAS）为执业规划师出版了许多技术性的如何操作的报道。

规划师的工作是在复杂的法律框架内展开的，公共基础设施投资是对城市发展模式影响最大的因素之一，如果不是最大的话，公共资金依然强有力地影响着规划师的工作。因此，美国规划师协会经常就广泛的问题游说国会和州议会，本书会讨论一些与此相关的案例。美国规划师协会的声音超过其他任何组织而成为规划师在国会和州议会的声音。法律不仅是立法机构通过的，法律也是诉讼过程中确立的先例，所以，美国规划师协会在法庭案件中表明立场，对涉及土地使用管理、环境法规、征用权以及相关事项的案件会在《法庭之友》简报上及时发布。

第二个国家组织是美国注册规划师协会（AICP）。这个组织负责对规划师执业资格做相关鉴定。满足组织的专业经验要求并通过笔试的规划师，能够得到这个组织的认证，可以在他（她）的名字后标注"美国持证规划师"的字样。有些规划工作需要获得美国注册规划师协会的上岗证书，这个上岗证书可能会对规划服务的用户产生一定的影响。例如，获得美国注册规划师协会资格认证的从事城市规划咨询业务的规划师，可以让接受规划服务的市政当局放心。

满意和不满意

规划既是预期性，又是反应性。城市规划有时致力于预测那些现在还没出现的问题，然后考虑相应的对策。城市规划有时又致力于对已经存在的问题做出反应，寻找解决现存问题的办法。无论在哪种情况下，城市规划服务的对象都是所谓"公共利益"，公共利益的重要性是不言而喻的，但是我们很难确切表达"公共利益"，而且在具体问题上究竟什么是"公共利益"也是充满争议的。城市规划师在成功地对公共事务作出了贡献时，城市规划确实是一个非常令人陶醉的领域。实际上，大量的规划工作涉及自然环境，所以，规划师经常能够满意地看到他的工作所产生的实际效果。

城市规划师在某种程度上是提出建议的顾问，所以,这个职业有时也令人沮丧。人们有时会注意听取规划师的意见，有时则把他们的意见当作耳旁风。从规划文本和规划图到现实是一个漫长的过程，有时规划师的创意在规划实现过程中已经变得面目全非了。当人们具体观察那些非黑即白的问题时会发现，它们的属性既不是黑的，也不是白的，倒是那种不期而遇的灰色属性，所以，对于那些不能容忍事物模糊性的人来讲，城市规划也不是一份好工作。例如，美国规划协会和美国注册规划师协会都有其职业伦理规范，要求规划师既要为公共利益服务，也要忠诚而勤奋地为客户服务。规划师在面对公共利益和对客户的忠诚之间的冲突时，都会为做什么而展开思想斗争。

人们在考虑是否从事城市规划事业时会考虑到工资待遇问题。美国规划师协会每年都会通过网络对其成员展开调查。就 2014 年来讲，规划师的平均年薪是 7.6 万美元，调查对象的平均年龄是 44 岁，有 15 年的规划工作经验。其中约 21% 的被调查者的年薪超过 10 万美元。律师事务所、开发企业和联邦政府雇用的规划师工资水平最高。在较小的非大都市地区的城市工作的规划师工资水平最低。对于从事规划工作不满 5 年的规划师来讲，平均年薪大约为 4.5 万美元，建议起步年薪为 4 万美元。大约 70% 的被调查者是公共机构雇用的，23% 的被调查者是独立创业的，或受雇于规划咨询企业。

关键能力

规划师当然需要一定的知识和技能才能承担手头的工作，根据具体工作内容，规划师所需要的知识和技能也会有所不同。譬如，做城市设计需要不同的知识和技能，比如说，对交通流建模。但是，有些基本功是每一个从事规划工作的人都不可或缺的。

一种基本功就是能够认识自己周围的政治环境，这种能力未必可以言传。城市规划和政治是紧密相关的，在城市规划工作中成长起来的人一般具有政治智慧。

规划归根结底是说服。好的规划如果表达得不好，没有很好展示的话，往往就会束之高阁。[①] 所以，在公共场合讲得好，表现出有说服力的想法，以及对问题和批评作出良好反应的能力是特别重要的。不能做到这一点的规划师，如果他继续留在这个队伍里，最终也只能为能够做到的规划师"打下手"。

善于写作也是非常重要的。规划师不需要是一个写作天才，但是，能够清楚地解释事物很重要。能够从适当的高度去写作和讲话也十分重要。不要让听众或读者听了我们的讲话或看了我们的规划说明一头雾水，也不要让听众或读者在我

---

① 参见 Michael P. Brooks，*Planning Theory for Practitioners*，Planners Press，American Planning Association，Chicago，IL，2002，chs 12 and 13。

们的专业术语面前茫然不知所措。但也不能表达得过于通俗，冒犯了听众或读者的智慧。总之，政治智慧和良好的沟通技能对整个规划队伍都很重要。

本书的设计

在很大程度上，美国的规划史是对城市化过程中出现的一系列问题所作的反应。因此，本书从美国的城市化历史（第 2 章）开始，然后追溯美国的规划历史（第 3 章和第 4 章）。接下来，各章均以美国的城市规划史为基础。

规划受到法律的制约和限制，并在政治过程中进行。城市规划归根结底是一个政治行为。第二部分的第 5 章和第 6 章分别讨论了美国城市规划相关的法律和政治框架。第 7 章列举了城市规划中的一些主要社会问题。社区总体规划或综合规划的概念占据了城市规划编制的中心位置，城市总体规划的编制和实施常常是城市规划部门的主要任务。第 8 章描述了总体规划的编制过程。第 9 章通过介绍土地使用规划的方法，让读者了解城市如何贯彻执行总体规划。

从第 10 章"城市设计"到第 16 章"大都市区规划"为本书的第 3 部分。这6 章涉及了当代城市规划实践活动的许多领域。一旦读者了解了第一部分和第二部分的内容，第三部分的每一章都可以独立。

第四部分展开了一个更为宽泛的视野。第 17 章"美国的国家规划"介绍了美国事实上存在的国土规划。

第 18 章"其他国家的规划"通过粗略地介绍其他国家的城市规划，以此扩大读者对美国城市规划实践的认识，也就是说，美国城市规划的方式不过是许多规划方式中的一种而已，并强调一个社会的基本制度和意识形态影响着规划实践的方式。

第 19 章"规划理论"旨在对本书前面提到的许多观念进行总结和延伸。之所以把规划理论放在本书的末尾，是为了让读者可以在有背景的情况下了解本章所介绍的规划理论，从而在理论和意识形态的基础上增加一些内容。

第 2 章　美国的城市化

美国的城市规划史，主要是对城市化及其带来的一系列问题做出反应的历史。为了了解美国的城市规划史，我们有必要对美国城市史的主要趋势有所了解。因为经济、科学技术和人口趋向等因素，长期以来，对大选之类的非连续事件有着重大影响，所以这一章会侧重经济、科学技术和人口趋向。

在 19 世纪末前后，美国城市化的趋势有所突破。为便于理解，我们会把有关美国城市化的讨论分成两个部分：一部分涉及 19 世纪的城市化，另一部分讨论从 20 世纪初延续至今的城市化。

19 世纪的城市化

1800 年，美国的总人口为 500 万，而城市化人口大约为 30 万。所以，只有约 6% 的美国人生活在城市化地区。到了 1900 年，美国的总人口为 7600 万，而城市化人口已经达到 3000 万。这样，近 40% 的美国人生活在城市化地区。[①] 从 1800 年到 1900 年的 100 年里，美国总人口增加了 15 倍，每年人口增幅约为 2.4%。然而，美国的城市人口增加了 100 倍，每年的城市人口增幅约为 5%，是每年人口增幅的 1 倍还多。1800 年，美国的最大城市是纽约，当时，纽约的人口不到 10 万。到了 1900 年，纽约的人口超过 300 万。

城市增长的推动力

全国人口增长无疑是城市增长的一个推动力。美国人口的自然增长率（出生人数减去死亡人数）当时是非常迅速的，尤其是 19 世纪 40 年代，横跨大西洋的蒸汽动力船的下水，移民进一步加大了美国人口的自然增长率。但是，为什么城市人口的增长速度大大超越了整个人口的增长速度，上述事实回答不了这个问题。

部分原因是工业革命的影响。当农业机械提高了农业生产力时，农业劳动力不得不寻找其他工作，而大部分就业岗位都在城市。1800 年，美国从事农业生产

---

① Historical Statistics of the United States, U.S. Bureau of the Census, Department of Commerce, Washington, DC.

的劳动力为80%~90%。到了1880年，这个数字下降到50%左右。

工业革命的另一个结果是，家庭手工业向工厂生产转变，在一些特定空间区位上，产生了对大量劳动力的需求。接下来，从事工厂生产的大量劳动力产生了在工厂附近居住的需要。大规模制造业的增长还带动了现代企业的形成，在一个空间区位上集中了大规模行政管理力量。最后，工厂生产和消费品的大量增加带来了百货公司，百货公司也在一个空间区位上集中了大量的劳动力。

价格低廉的交通工具的发展也推动了大城市的增长。1830年前后，铁路和汽船技术让城市向它的腹地延伸，以便获得原材料和农产品，同时占据工业产品的销售市场。如果没有这种交通工具的发展，维持城市商业和制造业的市场会很小，城市建成区必然不会太大。

在这个国家迅速定居下来和开放新的土地，都要求在短时间内建立一种城市体系，以执行新工业技术正在使之成为可能的商业和制造过程。1899年，韦伯（Adna Weber）在他的博士论文"19世纪的城市增长"中这样写道：

> 没有工业中心承载必要的商品集散工作，新的定居点是不可能出现有效率的企业，因此，在一个新兴国家，城市的迅速增长是自然的，也是必要的。没有密西西比河流域的芝加哥和那些大大小小的集散中心，密西西比河流域是不可能突然崛起的，19世纪的经济学家确信这一点。所以，毫不奇怪，美国是"雨后春笋般地生长城市的土地"。[①]

尽管人口增长、农业生产率提高、工厂化生产和价格低廉的交通工具这四种推动力，可以用来解释城市人口的迅速增长，但这四种推动力并不能完全解释19世纪的城市形式。

高度聚集和高密度的城市

19世纪，美国许多城市的显著特征是各种城市活动高度聚集，城市的建筑密度和人口密度很高。进入19世纪，美国原有的空间宽松和没有城市界限的殖民城市逐步消失了。城市中心建筑与建筑之间的间隔消失了，城市中心的建筑越建越高，道路越来越拥挤，而且没有太大吸引力的建筑环境替代了原先的自然环境。

19世纪末和20世纪的最初几年，美国城市的人口密度达到空前绝后的程度。

---

① Alan Pred, *City Systems in Advanced Economies*, John Wiley, New York, 1977.

例如，1900 年，57 平方公里的曼哈顿岛上聚集了大约 220 万人，平均人口密度为每平方公里 38596 人。当时纽约下东区是曼哈顿岛上人口最密集的地方，有些街区的人口密度数倍于当时曼哈顿岛的平均人口密度。[①] 2000 年，曼哈顿的人口降至 150 万左右，大约减少了 70 万人。

是什么让美国 19 世纪的城市如此集中？主要归咎于那个时代的交通技术。19 世纪初，水路交通便宜，陆路交通昂贵。运河船的吨 / 英里货运成本仅为马车吨 / 英里货运成本的 1/10。海船的运输成本又比运河船的运输成本低。这种运输成本上的差别产生的一个结果，是促进了港口城市的增长。[②] 当然，这种运输成本上的差异产生的另外一个结果，是经济活动聚集到了城市的那些滨水地区。因为大部分人依靠步行上下班，所以，就业场所的聚集必然意味着居住场所的聚集。

19 世纪 20 年代，铁路技术的出现让这种聚集效应延续了下来。长途铁路运输的吨 / 英里货运成本大大低于马车吨 / 英里货运成本。因此，可以获得铁路服务的那些场地让制造商和批发商节省了巨大的成本。这样一来，铁路车站和铁路沿线成为人口高密度聚集的地方。

港口城市的理想工业开发场地是那些地处铁路线和码头之间的场地。直到今天，我们依然可以在曼哈顿的下西区看到这种布局的痕迹。制造商曾经使用的那些旧仓库位于哈得孙河东岸，紧挨着原先的铁路，那条铁路线把曼哈顿与全国其他地方连接起来。这条铁路现在已经消失，沿曼哈顿的滨水地区也不再有货运码头了。不过，曼哈顿的这个港口在 19 世纪是繁忙的，那时，下曼哈顿是一个主要的制造业和物流中心。欧洲和中西部地区间的物流是通过曼哈顿展开的，码头与铁路之间不过几百米，搬运的成本很低。

人们对靠近铁路和水路的愿望，导致那些地区的土地价值不断攀升。开发工业、商业和居住建筑的建筑商不得不约束建设项目的土地使用数量。制造业和商业可以在多层厂房或仓库里展开。同样，建筑商希望最大限度地利用居住用地，在一块土地上建设最大数量的建筑，这样一来，那里拥挤的生活条件，按照现在的标准是令人震惊的。

---

① Frank S. So et al., eds., *The Practice of LocalGovernment Planning*, International City Managers Association, Washington, DC, 1979, p. 27.

② James Ford, "Residential and Industrial Decentralization," in *City Planning*, 2nd, John Nolen, ed., D. Appleton & Co., New York, 1929, pp. 334 and 335. The first edition was printed in 1916, and the article appears to have been written between 1910 and 1916.

纽约市和其他大工业城市的工人居所常常是"筒子楼"，在7.6米 ×
30米的地块上，建一幢高5~7层的大楼、宽7.6米、长22.8米，没有
电梯。每层楼有4个单元，围绕着公用楼梯。这些单元的房间一字排开，
每个单元的一个房间有一扇或两扇窗户，用于采光和通风。这些工人
居所没有上下水设施，没有卫生设施。公共厕所建在这幢建筑背后不
大的庭院里，通常还有一口井。因此，那里的卫生和公共卫生状况都
是恶劣的。[1]

也就是说，在不足200平方米的建设用地上，可能居住了100多人。

19世纪新技术的其他几个特点也对非常密集的城市发展模式产生了影响。现
代工厂使用电力作为动力驱动一台一台的机器，与此相比，那个时期工厂使用的
动力是由蒸汽机通过一个由皮带、皮带轮和轴等部件组成的传送系统提供。用这
种方式输送动力的距离非常有限，所以厂房必须紧凑，动力传送带把动力从一层
楼送到另一层楼。美国南北战争结束后不久，又出现了两个新技术：电梯和钢框
架结构，它们都推动城市向更高密度的方向发展。电梯和钢框架结构结合在一起，
让摩天大楼在经济上和结构上成为可能。

拥挤所产生的后果不只是审美的或心理上的。对饮用水进行卫生处理，建设
现代污水处理设施，开发抗生素，在这些事物出现之前的那个年代，传染病严重
威胁着人的生命，城市的拥挤使死亡和疾病付出了巨大的代价。实际上，19世纪
的大部分时间里，美国大部分大城市的人口都经历了自然减少（死亡的人数多于
出生的人数）的过程。那些大城市的人口增长不过是因为移民的缘故。那时，人
们很了解这种状况，具有改革思想的公民和规划师的一大目标就是减少城市的
拥挤。

对这种城市快速增长做出明智规划的市政府寥寥无几。建筑物被拥
挤在土地上，人们被挤在建筑物里。城市生活在许多方面变得不方便、
不安全和不卫生了……。交通设施未能在明显的需求之前发展，因此，
人口在有限的地区内变得拥挤。人们逐步习惯于生活在脱离了大自然的
建筑环境里。只有少数人感觉到他们正在尽业主之责。各扫门前雪让公
民意识和道德感越来越弱了。

---

[1] Sam Bass Warner, Streetcar Suburbs: A Process of Growth in Boston, Atheneum, New York, 1968.

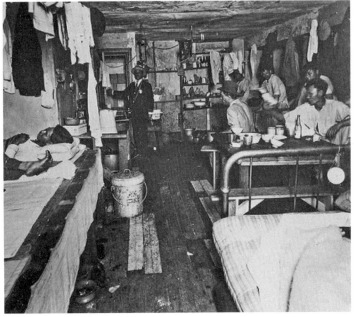

上图: 19 世纪末，纽约下东区的出租公寓。可见这种狭窄的建筑宽度和并排的结构。横跨这个建筑前面的 4 扇窗户代表了两个并排的狭长公寓。它们背后还有两个公寓，窗户对着后院

下图: 1905 年，纽约公寓里的男子宿舍，当时，改善住房条件是改革者们的首要任务

出于卫生和公共道德的考虑，比起普通住宅，小住宅更受青睐……在美国，因肺结核而死亡的人数几乎占所有死亡人数的10%……。结核菌可以在人体之外的那些潮湿和没有阳光的房间、大厅和地窖里存活数周。因为没有阳光和新鲜空气，廉租房可能降低了人们抵抗疾病的免疫力，同时，给流行病和危险疾病的传播创造了有利的机会。[1]

这种被广泛接受的观点有助于塑造19世纪末和20世纪初规划专业的议程，并确定城市规划的发展方向。

分散的萌芽

19世纪后期，城市出现了第一股推动分散的力量。这些力量延续至今，越来越强大。19世纪80年代，电力发动机和动力传递技术取得了长足的进步，使有轨电车有了产生的可能性。有轨电车比起它所取代的马车要快速而便宜，很快成为一种强大的分散力量。几年中，城市的有效半径翻了1倍。正常人1小时走3英里路是很舒适的，对于那些在城市核心区工作的人来讲，3英里一直都是一个限度。有了有轨电车，城市增长的触角从城市延伸了出去，郊区化过程开始。沃纳（H. G. Warner）在他的《有轨电车的郊区》（*Streetcar Suburbs*）中描述了波士顿的发展，几年的时间，有轨电车让波士顿的有效半径翻了1倍，把这个古老的"步行城市"变成了一个现代大都市。[2] 那个时期，最有远见的人们都注意到了轨道交通所形成的分散力量。韦尔斯于1902年这样写道：

我们的许多铁路巨头注定要经历剥离和扩散的过程，直至几乎消失殆尽。……19世纪中期和后期的社会史一直都是一部人口涌入这个神奇的4英里半径的历史，对于大部分人来讲，蒙受生理上的和精神上的灾难，远比席卷全球的瘟疫还要可怕。但是，新的力量可能最终会完全消除我们现在的所有拥挤状态。这些力量如何影响富裕的家庭？对大自然的热爱，以及渴望一点私人空间，都是离开拥挤的城市主要诱因。城市会蔓

[1] H. G. Wells, Anticipation: The Reaction of Mechanical and Scientific Progress on Human Life and Thought, Harper & Row, London, 1902, quoted in Post Industrial America: Metropolitan Decline and Inter-Regional Job Shifts, George Sternlieb and James W. Hughes, eds., Rutgers University Center for UrbanPolicy Research, New Brunswick, NJ, 1975, p.176.
[2] Robert E. Lang and Jennifer B. Lefurgy, *Boomburgs: The Rise of America's Accidental Cities*, Brookings Institution Press, Washington, DC, 2007.

延开来，直到城市获得了现在乡村才有的那些特征。我们可以把那些就要降生的城镇地区称之为"城市区域。"

韦尔斯虽然写的是英国，但同样的国家人口增长、制造业增长和城市化的力量也在美国发挥作用。

韦尔斯与大多数 19 世纪和 20 世纪初的改革者一样，把城市拥挤看作城市的一个根深蒂固的弊端，他们从正在展开的城市分散中看到了曙光。我们现在所说的"城市蔓延"或"郊区蔓延"，对于 19 世纪的改革者来讲，是一种几乎无法想象的进步。

20 世纪的城市发展趋势

19 世纪的科学技术显示出集中的特征，推动城市向高人口密度方向发展，但 20 世纪的科学技术确实显示出相反的特征。具有分散特征的科学技术接踵而来，这个过程一直延续至今。大概在 20 世纪上半叶，科学技术支撑着大都市区范围内的分散，但并没有支持超出大都市范围的城市扩散，直到把那些比较小的城镇都囊括其中。因此许多大都市区迅速增长，通常增长的主要部分发生在郊区。

图 2.1 显示了 1900~2010 年的人口再分布。这一数字是根据美国人口统计局的标准分类得出的。美国的所有统计地点不是在大都市区，就是在非大都市区。大都市区内的任意统计地点不是中心城区，就是郊区（在 2010 年的统计中，这个术语稍微有些变化，我们在图 2.1 的注释中做了解释），中心城区的人口通常超过 5 万，美国统计局使用"城外"这个术语来表示郊区，偶然直接使用郊区来表示中心城区之外的部分。郊区和城市的区分以行政边界为基础，所以可能与我们实际看到的不对应。"城外"的许多地方具有城市特征，反过来，中心城区的许多地区可能密度比较低，具有郊区的特征。跨越 20 世纪，美国统计局标明了新中心城区和新大都市区，已经存在的大都市区随着新县的加入而扩大了。图 2.1 表示的只是一个非常复杂状况的粗略抽象，不过它还是正确地描绘了一个巨大的变化。

注意，整个人口中的郊区人口比例从战后第一次人口普查（1950 年）开始飙升，而且连续迅速增长至 2010 年人口普查。事实上，现在美国郊区人口比非都市区人口和城市中心的人口之和还要多。

就人口分散而言，汽车是一大分散驱动力。汽车的速度和路径以及时间的灵活性曾经是大规模郊区化的前提条件。19 世纪 80 年代出现了第一批机动车辆，

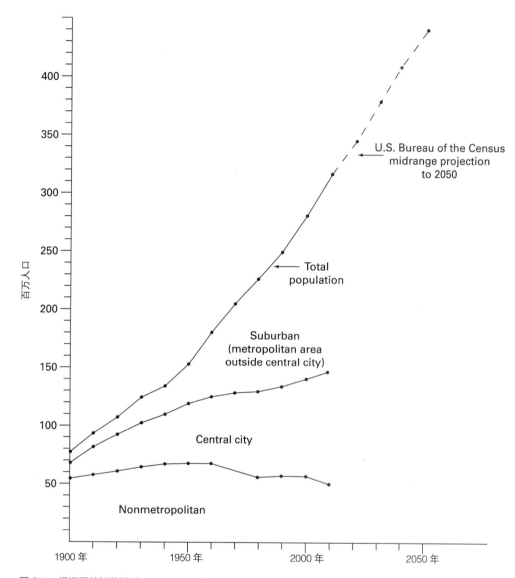

图 2.1　根据居住地统计的 1900~2000 年的美国人口（单位：百万）

注：1900~1940 年的人口普查数据是根据 1950 年标准都市统计区（SMSA）估计的。1950 年以后，10 年一度的人口普查显示，一些标准都市统计区因为相邻行政县的并入而变大了，随着人口增长，一些新的标准都市统计区出现了。所以，1940 年以前的那段曲线和 1940 年之后的那段曲线的人口统计基础是不同的，不能完全相比较。2010 年，统计局不再使用**中心城区**（*central city*）这个术语，用**主要城市**（*principal city*）取而代之，对**都市区里的那些主要城市**（*principal cities* in *metropolitan areas*）和微都市区（*micropolitan areas*）加以区分。微都市区是指大都市区里那些比较小的城市化了的地方。2010 年人口普查数据已经做过调整，所以，可以与早些时候的统计数据做近似比较。2000~2010 年，非都市区人口明显下降，这种现象可能在某种程度上归咎于对一些地方所做的人为调整，一些在 2000 年人口普查中被划归为非都市区的地区，在 2010 人口普查统计中可能重新划归到了都市区。

资料来源：1950 年和更早的数据，源于 *Donald J. Bogue*，*Population Growth in Standard Metropolitan Areas 1900-1950*，*Housing and Home Finance Agency*，*Washington*，*DC*，*pp. 11 and 13*。1960 年和以后的数据，the *Statistical Abstract of the United States*，112th and earlier editions。有些数据是直接与美国国家统计局人口处沟通而获得的。

但是它们的数量增长缓慢，1915 年，汽车保有量达到 500 万辆。大约在那个时期，福特 T 型车的大规模生产开始，美国汽车数量迅速增加，到 1930 年，美国汽车保有量达到 2500 万辆。美国第一次大规模郊区化是在 20 世纪 20 年代开始的，这并非巧合。货车对零售、批发和轻工业的关系非常类似于汽车与人口变化的关系。因为货车的出现，企业未必要靠近铁路线，允许零售、批发和轻工业企业在很大的尺度上分散。零售业可以跟着顾客走，而制造业可以跟着劳动力走，远比之前灵活。批发自然跟随零售分散，而零售的分散自然跟随人口的分散。

　　其他一些力量也加速了郊区化进程。电话通信的改进减少了面对面的交流，从而让一些经济活动分散。电影和商业广播的发展打破了中心地点独占娱乐的地位，增加了边远居住区的吸引力。20 世纪 20 年代出现了对公路出入口的限制，这对分散同样具有影响。1926 年，在威彻斯特县建成的布朗士河公园大道是美国，可能也是世界上第一条有限入口分道公路。公园大道当时是为那些刚刚买了车的城市中产阶级群体进入乡村而设计的。始料未及的结果是，这种公路让人们很容易在城市中心工作而住在郊区。

　　20 世纪 20 年代期间，郊区化的步伐缓慢，到了 30 年代的大萧条期间进一步变缓。1941~1945 年，美国参加了第二次世界大战，这标志着郊区化进程的短暂中断。除了为兵工厂的工人建设宿舍以外，住房建设停滞下来；民用汽车的生产暂时中止；而且汽油限量供应。战争结束时，美国进入了一个持续的郊区住房繁荣期。第二次世界大战结束后的 10 年左右里，1930~1945 年期间累积起来的住房需要成为郊区化背后的一部分推动力。但是，郊区化进程此后延续了下来，超出了 1930~1945 年期间被抑制了的那部分住房需求。

涌向郊区

　　推动郊区持续增长的力量是多方面的。当时，条件优惠的抵押贷款不成问题（见第 17 章）。就业率高，而且收入正在迅速增长。国家有了更多的资金用于建设用地的开发、住房开发和在额外的个人交通工具方面的开发，这都是郊区化所需要的物质条件。从 1945~1950 年，私人小汽车拥有量从 2500 万辆上升到 4000 万辆，1960 年为 6200 万辆，1970 年为 8900 万辆，1980 年的 1.2 亿辆和 1990 年的 1.34 亿辆。第二次世界大战结束时，每 5 个美国人拥有一辆小汽车。到了 1990 年，每 1.9 个美国人就有一辆小汽车。1990 年以后，美国小汽车登记数量在统计上稳定下来，不过，这是因为许多人开面包车和运动型多用途车（SUVs），这类车在登记上归类为轻型货车，而不是小汽车。

　　私人拥有汽车数量增加，国家公路系统也同时有了很大的发展。第二次世界大战结束不久，在联邦补贴的鼓励下，各州开展了大规模的公路建设。实际通勤距离延长了，劳动者在城里工作并住在郊区，变得越来越可行了。1956 年的《国防公路法》为州际公路系统的建设铺平了道路。州际公路系统的郊区化对人口和经济活动的影响是巨大的，我会在第 17 章详细讨论这个问题。

　　电子通信技术的进步一直都在推进分散。长途直拨电话、连接计算机的运营商、闭路电视、电子信件、传真和社会网络，都大大减少了面对面交流的需要。具有远距离相互作用的能力并不会引起分散，但如果经济或社会力量支持拥有这种能力，那么这种能力使分散成为可能。许多产业，如股票交易和保险业，它们的交易场所依然在中心城区里，但它们巨大的"后台"工作（如数据处理）已经搬到了郊区、非都市区以及海外。在 21 世纪的最初几年里，人们十分关注把各种白领工作岗位外包给低工资国家的现象，包括计算机编程、收入税计算、法律工作、客服中心、透视和其他医疗诊断影像分析等。这类向外转移之所以成为可能，依赖于文字、数据和影像的低成本即时传输。如同汽车成为分散的载体一样，芯片可能也是分散的强大载体。

　　20 世纪 40 年代后期开始的婴儿潮，在 1957 年达到峰值，一直延续到 20 世纪 60 年代中期，进一步推动了郊区住房开发建设的繁荣。生育高峰延续了整整一代人，所以，我们把那个时代称之为婴儿潮，推动郊区化的倾向延续至 20 世纪末。郊区对组建家庭的男女所构成的吸引力是一种巨大的分散力。

　　每年以两位数增长的城市（Boomburgs）分散力的最终（至少到目前为止）表达一直都是"每年以两位数增长的城市"的建设，朗（Robert Lang）和勒弗吉（Jennifer Lefurgy）让"每年以两位数增长的城市"这一术语流行起来，这一术语描绘的是 20 世纪最后 30 年中，通常是在大都市区里的每年以两位数增长的城市。此分类下的最大城市是亚利桑那州的梅瑟市，2002 年，梅瑟市的人口为 40 万。① "每年以两位数增长的城市"最突出的是它们的非市区特征。

　　　　每年以两位数增长的一些城市拥有大量的办公空间：亚利桑那州的斯科茨代尔和得克萨斯州的普莱诺，都有许多办公楼和上百万平方英尺

---

① 这个术语使用非常广泛，但没有一个精确的、普通公认的定义。一般来说，这个术语是指国家之间的相互联系和相互依赖增加了。在世界贸易中世界产品的比重增加了，国家间的旅行和移民的增加，跨国公司的影响力以及资本的国际流动的增加。因此，国家间的相互联系和相互依赖增强了。

的建筑面积——大部分是高端办公空间。但是，这两个城市加起来只有4幢高层办公楼。在这些大城市中，低矮的办公室沿着公路展开。[①]

直到最近，这些增长也许是美国正在出现的城市形式。但如今不再是这样了。事实上，许多新兴城市和类似的地方现在都陷入了严重的经济困境。在快速增长的地方，大量的就业都是来自增长本身，如建筑、房地产、金融。当增长停止，对就业市场的打击远远超过缓慢增长的地区。在经历了高速增长的地方，也许还有很大的房地产泡沫，许多房地产业主的欠款超过了他们房产的市场价值。这些"缩水的"房地产增加了止赎和抛弃的比例，我会在第11章具体讨论这类问题。2011年初，据报道，佛罗里达州墨西哥湾沿岸的萨拉索塔—布雷登顿大都会统计区（MSA），个人收入低于联邦贫困线，实际上，那里有许多这类城市的特征。

每年以两位数增长的城市会给美国留下大萧条吗？我们拭目以待。在这一章的最后一部分，我们会列举一些质疑的理由。

区域倾向

表2.1揭示了自从第二次世界大战结束以来，人口在区域分布上的主要变化。多种动力推动着从寒带向"阳光地带"的转移，有些动力与推动市区向郊区转移的动力一样。

人均收入的增长一直都是主要动力。随着人们越来越富有，他们能够更多地选择喜好，而不再选择纯粹的生活必需品。他们明显倾向于比较温暖的气候和自然条件更好的地方。寿命延长了，加上相对年轻的退休年龄，领取社会福利和养老金等的人数增加了，可以自由地生活在他们喜欢的地方。许多人向南部迁徙了，州际公路系统和电子通信让许多南部和西南部地区比原先更容易接近。空调的发展让南部许多地方，尤其是南部腹地，比以前更有吸引力了。

表2.1中的数字没有反映的一种倾向是人口向海岸地区移动的情况。到20世纪末，美国人口的50%生活在离海岸50英里以内的地区。一个原因是海岸地区的景观和娱乐吸引了他们，一些海岸地区的气候比较温和。恰恰是富裕、领取社会福利和养老金的人促成了这一倾向。

---

① Nicholas Lemann, *The Promised Land: The Great Black Migration and How It Changed America*, Alfred A. Knopf, New York, 1991, pp. 5–6.

区域 [a]	1950 年	1970 年	1990 年	2000 年	2010 年	百分比变化 2000-2010 年	百分比变化 1950-2010 年
东北部	39478	49061	50976	53610	55411	3.3	40.4
New England	9314	11848	13197	13983	14448	3.3	55.1
Mid-Atlantic	30164	37213	37779	39672	40963	3.3	35.8
中北部	44461	56589	60225	64429	67115	4.5	50.1
East North-central	30399	40262	42414	45155	46544	3.0	53.1
West North-central	14061	16327	17811	19274	20571	6.7	46.3
南部	47197	62812	86916	100237	115051	14.8	143.8
South Atlantic	21182	30678	44421	51769	60030	16.0	183.4
East South-central	11477	12808	15347	17023	18508	8.7	61.3
West South-central	14538	19326	27148	31445	36513	16.1	151.2
西部	20190	34838	54060	63198	72173	14.2	257.5
Mountain	5075	8289	14035	18172	22141	21.8	336.2
Pacific	15115	26549	40025	45026	50032	11.1	230.2

表2.1 标题:1950~2010年区域人口（以千计）

Note: [a] These regions are standard U.S. Bureau of the Census groupings, as follows: New England: Maine, New Hampshire, Vermont, Massachusetts, Rhode Island, Connecticut; Mid-Atlantic: New York, New Jersey, Pennsylvania; East North-central: Ohio, Indiana, Illinois, Michigan, Wisconsin; West North-central: Minnesota, Iowa, Missouri, North Dakota, South Dakota, Nebraska, Kansas; South Atlantic: Delaware, Maryland, District of Columbia, Virginia, West Virginia, North Carolina, South Carolina, Georgia, Florida; East South-central: Kentucky, Tennessee, Alabama, Mississippi; West South-central: Arkansas, Louisiana, Oklahoma, Texas; Mountain: Montana, Idaho, Wyoming, Colorado, New Mexico, Arizona, Utah, Nevada; Pacific: Washington, Oregon, California, Alaska, Hawaii.

资料来源: U.S. Bureau of the Census, Census of the Population, 1950, 1970, 1990, 2000, and 2010.

中心城市萎缩的时代

正如图 2.1 显示的那样，第二次世界大战结束之后的几十年里，大都市区在绝对值和总人口百分比方面迅速增加。在大都市地区内，大多数增长发生在中心城市之外。当然，这种现象也不能一概而论。许多西部中心城市出现了大幅增长。

当然，许多西部中心城市的边界确实延伸到了城市化地区之外。

对于美国东部和中北部地区，一些老城市和较大的建制市来讲，它们的人口一般都萎缩了。城市通常被其他城市包围，因此通过兼并实现增长是困难的或不可能的。高密度人口和汽车出现以前的街道模式使得周围的郊区很难容纳居民和就业，1950~2000 年，布法罗市的人口从 58 万萎缩到 29.3 万，圣路易斯市的人口从 85.7 万萎缩到 34.8 万，克利夫兰市的人口从 91.5 万萎缩到 47.8 万，芝加哥市的人口从 362.1 万萎缩到 289.6 万，波士顿市的人口从 81 万萎缩到 58.9 万，匹兹堡市的人口从 67.7 万萎缩到 33.5 万，费城的人口从 207.2 万萎缩到 151.8 万，纽约市是一个例外，人口从 789.1 万增长到 800.8 万。

许多老城市的人口流失也与前边提到的区域发展趋势有关。在一个发展缓慢的城市，在其他条件相同的情况下，因为它生产的商品和服务市场没有增长，所以更有可能面临人口流失的窘境，同时也不会受到周围地区人口涌入的压力。对于克利夫兰或布法罗这类城市，人口和就业的内部力量因区域趋势而增强。相反，如迈尔斯堡、达拉斯、休斯敦或凤凰城这样的阳光地带城市，则迅速增长，部分原因是它们均处在增长中的区域里。正如人们预料的那样，中心城市的人口减少与就业减少同时发生。制造业就业岗位持续向郊区和远郊区转移，因为在郊区和远郊区投入到土地上的成本比较低，工资也常常相对低一些，而且那里有可以建设单层厂房的大片土地。随着郊区人口的增长，他们的购买力必然会吸引零售商和批发商离开都市区的中心，靠近居民，给他们提供服务。对于商务活动的选址来讲，没有比劳动力供应更重要的因素，因此，郊区劳动力的增长还把位于都市中心区的商务服务和总部拉了出来，落脚郊区。由于就业岗位的分散，现在的通勤比从郊区到中心城市的通勤要多得多，那种只供睡觉的居住社区已经消失几十年了。

2000 年以来的趋势

21 世纪的前 10 年里，美国最大城市的人口衰退出现停滞倾向。2010 年人口普查显示，在 2000~2010 年期间，在美国 50 个最大的城市中，只有底特律、芝加哥和克利夫兰等 3 个城市的人口减少。底特律的人口流失最多，而造成这种状况的主要因素是汽车制造业工作岗位的流失。

在 2000~2010 年期间，美国最大的城市纽约实际新增加了近 40 万人，导致纽约人口逆转的一大因素是美国的高速移民。合法或非法的移民替代了向外迁徙的当地人，世界贸易的增长，或者更一般地说，全球化，通过增加贸易和金融相关活动的就业，促进了城市的发展。[①]

其他大城市人口衰退停止的确切原因尚不能完全确定。一个因素可能改变了美国人口的形态，有一小部分到了组建家庭年龄的人口可能已经不再像以往那样冲向郊区。如前所述，移民在某些情况下是一个因素。

城市和贫困人口

20世纪的下半叶，许多中心城市不仅人口和就业岗位流失，而且，相对美国全部人口而言，他们的人口变得越来越穷。在20世纪50年代，中心城区的贫困人口比例略低于全国贫困人口比例。但到了20世纪80年代，中心城区贫困人口比例高于全国贫困人口比例的2倍。

导致贫困城市化的一个原因就是选择性移民。一般而言，正是城市里的那些富裕的居民有能力搬到郊区去，与此同时，他们从租房者变成了房主。另外一个原因是就业岗位乃至收入的郊区化。这些因素都是密切相关的。许多企业跟随他们的雇员和顾客搬到了郊区，甚至更远的地方。反过来，许多住在城市中心的居民跟着他们的老板离开了中心城市。

另一个非常重要的因素是，第二次世界大战结束之后出现的极端高速发展的农业机械化和农业生产效率（单位劳动者的产量）的巨大提高。1945年，第二次世界大战结束时，美国农业劳动力人口为1000万，而农业人口为2500万。到了劳动力人口不到400万，农业人口不到1000万。当时，美国的人口已经从1.4亿上升至2.03亿，在农业劳动力萎缩了一半以上的情况下，却多养活了6300万人，生产了相当多的剩余农产品用于出口。自1970年以来，农业劳动力和农业人口的衰退仍在持续，当然，下降速度要慢得多。

农业生产率的提高导致大量剩余农业劳动力，于是他们离开农业土地，迁徙到城市。在大多数情况下，正是那些比较富裕的农民留在了农业土地上，他们能够实现农业机械化，而且可以购买更多的农田。恰恰是那些比较贫困的农民去了城市，他们成了剩余劳动力，而且没有了其他的选择。[②]在离开乡村和小镇的人口中，大多数没有非农业就业背景，受到的教育不多，在20世纪50年代、60年代和70年代初，他们涌入了美国的许多中心城区。不幸的是，恰

---

① William J. Wilson, most recently *When Work Disappears*, Alfred A. Knopf, New York, 1997. For a somewhat different perspective, and Robert D. Waldinger, *Still the Promised City?* Harvard University Press, Cambridge, MA, 1996.

② Nicholas Lemann, The Promised Land: The Great Black Migration and How It Changed America, Alfred A. Knopf, New York, 1991, pp. 5–6.

恰在那个时期，中心城区正在失去大量的制造业和物流业的工作岗位，正是这类工作有可能承载大量乡村移民。因此，在一些方面，这种内部移民的情形要比 19 世纪后期和 20 世纪初期欧洲移民潮时期的那些欧洲移民所面对的情形更困难。世纪之交时期的社会服务远不如 50 年以后，但是早期欧洲移民到来的时候正值城市劳动力市场扩大，汽车还没有普及，其他现代技术还在蚕食着对熟练工的需要。①

今天，在大多数中心城市的老城区和衰败的街区，居住的一般是黑人或其他少数族裔，我们不会对此有什么疑问。这种情况也基本上源于农业机械化。就以 1940 年为例，大多数美国黑人生活在旧联邦的几个州里，他们基本上是乡村和小城镇的人口。因为黑人农民往往是最贫困的，所以农业机械化和农业生产率的提高对他们的打击最重。许多农民都是佃农，而不是他们耕种土地的地主。拥有土地的农民可以通过用机械替代手工操作的农民而削减生产成本，但是佃农别无选择，只有离开。离开后的去处往往是中心城市。因此，任何大规模、快速的乡村到城市的移民都会造成许多问题，还有一系列与种族歧视有关的问题，种族歧视是 300 年奴隶制的遗产。

很少有国家（如果有的话）能够很好地处理大规模乡村到城市的移民，现在上述的移民潮已经过去几十年了。那些移居城市的农民的子孙如今都具有现代经济所要求的技能，许多人已经稳稳地进入中产阶级队伍。总的来说，由于解决了大规模移民所产生的问题，城市人口才得以稳定下来，许多城市才得以振兴。

转向再城市化？

长达数十年的郊区化趋势已经走到了头吗？我们的发展模式现在是否正处转向更好城市的拐点上呢？

的确有一些我们期待这种情况发生的原因，也有迹象表明这种情况确实发生了。主要原因涉及人口。图 2.2 显示了 1940 年以来的人口出生情况。从大萧条时代开始，到第二次世界大战期间，出生率缓慢增长，然后才加速增长。20 世纪 40 年后期，婴儿潮展开，延续到 20 世纪 60 年代中期，1957 年为巅峰，出生人数为 431 万

---

① William J. Wilson, most recently *When Work Disappears*, Alfred A. Knopf, New York, 1997. For a somewhat different perspective, and Robert D. Waldinger, *Still the Promised City?*, Harvard University Press, Cambridge, MA, 1996.

人。20 世纪 60 年代中期开始，出生人数迅速下降。到了 20 世纪 70 年代中期，每年新出生的人口不足 100 万。妇女平均生育的孩子并没有婴儿潮时期那么多，但是，育龄妇女的人数却比婴儿潮时期多。从 1990~2010 年，总出生人口数与婴儿潮时期水平相当。正如图 2.3 显示的那样，美国人口总数远远超过了婴儿潮时期的人口总数。1960 年，年龄在 20 岁以下的人口占总人口的比例为 38.4%。到 2010 年，20 岁以下的人口占总人口的比例下降为 19.7%。

没有孩子的成年人和没有孩子的夫妇比例比过去高很多，就是在有孩子的家庭里，孩子数量也变少了。多子家庭是郊区化的一大推动力，显而易见的人口变化已经削弱了这种推动力。

几十年前，犯罪是推动中产阶级家庭冲出许多城市的一个重要原因，即所谓白人因担心市中心的治安而到郊区居住的"白人迁移"。有能力负担搬迁的人这样做，既是因为担心他们自己的安全，也是因为担心他们的孩子在学校和大街上的

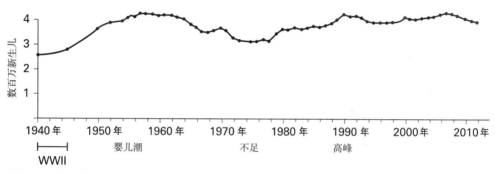

图 2.2　1940~2012 年出生

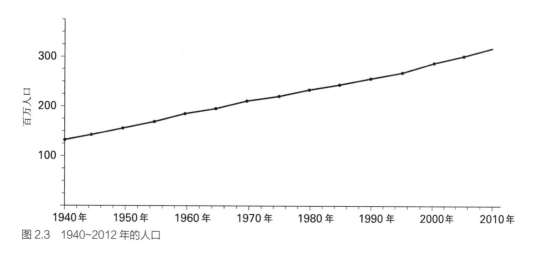

图 2.3　1940~2012 年的人口

安全。他们在搬走的同时，也带走了购买力和税赋能力。不过，许多城市的犯罪率正在下降，而且已经持续一段时间了。表2.2揭示了5个随机选取的城市的谋杀案数量。

			5个城市特定年份发生的谋杀案		表2.2
年	纽约	芝加哥	华盛顿特区	波士顿	洛杉矶
1965	838	395	81	N/A	N/A
1990	2065	851	472	116	987
2012	684	516	88	58	298

资料来源：FBI Uniform Crime Reports and municipal police departments.

表2.2所示的数字是实际总数，而不是比率。谋杀案是最精确报告的犯罪类型，所以，我们可以使用实际谋杀数字。其他犯罪，如交通肇事、入室盗窃和小偷，我们使用的是比率数据。自2012年以来，如表2.2所示，城市犯罪率总体下降了，但下降得很慢。2015年，巴尔的摩、华盛顿特区、芝加哥等城市的谋杀案数量上升，究竟出于何种原因，众说不一。然而从整体上讲，美国城市比之前还是安全多了。

犯罪率下降的原因尚未确定。更好的治安也许是一种解释，监禁也可能是一个原因。在美国，每天都有超出200万人被关在当地监狱、州监狱和联邦监狱里，其中9/10是男性。几十年前，这个数字要高出好几倍。一些人认为，过度监禁在方向上就是不正确的，在这种情况下，监禁对犯罪下降不无影响。有些人认为，监禁可以在一定程度上解释毒品使用的下降。《魔鬼经济学》的作者、经济学家史蒂文·莱维特（Steven Levitt）提出，罗伊诉韦德案（美国最高法院判决堕胎不违宪的案件）对犯罪的下降不无影响。[1]1973年，这个有关女性有权堕胎的法庭判决让堕胎合法化，此后，在非常短的时间里，堕胎率直线上升。20年后，犯罪率开始下降。充斥监狱的此类犯罪基本上是年轻人所为（大多数犯罪的峰值出现在少年时代的中期或后期）。如果有人认为，不想要的孩子更容易受到虐待、忽视，或被抚养得不好，那么，莱维特的假设是有一定道理的。

除了以上的所有解释，社会中也许还有其他一些变化可以对犯罪率的下降做出解释，但是，我们至今还没有认识到。无论原因是什么，犯罪率下降是有目共睹的。因此，一个主要的逆城市化力量大大减弱了。

---

[1] Stephen D. Levitt and Stephen J Dubner, *Freakonomiss*, Harper Collins e-books，2002，chapter 4.

长期以来，许多人都认为，购买房产是他们可以做得最好的投资。房地产投资曾经是一种四两拨千斤的投资，曾经是大部分人可以做得到的唯一的一种投资。那时，人们只要付清首付款，开始偿还抵押贷款，经过一段时间，业主就可以拥有这所房子，而不是一箱子租赁收据。经济危机和大萧条在一定程度上改变了许多人的这种认识（见第11章）。对于许多人来讲，郊区曾经是让人们可以拥有自己房子的地方，但是今非昔比。所以经济危机和大萧条减弱了郊区化的推动力。

其他的力量可能会以更加复杂或有争议的方式影响着郊区化。几十年来，美国的个人收入分配变得越来越不公平了。这种不公平的分配让可以承受郊区生活方式的家庭数量减少了，与此同时，却让可以为市中心高层公寓付几百万美元的人数增加了。收入为什么变得不公平是一个不确定的问题。制造业的萎缩和私人部门工会的削弱，都被认为是造成收入不公平的原因。许多类型白领工作的外包也是原因之一。

大量经济活动的计算机化极大地提高了生产率，所以那些具有相应技能的人在收入上占了优势。金融领域的变化让股票交易人、生意人、投资银行家和其他一些人的收入大幅增加。无论出于什么原因，他们的收入大幅增加是没有争议的。重大社会变化都会对城市 – 郊区问题产生影响，认识到这一点并不难，当然，我们不能精准地确定究竟何时产生了这种影响。

地理学家佛罗里达（Richard Florida）用"创造性阶层"这个术语包括了学者、作家、科学家以及从事各类研究的人，这些人以高级语言、数量或相关技能为生。他提出，与其他因素相比，能够吸引创造性阶层的因素对城市的经济命运更重要。虽然我无法提供确凿的证据证明佛罗里达的这个判断，但是创造性阶层确实对城市生活有着特殊的推动力。[①]

如果上述力量是推动我们走向城市化的一些力量的话，那么这种倾向有哪些蛛丝马迹呢？一种迹象是，2010年的人口统计显示，2000~2010年期间，郊区的贫困率比城区的贫困率上升得快。这是过去几十年倾向的一种逆转，它表明一些重大变化可能正在发生。

对年轻人的调查显示，他们在城市生活中发挥着重要作用。2009年，有人对年龄在20~35岁的年轻人进行过一次民意测验，作家埃伦霍尔特（Alan Ehrenhalt）利用这次民意测验的数据提出，这些人中的45%乐于在纽约市里待上一段时间。[②]即使我们把纽约看成一种城市生活的象征，而不是把它当成一种数据的话，埃伦

---

① Richard Florida, *Cities and the Creative Class*, Routledge, New York, 2005.
② Ehrenhalt, Alan, *The Great Inverson and the Future of the American City*, Alfred A. Knopf, 2010, Chapter 9.

霍尔特的判断还是很有分量的。

100 年以前，福特让大规模生产的 T 型车充斥道路，然而，最近这些年，青少年和 20 岁左右的人持有驾照的比例一直在下降，扭转了福特 T 型车充斥道路的倾向。

另一种迹象就是最近出现的房地产投资模式。混合使用、可步行且在建设中的项目更多关注城市感受，开发商注意到了这类设计对投资的积极影响。我们可以在各种尺度上看到这类设计。我在第 10 章会讨论弗吉尼亚的泰森角。

许多城市都有一些热闹的地方，采用混合使用的方式，街头生活异常活跃，年轻人多，文化氛围浓厚，与单调的背景形成对比。华盛顿特区的杜邦区就是一个令人愉悦的地方，那里有许多价格适中的餐馆，到处都是受过高等教育，向上流动的年轻人，即使是最小的公寓租金也很高。只要看看他们愿意为哪些事情买单，就知道他们需要什么了。华盛顿、纽约、费城、芝加哥、奥斯汀、菲尼克斯或旧金山，都有这类再城市化的热点地区，这些地区在整个城市或都市区的统计上都显现不出来。但是，它们对有心的观察者则是显而易见的。

如果需要正在向更好城市的建设模式转变，那么对这种变化所作出的反应可能会有多种形式。一种反应可能是对旧城中心的大规模更新，其特征表现为绅士化，富裕的人群逐步把低收入人群挤出旧城中心。这实属正常，不足为怪。事实上，许多欧洲城市都沿用了这种模式。

另外一种前景是，通过对郊区大型住宅区展开城市风格的开发建设，让人们对城市氛围的需求在郊区得到一定程度的满足。

再城市化时代到来了，这类预见正确与否？因为我们还需要等待一段时间才能把大萧条的后遗症与长期发展倾向分辨开来，所以现在还不能肯定再城市化时代是否到来了。

小结

1800~1900 年间，美国的城市人口增长了百倍，其背后的推动力包括了整个国家人口的增长、农业生产率的提高、工厂生产的增长以及低成本交通模式的开发。19 世纪交通的性质决定了极端密集的城市开发模式。

19 世纪末叶，郊区化伴随着有轨电车开始让可步行老城区的扩大初露端倪。20 世纪，汽车交通、电子通信和日益增加的收入，推动了人口和经济活动的大规模郊区化，这种倾向延续至今。

第二次世界大战之后的几十年里，中心城区的人口增长放缓，许多大城市的人口开始衰减，尤其是如克利夫兰和圣路易斯这类内陆工业城市。中心城区的人口增长趋缓，与此同时，大都市区的整个人口数量迅速增长。

第二次世界大战之后，中心城区的增长不及郊区和非都市区。越来越多的富裕家庭选择向郊区迁移，工作岗位也向郊区、非都市区和海外有竞争性的地区转移。战后几十年里，农业的快速机械化让大量的贫困人口离开了土地，向城市迁移。

2000~2010年，较大的中心城区人口萎缩趋缓，这种倾向背后的一个因素可能是正在变化的美国人口年龄结构。实际上，分散倾向是第二次世界大战之后的主导倾向，在本章的最后，我们谈到了与这种分散倾向相悖的若干可能性，同时提出了向着更好城市的建设模式发展的可能性。

参考文献

Callow, Alexander B., *American Urban History*, Oxford University Press, 1973.

Ehrenhalt, Alan, *The Great Inversion and the Future of the American City*, Alfred A. Knoph, 2012.

Glaab, Charles N., and Brown, Theodore A., *A Histry of Urban America*, The Macmillan Company, New York, 1973.

Katz, Bruce and Bradley, Jennifer, *The Metropolitan Revolution: How Cities and Metros are Fixing opur Broken Politics and Fragile Economy*, Brookings Institution Press, Washington, DC 2013.

McKelvey, Blake, *The Urbanization of America*, Rutgers University Press, New Brunswick, NJ, 1963.

Weber, Adna, *The Growth of Cities in the Nineteenth Century*, first printed in 1899, reprinted by Cornell University Press, Ithaca, NY, 1967.

第3章 城市规划史（I）

城市和城镇规划的历史可以追溯到若干世纪以前。例如，罗马城镇街道和公共空间的合理有序安排告诉我们，公元前的罗马人就已经有了高水平的城市规划。当然，本书关注的是当代城市规划，所以我们不打算全面展开城市规划史。本章从美国革命前的殖民时期开始，一直延续到20世纪20年代的第一次郊区化时代。第4章将讲述从20世纪30年代的大萧条开始，并一直延续到现在。

作为全书的一个组成部分，这一章的重心当然是美国城市规划。不过，美国城市规划的发展曾经是而且现在还是与欧洲的城市规划紧密联系在一起的，所以这一章不能不对欧洲城市规划作一些描述。了解斯堪的纳维亚、法国或荷兰的新城，汲取欧洲许多国家的历史保护区的经验，学习瑞士如何智慧地处理自然遗产。这样一来，我们会发现美国规划师要向欧洲人学习的城市规划实践很多。

直到现在，美国和欧洲的城市规划依然对其他国家的规划有很大的影响，反之，世界其他国家对欧洲和美国的城市规划影响不大。例如，成千上万的来自发展中国家的学生在美国和欧洲学习城市规划，反过来则不成立。但是未来几十年，这种情况会改变。第三世界国家，尤其是那些经历了最快速经济增长的国家，正在展开一场史无前例的城市规划活动。这场巨大的规划活动包括在已经建成的城市里展开的规划、大量新城镇的规划、现代公共交通系统规划、承载私人汽车迅速增加所需要的公路规划。西方国家不可避免地开始想了解非西方国家的经验，既包括成功的经验，也包括失败的教训。

殖民地时期的美国

在美国革命以前的殖民地时期，市政当局有强大的权力控制土地的使用，从而形成自己的形式。实际上，把城镇或村庄当作一个独立自治体，可以拥有、控制或处理自己边界内大部分土地的权力，这是一种欧洲传统，美国殖民时期沿袭这种欧洲传统，由市政府在很大程度上控制着土地使用。许多美国社区的形成源于分配给个人或群体的土地，所以个人或群体有权处理他们社区边界内的土地。同时，社区在管理它们边界内的许多经济活动上具有广泛的权力。例如，市政府常常有权决定是否允许某人从事某种商务活动，这样殖民城镇拥有很大的权力去影响它们的开发模式。同时，那些殖民城镇也面对比以后要弱的增长压力。

现在，我们可以在许多社区看到革命前城镇规划的结果，实际上，那些地方的增长压力一直都不大，因此依然留下了早期开发的一些痕迹。[①]地处若干大都市区之外的一部分新英格兰地区，包括新罕布什尔州和佛蒙特州的大部分地区、缅因州的部分地区、马萨诸塞州西部的部分地区以及康涅狄格州和罗得岛州的部分地区，革命前的城镇规划很好地延续至今。城镇广场、建筑之间保留合理的空间和简单的矩形道路模式，都是表达这些城镇的城市模式，也是那个时期城镇规划的遗产。萨凡纳有规律的开发模式和开放空间也是革命前城市规划的一个例子。皇家赠予奥格尔索普（James Oglethorpe）个人萨凡纳这座城市的土地，所以，奥格尔索普作为一个受赠者，有权计划和实施后续开发的模式，保证有序与和谐。

大革命在很大程度上改变了这一点，一定程度的混乱是获取政治和个人自由的一种代价，与获得相比，虽然代价不大，但仍然是一种代价。很明显，大革命终止了皇室赠予个人土地以创建市政府的制度。更重要的是，大革命让联邦拥有了大量的政治权力。联邦政府的下级单位只拥有各州授予的权力。控制土地使用和处置的市政管理权力被大大削弱了。

宪法包括了大量保护私有财产的条款（如第5章引述的《第5修正案》）。保护私有财产限制了市政府控制私人开发自己土地的权力。最后，大革命带来了一种非常不同的观念，这种观念削弱了等级、社会身份、权威的影响，增强了个人主义的观念，提高了对创业活动的尊崇。这种意识上的整体改变支持了更加自由的和不那么循规蹈矩的开发过程。[②]

① John W. Reps, *The Making of Urban America*, Princeton University Press, Princeton, NJ, 1965.
② Gordon S. Wood, The Radicalism of the American *Revolution*, Vintage Books, Random House, New York, 1991.

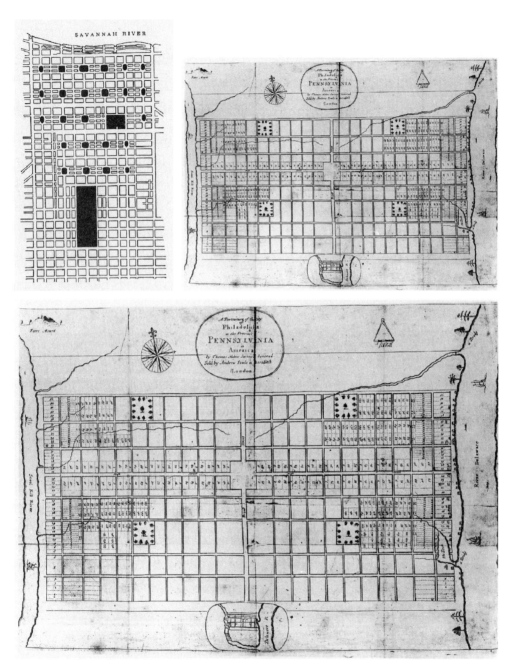

图 3.1　左上图是奥格尔索普 1733 年的萨凡纳规划。右上图是 1855 年绘制的一张图，它展示了优美和开放的特征。下图是威廉·佩恩 1682 年为费城制定的规划。在两个规划中，我们都可以看到对称、主要道路和次要道路之间的差异，以及配置的公共开放空间

受到限制的管理办法和日益严重的问题

因为大革命，市政府的权力被削弱了，但是我们在第 2 章中提到的巨大的增长压力没过几十年就出现了。许多行政辖区在没有对增长模式实施多少公共管理的情况下，迅速成长起来。大多数情况下，城市规划掌握在商业精英手里。[①] 所以，当时的城市规划常常把重心放在城市的商业核心区，而不去关注居住区，尤其对贫困人口集中的那些地区不闻不问。那时的城市规划往往集中在推进城市商业和工业发展的措施上，如把铁路线延伸到城市，或者对码头和滨水地区实施更新改造。道路模式常常旨在推动土地地块的划分和土地投机。

正是由于这些原因，矩形的"方格式"模式当时十分流行。千篇一律的"方格式"模式很容易布置，大大推进了土地地块的划分和土地投机。当时很少见到具有想象力的规划，也很少见到适应特殊地形地貌的规划。土地价格随着城市人口的增加不断攀升，对剩下的开放空间造成越来越大的压力。几乎没有几个市政府愿意花钱购买土地，以避免对开放空间的开发。19 世纪初的城市景象是，迅速增长，强调私有财产神圣不可侵犯，急于从土地开发和投机上获利，市政府觉得他们的第一要务就是推动商业增长。

不过也有几个例外。例如，朗方（L'Enfant）在华盛顿特区的规划，是把道路模式、公共空间和建筑物统一在一起，形成一个宏伟的设计。支撑这个华盛顿特区规划的核心思想是，城市规划本质上是市政的，而不是商业的。在佐治亚州的萨凡纳，奥格尔索普最初的规划一直延续到 19 世纪中叶，始终都在指导萨凡纳的开发。图 3.1 显示的那些公共广场一直都保留着。但更多的情况是，增长的力量越过了大革命前制定的规划。例如，佩恩在 17 世纪 80 年代制定的费城规划呼吁建立一个宽阔的道路体系，保留开放空间，围绕单体建筑物实施退红。但 18 世纪后期开始的增长超越了佩恩的费城规划。墙连着墙的建筑沿着街区成排展开，于是建筑间隔消失了。穿过街区的胡同也盖起了房子。许多公共开放空间消失了，代之而起的是商业或居住建筑。18 世纪的美国不乏优美且有吸引力的城市规划，但是大部分这类规划，如费城规划，都被 19 世纪的增长浪潮消失殆尽。总之，像美国总统卡尔文·柯立芝（Calvin Coolidge，1872~1933）的著名格言，"做买卖就是美国的事"。当然，此话是 100 年后的 20 世纪早期讲的，但对 19 世纪早期美国城市发展的描述不无道理。

[①] Charles N. Glabb and A. Theodore Brown, *A History of Urban America*，2nd edn，The Macmillan Company，NewYork，1976.

改革的压力

随着城市人口和城市建设密度的增加，改革压力出现了。美国城市规划史和城市规划传统在很大程度上反映了城市增长带来的诸多问题。当时积累已久的城市问题包括，卫生和公共卫生、城市公共空间的消失、住房质量和住房过分拥挤、19 世纪丑陋不堪和冷酷无情的工业城市、交通拥堵以及满足城市人口通勤的基础设施问题。最近这些年，城市规划工作所关注的是城市失业问题、城市财政问题、与社会公正相关的各种各样的问题以及环境保护和环境质量问题等。

推动卫生改革

用现代卫生标准看，19 世纪中叶，美国大部分城市的卫生状况非常可怕。人类的排泄物一般在后院的化粪池中就地处理，因为人口密度越来越大，所以这种处理粪便的方式严重威胁了公共卫生。另外，因为家庭的大部分用水来自井水与河水，因此，这种处理粪便的方式进一步威胁到了人体健康。当时受污染的饮用水比比皆是。在抗生素和疫苗接种出现之前的那个时代，通过水传播的霍乱和伤寒等疾病，通过昆虫传播的疟疾、黄热病和斑疹伤寒等疾病，都对城市居民的身体健康乃至生命构成巨大威胁。19 世纪中叶，人们还不太了解疾病传播，疾病的机制还没有揭示出来，但人们懂得，大量正在腐烂的垃圾和静止的水源都会引起疾病，也许因为腐烂的垃圾释放了"气体"。

那时的下水道不是用来排污的，而是用来排洪的。那些下水道通常很大，足以让工人钻进去维修。水流非常缓慢，水带来的垃圾不能被下水道里的水带走，这样一来，下水道成了"长长的化粪池"。[1]

大约在 1840 年，一个源于英格兰的重要发明——"排水"下水道，承载了卫生改革。这个发明背后的道理并不复杂。只要让下水道的直径相对较小，流进下水道的水充足，那么，下水道就可以自己保持清洁。确保下水道里污水流速完全可以把动物尸体、粪便等污物带走。家庭的粪便不是倒入后院的化粪池，而是通过下水道流进公共下水道，再流到若干英里之外的地方排放。使用这种方式改善公共卫生的前景是巨大的。

---

[1] John A. Peterson, "The Impact of Sanitary Reform upon American Urban Planning," in *Introduction to Planning History in the United States*, Donald A. Krueckeberg, ed., Rutgers University Center for Urban Policy Research, New Brunswick, NJ, 1983, pp. 13–39.

可是，为城市建设一个排水下水道系统需要制定一个大规模规划。城市排水系统依靠地球引力运行，因此道路布局必须考虑到城市建成区的地形地貌。与此同时，这种下水道系统依赖必要的水流量，所以道路中间必须凸起，从而让雨水流入下水道，形成必要的排水量。究竟在哪里安装下水道，要根据人口分布和卫生条件数据来决定。对许多城市来讲，19世纪后期展开的这种"卫生调查"可能是第一次系统地收集相关数据，绘制住房分布图，记录传染病病例，标志污水户外排放点和化粪池等。建设城市下水道的数量并不是总体规划本身。但是，城市下水道的建设规划至少是从整体上考虑城市的一个方面。

规划适当的垃圾处理场也是一般卫生环境大目标的一部分。人们当时认识到，那些阴暗、潮湿、拥挤的地方与发病率和死亡率的高低相联系。所以，一个比较完整的规划应该包括开放空间，要考虑采光和通风问题，需要做出一些制度性的安排（见第9章），防止建设密度过高。在高密度开发的城市地区，几乎谈不上阻止高密度开发的趋势。顺应已有的开发建设下水道，但是在开发新区时，可以采用更为综合全面的方式。

卫生和综合设计。美国19世纪下半叶的著名规划师、城市设计师奥姆斯特德（Frederick Law Olmsted）规划设计了许多新的社区，上述因素一并成为综合规划的一部分。在城市规划设计时，奥姆斯特德仔细考虑到了建设用地的地形地貌和高程，进而适当布置排污和排洪的下水道。在考虑卫生和审美问题时，沼泽、溪流、河流和其他一些自然特征一并成为奥姆斯特德的规划设计要素。例如，19世纪中叶，美国流行疟疾，而疟疾与沼泽、污水排放地区有着千丝万缕的联系。所以，在规划设计下水道时要尽可能减少这种失误发生。开放空间和植树的位置也要考虑到采光和通风问题。在奥姆斯特德的观念中，判断城市规划适当不适当的依据是能否在一定程度上减少疾病。在奥姆斯特德看来，阳光、良好的空气流通、适当的植被能够最有效控制疾病的传播。

城市开放空间

19世纪的规划师在关注城市卫生的同时，还关注城市公园的建设。那时有这样一种类比，良好的通风会使房子变得更健康，公园也会使城市通风。19世纪中叶，有许多优美的公园设计案例。1857年，奥姆斯特德和沃克斯设计的纽约中央公园推动了美国许多其他城市的公园建设。矩形的纽约中央公园长约4公里，宽约0.8公里，占地面积约为3.4平方公里（图3.2）。这个公园把一片乡村美景引入了周边均是高密度城市开发的曼哈顿。跨过布鲁克林的东河，还有奥姆斯特德的

图 3.2 奥姆斯特德规划设计遗产的一小部分，纽约中央公园 150 年以后的一个角落

另一个同样重要的设计——展望公园，那里有优美的草坪、树林，与小径连接在一起的还有两个人造湖泊。无论是纽约中央公园，还是展望公园，如果这些地区没有作为公共用途的话，它们很快就会被高密度地开发出来，美国的许多其他城市同样面临类似问题。我们可以在布法罗、芝加哥、蒙特利尔、底特律、波士顿、布里奇波特、罗切斯特、诺克斯维尔和路易斯维尔找到奥姆斯特德公园设计的另外一些例子。

住房改革

在 19 世纪城市改革者设想的计划中，改善城市贫困人口的居住条件是又一重大项目。[1] 对于那些收入不足以在私人市场上得到适当住房的那些人来讲，他们的住房问题一直都在此后的城市规划议程中。19 世纪的住房改革基本上采用的是立法形式，这些法律规定了住房质量的最低标准，强制执行（图 3.3）。

在纽约市，第一部管理廉租房的法律是在 1867 年通过的，其他法律随后相继产生。纽约市 1901 年的《廉租公寓法》（Tenement House Act），被认为是这一传统的一个标志。它把地块覆盖率削减到 70%，要求每个公寓都提供独立的浴室、提供庭院（实现采光和通风的目的），庭园的宽度由建筑高度决定，改善消防安全措施。纽约还成立了一个"廉租公寓委员会"，有自己的检查人员，具有强制执行

---

① Jacob Riis，How the Other Half Lives：Studies Among *the Tenements of New York*，Dover，NY，1971. First published by Scribner & Sons，New York，1890.

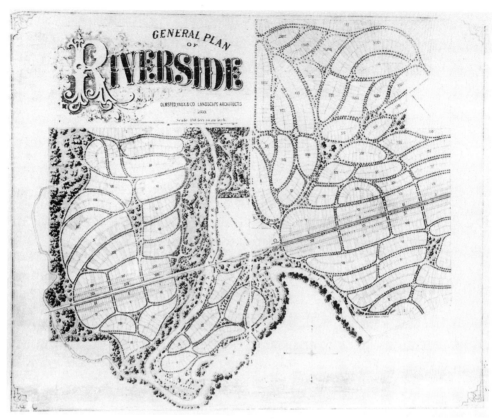

图3.3 南北战争结束不久，奥姆斯特德和沃克斯在芝加哥郊区规划设计了"河边"。曲线形的道路模式、地形决定道路的模式、保留绿地、让贯穿性交通流与地方交通流分开，这些都是沿用至今的设计技术

的权力。到1920年，美国至少有40个城市建立了建筑规范，具有某种强制执行的机制。[1]

虽然住房改革在很大程度上是通过住房法规完成的，但我们还要注意到，还有哪些没有实现。美国的住房改革采取的是保守策略。一些比较激进的改革家十分失望，一些欧洲国家实施的更为激进的住房政策在美国行不通。在为那些几乎一无所有的劳动者建造住房方面，欧洲政府投入了大量的公共资金。市政府常常扮演了房东、开发商和金融家的角色。地方和国家政府认为，以可负担的成本提供适当的公租房是政府的一种责任。德国乌尔姆市的做法刺激了美国比较激进的住房改革家。乌尔姆市在郊区购买了1400英亩经过规划的土地，然后开发住宅，以工人家庭可以承受的价格卖给他们。乌尔姆市还补贴了合作公寓及其相关社区

---

① Blake McKelvey，The Urbanization of America，Rutgers University Press，New Brunswick，NJ，1963，p. 120.

设施的建设费用。[1]但美国的主导观念是，市场提供住房，政府应该做的就是管理市场。政府不是房主、不是开发商、不是住房建设资本的来源。甚至《廉租公寓法》背后的主要推动者、改革家维勒（Lawrence Veiller）也认为，只有地方政府应该关注住房，这种关注应该限制在法规问题上和一般规划问题上，如道路布局。他反对把公共资金直接用于建设住房的观念。

美国后来朝公共住房和住房补贴方向发展了（见第 4 章），但与英国、德国、法国、荷兰和其他欧洲国家相比，美国在这个方向上并没有走多远。绝大多数美国人住在私人市场为了营利而建造的住房里。在住房问题上，美国追随欧洲方式究竟是明智的还是不明智的，有待商榷。但是，不去深究欧洲国家政府建设公租房的优点或缺点，在美国人看来，欧洲的做法更像社会主义。

城市更新的传统

我们可以把 19 世纪下半叶出现的另一个规划传统粗略地称之为城市更新。1853 年，马萨诸塞州的斯托克布里奇建立了一个更新改造协会，这个协会的出现可以认为是这种城市更新思潮的起源。[2]随后，城市更新改造思潮首先在新英格兰地区迅速发展，而后蔓延到全国。1900 年，"美国城市更新联盟"替代了比它早建立两年的"全国城市更新改造协会联盟"。数百个城市更新组织的计划中都包括了各种不同的城市改造项目，如植树、反广告牌、铺装道路和人行道、建设公共饮用水喷水龙头和公共厕所、建设公园和娱乐设施以及各种各样的公共设施。这个思潮开启了公众关注规划问题的传统，城市更新传统接受了城市规划和区域规划，而且城市更新传统延续至今。

城市公共艺术思潮

19 世纪末，对城市公共艺术或市政艺术的兴趣形成了。城市公共艺术把艺术、建筑和规划结合在一起，努力超越 19 世纪后期城市表现出来的功利主义倾向，追逐把城市建设成为美丽的地方。当时，有人对城市公共艺术思潮持批判态度，他们认为，城市公共艺术思潮仅仅关注城市风貌，而没有关注城市当时面临的最紧迫的问题，尽管这样，城市公共艺术思潮确实是有很强大的理想主义成分。

---

[1]　Mel Scott，*American City Planning Since 1890*，University of California Press，Berkeley，1971，p.131.

[2]　John A. Peterson，"The City Beautiful Movement：Forgotten Origins and Lost Meanings，" in Krueckeberg，*Planning History*.

我们翘首以盼新时代的黎明。黑暗散尽，一直都是影子的建筑从灰蒙蒙的天空中走了出来。当太阳升起的时候，那些高大的建筑容颜焕发，它们的窗户像宝石一样闪闪发亮，它们的烟囱里冒出的蒸汽变成了银色的羽毛，飘飘洒洒地在天空中飞来飞去。肮脏、粗糙和丑陋或是转变了，或是消失在影子中。从窗口望去，晨风中的街头巷尾显得那么干净利落，生机勃勃。在新的一天里，似乎有了一座新的城市，诞生了一个新的梦想和新的希望。正是这种新的梦想和新的希望推动了城市公共艺术。

鲁滨逊（Charles Mulford Robinson）区别了"城市公共艺术"和"艺术"，他写道：

> 城市公共艺术首先是城市的。如果人们追求它，他们不是为了艺术，而是为了城市。他们首先是市民，然后才是艺术家，艺术家之所以珍爱一座城市的景观，是因为他们是市民。他们聚在一起，委托雕塑家、画家、艺术家和景观设计师为繁荣城市公共艺术而展开创作，不仅因为它是艺术，而且因为它是城市艺术。[①]

我们至今在美国各地都能看到的那些拱门、喷水池、雕塑和其他一些城市设计和装饰作品，都是那个时期城市公共艺术思潮的成果。大部分灵感来自欧洲，如伦敦的圣保罗大教堂和泰晤士河堤岸、巴黎的凯旋门以及欧洲城市的很多公共场所。19世纪，美国出现了巨大的经济增长，因为富裕和闲暇让当时的美国人觉得，他们是能够负担得起那些并非纯粹功能性的东西，这在一定程度上推动美国在城市公共艺术方面去追赶欧洲。

城市美化思潮

城市美化思潮把城市公共艺术、城市更新和景观设计的观念结合在一起，而1893年在芝加哥举办的"世界博览会"或"哥伦比亚博览会"是城市美化思潮开始的标志。"世界博览会"旨在庆祝发现新大陆400周年，这个博览会并没有在发现新大陆400周年的当年举行，而是晚了一年才举行，许多城市一直都在为承办

---

① Charles Mulford Robinson, Modern Civic Art or The City Made Beautiful, 4th edn, G.P. Putnam's Sons, New York and London, 1917, p. 1. First edition published in 1903.

这一博览会而互相竞争。

当时，美国著名的建筑师和城市设计师伯纳姆（Daniel Burnham）和奥姆斯特德（纽约中央公园的设计者之一）设计了这个展览中心的建筑群，向参观者展示了一个精心组合起来的景观区、步行道和展览大厅及其他建筑。到这届博览会结束时，大约有 2600 万人到会参观。这届博览会让全国看到了规划师、建筑师和景观设计师的作为。

> 在这个占地 700 英亩的"白城"里，对丑陋的城市不以为然的芝加哥人和数百万参观者第一次看到了大尺度的城市设计和经典模式下的美的范例，他们喜爱"白城"。实际上，"白城"标志了美国有序安排大量建筑和场地的开端。①

这届博览会的一个结果是，在美国城市掀起了一股特殊的规划活动浪潮。源于城市美化思潮的规划，一般把关注重心放在市政府明确管理的事务上——道路、城市公共艺术、公共建筑和公共空间。现在，我们仍然可以在许多城市看到那些城市规划的结果，特别是市政中心、市政府大楼等。也许与城市美化思潮相联系的最著名的规划，莫过于华盛顿特区的购物中心及其周边地区。

1902 年，在一份提交给参议院公园委员会的报告中，提出了这一设想，在麦克米伦担任这个委员会的主席之后，人们常常称这个参议院公园委员会为"麦克米伦委员会"。② 其精心设计的远景、对称性和轴向布局（即在倒影池的一端是华盛顿纪念碑，而在倒影池的另一端是林肯纪念堂），整体构思的形式、古典风范、规模和壮观的气势，都是城市美化设计的重要标志。城市美化思潮明显与城市公共艺术思潮分不开，而且在世纪转折的时候，一个具体的市政厅和相邻公共空间究竟是城市美化思潮的产物还是城市公共艺术思潮的产物，其实并不重要。它们之间的区别也许只是尺度，而不是意图。那时，城市公共艺术思潮一般关注的是城市的一个特定的点：一个拱门、一个广场、一个交通环岛、一个喷水池。那时，城市美化思潮寻求的是创造或突显城市的一个特定的部分：市政中心、主干道、林荫道（图 3.4）。

---

① Robert L. Wrigley Jr., "The Plan of Chicago," in Krueckeberg, *Planning History*, p. 58.
② Jon A. Peterson, "The Nation's First Comprehensive City Plan: A Political Analysis of the McMillan Plan for Washington, D.C.," *Journal of the American Planning Association*, vol. 251, no. 2, June 1985, pp. 134–150.

图 3.4 城市公共艺术——城市美化思潮 100 年以后的两个例子
左图：纽约布鲁克林的陆军大广场；右图：曼哈顿第 59 街与第五大道相交处的普利策喷水池

现代城市规划的诞生

就美国规划传统的发展而言，芝加哥规划是城市美化思潮的一个最重要的成果。在世界博览会举办之后，人们，尤其是在商务区的那些人，对整个城市的规划产生了兴趣，而且这种兴趣与日俱增。1906 年，由主要从事贸易工作的人组成的"贸易俱乐部"委托伯纳姆给芝加哥编制一个规划。另外一个商务组织——"商业俱乐部"，出资 8.5 万美元制定这个规划。1909 年，完成的芝加哥规划作为一份礼物提交给了芝加哥市。这个规划当时因为其规模而引人注目。这个规划安排了一个由放射性道路和环路组成的系统，有些道路从市中心出发延伸了 60 英里。所以从这个规划的交通元素上讲，既是一个区域规划，也是一个城市规划。这个规划安排了一个综合的公交系统，建议把几个铁路货运车站统一起来。芝加哥联合车站就是该规划的一个产物。扩宽道路，在重要节点上建造过街天桥。这个规划还提出，在芝加哥市区和周边地区建设一个由公园和野生保护地组成的系统。

这个规划的支持者是很有远见的，他们认为，城市规划的政治和公共关系与技术一样重要，它所培育的公众会去实现城市规划。最初的规划是一个印刷精美且昂贵的文件，所以传播有限。为了让更多的人了解这个规划，之后又由私人出资印刷了一个简约的版本，分发给芝加哥市的每一个房地产业主和每月支付房租超过 25 美元的租赁户。不久，这个规划以教科书的形式再次出版，芝加哥市八年级的学生广泛使用了这本教科书。那时的学生也就是小学文化程度，在他们即将结束学业、离开学校之前，读到了这个规划，不仅如此，这个规划还通过教科书的方式进入了千家万户。该规划还借助图示的方式得到推广，在前电子时代，这种方式是很常见的娱乐形式，而且还被制作成《一个城市的神话》的电影短片（图3.5）。

作为回应，芝加哥市成立了一个规划委员会，负责实施这个规划。作为一种战略，规划师决定做一件具体的事情，以便证明伯纳姆的芝加哥规划不是简单的空想。他们选择的一个具体项目是建设一个高架桥，让第12街跨过环路以南的铁路编组站承载市中心的交通流。随着这个项目的完成，对该规划的怀疑也大为减少，通过发放债券的方式为另一个项目筹措了资金。到1931年，通过债券方式和评估筹措了近3亿美元，对这个规划的各个部分提供资金。

沿芝加哥河的主河道建设的若干大桥和双层的威克大道是城市的主要更新项目。芝加哥河南岸被拉直，扩大了地处市中心和卡鲁梅特湖的那些港口设施。著名的海军码头建到了密歇根湖深处。随着密歇根湖向

图3.5　1893年，芝加哥世界博览会的哥伦比亚喷泉

湖的深处退缩，显露出来的土地逐步被利用起来，建设了长达 20 英里的湖岸公园和堤岸。——在这些滨湖公园里，建设了著名的博物馆和其他一些机构，基本与伯纳姆所建议的一致。到 1933 年，城市外围保留下来的树林达到 3.24 万英亩。

通过规划文件和实际成果，芝加哥规划让人印象非常深刻，它给规划师确定了城市规划应该做什么，同时它也告诉了市民城市规划应该是什么。具体而言，城市规划应该是综合的，它应该有一个相对较长的时期。城市规划基本上通过公共资金，在公共土地上产生实际影响。市民的支持对做出必要投资的政治愿望是必不可少的。

关注社会问题，规划方案需要经常修订和更新，公众应该参与规划而不是仅接受和批准编制完成的规划文件，诸如此类的现代城市规划概念在芝加哥规划中是没有的，所以人们常常批评芝加哥城市规划偏重土地和建筑，轻视社会问题。当然，用现在的标准评判伯纳姆当时编制的芝加哥规划是不公正的。伯纳姆的芝加哥规划毕竟是那个时代的产物，是一个非常了不起的成就。

对私有财产的公共管理

读者可能已经注意到，在讨论芝加哥规划时所涉及的因素基本上与公有土地相关，那些土地当时可能就是公有的，或者之后通过购买方式变成公有。在世纪之交，地方政府几乎对私人拥有的土地如何使用没有什么控制，所以芝加哥规划把重心放在公有土地上并非偶然。

对私有土地实施某种公共管理，这个发展过程一直都是城市规划史的一个重要部分。当时间跨入 19 世纪后期，一系列法律和法庭案件开始为地方政府的权力奠定法律基础，让地方政府控制私有土地的使用方式，尽管政府并不拥有那些土地的产权。政府能够通过土地分区对不同土地使用做出具体规定。20 世纪 20 年代，政府的这种管理能力逐步建立起来，当然，最高法院对政府是否拥有这种权力的最终裁决是在许多年以后才下达的。通过分区规划，市政府可以控制被开发土地的建筑密度、允许土地使用的种类、建筑的实体形式（建筑高度、沿地界边界的退红等）。一般来讲，在分区规划图上，城市被划分成许多个规划分区，通过分区规划法令，具体描述每个分区允许的土地使用方式、建筑密度和设计。我们在第 9 章详细描述分区规划和一些相关类型的土地使用管理。

分区规划热潮

20 世纪 20 年代，分区法令以惊人的速度出现在全国各地，原因不难看出。法律先例已经或正在确立。1916 年，在纽约市颁布了一个非常复杂但有法律保障的分区条例，规定了一些可能做什么的想法。当时，私人拥有汽车的数量正在攀升，每年约新增 200 万辆。建成区，尤其是商业区，交通拥堵愈演愈烈。除此之外，拥有私人汽车的人群正在扩大，从而推动了巨大的郊区化浪潮。控制商业区的交通拥堵，阻止商业开发侵入居住区，推行分区规划是实现这两大目标的一个途径。对于许多社区来讲，无论是在老的地区还是在郊区边缘，一条实现期待目标的最好途径就是对土地使用做出分区规划，避免快速的经济发展和社会变迁所带来的不确定因素。那时，加油站、旧车行和快餐店正在侵入独户住宅区。通过对其做出分区规划，只允许在那里建造独栋住宅，就可以在没有任何公共开支的情况下，使其免遭发展带来的不良影响。

与现在一样，分区规划不仅是影响城市未来发展的一种规划方式和技术，也是保护现有城市秩序的一种方式。虽然没有任何法院会将此作为分区规划的合法目的，但分区行为可能提高财产价值。把城镇边缘上的牧场规划为工业用地，拥有牧场产权的农民会憧憬一个富裕的退休生活。实际上，把土地过度划归商业和工业使用是分区规划实施初期的特征之一。除了迎合房地产所有者的恳求外，哪个城市不想要更多的工作和更多的税收？

正如我们将要看到的，大多数规划师把分区看成规划的一个方面，特别是他们认为分区规划是实施总体规划的唯一工具。20 世纪 20 年代初，分区规划常常先于城市规划，在许多人看来，分区规划几乎是城市规划同义词。人们有这种看法不足为怪。一种新技术出现了，它显然具有改变事件的巨大力量，但它的局限性和可能的问题需要一段时间才能暴露出来。

1921 年，据估计，美国有 48 个市政府实施了分区规划，涉及人口约 1100 万。到了 1923 年，这一数字已达到 218 个，涉及人口约 2200 万。[①] 1924 年，分区规划的步伐进一步加快。当时，由胡佛（Herbert Hoover）担任部长的美国商务部提出了示范州分区规划授权法案。多年以前就为纽约市起草过分区规划法令的律师，巴塞特（Edward M. Bassett）起草了《标准授权法案》，鼓励许多州采用自己的授权法案。这些法案专门授权了当地的分区规划法，鼓励更多的市政

---

① Scott, American City Planning, p. 194.

府制定分区规划法，因为这类法案使它们确信，他们的新法律将能够经得起法院的挑战。

社区总体规划的发展

20 世纪 20 年代，规划中最重要的一个倾向是控制土地使用，实际上还有一些事情也在发生。城市规划随着规划委员会的建立而被制度化了，通常由规划咨询顾问来编制城市规划和分区规划法令。当时，美国专门的规划咨询顾问企业约有 20 多家。

那个时期的社区规划一般包括以下内容：

- 土地使用（通常认为与分区规划相同）；
- 道路模式；
- 公共交通；
- 铁路交通（如果确实有的话，还有水上交通）；
- 公共娱乐；
- 市政艺术。

20 世纪 20 年代的规划目标通常包括许多具体项目。一个目标是形成一个有序而有吸引力的土地使用模式。与此相关的是避免在同一个规划分区内出现不相容的土地使用方式（如在居住区的工厂）。另一个目标是建立一个运行良好的私人和公共交通系统。还有一个目标是建立一个适当的公园和休闲娱乐区系统。市政美化和公共空间吸引人的设计目标是常见的，例如，市政厅周围的区域。保护房地产价值和使社区对商务活动具有吸引力是具体目标背后的普遍动机。城市美化思潮和芝加哥规划的印记是明确的。

按照现代标准，20 世纪 20 年代的规划都不那么完善。那些分区规划涉及了不同分区中允许建设的住房类型，除此之外，那时的规划是不考虑住房问题的，而且，一般不考虑对城市基础设施的公共投资计划。在当代城市规划师看来，公共资本投资计划比土地使用控制更能影响土地使用。当时还看不到我们现在所说的公众参与规划的迹象。那个时期的许多规划师认为该计划是一种先制定一次，然后再遵循的东西。就像建筑建造时遵循建筑师的图纸一样。正如我们会看到的那样，因为很多发展是规划没有预测到的，或者城市的发展目标有了改变，所以随着城市发展，我们要对城市规划进行定期修订和审议。

我们必须说，尽管 20 世纪 20 年代的规划有着这样或那样的局限性，但它毕竟不再仅仅关注公共场所和公共空间，而在综合规划的方向上迈出了一大步。实际上，这些关注观念曾经主导了城市美化思潮 10~20 年的时间。它涵盖了所有城市，并解决了城市范围内的一些问题。

同现在一样，20 世纪 20 年代的大部分规划仅涉及已建成区，规划师的工作受到原先发展的约束。不过有些规划师得到了独一无二的设计机会：有机会设计一个从来就没有的城镇，如辛辛那提附近的马利蒙特、加利福尼亚州的帕洛斯维尔德、华盛顿州的朗维尤、马萨诸塞州的奇科皮、田纳西州的金斯波特、佛罗里达州的威尼斯和新泽西州的拉德本，它们都是这个时期规划设计的新城镇。有些城镇，如马利蒙特，基本上是居住区，规划后大都成为社会中上阶层人群居住的地方。还有一些城镇，如奇科皮，是作为工业城镇开发的，它包括了就业场所和工人阶级人群居住的地方。有些城镇在 20 世纪 20 年代就建成了，有些则因为规划师未能预测到的因素而没有完全建成。

例如，被称之为"汽车时代郊区"的新泽西州的拉德本，因为大萧条时期的到来而中途搁浅。拉德本始终没有按照规划建成，现在周围环绕着第二次世界大战后建设起来的郊区。然而在许多人看来，拉德本建设起来的那一部分是一个很不错的居住区，直到今天，规划师和学习城市设计的学生仍然会到拉德本采风。内部有开放空间的大规模街区、道路系统，不让汽车驶入的道路模式，使拉德本成为一个非常具有吸引力的生活城市。住房价格很高，住房空置率却很低，等待进入那里居住的人排着长队，拉德本的许多居民因成为那里的居民而自豪。对市场这个最终的仲裁者来讲，拉德本是一个非常成功的城镇。总体上讲，20 世纪 20 年代建成的城镇已经很好地接受了时间的检验。当规划师有一张白纸时，他们常常规划得很好。对于那些已经建成的城市来讲，规划师必须面对过去的决定（和错误），必须面对各种各样的利益和地方政治力量，所以做好规划并非易事（图 3.6）。

区域和州规划的出现

20 世纪 20 年代，人们已经对整个城市区域的规划产生了兴趣，实际上，伯纳姆的芝加哥规划已经显露出这种观念的端倪。郊区化和拥有私人汽车的人数迅速增长，已经使城市的行政边界形同虚设，功能性的城市，即经济的和社会的城市，常常覆盖数十个政治管辖区。

（1）

（2）

图 3.6 （1）20 世纪 20 年代为新泽西州拉德本编制的总体规划。
（2）居住区内部的一条步行小道。
（3）可以清晰地看到人车分流的一条街。住宅面对街区边沿的人行道，车辆从中央道路行驶到住宅的背后，许多社区采用过这个规划方式

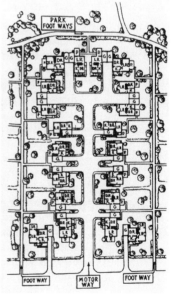

（3）

也许，当时最完整的区域规划是为纽约市地区制定规划。那时的纽约市地区包含了 1000 万人，到现在为止，人口增加到 1800 万。这个地区规划覆盖了 5528 平方英里，纽约市本身的面积仅为 300 平方英里。剩下的是纽约州的若干个县，康涅狄格州费尔菲尔德县，大约 2000 平方英里属于新泽西州与纽约市相邻的地区。

这个地区规划是由一个非营利的、非政府组织——"区域规划委员会"编制的，这个机构后来变成了"区域规划协会"（RPA），并延续至今。编制这个规划的资金为 50 万美元，是由慈善结构拉塞尔·塞奇基金提供的。"区域规划委员会"没有任何政治权力或政治身份。所以它的影响纯粹来自它的观念，来自公众和政治支持者。这个规划在很多年里一直对该区域的物理形状有着相当大的影响。这个规划不仅指导了纽约地区的发展，而且还成为几十年以后许多大都市区规划的范本。

当时，规划师的首要任务是要确定纽约地区的边界。实际上，人们至今都很难对他们使用的那个标准提出异议：（1）区域边界包围了一个地区，人们在这个地区内上下班通勤所使用的时间是合理的；（2）区域边界包括了很大的自然休闲娱乐区，从都市中心很容易到达那里；（3）按照市县行政边界形成区域边界；（4）区域边界要考虑自然水文地理特征，如流域和水道。[①]

公路、铁路、水路和空中交通——成为这一时期的区域规划交通内容。区域规划的公路部分设想了一个由放射性道路和环路组成的系统，自这份区域规划编制以来，其中许多道路已经建成。在少数情况下，最初设想的道路用地原本是用于铁路的，它们后来逐步建成了公路。按照现代标准看，这份区域规划的重点是放在自然特征和基础设施投资上，而没有强调一些社会和经济问题。不过，它确实给一个涉及 3 个州，包括数百个独立市镇的区域，提供了一个统一的发展远景（图 3.7）。

自 20 世纪 20 年代以来，美国的许多其他地区也编制了区域规划。著名规划师和景观设计师诺伦（John Nolen）在 1929 年就列举了 15 个区域规划。[②] 就像这份有关纽约地区的规划一样，许多区域规划都是由私人机构联合出资编制的。例如，费城地区的三州区（Tri-State District）规划就是通过私人集资编制的，费

---

① Regional Plan of New York and Its Environs, vol. 1, Committee on the Regional Plan of New York and Its Environs, William F. Fell Co., Printers, Philadelphia, PA, 1929, p. 133.
② John Nolen, "Regional Planning," in *City Planning*, 2nd edn, John Nolen, ed., D. Appleton & Co., New York, 1929, pp. 472-495.

城地区包括费城、新泽西州和特拉华州的一部分。波士顿的区域规划是由依法建立起来的波士顿都市区规划委员会编制的，它的编制资金是公共的。一些规模较大的县也致力于县域规划，当然这类区域规划覆盖的是一个行政建制辖区。在东海岸地区，面积约为 450 平方英里的纽约州韦彻斯特县通过县公园委员会编制了一个县域规划。我们至今可以看到这个县域规划的成果，林荫大道和优美的县公园系统，县公园系统的面积达到 1.5 万英亩。在西海岸，洛杉矶县是土地面积最大的县，县域面积达到 4000 平方英里。不同于那个时代其他区域规划，洛杉矶县的县域规划包括了县分区规划，堪称美国第一份。

除了县域规划所覆盖的区域外，其他类型区域规划所覆盖的区域其实都没有一个相当的政治实体，这是一个现实。因此实施区域规划的政治权力在哪里，这是一个不能回避的问题。政府间的协议可能产生执行区域规划的一些政治基础。在某些情况下，确实建立了具有政府权力的公共部门来实施区域规划。也许最著名的是纽约和新泽西的港务局，这个港务局已经建设了桥梁、隧道、港口设施、公交汽车站和机场，该港务局在建设纽约地区方面发挥了很大的作用。但概括地讲，区域规划的性质和分割的行政管理体制是不相匹配的，这是区域规划的一大弱点，过去是这样，现在依然是这样。20 世纪 60 年代，伍德（Robert Wood）写了一本关于纽约地区的书，涉及了纽约地区的城市、城镇、村庄、县和它们的

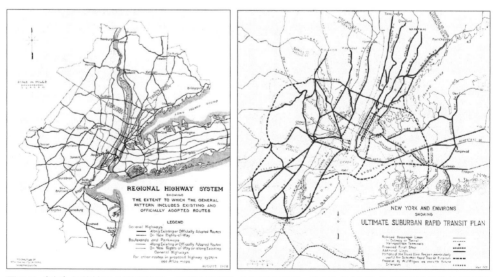

图 3.7 （左）纽约地区公路系统图，覆盖面积约为 1 万平方英里。在 20 世纪 20 年代编制的纽约地区规划中包括了交通规划。规划中设想的大部分道路都逐步建成了，当然，有些城际铁路线变成了公路。
（右）城际快速铁路规划，覆盖了大约 2500 平方公里

政府，还有许多学区、下水道区以及其他一些准政府组织。[①] 这本书的书名是《1400 个政府》，它让这个问题的实质昭然若揭。

20 世纪 20 年代，我们可以看到州也开始了规划工作。全州范围的规划受到与区域规划问题相对应的问题的困扰。区域是一个自然单位，缺少适当的行政管理机构。州是一个行政辖区，其行政边界不能界定为一个"自然的"规划单元。大部分州的行政边界不与任何一种地理的、经济的或社会的现实相一致。例如，纽约州是第一个尝试全州规划的州，它从长岛上的蒙塔乌克点沿着罗德岛以南延伸至伊利湖畔。对于纽约州的居民来讲，除了同在一个州政府的管理之下，其实没有什么共同利益可言。科罗拉多州有一个天然的断裂带，落基山脉从大平原上缓缓升起。从地形和经济意义上讲，科罗拉多州的东部是大平原的一部分。但是，科罗拉多州的西部地区，在地形和经济意义上，是落基山脉的一部分。科罗拉多州矩形的边界与这些现实没有任何关系。尽管存在这些问题，许多州在全州规划上，尤其是涉及环境和增长管理问题上，已经取得了长足的进步，我们在后续章节中可以看到。

鸿鹄之志

直到现在，我们所谈到的城市规划史基本上是实用主义的规划：一种致力于解决现存城市结构内部问题的专业的城市规划。但是，在这个专业队伍中，大多数人都是抱有鸿鹄之志的，不是简单地改善现存模式，而是期望重建人居环境。一些人把城市规划看成一种活动，在现有的规则下让城市建设实现最优，还有一些人对城市规划抱有比较激进的看法，他们认为，城市规划的适当角色应该是重写规则。尽管重建人居环境的问题在不断变化，但对城市规划的这两种看法之间的争论是城市规划历史的中心论点之一。[②]

英国人霍华德（Ebenezer Howard）可能是所有改革家及其宏愿最具影响力的一位。霍华德的专业是法庭速记员，他构想了一个未来城市的愿景，以及一个这样的城市体系。于是，他撰写了一本小册子——《明日的田园城市》（*Garden Cities of Tomorrow*），于 1920 年出版。[③] 霍华德目睹了 19 世纪末伦敦的交通拥堵

---

① Robert C. Wood, 1400 Governments: The Political Economy of the New York Metropolitan *Region*, Harvard University Press, Cambridge, MA, 1961.

② William H. Wilson, "Moles and Skylarks," in Krueckeberg, *Planning History*, pp. 88–121. Reprinted from William H. Wilson, *Coming of Age*: Urban America 1915-1945, John Wiley, New York, 1974.

③ Ebenezer Howard, Tomorrow: A Peaceful *Path to Real Reform* in 1898; republished with revisions as *Garden Cities of Tomorrow* in 1902; reissued by MIT Press, Cambridge, MA, 1970.

和污染，所以他希望把增长的人口分散到新的城市中心区。因为众所周知的经济和社会原因，来自乡村的人们以高昂的代价挤进拥挤不堪的城市。解决办法是开发建设新的城镇（"田园城市"），这些新城镇既有经济和社会优势，又有安宁、卫生的环境，可谓紧靠着乡村的大自然。

　　霍华德提出了以下总体设计。整体开发区覆盖6000英亩的地区（1平方英里 = 640英亩）。建成区本身覆盖1000英亩的地区，这个地区是一个直径为1.5英里的圆。花园和一组公共建筑形成这个城镇的核心，通过放射性的大道进出。这个核心周围环绕着居住区，而那些道路把居住区划分为若干街区，商业和工业建筑再环绕居住区。一条环状的铁路支线把商业和工业建筑包围起来，这条铁路线把这个城市与其他田园城市和这个区域的中心城市连接在一起。农业和社会机构使用建成区周围的土地。这种城市的规模大体上是这样的，任何居民都可以步行几分钟到达城市中心和城市边缘上的工作场所。田园城市的居民所居住的地方不再受到工业和交通的影响。

　　通过快速铁路能够到达的城市与其他城市有着紧密的联系，并在它的范围内发生足够的经济活动，所以大多数居民不用为上下班的通勤发愁。田园城市的总人口约为3万，可能在环绕这座城市的5000英亩土地上还有2000人居住和工作。芒福德（Lewis Mumford）是美国著名的建筑和城市化作家，用芒福德的话来讲，霍华德设想的田园城市并非只是一个世外桃源。

　　　　[田园城市应该]……大到可以维持多种工业、商业和社会生活。田园城市不应该仅仅是一些工厂，一个人头攒动的市场，或者仅仅是一间宿舍。处在新型城市化中的田园城市，应该包括所有这些和其他一些功能，外加乡村的功能，霍华德给这种城市起了"田园城市"这样一个有点误导的名字。他其实并没有考虑回到"简单生活"或回到一个比较原始的经济中去，与此相反，霍华德正在寻找更高水平的生产和生活。霍华德认为，一个城市要大到可以在必要劳动分工基础上实现一种复杂的社会合作，但一个城市不要大到让城市功能失去效率——当我们把大城市仅仅看成一个经济单元时，大城市确实会丧失掉它的很多功能。[①]

---

① Lewis Mumford, "The Ideal Form of the Modern City", in *The Lewis Mumford Reader*, Donald L. Miller, ed., Random House, New York, 1986, p.166.

霍华德觉得，无论我们怎样设计和协调田园城市，田园城市都不可能孤立存在。所以他想到了一个包括了许多城市的城市体系，所有城市的规模都有限，正如芒福德对霍华德的看法所作的概括那样：

> 一个城市无论怎样协调平衡，它都不可能完全孤立起来。霍华德指出，在通过快速公交连接起来的一个田园城市群中，每个城市都有补充其他城市的设施和资源，所以这些城市组成了一个城市群，这些"社会城市"、城市群，实际在功能上等于拥挤的大都市。

如同其他许多19世纪的改革家和规划师一样，霍华德也发现，分散的私人土地所有权阻碍了良好的城市形式，因为每个业主都希望尽可能地集中开发其所拥有的土地，不考虑这种开发对社区其他部分的影响。这样，霍华德规划的一大特征，是公有土地加上土地开发收益回归市财政。

这个规划是远见和实用性的完美结合。霍华德既是一个实干家和组织者，也是一个富有远见和实践性的人。1903年，他组织的公司购买了一个面积达3818英亩的场地，距离伦敦核心35英里，用来建设莱奇沃斯田园城市。1945年，奥斯本（F. J. Osborn）对莱奇沃斯田园城市作了这样的描述：

> 莱奇沃斯曾经是，现在依然是，忠实贯彻霍华德田园城市基本观念的一个案例。莱奇沃斯现在拥有大量兴旺的产业，它是一个空间充裕的住房和花园的城镇，社区生活生机勃勃，所有的人都可以在当地就业，不受侵犯的农业地带把这个田园城市包围起来，完全坚持了霍华德的单一所有权、有限利润和将任何超额收益返回城镇的原则。

1919年，霍华德在大伦敦地区着手建设第二个规划社区，韦林田园城市，结果十分成功。

总之，霍华德的工作影响了几十个甚至数百个社区的城市发展，从美国的拉德本到印度的昌迪加尔。拉德本在很大程度上是田园城市思潮的产物，还有马里兰州的哥伦比亚、弗吉尼亚州的莱斯顿。第二次世界大战结束后，西欧为了解决严重的住房短缺，兴建了大量的新城市，严重的住房短缺源于大萧条时期住房开工率很低且战争破坏一部分住房。社区也是霍华德田园城市愿景的延伸（图3.8）。

20世纪的最后20年里，新传统设计，也称为新城市主义，成为美国城市规划和城市领域里讨论最多的倾向之一（见第10章）。新传统设计明显吸取了大量霍华德的思想。近些年，在一些第三世界国家出现了大量新的城镇规划。霍华德

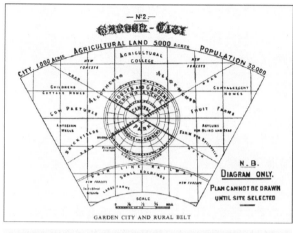

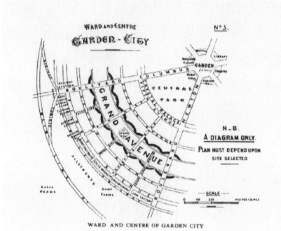

图 3.8 （左上）整个 6000 英亩土地的规划。放射性的道路划分了整个城市和环形的铁路线

（左下）是这个城市的一个部分。标注了主干道和学校

（右下）田园城市的系统示意图。用现代环城公路替代市与市之间的铁路，用弗吉尼亚泰森角的郊区亚中心替代田园城市，这种设计看上去相对现代一些

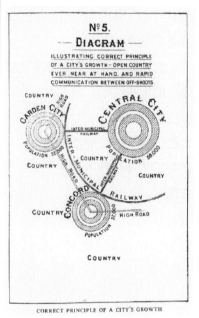

的田园城市观念对此不无影响，当然霍华德不可能预测到一些现代转变。例如，马来西亚吉隆坡附近建成的新城普特拉贾亚，马来西亚政府正试图在那里开发一个信息技术（IT）导向的开发中心，称为"国家第一个智慧田园城市"。霍华德的影响反映在普特拉贾亚本身的设计上，也反映在普特拉贾亚与更大城市吉隆坡的关系上。

小结

这一章涵盖了从殖民时期到 20 世纪 20 年代末和大萧条开始的美国城市规划史。美国宪法没有直接提及州层次以下的政府单元。所以市政当局成为"州的工具"，仅仅具有州赋予它的那些权力。美国宪法还扩大了有关财产权和适当程序的个人权利。二者结合起来的结果是，大大限制了市政当局在其行政辖区内的土地使用和开发的权力。19世纪早期的城市增长常常只有微乎其微的规划和公共管理。许多19世纪的城市拥挤、丑陋而危险，从而推动了一系列改革思潮的发生，并在很大程度上影响了那个时期美国的城市规划。

我们讨论过的改革思潮有：卫生改革、保障城市开放空间的思潮、城市更新思潮、城市公共艺术思潮和城市美化思潮。1893年的芝加哥博览会常常被认为是城市美化思潮诞生的标志。1909年的芝加哥规划标志了现代城市规划时代的开始，1909年的芝加哥规划，影响了规划师、政治家和市民对总体规划应该是什么以及如何实施的观念。

对私人拥有土地的公共管理传统缓慢展开，其中的一个重要原因涉及有关"补偿"的宪法问题。但大约在第一次世界大战时期，地方政府对私人财产使用的实质性控制的机制已经建立起来。第一次世界大战之后的郊区化，私人拥有汽车的人数迅速扩大，推动了数百个社区进行分区规划和总体规划。同一个时期，汽车推动工作岗位和居住地向城市外蔓延，创造了巨大城市区域，于是区域规划露出端倪。

第4章　城市规划史（Ⅱ）

这一章涵盖了从大萧条开始到现在的 80 年。大萧条时期是一个孤立的 10 年，夹在繁荣的 20 世纪 20 年代与第二次世界大战开始之间。从第二次世界大战结束到目前为止的 70 年极为不同。虽然这一时期出现了巨大的社会、政治和科学技术变革，但它或多或少是一个连续的时期。20 世纪 30 年代的资本主义运作不佳，当时美国的对手——法西斯主义正处于政治右翼。战后，美国的资本主义基本上运作良好。美国原先的对手被打败了，而后变成了美国的盟友。原先的盟友现在却成了美国的死对头。在 1989 年发生的一系列事件中，东欧剧变，苏联解体，冷战似乎结束了。这些事件将影响进入 21 世纪的城市规划问题的历史背景。

我们不能通过规划本身了解城市规划的历史，这是本书的一个主题。我们必须从历史和意识形态的角度看规划。这里我们把 20 世纪 30 年代和战后时期做了一个简单的对比，其目的是在提醒读者，把最近 80 年的城市规划历史放到一个不断变化的意识形态的背景下去认识。

城市规划和大萧条

在城市规划史中，20 世纪 30 年代是一个特殊时期，它唤醒了对规划的乐观主义情绪。实际上，那个时期开启了若干新的规划领域，但同时，也是那些对城市规划寄予极大希望的人的失望时期。并非所有的规划师，而仅对希望看到规划范围扩大的规划师来讲，大萧条时期同样具有苦乐参半的诱人机会。这是怎么啦？

1929 年，股票市场的崩盘逐步把美国拉进了大萧条的状态中，经济状况在几年里逐步恶化。1933 年 3 月，罗斯福总统就职时，当时失业率高达 25%，自 1929 年以来，生产的商品和服务的现金价值几乎下降了 50%。自由市场制度明显失效了，而且没有能力把失业的劳动者和闲置的劳动工具结合起来，建立一个合理的环境，这是规划获得的一个繁荣的 20 世纪 20 年代所不曾出现的机会。

规划是一个具有多重意义的术语。从一个小镇对土地使用最微不足道的控制，到苏联风格的集中经济规划，城市规划可能无所不及。然而，思想上的政治情绪和政治态度可能很模糊。一般而言，无论城市规划究竟意味着什么，大萧条带来的经济困境和失望让人们更加青睐规划。

当时，人们对于应该规划什么或根据什么原则来规划，还没有达成共识。即使在罗斯福政府内部，思想观念也并非铁板一块。罗斯福本人并不激进，他是一个实用主义者，会按照需要来调整和转变自由市场制度，当然他并没有大规模重建的长期计划。在其政府内部的一些人，如内务部长伊克斯（Harold Ickes）都是相当保守的。而另外一些人，如罗斯福的左膀右臂塔格维尔（Rexford Tugwell）和华莱士（Henry Wallace）主张大变革，把经济大权从私人手里转到公共手里。

除了罗斯福政府，当时的国会几乎是不激进的，当然比起美好时期的国会，这个时期的国会还是愿意做些尝试。最后，还有一个相对保守的最高法院，按照现代的术语讲，那时的最高法院是"严格解释宪法派"。[1] 法院对政府打算开展的社会和经济实验数量做了重大限制。

许多规划创新是在大萧条时期开始的。[2] 有些延续至今，有些则消失殆尽，甚至没有留下什么痕迹。[3] 一个延续至今的创新是联邦政府给地方和州一级的规划工作提供资金。它们使用联邦政府的这笔资金雇用规划人员，这既是创造工作岗位的一个措施，也是对城市规划工作的一种财政上的保障。许多城市利用这笔联邦资金创立规划机构，绘制规划图，建立规划数据库，编制城市规划，包括许多城市的总体规划。在一个缓慢的发展过程中，在20世纪30年代的财政紧缩的条件下，许多规划不过是墙上挂的规划图而已。但联邦政府提供的这笔专项资金确实帮助建立了有一定规模和技术能力的专业队伍。

联邦资金和州对规划的兴趣推进了始于20世纪20年代末的一种趋势，即创建州规划机构。到1936年，除了一个州外，美国所有的州都建立了一个州规划委员会。这些规划委员会的工作重点各不相同。许多州，尤其是那些以农业为经济主体的州，规划重心是农业环境保护和耕地保护。而其他一些州，重心是放在城市问题上，包括住房质量、污水处理、水污染、适当娱乐设施的供应、公共财政和城市治理。州规划机构的大量工作集中在弄清乡村地区水土流失状况或研究公共财政和大都市区政府体制。

---

① Robert Bork, The Tempting of America: The Political Seduction *of the Law*, The Free Press, New York, 1990.
② William E. Leuchtenburg, Franklin Delano Roosevelt and the New Deal, Harper & Row, New York, 1963; or Arthur M. Schlesinger, *The Coming of the New Deal*, Houghton Mifflin, Boston, MA, 1958.
③ Mel Scott, American City Planning Since 1890, University of California Press, Berkeley, 1965.

当时，联邦政府进入了低成本住房供应领域，从那以后，联邦政府以某种方式始终坚守在这个领域。这样做的目标有两个：首先是改善穷人的住房；其次是扩大建筑业，拉动经济发展。起初，联邦政府直接建设公共住房。随后，一个最高法院裁决迫使联邦政府对直接建设公共住房建设项目进行调整，变成联邦政府对地方公共住房部门提供财政支持，包括建设资金和运行资金。现在，美国有超过100万套公共住房，还有几百万套私人所有但能拿到公共补贴的住房。国家在住房市场上的出现，最初发生在大萧条时期。

20世纪30年代中期，重新安置管理局着手展开新城建设计划。因为国会没有通过这个计划，所以在1938年，新城建设计划搁置了。不过当时确实按照新城建设计划建造了3个新城，马里兰州的格林贝尔特、俄亥俄州的格林希尔斯以及威斯康星州的格林戴尔。

联邦政府的住房目标不仅涉及了城市规划领域，而且还涉及了公共财政领域。我们在第2章中粗略地提到联邦住宅局（FHA）提供的贷款保证金，在第17章中会详细讨论这个问题。实际上，几乎没有联邦政府的行为比联邦住房管理局提供的贷款保险对结算模式产生的影响更大。

城市更新的概念基础也是大萧条时期的一个发展。经济学家和联邦政府中的其他人，预见了城市中心地区与郊区在争夺开发资金问题上面临的困难，这种困难基本上是由购买开发用地的成本不同所致（见第11章）。当时提出的解决方案是建立城市房地产公司（the City Realty Corporation），这个组织使用联邦补贴，而且具有国家征用权（the power of eminent domain），开发低成本的可以上市的建设土地。[①] 第二次世界大战使城市房地产公司成为泡影，但这种想法以不同的名字成为《住房法》（the Housing Act，1949）的基础之一，依照《住房法》，建立了城市更新局（Urban Renewal Agency）。

导致州际公路系统建设的第一个规划也是大萧条时代的一个延伸。第二次世界大战使州际公路系统的想法搁置了一段时间，但《国防公路法》（the National Defense Highway Act）（1956）让这个想法重新出现。该法律推动了州际公路的建设，它是美国历史上最大的建设项目。

大萧条时代见证了特格维尔（Rexford Tugwell）领导的国家资源规划委员会（NRPB）的成立，特格维尔是罗斯福智囊团的重要成员。虽然国家资源规划委员会完全没有实现那些倾向于向左移动的人们的想法，但它确实做了一些有意义的

---

① Guy Geer and Alvin Hansen, "Urban Redevelopment and Housing," a pamphlet published by the National Planning Association, 1941.

工作。它的一大贡献是支持地方和州层面的规划工作，另一大贡献是对国土自然资源做了盘点。前面我们曾经提到，当时国内存在着冲突政治思潮，所以这个委员会没有在国家层面留下多少痕迹，1943 年，国会解散了该委员会。战争本身以及国家面临的与战争相关的问题，是引起它垮台的一个原因。另外一个原因是，任何一个组织只要想做一个大规划，总会殃及池鱼，形成对立面。

无论何种原因导致国家资源规划委员会的解散，它的解散在很大程度上是一个意识形态问题。在左翼看来，解散国家资源规划委员会等于丧失了机会；在右翼看来，它好像是把洪水猛兽扼杀在了摇篮里，不让它造成任何危害。

最后，大萧条时代还目睹了许多区域规划的启动，如众所周知的田纳西流域管理局（TVA）。田纳西流域管理局是在 1933 年成立的，希望在大规模尺度上把防洪、发电、自然资源保护结合起来。在防洪大坝发电，为乡村地区供电的同时，把工业生产引入这个区域。田纳西流域管理局还利用水库展开了娱乐休闲产业的发展规划。对于那些主张政府发挥更大作用的人来讲，田纳西流域管理局无疑是一个能够实现大规模区域规划的范例。

其他区域机构包括新英格兰区域委员会、科罗拉多河协议以及太平洋西北区域规划委员会。博尔德大坝、邦纳维尔大坝和大古力大坝的建设都是按照科罗拉多河协议展开的，并且受太平洋西北区域规划委员会的领导。

战后时期

大萧条和大萧条时代的问题都因为第二次世界大战爆发暂时搁置。战时经济很快就解决了 20 世纪 30 年代的失业问题，海外政治和军事事件都让国家政治重心从内部转向外部。从第二次世界大战结束到现在，美国的经济发展还是可以的。当然，也出现过几次萧条，最严重的一次出现在 2008 年，也出现过几次通货膨胀，但是美国经济整体上还是繁荣的。与大萧条时期相比，战后不再那么考虑重大变革了。这种不情愿也许顺应了民间的凑凑活活过日子的老话。资本主义经济在西欧、日本和北美得以顺利发展，而且资本主义经济在西欧、日本和北美的成功不利于向国土规划方向做出重大转变。

所以，美国战后的规划都是在相对保守的框架中展开的。只要可能，战后的城市规划都十分依赖私人活动和私人资本。主要规划活动一般都是联邦、州和地方政府结合的产物。联邦政府提供一部分资金和一些法规性指南，州和地方政府编制具体规划并实施。正如在第 18 章讨论的那样，出于一些相同的思想观念和一定的经济背景，20世纪80年代和90年代，欧洲国家的规划越来越像美国模式，而战后初期并非如此。

城市规划的扩大

战后时期，城市、城镇和国家层面的城市规划活动扩大了。造成这种局面的原因很多，战后的繁荣让市政当局有了更多的资金用于规划。随着战后经济的增长，在个人需求得到满足后，人们开始关注公共需求。当一个人的温饱、住房和经济保障状况超过以往时，他就会开始关注其社区品质。第二次世界大战结束后的郊区化与第一次世界大战结束后的郊区化一样，推动了成千上万郊区城镇展开规划，解决它们的增长问题。差别在于这次没有削减郊区发展的经济萧条存在。联邦政府有力地推动了地方规划活动的增加。这一章中提及的联邦赠予、城市更新和其他一些项目推动了规划机构的扩大。除此之外，按照《住房法》（1954）和相关法令，允许地方政府把联邦政府提供的资金用于一般规划目标。

城市更新

"城市更新"或早期所说的"城市再开发"是战后出现的第一个重大举措。大萧条后期曾经出现过中心城区与郊区争夺投资的情况，中心城区面临困难。国会在《住房法》中建立了一种机制，让城区可以更高效地与郊区竞争。那时城市的最大需要似乎是住房投资，清除贫民窟，减少严重住房短缺，大萧条和战争使住房建设开工率低下，从而造成了严重的住房短缺。因此，城市更新从清除贫民窟和住房项目开始，很快又给城市更新加上了商业开发的推动力。城市更新项目于1973年结束，截至当时，联邦政府投入的资金已经达到130亿美元。同时，联邦政府还在地下管线上投入了几十亿美元。考虑到通货膨胀因素，城市更新上的开支可能相当于现在的1000亿美元。大量的建设项目已经完成，但却付出了非常高的社会成本，如对原有街区的破坏，迫使成千上万的家庭搬迁。我们在第11章中将讨论这个项目。

公路规划时代

公路规划和公路建设是战后时期的另一个重大主题。正如我在第2章所提到的，第二次世界大战结束后，出现了与私人拥有汽车量剧增相伴而生的大规模郊区化。与这种大规模人口郊区化相联系的是经济活动的郊区化。经济活动分布改变的后果是，都市区内部和都市区之间的车辆货运量相对于铁路货运量大大增加了。由于这些压力，一个接一个的大都市区都展开了大规模的公路规划。"芝加哥地区交通研究"（CATS）是第一个，也是最著名的一个公路规划项目。

我们还在战后时期目睹了州际公路系统的建设。客观上讲，这是美国历史上最大的工程项目。建设州际公路系统的想法战前就有了，但真正的项目开工是在《国防公路法》（1956）通过后。大部分州际公路系统是在 20 世纪 60 年代和 70 年代建设起来的。到了 20 世纪 80 年代，只有少数州际公路没有连接起来。这个州际公路系统的长度达到 4 万英里，是重新塑造美国的主要力量。有人怀疑，州际公路系统的规划师并没有预计到州际公路系统对美国的影响。我们将在第 12 章描述交通规划，而在第 17 章描述州际公路系统。

环境规划

环境规划，作为一个规划领域出现在 20 世纪 60 年代末，而 50 年以前，"环境规划"这个术语实际上是抽象的。环境规划的出现可以追溯到两个独立的潜在力量。第一，随着人口和富裕程度的增长，人类已经具有更大破坏自然环境的能力。更多的人、更大功率的电力、更多的车辆行驶里程、更多英亩的建筑环境，所有这些都意味着自然环境面临更大的威胁。第二，按照一些人的说法，更重要的是我们生产的产品和我们的生产方式发生了变化。大约在 20 世纪 40 年代，我们生产和使用的材料开始了一场革命。当时我们对大自然的原材料进行一些加工和改变，但我们手中的大部分材料都是大自然的原材料。因为我们对非自然状态材料的依靠增加了，而那些非自然状态的材料常常有某种程度的有害物质，它们的自然降解过程也是大自然中没有的。卡森（Rachel Carson）在她的那本影响巨大的著作《寂静的春天》（*Silent Spring*）中提出，DDT（人们知道这种合成物有几十年了，但是，真正使用它则是在第二次世界大战期间）正在进入食物链，对生态系统，对人类产生了各种各样的严重后果，尤其对处在食物链上端的人类危害最大。[1] 巴里·康芒纳（Barry Commoner）在《闭环》（*The Closing Circle*）列举了产生恶劣环境后果的产品和工艺的变种，例如杀虫剂、化肥而不是天然肥料、聚乙烯材料制造的塑料制品——聚乙烯材料没有自然降解途径。[2]

---

[1]　Rachel Carson, *Silent Spring*, Houghton Mifflin, Boston, 1962.

[2]　Barry Commoner, *The Closing Circle*, Alfred A. Knopf, New York, 1971.

20世纪60年代末，人们越来越关注我们对自然环境的影响，从而使《国家环境政策法案》（NEPA）得以通过，并且建立了环保局（EPA）。这个法案还要求大量使用联邦政府基金的项目进行环境影响评估（EIS），在环境规划领域的建立上，这个要求比起任何事件的影响都大。只是简单地遵守这项要求，就给大量环境规划师创造了就业岗位。随后，许多州通过了类似《国家环境政策法案》的法律。国会通过了许多其他环境法律，如《清洁空气法》和《有毒物质管理法》。在所有与环境相关的法案中，遵守法律要求的研究和规划都扩大了环境规划领域。日益增加的环境意识，推动了相关机构在处理传统土地使用规划问题时去考虑环境问题，而在若干年前，这类问题在规划过程中是被忽略掉的。我会在第15章中谈到这个问题。

能源规划是环境规划的一个领域，随着1973年的阿拉伯–以色列战争的爆发，能源规划成为现实。紧随这场战争的是石油禁运，从而引起了石油价格的翻番，汽油价格上涨了50%。在接下来的20年里，对能源规划的兴趣随着石油价格的升降而增加和减少。最近这些年，推动人们对能源规划感兴趣的不一定是能源价格了，倒是因为减少二氧化碳排放量所致。

增长控制和增长管理

增长控制和增长管理在20世纪60年代是一个独立的规划领域，而且增长控制和增长管理是一个法律和道德有矛盾的领域。战后时期出现的两个独立因素结合在一起，产生了增长控制和增长管理领域。

第一个因素是人口增长和人口从城市中心向近郊和远郊的迁徙。许多社区感觉到了增长的威胁，发现它们需要创造一种手段来完全阻止增长或限制和控制增长。第二个因素是60年代以来发展起来的环境意识。对自然环境的一般关注，很容易转变成对特定城市、镇或县的自然环境的关注，找到推动地方控制增长的理由。对全球环境的关注产生了60年代的一大思潮，人口零增长（ZPG），对未来父母而言的口号是"两个就够了"。[①]关注全球或国家层面的人口控制导致关注地方层面的增长控制，当然二者之间的逻辑联系是有可能的。

增长控制思潮提出了法律和道德问题，而这类问题是不易解决的。实际上，这类诉讼案件不少。一个有争议的问题是，社区有哪些权利排除潜在的居民。第5章和第14章将谈及这个问题。

---

① Paul Ehrlich, *The Population Bomb*, Ballantine Books, New York, 1971.

州域规划的增长

20 世纪 60 年代后期，州域规划增加了。这个发展与对环境问题的关注紧密地联系在一起。一般来讲，州域规划并不代替地方规划，而是新增一个层次的控制。因为州域规划超出了行政边界，涉及地方政府不能适当解决的问题。因此，州域规划可能提出多种环境或增长管理目标。

经济发展规划

在第二次世界大战刚刚结束的那段时间里，人们一般认为，政府的经济功能不过是保证国民经济运转正常。具体而言，主要问题是采用适当的财政政策和货币政策，维持高水平的就业和合理的周期性稳定程度。当时在一定程度上存在因失业所致的贫困，解决办法是经济增长，把更多的人纳入就业大军，对工资上涨施加压力。

然而，经过一段时间后人们发现，随着国家的繁荣，一些地方的贫困和失业却愈演愈烈。当时首先认定的地理区域是阿巴拉契亚地区，它地处很富裕的东海岸地区和蓬勃发展的中西部地区之间。于是，开始使用"贫困漏洞和结构性失业"之类的术语。

20 世纪 60 年代初，联邦政府开始通过一系列机构和项目支持地方经济发展计划，我会在第 14 章中具体谈这个问题。简单来讲，联邦政府希望通过规划和财政补贴的办法，让资本进入贫困地区。一开始，联邦政府涉及结构性失业的大部分工作集中在乡村小城镇上，那里的问题最严重。随着第 2 章提到过的那种贫困的城市化，联邦政府涉及结构性失业的大部分工作逐步转移到了城市。

出于政治意识形态的原因，里根政府反对这类计划。在 20 世纪 80 年代，联邦政府基本上撤离了经济领域，而且从此没有以主要方式再回到经济领域。然而各州和成千上万的地方政府依然把大量的精力和资金花在经济发展上。结构性失业问题是这种努力的基本目标。另外一个主要目标是减少房地产税。1978 年，加利福尼亚通过了"第 13 号提案"，这个提案在很大程度上限制了地方政府能够增加的房地产税，许多州随后效仿了这一做法。一方面，市民抵制增加房地产税；另一方面，提供公共服务的费用正在上升，市政府处在这样的困境之中，它们走出困境的最佳途径似乎只能是发展经济，扩大税基。

精明增长的规划

20 世纪 90 年代中期，马里兰州找到"精明增长"这个术语来描述它的反城市蔓延的州发展计划。不过几年的时间，这个术语在美国规划界不说最普遍，但至少成了使用非常普遍的一个规划术语。与有关增长管理相关的观念结合在一起，精明增长被奉为解决城市蔓延问题的最新且最重要的答案。随着美国人口每年300万的增长幅度，郊区人口增长幅度最大，与蔓延相关的交通拥堵和其他问题正在成为公众和官方规划师日常关切的重要问题。第14章讨论了城市蔓延和精明增长。

规划和公共安全

相比孤立的定居点，城市是一种更能够防御的地方，所以对安全的需求曾经是城市发展的一个重要推动力。几个世纪以前，技术开始改变这种情景。15世纪后期，欧洲出现了大炮，于是城墙开始失去防御的价值。20世纪，飞机的发明让城市从安全区变成了巨大的攻击目标，第二次世界大战明确证明了这一点。就在第二次世界大战刚刚结束的时候，具有核武器的苏联让美国每一座城市都像一个重要的军事负担。许多人认为，我们的城市越密集，我们就越会招来核攻击，而且在核攻击下生还的能力就越小。

城市规划师和联邦官员开始讨论这样一个问题，一个比较分散的发展模式是否对美国更为有利。[①]然而这种想法始终都没有聚集起足够的拥护者来影响美国的发展模式，当然，这种想法影响了一些国防设施的选址，影响了与国防设施相关的商业和居住开发。美国绝大多数人认为，美苏之间是不会发生核战争的，所以，这是美国没有采用主动分散政策的一大原因。随着冷战的减弱和缓和政策的增加，对发展模式的安全意义的关注逐渐消失了。

2001年发生的"9·11"事件将定居点模式与安全之间的关系重新提上了规划师的议事日程。没有任何一个恐怖袭击能够与核交战的破坏性同日而语，但从另一方面讲，这样一种恐怖袭击已经发生了，它引起的破坏性也是巨大的。对于大多数美国人来讲，基地组织似乎是不可理喻的。美国人即刻明白过来了，恐怖主义不仅发生在中东地区、斯里兰卡或克什米尔。从"9·11"事件那一天开始，美国人必须面对国内发生恐怖袭击的可能性。

在建筑设计、场地设计、建筑和公共空间的运行方式中，安全意识以各种各样的细微的方式表现出来。新的和较大的建筑上出现了防爆玻璃，采用了比较坚固的建筑工艺。在一些城市地区，避免车辆靠近建筑物的路障比比皆是。华盛顿

---

① Michael Quinn Dudley, "Sprawl as Strategy: Planners Face the Bomb," *Journal of Planning Education and Research*, vol. 21, no. 1, fall 2001, pp. 52–63.

纪念碑的新景观虽然没有改变华盛顿纪念碑的基本外观，但是围绕这个纪念碑一定距离的步行道建起了矮墙，阻止卡车接近纪念碑。

从长远的角度看，恐怖主义威胁对城市形式有多大的影响取决于美国是否还有恐怖主义的活动。如果美国人觉得相对安全，不会再次受到恐怖主义的袭击，那么"9·11"事件对美国城市的影响会不大。就在撰写本书的时候，随着我们离开"9·11"事件的时间越来越远，对恐怖主义袭击的担心可能正在衰减。在"9·11"事件刚刚发生的时候，许多人在想，可能不再会建设非常高的建筑了，然而事实并非如此。如果对恐怖主义袭击的担忧，明显影响了城市形式的话，那么整个影响可能是一种疏散的形式。在低密度建筑环境条件下，当然比较容易实现，而且较低成本就可以让交通流和停下的车辆避开建筑物。在高密度建成区，如下曼哈顿或芝加哥的中心区，这种措施是很难执行的。

应对自然灾害的规划

长期以来，规划师对自然灾害的规划有所关注。例如通过对洪泛区做分区规划，最大限度地减少洪水对人和建筑物的威胁。然而在 21 世纪，对自然灾害的关注与日俱增。有三件事让针对自然灾害的规划成为前沿，2005 年重创新奥尔良和墨西哥湾沿岸地区的卡特里娜飓风；2011 年导致福岛核电站不能使用并引起人员和财产重大损失的海啸；2012 年重创纽约和新泽西沿岸地区的飓风桑迪。除此之外，许多人担心全球气温上升，进而导致海平面上升，会在未来增加重大自然灾害发生的概率。第 14 章将更详细地讨论这个主题。

小结

这一章已经提到，在大萧条时期人们增加了对规划的兴趣，部分原因是美国资本主义在那个时期的拙劣绩效。虽然主张向国家规划方向大规模倾斜的塔格维尔等人很失望，但延续到了战后时期的一些规划目标其实起源于 20 世纪 30 年代。

大萧条时期就设想到了城市更新和州际公路系统，当然，直到战后才有了法律依据和资金。大萧条时期联邦政府就开始补贴住房，动用联邦资金支持地方政府制定城市规划。在大萧条时期，20 世纪 20 年代所看到的范围有限的州域规划已经扩展开来。第二次世界大战迅速结束了大萧条时期的失业，美国政治中心从国内事务转向国际事务。

战后时期的政治气候非常不同于大萧条时期的政治氛围。第二次世界大战期间，国土资源规划委员会实际上已被解散，而且再也没有恢复。然而规划活动却有了重大扩展，其中重要推动力是联邦政府对建设项目的拨款和国内立法。新的更大的规划活动有：城市更新、公路规划（包括州际公路系统的规划）、环境规划、社区规划、增长管理规划和地方经济发展规划。最近这些年，随着越来越多的人关注持续人口增长推动的城市蔓延，精明增长问题走向前沿。

战后出现的人口和财富的增长，快速的郊区化和日益增加的私人汽车，许多城市中心地区与郊区的竞争地位日趋下降，人们越来越关注人类活动对自然环境的影响，这些都是规划活动日益增加的力量。

参考文献

Hall, Peter, *Cities of Tomorrow*, Blackwell, London, updated edition, 1996.

Krueckeberg, Donald, A., ed., *Introduction to Planning History in the United States*, Rutgers University Center for Urban Policy Research, New Brunswick, NJ, 1983.

Reps, John W., *The Making of Urban America*, Princeton University Press, Princeton, NJ, 1965.

Scott, Mel, *American City Planning Since 1890*, University of California Press, Berkeley, 1965.

第二部分　当代城市规划的结构与实践

第5章　城市规划的法律依据

本书中讨论的规划是政府的一项活动。它涉及行使赋予政府的权力和公共资金的支出。除其他外，它受到政府权力的限制。在这一章里，我们要描述地方和州政府行为的法律框架和法律限制。

宪法准则

美国宪法大量涉及了分配给联邦政府的权力和责任，委托给州政府的权力和责任，不过美国宪法只字未提州政府和州以下政府单位之间如何划分权力的问题。事实上，从字面上看，美国宪法根本就没有提到州以下还有政府单位这件事：完全没有城市、城镇、镇、村庄、教区或县这类词（虽然不是十分清晰，但是美国宪法中确实有"区"这个词）。

我们可以这样理解，从美国历史的最早时期开始，州以下政府单位的权力都来自州，或者若干年以后使用的一个说法——"州的下属"。1868年，狄龙（Judge John F. Dillon）法官把这种认识以严格的方式表达出来，这就是所谓"狄龙规则"。[①]简单地讲，"狄龙规则"是说，州以下政府单位的权力仅仅是州赋予它的权力，或者州赋予它直接和无争议地暗示的权力。

在狄龙裁决之后的那些年，一些州修改了宪法，加入了地方自治条款或通过了地方自治立法。其中，州以下的政府拥有州没有禁止的任何权力，拥有不与州宪法或其他州法律相冲突的任何权力，因此我们可以按照遵循"狄龙规则"的州或遵循自治规则的州对所有州进行分类。[②]不过，无论是遵循"狄龙规则"的州，

---

① John F. Dillon, Commentaries on the Law *of Municipal Corporations*, 5th edn, Little, Brown & Co., Boston, MA, 1911, vol. 1, sec. 237.

② Jesse L. Richardson, Jr., Meghan Zimmerman Gough, and Robert Puentes, Is Home Rule the Answer? Clarifying the Influence of Dillon's Rule on Growth Management, The Brookings Institution, Washington, DC, 2003.

还是遵循自治规则的州，州以下政府的权力无疑都是来自州，这才是问题的核心。按狄龙规则直接允许的权力，或者没有被自治规则禁止的权力，其实并没有什么不同。

显然，州政府不能给州以下的政府分配它自己都没有的权力，只能分配它自己拥有的权力。一般来讲，地方政府的结构以及地方政府的权力和责任在章程、州授权法律和州宪法中有明确规定。

权力和限制

州政府给地方政府授权，与此同时，州政府也能够把与此相关的义务交给地方政府。地方政府的行动受到美国宪法或州宪法保证个人所拥有的权力的限制，受到美国宪法或州宪法的指导。在个人权利或政府权力的限度问题上出现争议时，由法庭做出最终裁决。法庭会允许约束地方规划的内容，地方官员、房地产业主和其他利益攸关方相信法庭所允许的是经得起法律检验的。在许多情况下，法院要求地方政府去做地方规划，同时要求地方政府影响地方规划。

如"芝加哥规划"之类的早期规划，常常是在没有任何具体规划框架的情况下编制出来的。"芝加哥规划"就是由一个没有法律授权或没有权威的团体编制的，实际上，这个规划是送给芝加哥的一个礼物。芝加哥市通过行使正常的政府权力实施了芝加哥规划。具体而言，芝加哥市使用它征税和发行债券的权力筹集资金，支撑这个规划提出的建设项目。芝加哥市利用它签订合同的权力购买自愿交易的房地产。在自愿交易不成的地方，芝加哥市动用了它的征用权来获得私人财产。

这种征用权是重要的，应该对此做一个简要的说明。征用权意味着，政府有权为了公共目标而掌握私人财产。例如，为了修筑道路，一般会征用挡道的房地产。当政府征用该房地产时，它必须按照其价值赔偿房地产的所有者。如果政府与房地产所有者不能达成一致，就得对簿公堂。在听取专家作证之后，法庭会对业主因为征用他的房地产而受到损失的价值做出裁决。政府必须按照法庭裁定的征用费偿付被征房地产业主。宪法赋予个人的权利约束着政府执行它的征用程序。具体而言，"第5修正案"中的征用条款是这样写的，"没有公正的赔偿，就不能为了公共使用去征用私人的房地产"因此必须赔偿。"第14修正案"提出，"不履行法律程序，不能剥夺任何人的生命、自由或资产"——所以，在没有达成自愿协议的情况下，需要付诸法律程序。"第4修正案"保证了人的生命、住房、有价证券的安全，免受不合理搜查和没收所造成的不利后果。因为一个微不足道的目的而去征用私人财产，在法庭上是站不住脚的。

对私有财产的公共管理

对私有财产使用的公共管理与公共占有，这是两个完全不同的事务。政府拥有对私有财产的使用进行某种管理的权力，几十年以来，它一直都是现代规划发展的一条主线。如果地方政府真的不能对私人所有的土地的使用实施控制的话，美国的城市规划实践一定会迥异于我们今天所看到的规划实践，而且会受到更大的限制。

对私人财产的使用进行公共管理，涉及强迫财产所有者接受不给予赔偿的损失。我们需要对此作一个解释，开发建设办公大楼需要巨额投资。假定一个人在市中心有一块建设用地，从投资收益的角度看，要想让这块场地获得最大经济收益，需要建设一幢12层的办公大楼，但市政府使用分区规划，把这个场地上可以开发的建筑高度限制在6层楼。这样，开发12层的建筑和开发6层的建筑之间就存在一个收益差，这个收益差就是这块开发场地业主的损失。无论业主是开发这块地，还是把这个场地出让给别人开发，或者把这个场地租赁给别人开发，其结果大同小异。如果业主自己来开发这块土地，那么他的损失直接表现为盈利减少。如果业主出让或租赁这块土地，业主的损失表现为售价降低或租赁收益减少。

分区规划就是一种对土地使用实施控制的办法，也是一种限制。分区规划已经发展许多年了。如果收益最高的土地使用类型不在分区规划允许该土地使用的类型之中，业主一定会有损失。然而，不需要向业主支付任何赔偿，也不需要为了社区利益对此实施干预，从而造成损失。除非房地产业主对社区成功提起诉讼，否则分区规划法令仍然有效。这种在不必支付赔偿的前提下限制业主对土地的使用而让公众获得利益，显然使分区规划受到欢迎。社区获得部分所有权，控制房地产的使用，又不要花钱去成为一名业主。注意，控制土地使用不同于使用赔偿方式去征用土地。在使用赔偿方式征用土地的情况下，市政府成为被征用房地产的业主。

分区规划的合法性是建立在管理权（police power）的法律基础上。管理权这个令人误解的术语指的是城市具有管理私人活动以保护公众利益的权利。我们可以使用卫生、安全和公共利益来表达通过使用公共管理权来保障的大量利益。所以，我们可以把限制建筑高度的分区规划法令、保证街道不会永远被阴影笼罩的分区规划法令，看成市政府在行使其管理权。阻止在居民区开发一定的工商业活动的分区规划法令，可视为市政府在行使其管理权。阻止房地产业主进行高强度的土地开发，进而避免对附近道路造成交通拥堵，也同样可以将这个分区规划法令视为市政府在行使它的管理权。

市政府在管理权概念下的权力和宪法以及其他保障下财产所有人的权利，二者推进的方向正相反。确切的平衡点落在法庭的裁决上。政府因为何种目的获取私有财产所有者多少利益，例如建筑高度，这个问题一般涉及补偿问题，是大量文献的主题。关键在于管理行动构成或不构成一个征用问题。如果法庭裁决某个管理行动构成了征用，那么按照宪法第五修正案，就需要赔偿私有财产所有者。如果法庭裁决某个管理行动不构成征用，则不需要对私有财产所有者给予赔偿。

19世纪后期，市政当局开始对私有土地的使用进行管理。典型的启动方式是通过立法对土地使用实施限制，从而获取私有财产所有者的部分价值。随后，由于法律造成的损失，财产所有者向法院提出上诉。一审败诉者常常会向上级法院提起上诉。通过这种诉讼和起诉，控制私有土地使用的公权力的范围和限度逐步确定下来，并且延续至今。

1887年的"穆勒诉堪萨斯案"（mugler v. kansas）就是一个非常早的案例。美国最高法院支持了堪萨斯的一个禁令，迫使啤酒厂在没有赔偿的情况下关闭。这家啤酒厂的业主提出，赔偿是他们应有的权利，但法庭的裁决是，执行管理权所造成的损失是用来保护社区的卫生或安全，不需要赔偿。注意这里管理权和征用权的区别。如果市政府征用了这个啤酒厂，那么显然需要赔偿。1899年国会通过法案，限制华盛顿特区的居住区的建筑高度不超过90英尺，在一些最宽阔的大街上，建筑高度不超过130英尺。这个条例考虑的是道路的采光、通风和交通拥堵问题。1904年，马萨诸塞州议会通过了有关波士顿的类似条例。波士顿商业区的建筑高度限制在125英尺，而其他地方的建筑高度限制在80英尺。

1909年，洛杉矶市通过把城市划分成许多商业区和一个居住区，进一步延伸了对私人所有的土地实施公共管理的观念。在居住区，土地的商业使用需要批准。洛杉矶市迫使居民区的一家砖厂停止运营，这是一个标志性案例。这个决定保护居民免遭噪声、烟尘和交通对居住环境的干扰，保护了公众的福祉。这家砖厂的业主起诉了洛杉矶市，随后展开了一系列诉讼，这个案子最终到了美国最高法院。在哈达克诉塞巴斯蒂安（Hadacheck v. Sebastian）一案中，最高法院支持了洛杉矶市。虽然这个案子表面上是控制公害，而不是分区规划，但最高法院的裁决明显有增强市政府管理权的效果。[①]

第一个现代分区规划条例可能是由纽约市颁布的，当然按照现在的标准，纽约市颁布的这个条例还有很大的发展空间。20 世纪初，下曼哈顿迅速发展成为一个商业中心。钢框架结构和电梯正在使那个地区的建筑达到 40 层、50 层，甚至60 层高。曼哈顿是一个岛，因此商业区的水平发展受到限制。实际上，现在成为金融区中心的华尔街地区，从东河步行到哈得孙河也许只需要 15 分钟的时间。因为路面交通越来越挤，市政府正在建设地铁系统，这样就可以让这个商业区的雇主招到来自更远地方的就业者。同样的快速公交可以让纽约市中心的居住密度下降，相反，允许增加市中心的就业密度。

随着纽约市中心土地价格的攀升，开发商希望没有任何退红，把整个地块全部用于建筑物。结果是形状像儿童积木一样的建筑连续不断地展开。这类建筑让下面的道路被阴影笼罩着，那些阴影可以延伸好几个街区。允许建筑沿着相应地块的地界垂直上升，有时会造成相邻业主的损失，给相邻建筑的立面投下挥之不去的阴影。

同时，对摩天大楼开发的关注与日俱增，在时尚的第五大道零售地区的商人发现，那些从下曼哈顿迁出的制造厂正在入侵他们的地区，从而影响了那个商业区的氛围，顾客减少了。因此，他们敦促市政府对此有所作为。

在这些因素的推动下，1916 年，纽约市颁布了一个综合的分区规划条例，覆盖了纽约市的 5 个区。在土地使用上，这个分区规划条例把纽约市分为 3 种功能区，居住区、商业区和商住混合区。在建筑高度上，分区规划条例把纽约市分成5 个建筑高度区，高度用道路宽度的倍数来表达，以拥挤和采光为基础，调整道路宽度和楼层高度的比例。就建筑物覆盖地面的具体要求而言，如最小地块规模，这个分区规划条例把纽约市分成 5 种建筑物覆盖区。除此之外，该条例还为摩天大楼规定了一个建筑"围护结构"，规定较高楼层必须沿道路向里缩进。直到现在，我们在曼哈顿依然可以看到这种采取退缩梯状建筑造型的办公楼（图 5.1），而这种造型正是源于 1916 年颁布的这个综合分区规划条例，至今还有一些人把这种退缩梯状建筑造型讽刺为现代通灵塔（巴比伦的一座采用了一系列退缩梯状建筑造型的庙宇）。无论这些退缩梯状建筑本身的审美价值如何（或没有），它们都是对从地块直线上升的结构的重大改进（图 5.2）。[②]

① Mel Scott, American City Planning Since 1890, University of California Press, Berkeley, 1971, chs 2 and 3.
② Charles F. Flory, "Shaping the Skyscrapers of Manhattan," *Real Estate Review*, vol. 13, no. 2, summer 1983, pp. 48–53.

图 5.1 前面这座采取逐层退缩梯状建筑造型的老式办公楼，展示了 1916 年纽约分区规划条例的效果。后面那座现代建筑没有明显的退缩，但是，它的较低楼层的每个平面都是逐层缩小的

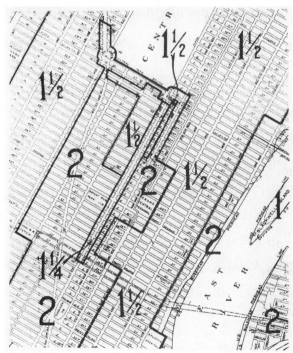

图 5.2 1916 年规定的中曼哈顿分区规划。建筑高度限制的具体数字用道路宽度的倍数来表达

这个分区规划条例是由一位律师巴塞特（Edward M. Bassett）设计的。他被普遍认为是美国分区之父。他编制的目的是为了公共卫生、安全或福利等各个方面，因此他编制的这个条例不可避免地面临法院的挑战。这个分区规划条例是建立在管理权的基础上的，因此不需要赔偿分区规划对房地产价值造成的损失。这一点至关重要，如果真要赔偿，对土地使用的公共管理会很昂贵，也更复杂，而且不会像现在这样广泛使用。该条例进一步确立了这个原则。我们可以作出这样一个理论判断，市政府基本上把分区规划权力当作一个免费物品，而这样做是有缺陷的。我们会在第 9 章继续讨论与此相关的更现代的看法。

1926 年，有关分区规划的诉讼案最终到达了美国最高法院。在**欧几里得村诉安布勒房地产公司**（The Village of Euclid v. Ambler Realty Co.）的案子中，法院支持了一个村庄的分区规划条例，这个条例阻止了安布勒房地产公司在居民区开发建设一幢商业建筑。法庭的裁决确定了这样一个观点，市政当局可以通过土地使用管理机制，不用赔偿房地产业主的损失。法庭实际上已经裁定，这种损失不构成对房地产的一种征用，如果真是对房地产的征用，按照宪法第五修正案的条款，是需要赔偿的。最高法院对这个诉讼的裁定让分区规划是否符合宪法精神的所有怀疑都一扫而空。**欧几里得分区规划**这个术语就是用这个村庄的名字命名的一种分区规划，现在，我们用**欧几里得分区规划**来指传统的分区规划条例，而不是第 9 章要讨论的那些更现代和更具弹性的分区规划。

1926 年以后，以**欧几里得案**为基础，州和地方法院支持和扩大了市政府展开分区规划的权力，控制私有土地的使用，而且分区规划在市区和郊区几乎无处不在。只有一个小例外，半个世纪以来，最高法院没有审理另一个分区案子。

1978 年，法庭审理了涉及纽约市标志性建筑保护的一桩诉讼案——"宾夕法尼亚州中央交通公司诉纽约市"（*Penn Central Transportation Company v. New York City*）案。[①] 这家公司拥有纽约中央火车站（图 5.3），它想在车站顶上建一幢摩天大楼，但城市地标保护委员会已将车站指定为历史遗址而被阻止。该公司提出，不许可开发对它造成了严重损失，并构成了一种征用。这家公司在下级法院赢了这个诉讼，但是，纽约州上诉法院推翻了下级法院的判决。于是这家公司又向美国最高法院上诉。最高法院驳回了原告的上诉，维持纽约市政府的决定。因为美国最高法院的裁决扩大了分区规划的权力范围，所以大多数规划师都认同最高法院的这一决定。它清晰地表明，私有房地产业主的行为纯粹出于审美原因

---

① Jerome S. Kayden, "Celebrating How the Supreme Court's Preservation of Grand Central Terminal Helped Preserve Planning Nationwide," *Planning*, June 2003, pp. 20–23.

图 5.3　纽约中央火车站面对 42 街的立面，中央火车站案的裁决所要保护的那个部分

而受到限制。它还表明，这种对私有土地使用的管理不只是整个地区，它还可以应用于单体建筑或一块土地。在这个案子之后的许多年里，美国最高法院裁决了多起土地使用案。我们会在方框 5.1 中列举出来。

从 20 世纪 80 年代末开始，一些房地产权的反击开始了，对此需要作些解释。政府应该如何管理私人财产的使用，这一问题涉及意识形态层面。采取政治右翼立场的人普遍认为，应该极大地限制政府对私人财产使用的管理能力，私人财产权的相对神圣性是右翼政治立场的一个基础。与此相反，采取政治左翼立场的人一般不会看重私人财产权的价值，而主张实施力度更大的公共管理。20 世纪末，随着美国向政治右翼方向的转变，一个称之为财产权的思潮变得更加强大了。

许多州通过法律，要求在实施环境法规之前做"征用影响分析"。这些法律现在才开始执行，所以它们究竟会不会产生重大影响还不得而知。这类法律在一定程度上有可能会降低州的控制能力，而不进行补偿。大约 20 多个州的议员递交了提案，要求政府补偿执行法规而产生的损失。不过到目前为止，只有密西西比州的一个提案得以通过，而通过的这一提案仅仅用于森林土地。在联邦层次上，这类提案已经提交给了参众两院，到目前为止还没有一个提案成为法律。

将法规导致的所有财产价值的减少都界定为征用的运动，在俄勒冈州取得了最大进展。2000年11月，州举行的全民公决通过了"措施7"。一个称之为"俄勒冈人行动起来"的房地产右翼组织推动了这场全民公决。这场全民公决要求政府"补偿土地所有者因政府限制其财产使用而给他们的房地产价值造成的损失。"反对"措施7"的人提出，把几乎所有对土地使用的限制都变成了征用，会给州和地方政府造成巨大的财政负担。俄勒冈州估计每年此项支出高达45亿美元，其中2/3由地方政府承担，1/3由州政府承担。反对"措施7"的人还提出，因为这项负担，大大降低了各级政府对海滩的保护能力，降低了实施城市增长边界政策的能力，甚至降低了执行分区规划条例的能力。政府应该为此付出代价。鼓吹"措施7"的人认为这样才公正，实际上，"措施7"极大地打击了政府在土地开发上保护公共利益的能力，并再现了俄勒冈州选民以前曾多次回心转意。俄勒冈州城市联盟的律师是一个反对"措施7"的人，他提出，"你们已经剥夺了政府的一个基本管理权。"一些人提出了一个基于程序的判断，"措施7"影响非常广泛，一个行动就影响了各种各样的政府权力。2002年，为了解除许多规划师和环境保护主义者的忧虑，俄勒冈州法院接受了原告的请求，推翻了"措施7"。不过规划师的解脱是短暂的，2004年11月2日，俄勒冈州的选民通过了"措施37"，这项措施基本上重复了"措施7"的实质内容，但更为狭隘的是能够在法庭上抵制挑战。"措施37"核心段落是：

> 如果公共实体颁布或实施一种新的土地使用条例，或实施一种在这个修正案有效期之前（先于州ORS197号令）颁布的土地使用法规，限制私人不动产或其任何权益的使用，并降低财产或其任何利益的公平市场价值，则应向财产所有人支付公正的补偿。

该措施不包括与公共卫生、遵守建筑规范和其他一些事项有关的赔偿条例。但"措施37"意味着任何一种法规都会使房地产业造成损失，所以都受到赔偿的约束。进一步讲，该措施可追溯到财产所有者获得财产的时间。例如，如果许多年以前，我们购买了一块土地，当时的分区规划允许每英亩可以盖两套独栋住宅，此后，规划部门对这块土地重新分区，分区规划规定每英亩只能盖一套独栋住宅，你可能会对重新分区规划的市政当局提出赔偿要求。

毫不意外，"措施37"一直都是一个诉讼主题。2006年2月21日，俄勒冈州最高法院在审理麦克富森诉DAS（*MacPherson v. DAS*）案时，做出了对原告有利的裁决，维持"措施37"，这个裁决对规划师是一个明显的挫折。但是，2007年11月，俄勒冈州的选民通过了"49号提案"，这个提案重复了"措施37"中规划师认为更为复杂的方面。财产所有者要求俄勒冈州最高法院推翻"49号提案"，但是，法院拒绝了他们的诉求，让俄勒冈州规划师松了一口气。大量的环境保护组织非常反对与政府赔偿相关的提案，这是预料之中的。美国规划协会（APA）也强烈反对，并进行了认真的游说。如果这种赔偿要求真的常态化了，会给各个级别政府的执法机关造成巨大的压力。担心招致巨额赔偿会让执法机关格外谨慎，让他们犯下监管不力的错误。正如美国规划协会声称的那样，他们还可以通过谋划出大量的要求赔偿的诉讼案，来丰富律师和顾问。

方框5.1

最高法院和征用问题

从1926年的欧几里得诉阿布勒案到20世纪80年代，美国最高法院仅处理了唯一一个涉及土地使用的重要案子：纽约中央火车站案例。然后1987年开始，最高法院裁决了7个涉及征用问题的案件。

下面这些案例没有一个具有欧几里得诉阿布勒案或纽约中央火车站案那样广泛的影响。所有的案例都涉及了什么构成征用的问题。每个案例的效果可能都是稍微扩大了有关征用的定义。

在诺兰诉加利福尼亚州海岸委员会案中（*Nollan v. California Coastal Commission*，1987），这个委员会要求诺兰提供一个公共海滩通道作为他在海滩上扩大住房的一个条件，美国最高法院驳回了这个要求，最高法院认为，扩大住房和海滩通道之间没有"本质联系"。

在卢卡斯诉南卡罗来纳州海岸理事会案中（*Lucas v. South Carolina Coastal Council*，1992），美国最高法院的裁决支持了原告卢卡斯。南卡罗来纳州已经禁止退红线朝海一边的进一步开发。这个规定阻止卢卡斯在两个滨水建筑地段开发。最高法院裁定该州的行动是一种征用，所以下令州政府赔偿卢卡斯160万美元。

在杜兰诉泰格尔市案中（*Dolan v. City of Tigard*，1994），美国最高

法院的裁决支持了原告杜兰。防止市政府要求原告因公共目的而征用土地，而仅以允许扩大其商店停车场作为交换。如同诺兰案一样，最高法院的立场是，没有充分的联系来证明市政府的要求。

在帕拉佐罗诉罗得岛州案中（*Palazzolo v. Rhode Island*，2001），美国最高法院的裁决再次支持了原告。罗得岛州不许原告填充沿海湿地建造74个单元的住宅开发区。法院禁止了罗得岛州的这个决定。虽然帕拉佐罗购买这块土地时，反对这种开发的法令已经存在了，但法院依据合理的投资预期作出了这项裁决。

美国最高法院支持帕拉佐罗的5位大法官分别是伦奎斯特、奥康纳、肯尼迪、斯卡利亚和托马斯（Rehnquist, O'Conner, Kennedy, Scalia, and Thomas），他们都是共和党总统任命的。最高法院反对帕拉佐罗的4位大法官分别是金斯堡、布雷耶、苏特尔和史蒂文斯（Ginsburg, Breyer, Souter, and Stevens），他们都是民主党总统任命的。实际上，这个阵容确实与2000年布什对戈尔的决定一样。同样，规划与意识形态之间的联系似乎很明显。

因为他们扩大了对征用的定义，限制了管理权对私有土地使用的影响，所以规划师对美国最高法院的这些决定都是不满意的。在下面的两个案子中，他们得到了一些安慰。在塔霍-塞拉利昂保护委员会等诉塔霍规划局案中（*Tahoe-Sierra Preservation Council et al. v. Tahoe Regional Planning Agency et al.*，2002），美国最高法院要裁决的问题是，为期32个月的开发暂停是否对一个区域规划构成一种征用（原告要求此规划决定对他造成的损失给予赔偿）。最高法院拒绝了原告"时间就是金钱"的判断，因为开发暂停结束时，业主能够收回他们的投资。如果最高法院的裁决是相反的，那么规划过程所花去的时间都可能让市政府面临相当大的财政风险。这个开发暂停令是在20世纪80年代初执行的，而这个案子的裁决发生在20年以后，公正的车轮可能转得很慢。

在停止填沙护滩诉佛罗里达州环境保护部案中（*Stop the Beach Renourishment v. Florida Department of Environmental Protection et al.*，2010），美国最高法院支持了被告，规划师们对这个裁决弹冠相庆。这

个案子经过佛罗里达州上诉法院、佛罗里达州法院，辗转来到美国最高法院。原告是一群海滨区的业主，他们阻止州政府在他们房前受到海水侵蚀的海滩上重新填沙。这听起来有悖常理，但实际上原告的诉讼是有一定道理的。如果州政府在原告房前那些受到海水侵蚀的海滩上重新填沙，那么新创造的海滩超越了旧的高水位线就属于州的地产，原告声称，被告这样做可能阻隔了他们去海滩的路或阻隔了他们看大海的视线。美国最高法院维持佛罗里达州法院的裁决（此前，佛罗里达州法院推翻了佛罗里达州上诉法院的裁决），拒绝了业主们的要求。如果原告赢了，后续的问题是，州政府是否有权力在不作任何赔偿的情况下恢复长长的海滩，对于那些与佛罗里达一样有着长长海滩的州来讲，这是一个非常严肃的问题。更普遍地讲，它会朝着公共方向上改变公共权利和私人权利的界限。

在孔茨诉圣约翰斯河水管理局案中（*Koontz v. St. Johns River Water Management Agency*），原告孔茨试图开发其地处河岸区里的部分地产，该河岸地区归圣约翰斯河管理局管辖。这个管理局要求他接受两种选择中的任何一个，否则不允许原告开发这部分地产。第一个选择是，把他的大部分地产转变成保护区（这就意味着，他本人或未来的购买者都不能开发这部分地产），而用几英里外的土地给予补偿。第二个选择是，开发他的一小部分地产（大约为13.9英亩中的1英亩），限制对剩下部分的开发。原告不同意任何一个选择，还对圣约翰斯河管理局提出诉讼，声称给他的这种选择构成了一种征用。这个案子经过佛罗里达州法院到达美国最高法院。联邦政府和美国规划协会发表民事简讯，表示支持圣约翰斯河管理局。各种各样的产权团体以孔茨的名义提起诉讼。2013年7月29日，最高法院以5对4的票数作出裁决，原告败诉。不同于美国最高法院的其他裁决，分歧并不完全基于意识形态，因为保守派的斯卡利亚（Antonin Scalia）大法官在这个案子上加入了3位法院自由派。这个裁决的最终效果是重新确认——也可能是延伸了美国最高法院在诺兰诉加利福尼亚海岸委员会案和杜兰诉泰格尔市案中提出的"必然关联"（联系）。对于那些支持孔茨的人来讲，这个裁决似乎是一种令人钦佩的限制，因为他们认为，监管机构在其他情况下会对业主施加压力。

2014 年 3 月，最高法院裁决了一个案件，该案件并非一个涉及征用的案子，但是与征用有联系，涉及这样一个问题，在不作任何赔偿的条件下，政府能够在多大程度上控制私人所有的土地。19 世纪后期，怀俄明州划拨土地建设铁路线，该铁路线要穿过福克斯帕克镇私人所有的土地。在计划时间内，铁路没有建成，最后铁路公司把铁轨也搬走了。于是该州把铁路用地变成了自行车道和步行道，所谓"轨道变成了步道"。房地产所有者勃兰特（Marvin M. Brandt）的立场是，当铁路建设终止了，州的地权也终止了，所有权利转到他的手里。在勃兰特可撤销信托诉美国案中（*Marvin M. Brandt Revocable Trust v. United States*），美国最高法院以 8 : 1 的决定裁决勃兰特胜诉。户外休闲娱乐的倡导者对该裁决很失望。美国有数千英里的这种铁路线，这个裁决可能会威胁到它们中的一些，让一些财产所有者有权把那些本来连接在一起的路段断开。最高法院的法律推理可能是无懈可击的，但这个决策给许多人带来了不幸。

非常住居民的权利

曾经有一段时间，人们认为只有财产所有者才有资格对市政分区规划条例提起诉讼，因为正是他们的财产可能因为分区规划条例而减少其市场价值。但是到了 20 世纪 60 年代初，法院已经理解并承认，在某些情况下，非常住居民和没有拥有这个城市财产的人也有法律资格对市政府的土地使用管理提起诉讼。

在原告看来，这类诉讼针对的是郊区社区土地使用管理的问题，没有必要限制那里允许的开发类型（有了限制性分区规划的术语）。一般受到攻击的条例是一项分区条例，或者在某些情况下，限制在大型地块上开发独栋住宅。

有时，许多诉讼是由少数群体组织或其倡导者提起的，有时还加上建造商或开发商，他们常用的法律依据是美国宪法第 14 修正案的平等保护条款。以下这段文字是美国宪法第 14 修正案第一部分的最后一句话：

不能拒绝其行政辖区内的任何人受到法律的平等保护。

如果一条法律妨碍了那些住在这个市政辖区的人建设他们能够承受的住房，那么该法律几乎不能给他们提供平等的保护，这就是争议。因为黑人的平均收入低于美国全部人口的平均收入，所以这种分区规划法令给黑人造成了巨大负担，因此是不公正的。

还有其他一些争议。例如，一个市政府利用它的分区规划权力大规模减少在它辖区内本可以建设的住房数量，那么该分区规划决定会通过把它本应该满足的一些住房需求转移给其他城市，从而推动其他城市的住房价格上涨。这就意味着，该市政辖区外的其他辖区可能因为其市政当局的土地使用政策而受到影响。

宾夕法尼亚州最高法院在1965年作出了接受后一种观点的最早决定之一。

　　很难想象，如果某地区的所有城镇，拒绝给新增人口和具有经济承受能力的那部分人口提供居住开发场地的话，可能会造成巨大的困难，并引起混乱。①

涉及非居民权利的最知名案例可能是南伯灵顿有色人种协会诉劳雷尔山市（新泽西）案 [*Southern Burlington NAACP v. Mt. Laurel*（*NJ*）]。1975年，新泽西州最高法院发现，劳雷尔山市的分区条例完全排除了包括少数族裔在内的各类人群，不符合新泽西州的宪法。因此，法院下令劳雷尔山市政府编制一份新的条例。

此后，这个案子一波三折，经历了复杂的法律和政治程序，直到2013年才最终落幕，从第一个决定到最后的裁决整整用了38年。不能保证进一步的诉讼和政治操纵会不会出现。不过这个故事并非都是消极的。经济适用房倡导者声称，多年以来，劳雷尔山的这个传奇已经促使新泽西州许多市政当局建造了数以千计的经济适用住房，否则就不会允许兴建。以下是劳雷尔山的故事。

1983年，一组通常称之为劳雷尔山Ⅱ的案子把新泽西州最高法院1975年的那个裁决推至更远。劳雷尔山Ⅱ赋予城市一个义务，采取积极的步骤，而不仅仅是废除具有排斥性的分区规划条例，给中低收入群体提供住房。1983年的裁决明确提出，这些步骤可能十分宽泛，不仅包括重新划分大片土地，还包括取消可能妨碍中低收入群体住房的任何条例。例如，对道路宽度的细分控制或缓冲要求，也可能包括给中低收入群体的住房提供税收优惠或补贴。1983年的

① National Land and Investment Company v. *Kohn*, 215, A. 2d 597（Pa. 1965）.

裁决还提出，要求在比较昂贵的开发中，在开发场地中为中低收入群建设一些居住单元。

许多郊区社区对此相当警觉。1985 年，新泽西州议会通过了一个提案，并建立一个经济适用房理事会。如果理事会批准了市政府的计划，那么该市政府就不至于面对劳雷尔山案那样的诉讼。实际上人们都认为，通过这项法律的目的之一就是能够让市政府不再遭到起诉。按照这项法律，与市政府一道工作的经济适用房理事会能够建立许多目标。市政府可以通过两个途径来实现理事会设定的目标：首先，可以在它自己的行政辖区边界内建设这种经济适用房；其次，通过"区域贡献协议"（RCA），为每个住房单元支付 2 万美元，让其他社区帮助完成这个社区剩下的住房单元建设任务。经济适用房理事会（COAH）来管理这一过程。

市政府通过"区域贡献协议"实现它的经济适用房建设任务，在一些人看来是没有问题的，但是更多的人对此不满。我们如何看待这种"区域贡献协议"方式，取决于我们如何界定经济适用房问题。如果你认为问题是如何实现社会和经济融合，那么你可能会消极地看待这个方法。另一方面，如果你认为经济适用房主要问题是给中低收入群体建设住房，无论建在哪里都行，那么我们会积极地看待这个方法。

无论如何，把经济适用房看成是实现社会和经济融合的人逐渐在新泽西州占据了优势，2008 年，新泽西州通过了"经济适用房改革提案"，废除了"区域贡献协议"制度，把经济适用房要求直接下达给市政府，而且为实施这个计划提供资金。2008 年 6 月 17 日，新泽西州州长科尔金签署了这个提案，使之成为法案，这个提案的支持者之一，州参议员里德（Dana L. Redd）提出：

> 这个法案不仅涉及减少我们城市拥挤的问题，它还要保证增长是公正的和协调的。能够承受增长的那些城镇应该保证它们有欢迎来自四面八方新居民的愿望。家庭收入不是一个家庭富足的指标，我们比较高收入的郊区城镇时，应该注意到这个事实了。

接下来，经济适用房理事会采用了一个叫作"增长额度"的政策，按照这个政策，一个市政府促进经济适用房的义务将与该城市建设多少其他类型的住房单元相联系。经济适用房的倡导者当然竭力反对这个政策，因为一个市政府可以通过遏制增长的办法，完全摆脱它们建设经济适用房的义务。

从经济适用房的倡导者的角度来看，经济适用房的建设问题甚至会每况愈下。

当时，共和党人克里斯蒂（Chris Christie）已经接替了民主党州长科尔金。按照茶党（Tea Party）的标准，克里斯蒂并不是一个保守派，然而克里斯蒂实际上比科尔金还要右。克里斯蒂提议完全废除经济适用房理事会。这可能会结束源于劳雷尔山最初决定的整个经济适用房进程。新泽西州最高法院制止了这一行动，提出州长无权单方面废除州议会建立的政府单位。总算让经济适用房的倡导者松了一口气。2013 年 9 月 26 日，新泽西州最高法院不允许实施"增长额度"的政策，这样一来，经济适用房的倡导者收获了更多的好消息。

但是在法律方面还有一团迷雾。得克萨斯州住房与社区事务部向美国最高法院起诉下级法院的裁决，要求最高法院拒绝不同影响的原则——即拒绝认为可以证明存在歧视的观点。2015 年 6 月，美国最高法院否决了原告的诉求，维持下级法院的裁决。4 位自由派大法官——金斯堡、布雷耶、索托马约尔和卡根（Ginsburg，Breyer，Sotomayor，and Kagan），投票拒绝原告，4 位保守派大法官，托马斯、斯卡利亚、阿利托和罗伯茨（Thomas，Scalia，Alito and Roberts），投票支持原告，这种僵局常常出现，不足为奇。于是，肯尼迪大法官（Kennedy）掌握了决定性的一票。在这个案子中，他支持了自由派大法官的裁决。在得克萨斯州住房与社区事务部诉包容性社区项目公司一案中，肯尼迪大法官的裁决中包括了这样一句话：

> 1968 年的公正住房法（FHA）必须在避免克纳委员会的可怕预言上发挥重要作用，克纳委员会的预言是，我们的国家正在向两个社会，一个是黑人，一个是白人，分离但不平等。

此时，经济适用房和公平住房看似有了牢固的法律基础，但经济适用房和公平住房进展缓慢，有时完全没有进展。第一大障碍不外乎是钱。无论住房补贴是来自联邦政府还是来自下级政府，住房补贴总是有限的。第二大障碍很简单，就是当地居民的抵制。大约在过去 40 年的时间里，纽约州的韦斯切斯特县（Westchester County）一直围绕经济适用房问题战火不断，而且一直也没有建成多少。韦斯切斯特县的现任县长阿斯托里诺（Robert Astorino）挖苦到，联邦政府是否不再追逐新罕布什尔州和佛蒙特州了，因为白人在它们的人口中占了压倒性多数（这个县长已经面临对韦斯切斯特县的起诉，原告声称这个县抵制经济适用房的开发建设，如果韦斯切斯特县真的开发建设了经济适用房，许多白人为主的社区一定会受到影响）。很多选民支持阿斯托里诺反对建设经济适用房的立场，实际上，他的反对是他当选县长的原因之一。

有关征用权的斗争

政府可以为了公共目的，使用赔偿额方式征用私人房地产，长期以来，人们一直都接受这种征用。如果政府不能为它的征用作出赔偿，那么只要有一个不肯对征用妥协让步的业主，道路建设就始终开展不了，公园用地就永远合不到一起，学校建筑就只能是一张设计图纸。除此之外，公共目的究竟指什么还有许多问题有待探讨。

《住宅法》（1949）通过后不久，"城市更新计划"（见第11章）以一种新的方式使用了征用权。地方政府首先征用私有财产，然后在完成场地开发工作后，将土地出售或租赁给开发商，由他们去建设住房或商业建筑。这就意味着利用征用权把房地产从一个私人手里转移到另一个手里，而不是从私人手里转到政府手里。这种从私人转移到私人的做法引起一些人的极大愤慨。一名房地产业主向法院起诉了一个城市更新机构，该机构正是以上述方式征用了他（她）的房地产。美国最高法院接受了这种案子，在1954年的伯曼诉帕克（*Berman v. Parker*）案中，美国最高法院驳回了原告。也就是说，把房地产从一个私人手里转移到另一个手里是符合宪法的。

这个裁决似乎解决了这个争端，但却积累起怨恨来。2005年，在凯洛诉新伦敦一案中[Kelo v. New London（Connecticut）]，把房地产从一个私人手里转移到另一个手里的问题重新提了出来。至此，时间已经过去了半个世纪。美国最高法院再次驳回原告，并再次确认伯曼诉帕克的裁决，认为这个程序是符合宪法的。但美国最高法院的这次裁决激起了人们的愤怒，反对政府滥用征用权的呼声高涨。

在凯洛诉新伦敦一案的裁决下达一年以后，康涅狄格州的44位议员提交了他们的征用权提案。44位州议员中的28位通过了限制征用权使用的提案。他们的征用权提案形形色色，但是他们一致提出，如果征用的结果是把房地产从一个私人手里转移到另一个手里，那么就要限制州和地方政府征用私有财产的权力。一般来讲，有一些例外，可以把私人房地产转移给一个共用事业的运营者，如铁路公司和管道公司，但是不允许在城市更新和社区开发项目进行各种转让。许多州专门禁止了为"经济开发"目的把房地产从一个私人手里转移到另一个手里，实际上这是用不同的语言说相同的事情。

在某种程度上，我们的政治立场决定了我们如何去认识以立法方式推翻美国最高法院对凯洛诉新伦敦案所作出的裁决。如果你基本信任政府，而且认为私有财产权没有那么神圣的话，你可能觉得最高法院对凯洛诉新伦敦案所作出的裁决是正确的，州议员做了一件错事。反过来，我们可能会高兴地看到，州议员事实上翻了凯洛的案子。总而言之，我们在政治上越左倾，就越有可能与凯洛站在一边，反之我们在政治上越右倾，我们越有可能乐于看到凯洛败诉。除了意识形态，由于确有政府以高压方式对待私人房地产业主的例子，或者在把房地产从一个私人手里转移到另一个手里的过程中，政府滥用征用权，所以一些人还对整个征用程序都心怀不满。在这个转移过程中，政治上与可能发生的红利相联系的私下交易并非海市蜃楼。

除了康涅狄格州议会通过了限制征用权使用的提案之外，2006 年还出现了许多希望控制征用权使用的公决。在 11 次公决中，9 次通过，常常以绝对多数通过，同时还有 2 次没有通过。亚利桑那州 207 号公决是通过的公决之一，它极大地扩展了依法征用的定义。亚利桑那州 207 号公决提出，在业主购买一处地产之后，如果对该处地产使用的限制导致该房地产的价值减少，那么业主有资格获得政府赔偿。当然有些特殊情况，如涉及公共卫生和安全问题时。

限制征用权的使用和扩大依法征用的定义是两个独立的问题，我们可以说，如果把这两个问题拿来进行表决，应该把它们分开，因为只有把它们分开，投票人才有最大的选择自由。但这两个问题实际上是被捆绑在一起了，投票人只能把它们当成一对来选择。如果真把这种公决分开进行，依法征用的定义是否通过还不一定呢。作为一种政治策略，把限制征用权的使用和扩大依法征用的定义捆绑在一起，可以利用人们对滥用征用权的愤怒，而让扩大依法征用的定义得以通过。

美国最高法院坚持它对凯洛诉新伦敦案所作出的裁决，但立法和公决反对最高法院的相关裁决，我们可能对此很好奇。法院所说的，无非是不能以宪法为基础去阻碍通过征用方式把房地产从一个私人手里转移到另一个手里。但是，一旦某个州选择禁止通过征用方式进行各种转让，那么该州就不能做这种转移。

所有这些与规划师无关，州政府禁止通过征用方式进行转让，不管人们怎么考虑这个问题，有一点是清楚的，州和地方政府已经丧失了各种各样社区和经济发展目的要使用的一个重要工具。正如我们会在第 11 章要描述的那样，城市更新会因为州和地方政府丧失它的重要工具而不同，城市更新的规模可能很小，具有这种转移的项目不可能进行。

扩展依法征用定义是亚利桑那州 207 号公决的一部分，究竟在实践中如何发挥作用目前还不明朗，不可避免地还有公案，输家还会上诉，整个过程会持续一段时间。

州授权的法令

自从芝加哥规划编制完成以来，在城市规划法律基础上发生的另一个变化是通过州立法，从广义上确定了地方规划的功能。当然，各州的法令差别很大。在大多数情况下，这些法令只是允许地方上展开专项规划活动。当然，在一些情况下，法令会要求城市完成一定的规划行动。注意，州授权立法还界定了市政当局的权力和义务，包括征税、借款、司法系统、治安以及许多其他事务。

以弗吉尼亚州为例，描述与城市规划相关的州授权的法令。弗吉尼亚州的法令要求，所有的城市、城镇和县都要建立一个规划委员会，编制总体规划。这个地方规划法令的目的如下：

> 鼓励地方政府改善公共卫生、社会治安、市民的便利和福祉，对社区未来发展制定计划。这种计划包括精心规划交通系统；开发具有适当公路、基础设施、医疗卫生、教育和娱乐设施的新社区中心；重新认识未来增长对农业、工业和商务活动的需要；为居住区提供适合家庭生活的周边环境；社区增长符合有效和节约使用公共资金的原则。

这个法令在列举了要求社区制定计划的一般理由之后进一步提出：

> 每个县和城镇的管理机构通过决议或法令建立一个地方规划委员会。在实现目标的过程中，这种规划委员会基本上以顾问身份为县和城镇的管理机关提供咨询服务。

该项法令要求每一个城市、县或城镇编制其总体规划，一种对规划覆盖地区一般建议：

> 地方规划委员会需编制和推荐一个有关这个行政辖区内部实际发展的总体规划。这个州的每一个管理机构会在 1980 年 7 月 1 日前后实施这个总体规划。

注意这个法令对实施和编制规划提出的要求。之所以要这样行文的原因是这类规划本身并不是法律。只有当社区的立法机构通过一个决议，声称它采用了这份随附的文件（规划），把它当作这个行政辖区的总体规划。

这个法律鼓励总体规划和所附的图、表等文件，"可能包括但必须限于"以下内容：

1.选择用于公共和私人开发和使用的各类地区，如居住、商务、工业、农业、保护、娱乐、公共设施、泄洪和排水等不同类型的地区。

2.选择交通基础设施系统，如街道、道路、高速公路、园林绿道、铁路、桥梁、高架桥、水路、空港、港口、车站等。

3.选择社区公用设施系统，如公园、森林、学校、游乐场所、公共建筑和公共机构、医院、社区中心、给水排水，污水处理或固体垃圾填埋场地等。

4.选择历史地区、城市更新区和其他类型的地区。

5.正式的规划图、固定资产改进计划、细分条例（我们在第9章具体解释细分这个术语）以及分区规划条例和分区规划图。

州法律或州宪法允许市政当局致力于一定的规划活动，在这样的地方，仅允许市政当局从事行政权力概念所指的那些事务，多少有些道理。当然，它们鼓励市政当局编制规划、确定规划范围和在法庭上受到质疑时提供法律支持，规划授权法案和分区规划授权法案是有用的。正如我们已经提到的，许多规划授权法案不仅仅是允许社区编制规划而且要求它们编制规划。因此，这些法律规定了每个社区必须做出最低的规划努力。

与州规划的法律联系

正如我们在第4章中提及的那样，许多州编制了全州范围的规划。这类规划一般对地方政府具有法律要求，确保地方政府与州规划或规划要求保持一致。例如，当某个州在规划中确定了保护湿地的任务，那么该州可能要求地方政府除非作了一定的研究或做过听证，否则不允许在湿地或湿地附近进行开发。这些要求让地方政府避免做出有违州规划的事情。因为地方政府是"州的下属"，所以要把地方政府约束在州的权力范围内，使其按照州制定的指导方针行事。

联邦政府的作用

我们会在第16章讨论与空气质量相关的联邦法律，联邦政府正式通过联邦法律对地方规划实践施加影响，当然这只是联邦政府产生影响的一个途径。实际上，联邦政府的最大影响是通过发放联邦资金和接受使用联邦资金的相关要求实现的。

2008 年，在金融危机爆发之前的最后一个财政年度里，联邦政府给州和地方政府发放了 4950 亿美元或美国人均 1600 美元的财政拨款，相当于州和地方政府开支的 1/4。随着这个资金而来的是严格的监督和控制。这种大规模资金并非一直都是美国政治格局的一部分。1960 年，联邦对州和地方政府的支持大约只有 70 亿美元。[①] 根据通货膨胀率加以调整后，1960~2007 年之间，联邦资助上升了 9 倍。按照人口增长率加以调整，实际的人均财政拨款大约上升了 5.4 倍。

许多方式都可以解释这种变化。因为联邦政府具有"最好的税源"，所以联邦政府有时比州和地方政府更容易获得财政收入。这里所说的"最好的税源"主要是个人所得税，多年的实践证明，个人所得税具有很高的收入弹性。[②] 进一步的解释是担心居民和经济活动的流失，因此在一定程度上限制了州和地方政府的税收行为，而联邦政府没有类似的限制。

公共选择理论家提出了另外一个解释，这种解释强调的是政治行为，而不是经济合理性。政治家之间的竞争，让他们把其他地方产生的税收收入用到自己选民的头上，以便拉选票，从而把联邦政府的影响扩大到了地方和州的事务上。[③]

对州和地方行动来讲，没有什么诱惑会比资金的诱惑更大。配套资金（50：50 和 90：10 是一个通常的比例）让州和地方政府做了许多单独花自己的钱不会做的事情。在建设州际公路时，基本上采取了 90：10 的比例，联邦政府出资 90%，地方政府出资 10%。因此，给水排水系统方面一直都有大笔投资。

使某些州和地方行动成为接受联邦资金的前提，这种方式使联邦政府能够引导地方行动。例如，联邦政府无权要求社区采用某些程序，把市民包括到规划过程中来。然而，规划的执行，甚至规划的编制，无一不用部分联邦的资金来支撑。联邦政府通常不去监控接受联邦资金的政府是否完成了规定的任务。理由很简单，如果地方政府违反了接受联邦资金的附加要求，那么它可能面临一些试图阻止地方政府使用联邦资金的人或群体的法律诉讼，起诉的理由是，这个地方政府没有实现接受资金的条件。例如，没有在社区发展计划的决策过程中让中低收入群体

---

① "地方政府"指所有的市政府、县政府、学区和其他区。
② "弹性"在这里是指税收增加的百分比超出了收入增加的百分比。
③ "The Public Choice Revolution," James Gwartney and Richard Wagner, *The Intercollegiate Review*, spring 1988, pp. 17–26.

参与进来，因此低收入或少数族裔群体把地方政府告上了法庭。环境组织可能因为地方政府没有按照联邦政府的要求建设污水处理厂而把它送上法庭。这样，与联邦资金捆绑在一起的许多指南都是自我强制的。

以上描述的制度正面临压力。2008年，联邦税收因为大萧条而大幅下降，就在这时，联邦政府的赤字迅速地上升。就财政而言，联邦政府的主要应对方式是减少政府开支。通过增加税收的办法来填补这个空白是一步死棋。"财政紧缩"是否理智是一个有争议的问题。共和党人和一些保守的民主党人觉得应该采用紧缩财政的政策。那些采用凯恩斯观念的人们，如获得诺贝尔经济学奖的克鲁格曼（Paul Krugman），认为紧缩财政的政策确实是错误的。[①] 但不管紧缩财政的政策利弊如何，紧缩财政的政策就是发生了。减少向下发放联邦资金，直接或间接地影响了地方政府，因为对州政府减少拨款，使得州政府减少了对下级政府的拨款。联邦政府对地方规划活动以及对一般政府活动的影响可能不如几年前，但联邦政府的影响一如既往地非常强大。2008年经济危机以后，私人部门的就业缓步上升，而地方政府的就业持续下滑，尤其是在教育部门，这种财政紧缩可以对此作出解释。就在此刻，经济仍在改善，州政府的税收正在上升。2013年的联邦自动减少开支，同年秋季和2004年发生了联邦政府关门，这两件事可以说明，联邦政府蒙受的开支压力，明显限制了联邦政府提供给州政府和地方政府的资金。

法定责任

联邦政府还通过直接要求或"授权"的方式影响地方规划活动和州的规划活动。例如1970年的《清洁空气法》修正案，要求联邦环保局建立一定的空气质量标准。为了满足这些标准，州政府需要制定州的实施计划（SIPs）。虽然各州在满足这些空气质量标准的确切方式上有很大的自由度，但联邦立法要求它们制定计划，建立最低空气质量水平的目标。这种法令还以一般方式具体规定了州计划中必须包含的项目。例如，州立计划必须包含评审设施建设计划的条款，因为一些设施可能产生大量的排放物，从而让联邦法定的空气质量标准成为泡影。那些焚烧固体垃圾的计划可能导致空气质量超出联邦法定的标准，所以要对这类计划进行审查。如果州政府真没做这类评审或评审不得当，那么环境组织或其他相关团体会展开法律行动。

---

① Paul Krugman, End This Recession Now, W.W. Norton, New York, 2012.

85

这里描述的情况代表了联邦政府和州政府常用的一种特殊法规。这种法规并不会要求法规执行者具体做什么，而是一定要实现什么，至于如何去做，法规执行者有着很大的自主权。在有关汽车燃油节约的规则中就可以看到这类法规众所周知的例子：为汽车制造商的汽车生产建立起平均英里标准、公司平均燃油经济性标准（CAFÉ），超出标准的要被罚款。但没有人告诉汽车生产商使用什么科学技术来实现这些目标。

这种方式的一个优点是高水平地制定总体目标，决策者可以统揽"全局"。但是要由与这个问题联系紧密的那些人制定策略和具体细节。权力分散，地方政府强大，抵制中央权力过分集中，在这种美国政治制度下，作为一种实践，不要求法规执行者具体做什么，而是告知法规执行者一定要实现什么的方式可能更容易一些。

小结

因为市政当局是"州的下属"，州授予它一些权力，所以州规划是在州法律准则内展开的。市政当局还要承担州里赋予它的责任。宪法保障的个人权利，约束着市政当局执行计划的能力。

分区规划是众所周知的土地使用管理办法，是在履行"管理权"。分区规划程序和与房地产相关的宪法保障之间存在真实而明显的矛盾，这一点解释了为什么让市政当局有权展开分区历经磨难，用了几十年的时间才做出分区规划。甚至现在，分区规划的权力依然还在通过立法、诉讼和法律裁决逐步展开。

规划授权法案确立了市政当局编制规划的权利，在很多情况下，规划授权法案还确定了社区与规划相关的义务。例如，规划授权法案要求社区要有一个总体规划，这种规划包括了某些元素。

联邦政府对地方规划过程有很大的影响。在某些情况下，联邦政府通过法律法规来影响市政当局。另外，联邦政府还把它的要求与联邦政府提供的资金捆绑起来，或者通过联邦拨款模式来影响地方政府。联邦资金的主要流向是从联邦政府到州和地方政府，再从州政府到地方政府。

参考文献

Burns, James M., Peltason, J.W., and Cronin, Thomas E., *Government by the People*, 6th ed., Prentice Hall, Upper Saddle River, NJ, 1996.

Fischel, William A., *The Economics of Land Use Regulation*, Lincoln Institute of Land Policy, Cambridge, MA, 2015.

Mandelker, Daniel R., *Land Use Law*, The Michie Co., Charlottesville, VA, 1982.

Meck, Stuart, Wack, Paul, and Zimet, Michelle J., "Zoning and Subdivision Regulations," in *The Practice of Local Government Planning*, 3rd ed., International City Management Association, Washington, DC, 2000, pp. 343–374.

第6章 规划与政治

为什么规划是政治性的?

出于几个原因,城市规划通常发生在高度政治化的环境中。

1. 规划常常涉及与人们经济利益攸关的事情,例如某个街区的特征或某个学区的品质。因为规划的结果就在我们生活或工作的地方,所以我们不喜欢的规划决定可能每天都会影响我们的生活。郊区居民非常抵触在他们那里建设经济适用房,因为他们担心那些住户会影响当地的学校。那些居民的想法对错暂且不议,但无论怎样,我们很容易理解为什么那些居民密切地关注什么规划决定会影响孩子们的幸福和安全。让"城市更新"(见第12章)进行不下去的主要力量来自市民,他们中有些人激烈反对城市更新。迫使市民放弃公寓或重新安排他的生意,给所谓的"联邦推土机"让路,很少有政府行为能比一项规划更令人激动。

2. 规划决策是看得见的。规划决策包括了建筑、道路、公园、房地产——市民们看得见摸得着的实体。与建筑失误一样,规划失误难以掩盖。

3. 如同地方政府的每一项工作,规划工作也是贴近现实的。相对州议会或国会的行动而言,市民更容易影响城镇管理机关或市议会的行动。这种可能产生影响的感觉激励了市民参与规划工作。

4. 市民认为,就算没有正式学习过,他们也对城市规划知识有所了解。城市规划涉及土地使用、交通、社区特征和他们熟悉的其他一些项目。所以市民们一般并不听命于规划师。

5. 规划作出的决策可能涉及重大的经济后果。X先生在城市边缘有100英亩农田。这个地区的地价正在上涨,这块土地很快会从农田转变成城市建设用地,这一点是确定的。如果市政上下水管网沿这块地产的前沿展开,那么这块地将适合每英亩12套花园公寓的开发,所以预计每英亩土地的价格可能达到10万美元。另一方面,如果不在那里建设公共设施,那里的开发将限制一英亩土地上的独栋住宅,那么土地的价值仅为每英亩1万美元。市政总体规划中是否显示在那条道路边铺设上下水管网,关系到X先生900万美元的利益。使用分区规划、扩宽道路、社区开发、公共建筑的建设,控制洪水的措施等术语来影响规划易如反掌。

即使是那些除了他们居住的房子之外并无其他房产的人，也可能会非常正确地认为，规划决策有可能会给他们带来巨大收益。对于许多人来讲，他们最大的一笔资产不是银行存款或者所持有的股票，而是房产（售价减去欠账就是这笔房产给业主带来的价值）。影响房产的规划决策对业主而言是最重要的。

6. 规划问题和房地产税之间往往有着紧密的联系。房地产税是支撑地方政府和公立教育的主要财政收入之一。影响一个社区可以开发建设什么的规划决策会影响社区的税基，税基影响社区居民必须缴纳的房地产税数额，而且社区居民必须缴纳的房地产税不是一笔小数目。2013年，美国的房地产税接近4880亿美元，人均1500美元。多年来，人们一直非常关注房地产税的水平。许多州都可以看到加利福尼亚州13号提案和类似的房地产税收限制。

规划师和权力

规划师基本上都是倡导者。规划师没有权力去做许多引起社区变化的事情：管理公共资金的使用、制定法律、签署合同或执行征用的权力。在规划师具有一些法律赋予其权力的地方，可能与我们要在第9章讨论的土地使用相关，那些权力是由立法机构授予并可由该机构撤销的权力。规划师对事情的影响源于他们有能力阐明观点，在那些能够左右局面的力量之间达成共识，并形成联盟。

规划是对未来的展望。规划师把他可以在一定程度上掌控的活动变成一种可以共享的远景。芝加哥规划标志了城市规划的出现，在城市规划出现的早期，人们认为，规划完全或几乎完全是规划师拍脑袋想出来的。规划师的使命就是把他的远景出售给公众和社区的政治机构，伯纳姆和他的合作者们确实就是这样做的。

一个更现代的观点是，好的规划来自社区本身。按照这种观点，规划师的角色是促进城市规划过程，并用自己的专业知识帮助规划过程，而不是给城市送去一份完全成熟的规划。有几点可以支持当代规划方法。首先，当代规划是避免精英论的。规划师具有一般市民不具有的专业训练，但这种专业能力并没有让规划师更聪明。其次，规划师或其他个人或群体都不可能完全和准确地认识到作为整体的市民利益。只有个人才能真正了解他自己的需求和偏好。果真如此，只能让市民尽可能早地参与到规划过程中来，市民的利益才能得到充分体现。最后，我们可以这样讲，各方利益得到充分体现的规划比起由专业规划师直接编制出来的更有可能付诸实施。参与规划过程的行动本身就是让市民了解规划的细节。投入规划过程中的时间和精力让市民履行参与制定的规划赋予他们的义务。过去那种"他们的规划"现在变成了"我们的规划"。当然也有一些不同意见，我们需要迅速对这些不同意见作出反应。

规划师现在看到的规划过程对政治的参与，和几十年前大不相同。在20世纪二三十年代，人们一般试图把规划活动与政治分开，让规划凌驾于政治之上。那时的一种政治安排是，让规划师仅向"非政治的"规划委员会报告工作。后来人们认识到，政治圈才是做决策的地方，把规划师与政治隔离开来，只能让规划师的效率大打折扣。人们进一步认识到，"非政治"一词具有误导性。如果市议会任命一些影响很大的市民组成规划委员会，实际上已经作出了一个政治决定。一些没有影响力的市民可能给予规划师不同的引导。没有任何一个人是生活在真空里，与政治无关，实际上每个人都有利益和价值取向，而产生政治的缘由正在于此。

19世纪末和20世纪初出现的城市政治改革思潮，主张规划的功能应与政治无关。[①]纽约的坦曼尼协会（19世纪和20世纪初期操纵美国纽约市政界的腐败政治组织，有时泛指腐败政治组织）夺取了政治权力，并赋予了公务员，即所谓的改革行政机构。一些城市出现了专业的、非党派的管理者。城市管理者的政府形式源于城市政治改革思潮，在这种制度下，市长基本上是仪式性的，由立法委员会雇用的城市管理者承担真正的行政管理职责，成为城市当局。

从改革的角度看，政治是一个阴暗且经常腐败的过程，规划越远离政治越好。更现代的观点是，这场改革思潮在某种程度上是上层中产阶级对机器的胜利，机器通常代表工人阶级和新移民。总之，改革并不是消除政治，而是转移政治权力。

权力的划分

规划师的工作环境里渗透了政治、经济和法律权力。其他国家的规划环境可能同样如此，而美国有过之而无不及。为了保护整个国家不至于陷入暴政，同时为了保证少数族裔免遭"多数的暴政"，美国宪法限制政府权力。这种制度显然不是为了促进政府采取迅速和果断的行动而设计的。美国的政治权力以

---

① Blake McKelvey, The Urbanization of America, Rutgers University Press, New Brunswick, NJ, 1963, particularly chs 6 and 7。Edward C. Banfield, *City Politics*, Harvard University Press, Cambridge, MA, 1963. John M. Levy, *Urban America: Processes and Problems*, Prentice Hall, Upper Saddle River, NJ, 2000, ch. 5.

若干种方式分解开来。首先，不同层级的政府拥有不同的政治权力。与联邦政府相关的州和地方政府的政治权力比其他西方国家的要大，如法国或英国。一般而言，美国的州和地方政府比起其他西方国家的地方政府得到更大的税收收入。财政责任与政治自主是相关的。美国州和地方政府相对更大的自主性可以追溯到宪法，美国宪法严格限制了联邦政府的权力。抵制中央是美国古老的政治传统。

政治权力还通过在行政、立法和司法之间的权力分立而分解。这种三权分立同样可以追溯到美国的建立和美国宪法起草者的愿望，限制政府权力，三种权力之间形成制衡。作为政府活动的规划明显是行政分支的一种功能。但实际执行任何一种规划都需要资金。征税和拨款都是立法功能。司法分支当然约束着行政和立法的权力。在联邦层次上，司法分支是由行政分支提名，由立法分支确认的。在州和地方层次上，情况各异。有些地方按照联邦模式任命法官，有些地方的法官是选举出来的。

除了按行政—司法—立法分割权力外，地方政府还有可能按照行政管理的方式分割。构成一个单一的经济和社会实体的都市区，可能划分成为几十甚至上百个政治管辖区。除了政府之外，可能还有各种各样的地区拥有一些政府征税权和义务。例如，学区一般具有征税权，有时还有征用权。在许多州，学区理事会的成员是从当地居民中选举产生的，那些学区理事会的成员选出学区总监。管理学校的行政机关与地方政府并行，当然，管理学区的行政机关不是地方政府的一部分。两个行政机关的征税人群是相同的，两者都可以作出土地使用决定，都可以发放政府债券，进行公共固定资产投资。供水、排水、交通和其他一些行政部门与学区行政部门类似。

尊重财产权益是美国的一个强大传统。围绕公共财产和私有财产之间边界的精确位置发生冲突是不可避免的。法庭即司法分支对这类边界作出最终裁决。我们还看到，法庭常常是个人权益的保护者，法庭可能要求政府的其他分支有所行动。法庭授权黑人白人混校，消除学校的种族隔离制度，就是一个众所周知的例子，当然还有许多其他的例子。例如，法庭如何解释《残疾人法案》（ADA）会决定市政当局必须采取的步骤，决定它们必须为残疾人做些什么样的开支。

非政府领域的权力也是广泛分布的，选民最终掌握那些非政府的权力。但是一群人在一起可能形成权力集团。作为业主的市民就是一个很强大的利益集团，一些社区的业主自住房比例很高，在那里工作的每一位规划师对此心知肚明。一些社区的就业者形成了强大的工会势力。那些环境保护组织的成员，如塞拉俱乐部（Sierra Club）或地方保护组织的成员，也可以形成一种环境保护力量。拥有大量房地产的人同样会形成一种势力，社区里的企业主同样会形成一种力量。土地使用规划、固定资产投资和建设活动之间具有非常紧密的联系。建筑业的管理者和劳动者常常是规划决定和规划冲突的主要参与者。

市民以个人身份或组织成员的身份参与规划过程，实际上，规划机构本身还会组织一定数量的市民参与活动。之所以这样做，一方面是因为规划涉及了公众本身；另一方面，按照法律上的要求必须这样做。联邦政府对公路、给水排水系统、地方经济开发项目，都要求地方政府提供民众参与规划工作的证据，然后才下拨资金。这类要求是不可能轻易躲掉的。事实上，规划师和市政官员都明白，因为那些项目没有满足联邦政府要求市民参与规划活动的规定，项目一旦展开，很有可能被起诉。

大多数规划师通常还是赞成市民参与的，但市民参与确实有不尽人意的地方。规划师是从整体上看城市的，市民们可能对此非常不快，他们非常关心他们身边和眼前发生的事情，而相对不关心"大局"或"前景"。大多数规划师都有这样的经验，市民们很容易参与到他们身边的事务中去，但让他们考虑大范围的问题，如区域规划的问题，往往是非常困难的。从某种意义上讲，市民看问题的方式很像绘画时所采用的透视方式：两个物体的尺寸一样大，一个放在眼前，一个放在很远的地方，眼前那个物体显得更大一些。我们花费了大量时间来研究具体情况，而且作出了专业性的判断，但是，由于我们的看法与市民（或政治家）的认识相冲突，我们的意见还是遭到市民拒绝，在这种情况下，我们也会心灰意冷。经济学家、政策分析专家或其他任何具有专业知识的人，在提出他们的意见时，同样也有心灰意冷的时候。

政治生活的一个基本情况是，动员人们去反对一件事比动员人们去支持一件事要容易一些。因此，我们常常看到许多有力量阻止一件事发生的群体，但却没有看到任何组织在那里促成事情的发生。市民的反对击倒了许多规划师的创意。每个市民都有机会发出声音，市民的参与是民主的。不过事情并非总像人们想象的那样具有代表性。市民团体和思潮都是人们自己选择的，可能代表着非常小的人口比例，但地方政府常常迫于压力，对有发言权和坚决的少数人作出回应。例如，有理想的年轻规划师对经济适用房情有独钟，在听证会上，富裕的房产主们可能会把他轰下台。终于对"赋权于人"的好处的全新认识，他们在该更明智、更悲伤的自责中，怀着复杂的感情黯然离开。

对纽约大都市区的建筑环境产生重要影响的人莫过于摩西（Robert Moses）。[①]
摩西的事业起步于20世纪初，那时还不是市民参与的时代，他才华横溢、坚韧、非常善于开展政治游戏，并确信他是正确的。至少在青年时代，他是一个理想主义者。他主要负责公路和桥梁的建设、公园的建设和各种各样的社区设施建设，拆除了大量的住宅，许多小生意都给他的项目让位。他几乎对公众所需要的东西不感兴趣，只对他认为需要的东西感兴趣。人们既仰慕他，也厌恶他。很难评估他对纽约地区的整体影响，因为很难说，如果没有他，纽约地区究竟会是什么样。任何人都可以肯定地说，这将是完全不同的。

19世纪的巴黎也有一个摩西，即奥斯曼男爵（Baron Haussmann）。他同样是一个铁腕人物，能力不菲，很坚定。如果我们去巴黎市中心，这是大多数旅游者都会看到的地方，我们都会看到优美的城市设计并在这些令人叹为观止的地方流连忘返。当奥斯曼把整个街区夷为平地，在那里实现他的设想时，假如我们是巴黎成千上万无家可归的穷人之一，那么我们对奥斯曼的看法会有天壤之别。但无论怎样，他不会在意我们的看法，也可能不会关心我们的福利。

不管规划师对市民参与的感受如何，按照作者的经验，大多数规划师在这个问题上有一些矛盾心理。很久以前，人们可以说，"你拧不过市政厅"，但现在已经不是这样了。摩西和奥斯曼的时代已经过去。受过良好教育的、比较富裕的和不那么顺从当局的人们并不打算被动地坐在一旁，可能比几十年以前更加怀疑这个"既定体制"。

规划师通常发现社区内几乎没有一致意见。大多数人的意见是可以找到的，但很少有各方能就什么构成公共利益达成一致。以一般的判断开始，比起从具体的建议开始，更容易达成一致。例如我们都支持提高环境质量，但当我们提出关闭一个特定的设施时，你很快会发现，一个人的环境保护就是另一个人的失业。像政治一样，规划在很大程度上是一种妥协或折中的艺术。

规划的风格

我们已经提出，权力广泛分散、利益冲突和达不到完全一致，就是规划师的工作环境。那么规划师如何管理他们自己呢？规划风格因人而异，因地而异。以下是一组理想的规划类型，其实没有几个规划师会与这些类型完全一样，而是会

---

① Robert A. Caro, *The Power Broker*, Random House, New York, 1974.

在他们的职业中兼具几种类型的特质。

1. 作为中立公务员的规划师。 作为一名公务员，规划师采取政治中立的立场，依赖于他们的专业知识和技能，告诉社区如何尽力做好社区希望做的事情。一般而言，规划师不会告诉社区应该做什么。规划师依照法律、个人道德和职业伦理，向社区提出他们的建议和技术工作，这些建议基本上限于"如何做""如果——会怎样"，而不是"应该"或"不应该"。

2. 作为社区共识建设者的规划师。 这种看法基本上是对规划师的政治看法。第二次世界大战结束后，大多数规划师越来越清晰地认识到，把规划师看成非政治的公务员的陈旧观念，已经不适应规划师实际要解决的问题了。[①]

按照这种看法，规划不能与政治分开。政治是采取不同观点和不同利益的艺术，并使它们充分协调，以便采取行动。政治家的作用无非是协调各方利益。[②] 没有政治愿望和政治行动就不会实施任何规划，所以规划师也一定与政治活动或部分政治活动紧密地联系在一起。例如，主张这种观念的人提出，最好让规划师成为制定决策的官僚体制或政治机关的一员，让规划师向一个设想的非政治性的规划委员会单独报告工作，已被证明是行不通的。规划师能够在多大程度上推动社区朝着自己的方向发展。那些与社区的主流价值观念和愿望背道而驰的规划师常常会失业。

3. 作为经营者的规划师。 规划师当初并没有想到自己会成为一个经营者，不过许多规划师在经营者的队伍里找到了他们自己。尤其是当规划师承担某种任务时，他们常常就成了经营者。例如在城市更新改造计划中，使用公共资金清理和开发场地的城市基础设施，然后出售或租赁给私人去开发。主持城市更新工作的规划师必须营销场地，找到开发商，协商承包人。地方经济发展项目旨在增加私人在社区里的投资。所以，经济发展规划师必然像个企业家，投入到市场、协商和金融事务中。

4. 作为倡导者的规划师。 扮演这种角色的规划师选择了特定的利益相关者，成为那些群体或那种立场的代表。20世纪60年代初，出现了倡导性规划的概念，

---

① Martin Meyerson and Edward C. Banfield，*Politics，Planning and the Public Interest*，The Free Press，Glencoe，IL，1955。Edward C. Banfield，"Ends and Means in Planning，" *International Social Science Journal*，vol. 11，no. 3，1959。Andreas Faludi，*A Reader in Planning Theory*，Pergamon Press，New York，1973. Norman Beckman，"The Planner as Bureaucrat，" *Journal of the American Institute of Planners*，vol. 30，November 1964，also reprinted in Faludi，*Planning Theory*.Alan Altshuler，*The City Planning Process：A Political Analysis*，Cornell University Press，Ithaca，NY，1965；Herbert J. Gans，*People and Plans*，Basic Books，New York，1968；and Anthony J. Catanese，*Planners and Local Politics*，Sage Publications，Beverly Hills，CA，1974.

② Lawrence Susskind，"Mediating Public Disputes，" *Negotiation Journal*，January 1985，pp. 19–22.

它源于这样一种看法，社会上有些群体缺少足够的政治和经济实力来促进自身利益。因此，他们需要在规划过程中得到特别代表。倡导性规划特别关注排他性的分区规划（见第9章和第19章）。后期的达维多夫（Paul Davidoff）是著名的倡导规划师之一，他认为，郊区分区规划法案排除了穷人和少数族裔人群，主张用劝说的办法，更重要的是，通过诉讼的办法改变那些郊区分区规划法案。① 像律师一样，这种倡导规划师一般并不声称代表大多数人，而是代表一个特定客户的利益。特定客户的那些利益与社区或国家的多数人的利益不一定是一致的。

总之，代表不太富裕人群的规划师至少怀揣着激进的政治观点。在他们看来，社会压榨、错误地对待或凌虐了它的一些成员，这种看法可能会推动他们发挥倡导性的作用。如果我们认为社会一般还是公正和公平的，那么我们可能不会认为多么需要倡导性规划。

倡导性的观念在使用上可能存在细微的差异。规划师不是为社会的某个特定群体呐喊，而是倡导一个具体的目标或计划，如公园、公共交通、公路或环境保护。提出一个目标或计划的规划师可能很容易声称他是为了大众的利益，而不是为了少数人的利益。但是在这种情况下，我们随便选择一个目标，随着那个目标的实现，我们总是可以看到，一些人是赢家，一些人是输家。

5. 作为巨变行动者的规划师。 这是只有少数执业规划师持有的观点。那些怀揣变革思想的规划师可能发现，大部分规划部门的日常规划工作是那么令人沮丧和痛苦，他们必须与他们想要改变的制度合作。在规划学术圈里，一些人（仍然是少数）接受了新马克思主义的思想或批判的理论，他们发现，适当的长期规划目标是可以推动政治和社会巨变的。我们会在第19章进一步讨论这个问题。

规划机构是如何组织起来的

规划机构的规模和设定目标可谓林林总总。以下描述的规划机构是典型的，但远不是普遍的。如前所述，规划部门超越政治的老观念早就不存在了。现代规划机构都是市政府行政分支的一个部门。政府规划机关的领导人像其他部门的委员一样，向选举产生的市长报告工作。规划部门的主任或委员通常由选举产生的

① Paul Davidoff, "Advocacy and Pluralism in Planning," *Journal of the American Institute of Planners* (now the *APA Journal*), vol. 31, 1965. See also Paul Davidoff and Thomas A. Reiner, "A Choice Theory of Planning," *Journal of the American Institute of Planners*, vol. 28, May 1962. Both are reprinted in Faludi, *Planning Theory*.

市长任命，再由立法机构认可，如联邦政府的部长都是总统提名的，然后由参议院确认。规划部门的委员常常需要具备特定资格，如规划硕士学位，或美国注册规划师协会会员资格（必须具备教育证书，而且通过了协会的考试）。作为一名被任命的官员，民选市长可以罢免他。从这个意义上讲，规划的最终权力还是属于选举出来的官员，即由全体选民掌握着。

在规划委员之下是具有公务员身份的工作人员。在这种情况下，助理规划师、副规划师、规划师等肯定要求取得学位，受到过规划教育训练。新聘任的规划师一般需要有 6 个月或 1 年的试用期，如果符合要求，再给予永久性的任命。由于政治任命和公务员任命是有差异的，所以规划部门的业务人员相比委员们工作年限要长得多。

规划机构的领导不仅要向选举产生的官员报告工作，还要向规划委员会报告工作，该规划委员会一般是由市长提名的市民组成，再由立法机关确认。这个规划委员会的成员不拿报酬。建立规划委员会的目的是让市民有机会说话并监控规划部门。有些规划委员会不过是橡皮图章，还有一些规划委员会可能非常活跃且有影响。有些规划委员会把它们自己看成一种监督单位，另外一些规划委员会使用自己在市政府的身份推进规划部门的计划。那些善于表达且富有活力的规划委员会，对动员公众支持规划可能起到很大的作用。

规划机构还可以直接向社区的立法机关报告工作。市政府的章程或详细规章制度会指定规划机关向它报告的内容。例如，政府的章程可能具体要求，规划部门要给市政府送去一份年度报告，详细评估市政府财政预算提出的那些项目。

如果规划机构比较大，可能划分出若干个科室，处理规划任务的不同方面，如有的科室专门处理总体规划或长期规划的问题。另有专门的科室解决土地使用管理问题，编制分区规划和宅基地划分评论（见第 9 章）。有的科室可能会评审与投资预算相关的问题，如对给水排水基础设施的投资。有些科室可能专门从事研究工作，预测人口，收入预算，为规划部门的活动提供定量分析和事实根据。还有的部门可能涉及环境或交通问题。20 世纪 70 年代，当社区开发资金开始从联邦政府的住房和城市开发部门拨下来时，许多规划部门建立了若干分部，专门处理那些资金的分配。例如，某个县的规划部可能会有一个社区开发科室，它负责审查县以下政府单位或私人打算开展的活动。随着时间的推移，政府其他与规划相关的功能可能交给了规划部门。例如，许多规划部门都建立了经济发展组织。

联署办公是很平常的事。许多规划部门都与社区开发部门相结合。根据市政府首先选择的那些任务，决定哪个部门为主，哪些部门为辅。还有一种安排，那就是把规划和公用设施部结合起来，涉及同一土地开发过程的不同元素。有人认为，这样联署办公开阔了各个部门的视野。规划师更加了解工程和开发建设成本。工程师越来越清晰地看清了远景，开始思考做什么以及如何去做的问题。

在小城市，可能只有 1~2 名规划师，他们的工作没有上述分工，所有工作一肩挑。实际上，许多市政当局根本就没有全日制的规划师。它们会有一个规划委员会，通过从事咨询业务的私人规划师或从上级规划部门借调过来临时解决技术性的规划工作。例如，一个县或几个县的规划机关可能给它们辖区内的城镇提供规划支持。

规划咨询事务所

美国有许多规划咨询事务所，而且有许多规划师是在规划咨询事务所做顾问。一般而言，规划人员较多的市政府使用顾问从事专门工作，如环境研究、交通研究和规划专门设施（如固体垃圾填埋场，或者从事大型城市设计工作）。对于那些辖区规模比较小的市政府或没有专业规划师的市政府来讲，规划咨询事务所可能承担基本规划工作，如编制总体规划和分区规划法令。实际上，美国大量的总体规划和分区规划法令都是由规划咨询事务所来完成。

外聘规划咨询事务所从事规划工作有利有弊。其优点是规划师学有专长，而且专业经验丰富。

其缺点是那些外聘规划师可能不太了解市政当局，可能缺乏全面考虑，看不到当地人看到的事情。外聘规划师与社区的关系是变化的，因为规划咨询事务所是按时间收费的，所以外聘规划师可能会拖延规划进程。再者，外聘规划师可能给城镇提供"千篇一律"的规划或分区规划。还有另外一种情况，外聘规划师与社区的关系是长期的，这些规划师非常了解市政当局，其政治环境和市民情况，因此，规划咨询事务所实际上就成了市政府的规划部门了。

规划咨询可能是一个非常具有竞争性的领域。在一个大都市区，想寻找一个规划咨询事务所有很大的选择余地。如同各种咨询业务一样，得到一份工作与做好那份工作都很困难，长期留住客户可能需要相当多的外交技巧，趟地方政治的浑水并没有那么容易。如果说有坏消息的话（例如，市政府可能在法庭上输了土地使用管理的案子，我确实目睹了这样的例子），规划咨询事务所可能要有相当的技巧去懂得如何把问题处理好，而且还有处理问题的时机正确与否的问题。

联系群众

由于规划工作是一个集体行动，没有广泛的政治基础是断然不行的，所以规划机构一般通过各种咨询或民间团体与社区建立起诸多联系。这些联系可能是正式的，或者完全是临时性的。一种联系形式是顾问团体：对某个特殊问题感兴趣的市民团体（譬如对环境质量感兴趣）与规划机构保持联系。规划机构获取信息，听取对于可能产生重大环境影响的规划的意见。对住房问题感兴趣的市民可能形成规划机构经常联系的另一种社会团体。我住在一个大学城里，那里有一些关注人行道、自行车道和城市设计的团体，规划机构常常与它们联系。这些团体往往大力支持规划部门的目标，提供有用的数据和想法。但就是在市民与规划师意见不一致时，有一个不断沟通的机制总比偶然一次接触好。许多政治家和其他一些人似乎有一个规则，始终不道歉，不承认错误。通过私下接触，对不同意见展开讨论，很有可能使双方在争议公开之前就作出妥协，从而避免尴尬局面的出现。正如第8章所述，规划机构在编制规划时也会广泛举行公众会议，讲解规划方案。这些会议对获得市民支持是很有效果的，同时，也帮助规划机构了解市民的选择和市民关心的问题，对它们作出回应，同时也满足市民参与规划的法定要求。

除了这些方式外，大多数规划机构还通过其他非正式的方式与社区联系。规划机构的领导或工作人员向扶轮社（Rotary Club）、妇女选民团、商会和其他一些民间组织讲解与规划相关的问题。许多规划机构会发放出版物，在媒体上找到释放信息和观念的空间，让市民们了解规划机构正在做什么和为什么那样做。现代网络通信技术迅速扩大了公众实时参与规划活动的范围。

无论哪种方式，联系群众总是必不可少的。没有市民的支持，规划机构是不可能实现其规划目标的。如前所述，这一点比10年以前更加不容置疑。

小结

规划需要在高度政治化的环境中进行，因为：（1）规划常常涉及市民关注的问题；（2）规划决定的后果常常是看得见、摸得着的；（3）比起州政府和联邦政府所处理的问题，市民们更容易接触规划问题；（4）市民们觉得他们了解规划问题，在规划问题上同样有发言权，不一定要服从规划师的专业意见；（5）规划决定常常对房地产所有者产生很大的经济影响；（6）规划决定可能对房地产税率产生重大影响。

规划师直接行使的权力微乎其微，但他们在一定程度上影响着社区的政治进程。过去几十年里，规划作为非政治过程的观念已经让位于一个更为现实的观点，规划师是政治进程的参与者之一。规划师向社区公布他完成的规划，这种旧观念已经被这样的新观念所替代，规划是一个社区活动，作为规划活动的一员，规划师使用专业技能支持规划活动。

根据社区和规划师的个性与思想意识，我们可以发现很多规划风格：（1）作为中立公务员的规划师；（2）作为社区共识建设者的规划师；（3）作为经营者的规划师；（4）作为倡导者的规划师，以及（5）作为巨变行动者的规划师。

参考文献

Banfield, Edward C., *City Politics*, Harvard University Press, Cambridge, MA, 1963, Brooks, Michael P., *Planning Theory for Practitioners*, Planners Press, American Planning Association, Chicago, 2002.

Catanese, Anthony James, *Planners and Local Politics*, Sage Publications, Beverly Hills, CA, 1974.

Catanese, Anthony James, *The Politics of Planning and Development*, Sage Publications, Beverly Hills, CA, 1984.

Forester, John, *The Deliberative Practitioner*, MIT Press, Cambridge, MA, 1999.

Friedmann, John, *Planning in the Public Domain: From Knowledge to Action*, Princeton University Press, Princeton, NJ, 1987.

Goldberger, Paul, *Up from Zero: Politics, Architecture and the Rebuilding of New York*, Random House, New York, 2004.

Harrigan, John J., *Political Change and the Metropolis*, Little, Brown & Co., Boston, MA, 1985.

Hoch, Charles, *What Planners Do: Power, Politics, Persuasion*, American Planning Association, Chicago, IL, 1994.

Jacobs, Allan, *Making City Planning Work*, American Society of Planning Officials, Chicago, IL, 1978.

Lucy, William, *Close to Power: Setting Priorities with Elected Officials*, American Planning Association, Chicago, IL, 1988.

Meyerson, Martin, and Banfield, Edward C., *Politics, Planning and the Public Interest*, The Free Press, Glencoe, IL, 1955.

Nelson, Arthur C., and Lang, Robert E., *The New Politics of Planning: How States and Local Governments are Coming to Common Ground on Reshaping America's Built Environment*, Urban Land Institute, Washington, DC, 2009.

第 7 章　社会问题

现代城市规划源于建筑学和景观设计学，这两个专业主要涉及实体设计。早期的城市规划一般倾向于越过社会问题，强调设计和实体问题，如讨论芝加哥规划时所指出的那样。不过，规划师长期以来都认识到，看上去很简单的设计问题可能会产生强大的社会意义。

20 世纪 60 年代和 70 年代，许多人认为城市规划专业低估了社会问题，而这正是人们对城市规划专业不满的一个主要原因，许多规划师开始把他们自己定位为"社会规划师"，谈论"社会规划"的子学科。规划专业的这个变化有许多根源。

20 世纪 50 年代后期和 60 年代早期展开的人权运动集中关注公正和公平问题。许多规划师觉得，他们不能简单地做一个中立的公务员，在市政府的目标和政策得不到批准时，唯"权势集团"的马首是瞻。20 世纪 60 年代中期，从纽瓦克到洛杉矶的瓦茨，美国城市发生的骚乱和破坏暴露了少数族裔深深的不满和怨恨，让人们感觉到，我们作为一个社会，一定做错了什么。此后不久，越南战争分裂了美国一代人。那些觉得这场战争是错误的人一般会把这种认识带进许多国内问题。他们觉得，如果权势集团在越南问题上是错误的，那么在国内也是错误的。

导致这种焦点转移的另外一个原因是，从更广泛的角度来看，那些设计不错的项目应该没有什么问题，但结果却不尽人意。第 11 章要讨论的"城市更新"就是这样一个案例。公共住房项目同样是这样。圣路易斯的普鲁伊特 – 艾戈（Pruitt-Igoe）公共住房项目就是一个被认为设计得很不错的一个大型项目。这个项目甚至还赢得了美国建筑师学会（AIA）的设计奖。然而，从社会角度看，这是一个失败的项目，项目地区犯罪、破坏财产和非法活动的发案率都很高。圣路易斯不能处理好普鲁伊特 – 艾戈的诸多社会问题。最后，对普鲁伊特 – 艾戈实施了拆除建筑物并清理现场。[1] 显然，实体设计不能解决人们的心理、家庭、经济、法律、毒品、酗酒和其他问题。一个项目，无论从建筑和场地设计的角度看做得多么好，但把许多有严重问题的人集中到一个小区域，这只会为灾难埋下伏笔。一般来讲，高

---

① Tom Wolfe, *From Bauhaus to Our House*, Farrar, Straus and Giroux, New York, 1981.

层建筑在公共住房中的表现非常不好，如芝加哥卡布里尼·格林（Cabrini Green in Chicago）之类的许多项目，在普鲁伊特－艾戈之后也相继被拆除了。另一方面，许多高层共管公寓和合作公寓都运行良好，它们的价格表明了这一点。

住房规划中的社会问题

与住房相关的实体规划决定对社会影响最大。土地使用控制和城市基础设施投资决定，如给水排水，会影响住房建设的数量和类型。哪些实体规划决策会影响租金和住房价格，以及谁将住在哪个社区。根据成本机制，一种住房模式可能支持种族融合，与此相反，另一种住房模式会支持种族隔离。因为孩子住在哪里决定了他到哪里上学，所以住房政策可能演变成教育政策。一个人居住的地方可能决定其所需要的休闲娱乐场所和社会服务场所，也许最重要的是，决定了他的就业场所。把低收入劳动者可以承受的住房与他有资格从事的工作分开，这样的政策和经济力量可以导致失业。长期失业可能会导致家庭破裂，导致对社会福利的依赖，导致酗酒、犯罪和其他社会病。人们一直都在理直气壮地论证，"城市底层"形成的一个原因是城区长期的、大规模的失业。[1] 所以，许多人认为，有关住房政策的决定影响是美国最紧迫的社会问题之一。

即使我们完全把种族、阶级和贫困问题搁置一边，涉及住房的决策还是对人们如何生活有着很大的影响。假定郊区小镇的土地使用控制只允许在 0.5 英亩或更大的土地上建设独栋住宅。通过对住宅开发做独栋和高档的限制，这个郊区小镇给它的居民作出了一些非常个性化的决定。在这个小镇长大的许多孩子会负担不了在那里的生活。当一对夫妻离婚，其中没有得到房子的一方因为买不起房子而必须离开那里。一对夫妻养育了一个不能独立生活的智障儿童，如果住在一个集合住宅里，那个孩子的日常生活没有太大问题。但这就要看市里的规划部门是否允许把一个大的、旧的独栋住宅改造成一个集合住宅。许多社区在是否允许集合住宅的问题上都有过斗争的经历。

一对夫妻想要年迈的父亲或母亲与他们住在一起，他们会关心这个城镇的分区规划是否允许与他们的房子共用一堵墙，加盖一幢公寓式住宅，或者相邻而建也行。与几十年前相比，美国有了更多的单亲家庭。在双亲家庭中，不在这个镇上就业的夫妻占很大比例。允许住房、就业场所和托儿所幼儿园紧靠在一起，会

---

① William J. Wilson, The Truly Disadvantaged, University of Chicago Press, Chicago, IL, 1987.

大大简化许多家庭的生活。一些社区的确放松了住宅类型的开发规定，以便容纳数量增加了的小规模家庭。

私人社区的特殊情况

或许，美国住宅建设方面最重要的倾向莫过于私人社区的快速增长。

私人社区是指居住要求成为社区协会成员，向该协会缴纳会费，并遵守协会规则的社区。私人社区几乎都从一个行政辖区中的若干地区开始。那些地区重新进行了分区规划，与原先的分区规划或土地使用控制不一致，进行了变更，或展开一个场地规划审查过程。事实上，开发商的建筑或规划咨询公司成为规划师和市政规划机关，开发商咨询的立法机关成为规划的法官或仲裁者。私人社区通常被称为"总体规划"（*Master-planned*），因为整个社区都有一个单一规划。这与**总体规划**（*Master Plan*）的习惯用法不同，我们一直使用的**总体规划**是指整个城市、县或其他行政建制单位的规划。绝大多数情况是，私人社区建在郊区或大都市区以外地区，因为那里才有大块没有开发的土地，建在城区里的及其罕见。

有些私人社区完全转变成了独立的行政建制单位。例如，弗吉尼亚州的莱斯顿（Reston）开始不过是一个地区，现在它成了费尔法克斯县里的莱斯顿镇。

许多第一批私人社区针对的是退休居民，它们常常规定了入会者的年龄。例如，入会规则可能提出，一个家庭成员的年龄至少达到55岁且没有任何一个家庭常住成员的年龄小于18岁。当然，最近开发建设的大量私人社区已经接受了劳动年龄人口入住。

许多私人社区的公用设施，如游泳池和公园，仅对自己的居民及其客人开放，不过从任何人可以自由进出的意义上讲，私人社区是开放的。然而，这种情况正在变化，出现了越来越多的封闭社区，除了社区的居民以及他们的客人外，其他人员不得入内。2009年，美国这类封闭社区已经拥有了1000万个居住单元。[①]2009年，美国平均家庭规模为2.6人，这样我们可以大体估算出有多少人居住在封闭社区里。就整个私人社区而言，居民人数当然更多。对于开发商来讲，因为在私人社区里购买住房的人不仅买了房子，而且还成套买下了其他东西，所以私人社区是有市场优势的。附带的优势里可能包括人身安全、休闲娱乐设施和通过整体设计获得的若干收益。例如，许多私人社区建有广泛的自行车道和步行道系统。

① Richard Benjamin, "The Gated Community Mentality," *New York Times*, Op.Ed. page, March 29, 2012.

这些项目很容易整合成为一种可以重复使用的设计，不过这些项目通常很难通过"更新改造"的方式进入老城区或已经建成的郊区。整套或部分设施可能会很好地转向特定的市场领域。加州奥兰治县的拉德拉牧场（Ladera Ranch）就是一个大型的规划社区，其中有一个居住区叫"圣约翰山"，那里的住房采用了传统风格，有一所供这个居住区孩子们念书的教会学校。还有一个开发商称之为"文化创意"的居民区——特尔莫（Terramor），那里的住宅建筑风格更趋于现代，而且有一所采用蒙特梭利教学方式的学校。[①]

私人社区一直都很受欢迎，但它们也受到了批评。那些诋毁这种趋势的人使用的关键词是"碎化"。当越来越多的人选择独立社区时，批评家会问，随着越来越多的人选择独立社区，一个更大的社区究竟会发生什么变化。加州大学伯克利分校的规划教授布莱克利（Edward Blakely）提出：

> 国家在法律上禁止包括在住房、教育、公共交通和公用设施等事务上发生任何形式的公开歧视，此事已经过去30年了。但我们现在发现了新的歧视形式，有大门和围墙的私人社区。我们将称之为"城堡现象"。[②]

布莱克利接着说：

> 经济分割现在很少见到了，但封闭的社区在几个方面走的更远了。它们创造了有形的障碍。它们将社区空间私有化，而不仅仅是个人空间。—— 一旦把办公室和零售商店也圈进了围墙里，这种封闭社区就产生了一个私人世界。——这种碎片摧毁了"**城市**"（civitas）这个特定的概念，即有组织的社区生活的概念。

大量富裕的人群搬到封闭的私人社区里，这时有人可能会问，剩下来的无钱搬过去的那些人会有什么样的生活条件呢？老城区的公共服务和公共生活质量会怎样呢？布莱克利教授提出了别样的问题，"我们真打算放弃种族和阶级融合的美国梦吗？"当然，基本问题没变。

许多人都认同这个看法，私人社区，尤其是那种封闭社区，从根本上打碎和摧毁了具有更广泛意义的城市。社会身份较高和收入较高的人正在把他们自己与

---

① Bill Bishop, *The Big Sort*, Houghton Mifflin, New York, 2008, p. 212.

② Edward Blakely, "Viewpoint," *Planning*, January 1994.

大众文化分割开来。[1]

1978 年，美国内华达州开发了一个叫作"绿谷"（Green Valley）的私人社区。到了 1992 年，那里的人口已经增长到 3.4 万人，土地面积达到 8400 英亩，预计 21 世纪早期，那里的人口可以增长到 6 万。古特森（David Guterson）从批判的立场这样写道：

> 没有阶级斗争，没有正在燃烧的城市。像一个神话般的永不消逝的梦，绿谷召唤着美国的中产阶级。在当代的焦虑和不满的驱使下，绿谷的膜拜者们找到了一座他们共同的城堡，他们拿个人的自由去换取一份虚假的安全感。这个共同的城堡把那些人圈到了城外，而把这些人圈在了城里。[2]

私人社区的拥护者对这些收费会有何反应呢？一种反应直截了当，私人社区显然给了人们所要求的。人们对私人社区在市场上的成功没有异议。最大化消费者对服装和小汽车的选择，如果我们相信这一点，为什么不把选择多样性的看法用到社区上？[3] 私人社区的居民所要的不过是他们认为对自己和家庭来讲不错的生活，而不是能被加以谴责的东西。如果一个人搬到私人社区的基本动机涉及其家庭福祉和安全的话，究竟是什么如此令人担忧？

就布莱克利有关阶级和种族融合的判断而言，想成为私人社区居民的人可能发现，我们的大多数大都市区现在都有大量的阶级和种族分离。这并非说私人社区正在摧毁融合的伊甸园。想成为私人社区居民的人可能还注意到，融合可能最容易且自然地发生在收入和阶级相似的人之间，许多私人社区的居民就是这样。

布莱克利并没有对私人社区现象作出判断，不过是提出了争议点。显然，私人社区这种开发模式具有社会意义，这种社会意义远远超出了实体设计的问题。

---

[1] Christopher Lasch, The Revolt of the Elites and *the Betrayal of Democracy*, W.W. Norton, New York, 1995, and Bill Bishop, *The Big Sort.*

[2] David Guterson, "No Place Like Home," *Harper's Magazine*, November 1992, pp. 55–61.

[3] 在经济学家蒂特（Charles Tiebout）之后，大量的社区将是最大化消费者的选择（市民被认为是各类公共事业的消费者，让公用事业的市场服从经济学家的完善市场的模型）。参见 Ronald C. Fisher, *State and Local Public Finance*, 2nd edn, Richard D. Irwin Co., Chicago, IL, 1996, ch.5. 这个假定最初来自丁波的一篇论文，"A Pure Theory of Local Expenditures," *Journal of Political Economy*, October 1956, p. 422.

无家可归的问题

在 20 世纪 80 年代和 90 年代，大多数城市评论家都同意，无家可归者的人数正在增加。2008 年的金融危机之后出现的高失业率和止赎浪潮，毫无疑问地把无家可归者的人数推至新高。在全国范围内，过去若干年里，房租上涨速度高于个人收入的增长速度。这种情况给无家可归的问题雪上加霜。关注无家可归的问题当然不只是规划师，社会工作者、精神医疗机构、警察、律师都比规划师更直接地接触无家可归人士。当然，无家可归的问题确实与城市规划有关。

我们并不知道无家可归者的确切人数，因为他们是一个难以计数和界定的人群。考察无家可归的人们把这个问题归咎于若干个重叠的原因。一定数量的无家可归者可能是因为有了精神疾患。最近这些年，由于对精神疾病的患者的非医疗机构化的政策也增加了街头精神疾病患者的人数。之所以采取这种政策，其中一个理由涉及所谓的"患者权利"思潮，不能违背任何患者的愿望，除非那个患者对他（她）自己，或他人构成威胁。不过需要指出的是，此种情况可能是互为因果的。当某人的精神疾患已经不稳定了，那么无家可归的焦虑可能让这个人的精神疾患更为严重。毒品或酗酒也能让无家可归者中一定比例的人加剧精神疾患。显然，二者之间有重叠。我们也能看到，无家可归所带来的焦虑也能把某人推向吸毒或酗酒的方向。

除此之外，还有一些人因为经济原因无家可归。失业或家庭破裂都能造成无家可归的后果。偏向保守的人可能倾向于强调无家可归者个人的特征和行为，偏向另一端的人可能强调贫困和住房成本。

规划师可能通过他（她）涉足住房政策而对消除无家可归者问题作出一些贡献。公共住房政策影响整个住房存量，而整个住房存量中包括了低成本住房，并直接与无家可归问题相联系。除了其他人，塔克（William Tucker）曾经提出，公共住房政策通过廉价住房的供应也导致了人们的无家可归。①

城市更新（见第 11 章）拆除了大量租金便宜和质量低的住房。城市更新的本意是消除危旧房，但这样做同时不可避免地使廉价出租房的数量减少，城市街区更新改造计划的特定目标中就有廉价单人房间的旅馆和廉价旅馆（SRO）。如果拆除了那些价格十分低廉的租赁房间，必然让那些人流落街头。注意：拆除一个地方价格十分低廉的租赁房可能不会导致另一个地方低廉租赁房的增加，因为那个

---

① William Tucker, "How Housing Regulations Cause Homelessness," *The Public Interest*, winter 1991, pp. 78–88.

地方的分区规划规定，不允许建设廉价公租房。所以新开发的建筑承担相同的功能在经济上是不可行的，即使法律上真的作出那样的规定。塔克提出，租金控制也能产生无家可归的后果。租金控制导致空房率下降，以致没有低价住房可以供应。如果你需要一个便宜的公寓，实际上，有人正住在那里，因为控制房租，公租房的空置率趋近于零，所以对我们也没有什么好处。

假设塔克的判断有一些道理的话，规划师可以做什么呢？正如我在本书其他地方谈到的那样，规划师的一部分工作就是从全局出发，明确与其他地方的联系。但是这样看问题的规划师处于一种困难的境地。无家可归者的政治势力很弱，相反，生意人和常住居民的政治势力很大。规划师很容易陷入两难境地，既同情无家可归的人，也同情当地居民。他们不希望留住无家可归者，希望他们随便到哪里去都可以，就是不要在这里。我们可以同情无家可归者，他们蹲在商店门口，我们也可以同情店主，他不想有人堵了店门，妨碍顾客出入。规划师可以倡导不减少低端住房供应的住房政策。规划师可以通过更具有弹性的分区规划（例如允许建设附属公寓或允许在店铺楼上开设公寓房间），扩大低成本住房数量。这种住房单元可以或不允许无家可归者居住，但它们会降低剩余低成本住房存量的压力。对于那些有精神疾患和生活不能自理的无家可归者，规划师可以在分区规划和住宅建筑规范上增加一些弹性，允许建造集体住宅和其他形式的集合住宅。

其他问题

防灾减灾规划的社会方面

我们可能认为防灾减灾规划说明我们是有共同利益的，水火无情，在灾难面前毕竟没有贫富之分。然而事实并非如此，谁先受到伤害、灾难发生后的安全和保障、长期恢复和重建，自然灾害在这些方面对不同人群产生的影响大不相同。

想想 2005 年新奥尔良发生的卡特里娜飓风引发的洪水。居住在新奥尔良比较低洼地区的基本上是穷人，卡特里娜飓风引起的海啸对他们的伤害最大。人们主要依靠汽车撤离这座城市，显然有利于那些有钱买车的家庭。有储蓄的人要比那些靠薪水度日或依赖救济的人要好很多。不仅穷人，老人也同样受到更大的伤害。在不考虑其他因素的情况下，穷人和老人忍耐压力、寒冷或极端高温，精力、焦虑、寻求医护的能力和健康条件都可能要弱一些。

在卡特里娜飓风过去之后，恢复重建涉及了一大堆分配问题。重建什么，报废什么，谁能得到赔偿且赔偿多少？如果公共资金用来提高应对未来灾害的能力，那么谁受到保护且如何偿付这种保护？我们在第 11 章具体讨论这类问题。

经济开发的社会方面

经济开发同样是一个很快显露社会影响实体规划的领域。假定一个城市需要就业和新的税源，但适合商业开发的场地短缺。市政府可以利用其征用权征用一些土地，进行必要的场地准备，然后将土地出售用于商业（正如第 5 章讲的那样，这种方式曾经普遍使用，不过现在许多州都规定这样做是违法的）。那些在居住用地上生活的居民因为征用必须被迫离开。市政府应不应该这样做？用摧毁一个运转正常的街区换取新的就业岗位和税源是否值得？果真这样做的话，如何安排那些被迫搬迁者的住宅？还是简单地告知他们，只要他们搬迁，就可以得到一点资助，至于其他事情，自行决定怎么办？

经济开发与住房市场之间总是具有紧密联系的。尤其是在住房供应缺乏弹性的情况下更是如此，住房供应缺乏弹性是说，住房价格和租金大幅上涨，而住房存量增加不大。在这种情况下，大部分需求增加体现在价格和租金的增加上。

从 2002~2014 年，布隆伯格（Michael Bloomberg）当了 12 年的纽约市长。2008 年开始大萧条的那段时间里，纽约市的经济还是不错的。尽管金融领域失去了大量工作岗位，但纽约的就业反倒增长了，尤其是在高技术部门，工作岗位大幅增加。作为一名企业家（《布隆伯格新闻》的创始人，提供大量金融数据），布隆伯格在推动纽约的经济开发方面成绩斐然。

但是，纽约的经济成功加剧了住房市场业已存在的极端紧张状态，这对于收入菲薄的大部分当地居民来讲是一个巨大的压力。[1] 2012 年，纽约市"房租指导理事会"的报告说，1/3 的房屋租赁者支付的租金占他们收入的 50% 以上，月租 1000 美元以下的公寓闲置率为 1.1%。[2] 年租金在 1 万美元和 1 万美元以下的公寓单元可以忽略不计。[3] 一些全日制劳动者住进了原本是给无家可归者使用的房子里，他们根本买不起房子。

2014 年 1 月，白思豪（Bill De Blasio）接替布隆伯格，成为纽约市的新任市

---

[1] 虽然曼哈顿非常高地聚集了财富，但纽约市的大部分人口并不是特别富裕，实际上纽约的贫困人口比例超过了美国的平均水平。

[2] Income and Affordability Study, 2012, New York City Rent Guidelines Board, New York, p. 9.

[3] 因为纽约市政府控制了大部分出租房存量，尤其是低租金的那一部分出租房，所以空置率可能在一定程度上降低了。

长。2013 年，布隆伯格就已经不是市长候选人了，但白思豪的竞选纲领就是反对布隆伯格的政策。白思豪提出，他的首要目标就是减少城市的收入不平等。他准备向收入超过 50 万美元的个人征收附加税来支持早教。总之，白思豪采取了左翼民粹主义者的立场。布隆伯格主要是推动经济发展，而白思豪竞选纲要是减少不平等，二者非常不同，从一定意义上讲，两人的目标是相悖的。

是什么原因造成了这种矛盾？对白思豪减少不平等的主张很难提出异议，就连布隆伯格也会从理论上接受白思豪的主张。另一方面，纽约需要增加工作岗位，需要来自商业活动的税收，还需要从曼哈顿数百万美元的共管公寓中获得税收。白思豪鼓吹用来支持早教的"百万富翁的税"似乎对任何一个相信累进税制的人都是公平的。[1] 但事实上，如果高税收让富人越过了纽约的行政边界，那么纽约就鞭长莫及了，完全不能对他们征税。富人可能没有兴趣对纽约进行投资了，而倾向于到别处投资。总之，理性且怀着美好愿望的人们可能会在城市发展问题上有明显不同的看法，强调经济开发或其他发展目标。

以上描述的纽约的情形是很普遍的。旧金山可能有全美最高的房租。旧金山与硅谷（圣克拉拉县）之间只有通勤距离，旧金山本身的高技术部门就业的增长意味着许多高收入的人回来竞争住房。另外，旧金山可以用来开发住房的土地所剩无几，而市民们抵制增加老街区的开发密度。像纽约一样，经济发展的不利方面是高房租、低空置率，更极端的是会增加无家可归者。

推动地方经济常常包括给企业提供补贴或减税，鼓励它们在这里落脚，而不是到其他地方投资。在这种情况下，公共资金间接地给予了企业家、投资者、股票持有者，这些人可能都比一般纳税人要富裕。我们应该受到这种做法的困扰吗？

一些规划师非常适应这种推动地方经济的举措，他们认为，这就是资本主义社会的博弈方式，原则上讲，这种补贴或减税制度比其他制度还好些。而另外一些规划师可能会说，他看到把公共资金用来补贴私人部门的活动很反感，但一个城镇、县或州之类的行政区把钱放在台面上，从相邻行政区把经济活动吸引过来，在这种时候，规划师可能并不反感拿公共资金补贴私人部门的活动。

还有一些人，如克里夫兰市的前总规划师克鲁姆霍兹（Norman Krumholz）对用公共资金补贴私人部门的活动很愤慨。[2] 无论规划师站在什么立场上，这种做法显然包含了严重的社会哲学问题。

---

[1] 累进税实际上让收入高的人比收入低的人多纳税。联邦收入税就是累进税的一个最突出的例子。
[2] Pierre Clavel, The Progressive City：Planning *and Participation*，1969–1984，Rutgers University Press，New Brunswick，NJ，1987.

交通规划

交通规划具有很多社会意义。修筑道路必须占用特定的土地，让居民搬迁，改变或摧毁街区的原有构造，由此而出现了围绕城市更新展开的大量冲突。一个区域的交通系统如何建设和定价都会影响居民的通勤，影响居民获得公共服务，并影响各种各样的活动。

如果你是一个穷人，住在市中心，没有汽车，而你能够找到的工作在郊区，到达那个工作场所需要 2~3 小时，那么这种交通状况足以让你失业。我们认识到这个问题至少有半个世纪了，但这个问题是不易解决的。不同于中心城区向外辐射的道路安排，让都市区任意两个部分之间具有良好的公共交通连接会是特别昂贵的。

环境政策

环境政策可能产生重大的社会后果。一个环境脆弱地区成为容纳中低收入家庭负担得起的便宜住房的最后一块场地，果真如此，我们需要严肃地考察相关问题。一个人保护环境可能让另一个人失业，我会在第 15 章谈到这种情况。看上去是一个实际问题，实际上很快就暴露出了它的社会后果。

环境公正问题

这些年，环境公正及其相关的问题，环境种族主义，一直困扰着规划师们。其核心问题是，穷人和少数族裔是否不成比例地背负着环境问题的负担，果真如此的话又是为什么。围绕这个主题已经展开了大量的研究，出版和发表了大量的书籍和文章。有些规划学院还开设了环境公正的课程。国家环保局在行政管理和资助研究上已经介入了环境公正问题。国家环保局针对这个主题的陈述是这样开始的：

> 在制定、实施和强迫执行环境法规和方针政策时，环境公正是指公正地对待且有意义地涉及每一个人，不考虑他们的种族、肤色、族裔或收入。公正对待意味着，任何一个人群，包括种族的、民族的或社会经济的群体，都不应该不成比例地承担因为工业生产、城市和商业运行或执行联邦、州、地方和部落计划和政策而引起的负面环境后果。[1]

---

[1] EPA press release, June 22, 2004. This release and other information is available on an EPA website.

确定环境公正的事实可能不是一件容易的事情。假定一个城市的垃圾填埋场或垃圾焚烧厂周围是便宜住房，基本上居住着少数族群的人。选择这个场地真是故意歧视这一部分居民吗？那些居民在作出这个选址决定的政治斗争中没有多少政治话语权，实际上，在这场"烫手的山芋"的博弈中，那些居民是失败者，果真如此？或者作一个更单纯的解释，这个垃圾处理厂是以公正和合理的方式选择出来的场地，会减少那里的房地产的价值，随着时间的推移，会限制住在那里的低收入家庭在住房市场上的选择能力，果真如此？要想回答这些问题，我们需要深入研究这个场地及其周边地区的历史。

性别问题

20世纪90年代，人们提出，规划决定可能涉及一个性别认同因素。1997年，美国规划协会（APA）组成了一个称之为"城市规划中的男女同性恋"（GALIP）的小组，代表男女同性恋者的利益。[①] 当时，"城市规划中的男女同性恋"成员提出的一个条款是，在编制商业区和居住区规划时，直面男女同性恋者，承认他们的利益。在规划职业圈里，对"城市规划中的男女同性恋"毁誉参半。有些人采取了与时俱进的看法。还有一些人认为，城市规划是服务于大众利益的，主张男女同性恋的利益是在制造分裂。至于同性恋问题究竟有多大，现在下结论还为时尚早。

女权主义与规划

一些从事规划教育的人宣称她们自己是女权主义者，她们提出，做城市规划时，我们可以采用女权主义的思维角度去看待问题，应该提出一组涉及女权主义的问题，然而规划师常常没有重视这类问题。例如，许多女性规划师提出，规划郊区的方式似乎更适合男人而不适合女人。20世纪60年代，随着《女性迷思》（*The Feminine Mystique*）的出版，规划郊区的方式似乎更适合男人而不适合女人的判断第一次引起关注，这本书还提出，对女性来讲，整天待在家里与孩子们在一起，孤立让人抑郁和无聊。[②] 事实上，这本书的作者弗里丹（Betty Friedan）提到了中产阶级家庭妇女普遍遭受到的"无名的困扰"，即"自我丧失"。无论这个判断是否已经不再重要，此后婴幼儿的母亲重新回到劳动大军的比例一直都在上升，而在家带孩子的成年女性比例一直都在下降。更普遍地说，女权主义者已经

---

① Karen Finucan, "Gay Today," *Planning*, February 2000, pp. 12–16.
② Betty Friedan, The Feminine Mystique, W.W. Norton, New York, 1963.

提出，城市规划（像其他职业一样）过去一直都是男性主导的，城市规划的大部分文献都是男性撰写的，城市规划的大部分历史人物都是男性。[①] 这种状况自然导致了男性利益压制了女性利益。女权主义者认为，妇女编制出来的城市或都市区规划可能非常不同于男性的编制。[②]

规划与老龄化

婴儿潮（大约在 1947~1965 年）期间出生的人现在都到了退休年龄。国家统计局的中期预测显示，从 2010~2035 年，美国人口会增加 26%，其中年龄在 65 岁以上的人口会增长 80%~90%。婴儿潮带来的巨大年龄波动将把一系列社会规划问题推到前沿。更多的退休年龄人口会控制很大一部分国民收入和积累起来的财富，在选民人数上会占更大比例。

一个人口结构发生变化的地方对规划工作的最大影响是住房和土地使用。一个或两个住在一起的老年人具有与其他群体不一样的住房需求和住房选择。老年人对医疗、娱乐和公共服务（见第 11 章）的需求也不同。交通规划（见第 12 章）会受到影响。除城铁和大都市区的公共交通之外，美国现在的公共交通基本上是那些不那么富裕的和一般没有私家车的人使用的。大量不能或不愿开车的富裕老年人可能会对此产生完全不同的看法。

为谁的社会规划？

除了非常小的规划决策外，几乎所有的决策都会带来收益和损失，这一章提到的社会问题强调了本书的这个基本论点。把自己确定为社会规划师的规划师常常觉得，他们应该向那些不幸运的人群倾斜（或者说少支持幸运的人群）。但还有很多规划师认为，他们的任务是给城市的大多数人提供服务，或者说只要他们明确究竟什么是一般公众利益，他们的服务对象恰恰就是这种一般公众利益。这些规划师还有可能提出，一座城市谈不上收入分布之类的公平问题。所以这类社会问题让上级政府部门去解决吧，其方法与问题的规模更相称。

---

① 现在，在美国规划学院里注册的学生中，男生和女生人数相等，但男性还是在规划领域占主导，随着更多的女性进入高级岗位，这种现象应该会改变。

② Susan S. Fainstein and Lisa J. Servon, eds., *Gender and Planning*, Rutgers University Press, 2004; and Barbara Rahder and Carol Altilia, "Where Is Feminism in Planning Going: Appropriation or Transformation," *Planning Theory*, vol. 3, no. 2, 2004, pp. 107–116.

谁在编制社会规划?

有人问从业规划师,是否有一个独立的"社会规划"领域,规划师的答案大相径庭,从"肯定有"到"什么社会规划"?规划师正在做的工作直接影响到社会(比如说,管理社区一个托儿所或成人识字项目的开发资金),在这种情况下,规划师无疑正在做"社会规划"。然而,大多数规划师并没有把他们的大部分时间放在明确的社会规划上。几乎任何涉及土地使用或公共资金使用的规划决策都具有社会意义。从这个意义上讲,任何规划师都在致力于社会规划。

小结

所有规模重大的规划决策都具有社会影响。对于许多规划师和规划机构来讲,住房是摆在他们面前最大的社会问题。这一章揭示了一些老住房问题,如允许多少种住房类型,以及开放和封闭的私人社区迅速增长的影响。我们还提到了一些与经济发展和环境规划以及其他领域相联系的社会问题。无论人们是否认识到社会规划的一个独立领域,我们都不能忽视纯粹是实体或设计问题所具有的社会影响,这一点是显而易见的。

参考文献

Anderson, Wayne R., Frieden, Bernard J., and Murphy, Michael J., EDs., *Managing Human Services*, International City Management Association, Washington, DC, 1997.

Bolan, Richard S., "Social Planning and Policy Development," in *The Practice of Local Government Planning*, International City Management Association, Washington, DC, 1979.

Clavel, Pierre, *The Progressive City*: *Planning and Participation*, *1969-1984*, Rutgers University Press, New Brunswick, N, 1987.

Howfe, Elizabeth, "Social Aspects of Physical Planning," in *The Practice of Local Government Planning*, 2nd edn, International City Management Association, Washington, DC, 1988.

第 8 章　综合规划

在规划文献中，综合规划（comprehensive plan）、总体设计（general plan）和总体规划（master plan）在意义上是相同的。现在，综合规划这个术语使用最多。这里我们用综合规划代表总体设计和总体规划。综合规划是最基本的规划，用来指导城市开发。综合规划的一大特征是，它在形体上覆盖了整个城镇。另外一大特征是时间长，综合规划的时间范围通常在 20 年内。正如我在第 5 章讲到的那样，州政府可能要求城镇必须要有一个规划，或者作为选项。

综合规划的目标

因为城镇有差别，所以以下列举的目标未必完整，也未必适用于每一个社区。因为目标的重叠，所以人们可能列出不同的目标，其实都一样。冠以健康、安全和公共福利的那些项目，其实过去一直都与治安权相联系。

1. **健康**。实现保护公众健康的土地使用模式是一个既定的规划目标。人口聚集密度有可能超出了城市上下水的承载能力，所以在没有公共给水排水设施的地方，住宅之间需要有足够的间隔，防止化粪池泄漏而污染了井水。它可能涉及把工业或商业活动与居住区分开，使居民健康免遭威胁。它还意味着禁止在整个社区开展一定类型的工业活动。

2. **公共安全**。这个规划目标体现在很多方面。公共安全可能意味着要求在新区建设足够宽度的道路，以确保救护车和消防设备可以到达救援现场。许多城市都划出了泄洪区，避免在泄洪区开发建筑。在街区层面，公共安全可能是指，让孩子们步行上学或回家时，不需要穿越主干道。在犯罪率高的地区，这可能意味着要布置建筑和空间的模式，以减少犯罪分子作案的机会。[1]

3. **交通流线**。综合规划的一个基本目标就是适当安排城市交通流线。这个目标是指道路系统，也许还包括停车设施，能够承载有序、有效和快速的车流和人流。在那些有可能发生严重洪灾的城市，在规划交通流线系统时可能还要考虑迅速疏散居民的应急措施，也许在规划时就要考虑把进入通道转变成撤出通道。在许多

---

① Oscar Newman, *Defensible Space*, The Macmillan Company, New York, 1972.

113

城市，这个目标还指建设一个适当的公交系统。交通规划和土地使用规划是密切相关的，我会在第 12 章里讨论这个问题。

4. 提供公共服务和设施。 大部分综合规划工作的一个重要部分是确定公用设施的位置，如公园、休闲娱乐区、学校、社会服务、医院等。除规划公用设施外，还有一个重要规划内容，即规划承载公共服务的土地使用模式，如警察和消防、给水和排水。例如，土地使用模式会影响供水和排水的可行性与成本。住房与学校间的距离会决定学生是步行还是乘车去学校。

5. 财政状况。 城市的开发模式和财政状况之间是有联系的。任何一项开发都会给城市增加某种成本（消防、治安、交通、教育等）。相类似，任何一项开发都会给城市带来收入（房地产税、营业税、使用收费和其他各种收费）。某些使用会产生盈利，有些使用可能造成亏损。一般来说，预测哪种用途会起作用并不难。实际上，过去几十年来，已经出现了大量涉及财政影响的文献。[①] 许多城镇会规划一种可以压低房地产税的土地使用模式。当然，不无限度。土地使用控制方式确实可以排除一部分会增加城市财政负担的住宅类型或经济活动类型，城市有权实施"财政分区"？限制开发多户公寓和小地块上独立住宅，城市可以用这种方式控制它要承担的财政支出，对此，城市能限制多少呢？城市使用土地控制的方式，允许为老年人开发多户公寓，而拒绝为年轻人口提供类似的公寓，因为这可能会带来比它将支付的额外税收更多的成本，市政府可以这样做吗？迄今为止，法庭并没有对此达成一致意见，而许多律师已经赢了不少这类官司。

6. 经济目标。 经济增长或维持现存的经济活动水平是成千上万城镇的一个重要目标。经济目标与财政目标相关，但经济目标还有其他一些因素支撑着，最明显的就是给居民提供就业。所以城市可能寻求制定一种土地使用模式，为商业活动和工业活动提供场地，为这些场地提供良好的道路，承载这些商业和工业活动的公用设施。我会在第 13 章中讨论市政府推动经济发展时可能采取的步骤。

7. 环境保护。 这个目标人所共知，但正如第 15 章所述，自 20 世纪 60 年代以来，已经变得更加普遍了。这个目标可能涉及限制开发湿地、坡地或其他具有生态价值或生态敏感的土地。它可能涉及保护开放空间，控制向自然水体排放污水，禁止或限制造成空气污染的商业或工业活动等。最近这些年，许多城市已经

---

① Robert W. Burchell and David Listokin, *The New Practitioners Fiscal Impact Handbook*, Rutgers University Center for Urban Policy Research, New Brunswick, NJ, 1985。Blue Sky Consulting Group, *Analysis of Fiscal and Economic Effects of New Housing Construction in California*, Sacramento, CA, 2010.

发现了减少温室气体排放的需要，那里流行着这样一个口号，"放眼全球、脚踏地方"。

8. **重新分配的目标**。一些政治左派的规划师会认为，规划的目标，应该是在政治进程中向下分配财富和影响力。在数量有限的城镇，规划师确实可以使规划过程朝着这个方向发展。我会在第 7 章中引述克莱维尔书中介绍的一些例子。[①]

综合规划过程

我们在第 6 章中指出，在过去几十年中，综合规划已经有了很大的改变，从少数人闭门造车，到通过市民广泛参与的方式编制规划。本节描述了参与式规划编制过程。这个过程因城市不同而有所不同，但我们可以找到一些共同因素。

1. **研究阶段**。如果没有对目前状况和未来走向的认识，我们做不出什么规划。所以，许多综合规划工作的起点是收集资料和展开预测。

2. **澄清社区目标和目的**。在某个时候，最好在综合规划展开的初期阶段，对这个规划所要实现的目标达成某种一致意见。当然，这并不意味着完全一致。

3. **规划编制期**。

4. **规划实施期**。

5. **规划评审和修改期**。

虽然以序列的形式呈现，但实际上这些事项必然是重叠的。在研究阶段取得的认识会暴露出影响城市发展目标的问题。但选择目标会影响城市应该对自己有所了解的事物。所以，研究和目标确定的过程一般是同时进行的。涉及人口倾向的研究可能形成一个目标，再购买 500 英亩林地。然而这就提出了另外一个需要研究的问题：城市支付得起这笔费用吗？第一阶段和第二阶段不可避免地会交织在一起。

通过把一般目标具体化，使其产生现实意义，规划编制一般会调整原先设定的目标。城市可能设定了一个目标，"以买得起的价格提供充足的住房。"我们很难反对这个目标。很少有人会公开支持以超高价格去供应不足的住房。但在具体研究这个问题时，它可能与目标南辕北辙。让住房价格降到可承受的水平可能意味着，以比现在高很多的建筑密度去开发比较小的住宅单元。让住房价格下降也一定会导致住房供应大规模增加，从而会导致交通拥堵，学校里学生过多。增加

---

① Norman Krumholz, "A Retrospective on Equity Planning: Cleveland, 1969–79," with comments, *APA Journal*, vol. 48, no. 2, Spring 1982, pp. 163–184.

经济适用房的供应会导致市政设施的运行负担加重，从而需要提高房地产税。在这种情况下，城市可能会重新思考它的目标。

现在，我们具体讨论上面列举出来的 5 个阶段。

规划研究

大部分规划机构，特别是那些有足够研究人员的机构，进行了大量的研究。这种研究的一般类型是"人口预测"。规划师在做规划时不能不知道这个规划究竟涉及多少人。了解人口的年龄结构也同样重要。就需要而言，100 名年龄超过 65 岁的人和 100 名小学生会是很不一样的。

预测人口的方法很多。一种常见的技术是"年龄组生存"法。现在的人口在未来的某个时间里都会成为"老年人"。[①] 换句话说，每个年龄和性别群体或以"年龄组"划分的人口，随着时间的推移，都可以根据死亡率作出调整，根据外迁和出生作调整。这种方式的优势是，不仅是估计一个总人数，而是分析人口结构，进而提供一个具体的人口画面。数学不复杂，但是不是能够得到一个好的结果则另当别论。在城市、县或镇层次上，由于净移民的原因不同，地方之间会有巨大差异，精确预测净移民很难。目前，预测净移民更像是一门艺术，而不是一门科学。

规划和预测之间的相互作用可能给人们造成思想上的混乱。[②] 例如，对于许多郊区地区来讲，住房存量是限制人口增长的一个因素。我们可以用过去的移民情况来估计净移民，但在这些评估中，某一个因素如何影响明年开始实施的土地使用控制条例对人口的影响，而且这些条例可能会受到今年对净移民预测的影响。在理想的规划情况下，应该把制定规划和展开预测联系起来，这种协调不是很容易实现。

另外一项基本研究是"土地使用调查"。[③] 这项研究从绘制现有土地使用地图开始（居住、工业、商业、教育、娱乐等）。该研究还描述了未开发的土地适合于何种用途。通常的做法是绘制一系列地图，显示土地特征，如地形地貌、泄洪区、

---

① F. Stuart Chapin and Edward J. Kaiser, *Urban Land Use Planning*, 3rd edn, University of Illinois Press, Urbana, 1979, ch. 6.

② "forecast"（预测）和 "projection"（预计）一般是通用的，但对于人口学家来讲，它们是有区别的。"forecast" 意味着分析家对未来会发生什么所作出来的最好预测。"projection" 是一个简单的数学估算，在一定出生率、死亡率、移出移进条件下，总人口会是多少。预测可以通过未来实际发生的事件证明它的正确或错误，但预计是数学计算出来的，只要数学计算没有错误，其计算结果不能说是错误的。

③ Edward J. Kaiser, David R. Godschalk, and F. Stuart Chapin, Jr., *Urban Land Use Planning*, 4th ed., University of Illinois Press, Urban, 1995.

排水良好或排水不良的土壤区域等。在许多情况下，土地使用研究也包含土地所有权的信息，一般对公共、私人和机构持股作出区分。这项研究还可能确定一些主要的私人或主要机构持有人。这项研究要明确一些基础设施的情况，尤其是给水排水设施。当然，它要明确一些法律特征，如分区规划类别。

近年来，称之为"地理信息系统"（GIS）的电子成图系统，补充了传统的纸质地图，用来记录土地使用研究的成果。在地理信息系统中，数据是以数字形式储存起来的。例如，为了记录下系统中的一条轮廓线，技师拿着一台数字化仪，沿着一张地形图上标注出来的轮廓线走，数字化仪的路径被转化成数字形式，并且储存在计算机里。评估值、分区规划类别、人口普查数据等信息都可以变成数字或字母。电子数据库可以很快生成各种地图、计算、表格等。手工绘制这些地图可能需要很长时间，而利用 GIS 通常也就是几分钟。

在区域尺度上，GIS 现在使用了卫星数据。卫星照相机拍摄下来的可见光谱内外的图像被转变成 GIS 数据。植被、地形、水文、土地利用、温度和其他一些地质特征都可以在图上表达出来。其精确水平通常还不足以描绘小块地，但大尺度上的精确水平还是很不错的，而且计算机绘图的成本仅为传统绘图成本的零头。

几乎每一个综合规划都包含交通流线元素。所以在编制总体规划的过程中，应该尽早展开对建成交通网交通运转状况的研究。在对未来人口和就业预测基础上对未来交通流的一些一般估算，也可能要在总体规划编制过程的早期阶段展开。交通规划和土地使用规划之间有着一种强大的相互作用。一个地区的开发量是影响该地区出行量的一个主要因素。另外，该地区的可达性将在很大程度上决定该地区的开发程度。

研究基础设施状况同样是重要的。给水排水是影响增长区开发方式的一个关键因素，需要决定在哪些地区修建下水管网，哪些地区适合于开发公共供水系统。在那些不能建设公共给水排水系统的地方，研究会致力于找到可以使用的地下水资源。

在这种情况下，研究土壤特征可能是一项很严肃的工作。如果一个地区不知出于什么原因而没有建设下水管网系统，那么土壤安全地吸收化粪池中家庭污水的能力限制了该地区开发强度。土壤的安全吸收能力随着土壤属性的不同有很大变化。沙质的、排水良好的土壤可能允许在每英亩土地上开发好几个住宅。另外，如果靠近地表的土壤是黏土或者干脆是岩石的话，1 英亩甚至 2 英亩土地上可能只允许开发一幢住宅，以便安全排放家庭污水。随着土壤含水量的变化，土壤具有收缩和膨胀的特征，具有这类特征的土壤会影响潜在开发建筑的特征。土壤吸收水的能力会左右发生洪水的可能性,这是在考虑一个地区的开发类型和强度时的一个重要特征。

许多社区都会把休闲娱乐研究作为总体规划的一部分,考察人口、休闲娱乐选择、已有的公用设施等。一般来讲,这种研究将对设施和服务的现有供应进行清点。使用标准(例如千人公园用地)以及预测的人口,估算未来的需要,通过调查了解市民的偏好。使用已有状态和预估的需求之间的差距建立初步规划目标。

经济研究可能是研究阶段的重要组成部分。通过研究,评估未来的财政收入和支出,评估由人口和就业变化而带来的未来土地和基础设施需要,以此指导经济发展政策,决定鼓励还是不鼓励制定特殊税收政策和许多其他问题。有人可能觉得,地方经济比起国家经济规模较小、较简单,所以做好地方经济的合理预测不会太困难。然而事实正相反。任何地方经济预测都在一定程度上依赖于国家经济的运行——就业、利率、通货膨胀等。地方因素的不确定性给国家的不确定性雪上加霜。在 2010~2014 年期间,有 5 起地方政府破产案例,最大且最著名的是底特律市政府的破产。[①] 2008 年的金融危机和随后的经济衰退是其中的一个因素,因为金融危机让销售和房地产税下降,导致联邦政府和州政府的补贴减少,让养老金储备的价值下降,因此必然增加了市政府额外增加的份额。但是,预测到这些地方政府破产的经济学家、银行家和金融家却寥寥无几。

甚至在不考虑国家宏观经济状况的情况下,对地方经济走向的预测都面临许多不确定因素。事实上,美国内外都存在着相互竞争,但真正预测它们如何影响地方经济基础确实很不容易。一个地方越小,它的经济数据越粗糙。也就是说,企业的一个决定,投入还是不投入,留在当地还是搬走,都会对地方经济产生很大的影响。简而言之,预测城市经济的途径是一个不确定的问题。然而,预测城市经济又常常是一个不能回避的任务。如果不知道必须规划什么,以及有什么资源可以为需要做的事情提供资金,就很难制定规划。市政府的计划和主管财政的官员们可能作出预测和财政预算,或者将该任务外包给顾问。许多咨询企业现在对市政府的经济和财政预测非常专业。

制定社区目标

从理论上讲,制定目标应该具有对基本事实的认识,对市政运行限制的认识,

---

① 那个时期破产的城市有:底特律、加利福尼亚州的斯托克顿和圣伯纳迪诺、亚拉巴马州的杰弗逊县、罗得岛州的中央瀑布。还有三个城市申请破产被法庭拒绝了。换句话说,法庭裁定他们有足够的资源来偿还债务。

对社区可能作出的选择有一个实事求是的看法。提高这种认识是上面描述过的研究的最终目的。这个确定目标的过程，就是为制定一个数量有限的不相互冲突的目标，其后具有足够的公众和政治支持，让它们具有成为现实的合理机会。

在这个过程中，规划部门的角色可能是提供一个展开讨论的论坛（组织会议、争取媒体报道、建立咨询委员会），提供事实依据，提供可能的选择方案，综合归纳讨论和评议的结果。建立目标的过程应该是开放的，不排除那些会受到规划结果影响的市民和群体。这类考虑不仅是一个公正或法定的要求，而且还是实践的要求。对规划编制已经产生实际影响的那些人，会比那些没有参与进来的人更支持编制出来的城市规划。

制定规划

一旦基础研究完成，在目标问题上达成一致，我们就可以着手编制规划了。对于较大的社区来讲，城市规划部门一般会来编制这种规划，对于较小的社区来讲，会把这项工作外包给规划咨询事务所，在他们编制完成后交给社区批准。

制定规划的第一阶段一般是提出多种选择。例如，设定的目标是减少中心商务区的交通拥堵。选择方案可能包括扩宽或拉直主要道路，建设旁道、建设停车设施，以便减少沿路停车，把双向车道转变成单向车道，或者把这些选择结合起来。

当所有的合理选择列举出来了，就要开始考虑它们对应的成本和优势。这个过程有时称之为"影响分析"。需要考虑的一个项目就是成本和这个成本对市政税收率和负债结构的影响。这种研究可能不仅考察这些选择的直接成本，而且还考察一些间接效应，如对营业税征收的影响，对房地产价值的影响。另外一个项目会是征用房地产所影响的家庭和商户数量，建设过程对交通通行的干扰。城市规划师还要考察每一种选择对交通流的相对改善程度，同时还要考察审美的和城市设计问题。在完成了影响评估工作后，就可以作出选择了。注意，让受影响的房地产业主、居民和商人参加影响评估和选择过程常常是一个不错的想法。首先，他们可能作出有益的贡献。同样重要的是，没有政治上的一致，任何规划都是不能实施的。尽早消除差异比晚些时候在法庭或媒体上解决要好。

我们还必须确定综合成本，以确定其是否可以管控。如果不可管控，则必须在目标之间做出选择。

执行规划

我们已经谈到，投资和土地使用控制是实施实体规划的两个最重要的工具。

向道路、公共设施和公用事业的投资为开发创造了基本条件，而土地使用控制影响和规范开发。从理论上讲，投资和土地使用控制应该是一致的，应该与总体规划一致。如果不是这样，二者缺少协调，结果可能是令人失望的。例如，综合规划规定一个地区采取低密度的方式进行开发，但投资建设让该地区具备了大开发的基础，于是诉讼、争议和挫折会不断上演。

审议和更新

几乎不可避免的是，社区发展不会像总体规划中设想的展开。规划绝不是一门精准的科学。但是，其发展模式是由各种力量形成的，一旦超出了社区的控制，在许多情况下就超出了预测。这样经过一段时间后，社区并非如规划所设想的那样，所以有必要重新规划。就像导航员不断调整航线一样，社区也会周期性地检查它的发展情况并调整规划。当然这种类比未必完全确切。就导航员来讲，目的地是不变的。可是对于城市而言，城市内外的变化可能让目标本身都发生变化。

为了使规划长期有效，必须周期性地进行审查。从理论上讲，需要对所有主要规划元素逐一进行审查。首先，对各种数据进行审查。人口、财政收入、财政支出、住房存量、就业等，都不可能像预测估计的那样精确展开。我们很快就会发现实际情况和预测之间的差距。例如，固定资产投资的成本预算。固定资产投资成本的一个主要成分就是借贷的成本，但我们对长期利率精准预测的程度游离在非常困难和不可能之间。

除了更新规划得以立足的数据库外，还需要更新目标和战略。从道理上讲，市政府会承诺定期更新城市规划。如果不能做到这一点，规划就与现实没有关系了。如果政府官员和市民把规划当成一份一成不变的、不能与时俱进的文件，那么规划也失去了它的政治力量。不断更新城市规划，使其与时俱进，保持政府通过规划作出政治承诺。它还将规划制度化为社区内的一项活动。

每一个规划机构最重要的任务之一就是保持社区对规划过程的兴趣。因此，公共关系是成功规划的一个主要方面。首席规划师在扶轮社（Rotary Club）的演讲，出现在中学课堂里，有规律地在媒体上撰文介绍城市、城镇或县正在做些什么样的规划，如固体垃圾处理、公园、经济开发、住房、中心商务区的更新改造和复兴。在美国南方的一个城镇里，政府的规划师出现在一年级和二年级的课堂里，孩子们的年龄不过6~7岁，规划师们让孩子们感受一个布局简单的街区。这种方式未必很快可以得到回报，但规划是一个长期的过程。

市民参与技巧

在过去的几年里，公众集会是市民参与的主要场所，对城市规划进行交流的方法不多。公众可以看到规划图、艺术家的渲染、居住区或者其他计划开发项目的沙盘模型。那时，在规划师口头表达一种意见后，市民表达意见的主要手段就是举手，或者再给规划委员会或地方报纸写一封信。这些方式现在依然重要，不过这种表达方式今非昔比，已经有了长足的进步。

短信和社交媒体让人们之间的交流扩大了，那些不一定出现在现场或者不愿意当众讲话的市民也可以通过短信和社交媒体留下自己的意见。在出行中或坐在公园、海滩上的市民也可以通过手机参与进来。有些地方已经使用虚拟空间和游戏模拟的方式让市民参与到规划活动中来。例如，扮演某种角色可以让市民了解不同人的处境，如他们的住房或就业。地理数据（如谷歌地图）可以让市民很容易对所在地区或感兴趣的地区进行交流。各种应用软件可以让市民手拿通信设备选择一个场地，然后观察开发后会有什么事情发生。不断改变规划地区形象的计算机绘图软件让人们仿佛身临其境。通过相互作用的数据可以模拟不同选择的结果，例如，如果建设一条公交线或者采用高密度或低密度的住房模式，城市全部温室气体排放会如何发生变化，或者不同的分区规划会如何影响房地产税。触屏表格可以让市民改变规划数据，观察物理布局会如何影响交通流。如同各种类型的模拟一样，模拟结果与输入模型的数据相关，建模的人知道模型中的变量如何相互作用。当然，这种相互作用的过程把市民们吸引到规划活动中来，并呈现各种可能性，可能引起人们对城市规划的广泛交流。如今技术正在迅速发展，更大的变化还在后面。

总体规划的有效性如何？

在很大程度上，规划的有效性取决于市政府和市民的承诺程度。如果市政府和市民致力于实现规划目标，那么政府就有权力积累资金、投资，控制土地使用，实现规划勾画的远景，很多市政府都是这样做的，但确实有些城市没有坚定地承担起实现规划目标的责任。所以规划成了纸上谈兵，几乎不会成为现实。在极端情况下，因为各州要求每个市政府都要编制综合规划，或者因为地方政府想要获得州或联邦政府资助的项目，必须编制一份城市综合规划，这样的规划实际上成了摆设。

有些城市在坚持规划方面比其他城市处于更加有利的地位。具有适当税基的富裕城市既有用于公共事业投资的资金支撑规划，又有能力拒绝与规划明显相悖的开发。贫穷的城市可能发现，它完全没有财政能力实施规划要求的投资。脆弱的税基和高失业率结合在一起，可能使这样的城市不得不接受任何一种开发要求，即便某个开发项目完全有违规划目标。

在那些几乎没有增长需要引导的地方，规划可能相对没有效力。另一个极端是超出市政当局掌控的经济力量让一个地方以超常速度增长，规划师和市政府可能难以驾驭这场博弈和坚持综合规划。危机到来时，所有的泡沫都会消失殆尽。

在 21 世纪第二个 10 年之初，北达科他州开始经历基于石油和天然气开采所带来的经济繁荣。失业率降至历史最低水平，低于各州。劳动者来自很远的地方，这个州发生了住房极端短缺的现象，与此同时，公用设施、公共服务和基础设施的开发都进入严重短缺状态。2015 年能源价格明显下滑，石油和天然气供过于求，石油和天然气产业的就业下滑，于是情形发生了逆转。市、县、州受到难以控制的或始料未及的事件打击时，速度可能比优化更重要，这时综合规划将处于次要地位，尽可能先解决燃眉之急。

始料未及的事件可能对规划远景能否实现有重大影响。例如，某县制定了一个综合规划，而且坚持了一段时间。这时，有一个重要投资者购买了较大一块土地，为规划好的社区起草一份设计方案（见第 7 章）。这个设计在土地使用、经济和财政影响上都没有什么不好。但是，这个设计要求对该县的重要部分重新编制分区规划，从而把原先制定的综合规划搁置一边。短期内这个县对综合规划进行了修改。对于其他大型商业开发项目或由更高级别政府建设的大型设施，可以很容易地提出类似的方案。预期是任何长期规划的基础，而生活是始料不及的。

一些人从根本上比其他人更支持规划。在作者的观察中，大学城通常非常支持规划。大学城受过教育和实现了小康生活的居民们似乎容易接受规划控制，而且对规划不无兴趣。

总之，综合规划反映了它来自的社区。在规划和有效性上的差异和地方之间的差异一样大。在第 19 章，我们会讨论一些与综合规划方式不同的其他方式及其利弊。

小结

综合规划覆盖整个城镇，在时间上具有长期跨度，一般为 20 年左右。城市综合规划过程的目标可能包括卫生、公共安全、交通、公共服务和公用设施的供应，财政健康、经济发展、环境保护，以及一些重新分配的目标。

综合规划过程可以划分成为 5 个主要阶段：

1. 研究；

2. 确定一般目标和具体目标；

3. 制定规划；

4. 执行规划；

5. 审查和修订。

虽然这些步骤显示为单独的阶段，实际上它们之间是有重叠的，因为在一个阶段了解到的东西可能让这个社区调整上一阶段已经建立起来的东西。例如，在编制规划的具体工作中暴露了追逐某个特定目标的成本，于是我们会重新考虑原先设定的目标。我们还提到，如果想要规划对社区发展具有影响，就必须对规划进行有规律的审查和修改，更新综合规划。市民主动参与规划过程是一个不可或缺的要素。这一章用一个有关市民参与可能性的简短判断结束，实际上最近发展起来的计算机技术让市民参与更上一层楼。

参考文献

Anderson, Larz T., *Guidelines for Preparing Urban Plans*, American Planning Association, Chicago, 1995.

Anderson, Larz T., *Planning the Built Environment*, American Planning Association, Chicago, 2000.

Branch, Melville C., *Continuous City Planning*, John Wiley, New York, 1981.

Hoch, Charles J., Dalton, Linda C., and So, Frank S., eds., *The Practice of Local Government Planning*, International City Management Association, Washington, DC, 2000.

Kaiser, Edward J., Godschalk, David R., and Chapin, F. Stuart, *Urban land Use Planning*, 4th ed., University of Illinois Press, Urbana, 1995.

Kent, T. J., *The Urban General Plan*, Chandler, San Francisco, 1964.

第9章 土地使用规划的方法

正如前一章谈到的那样，综合规划基本涉及了土地使用模式。这一章，我们讨论市政府可以用来实现它的土地使用规划的方法。市政府可以塑造其土地使用模式的直接行动有两类：（1）城市基础设施投资；（2）土地使用管理。上级政府和非地方政府的其他重要推手决定一些土地使用方式，这些决定是非常重要的，我们会在本章末尾来讨论。

公共资本投资

尽管我们会用比较多的篇幅讨论土地使用管理，但从长远来看，对城市基础设施的公共资本投资确实会在很大程度上影响一个城市的发展模式。这种投资产生出非常强大的经济力量，影响城市的发展。与土地使用管理不同，对城市基础设施的公共资本投资，如对道路、桥梁、给水排水管道系统投资所产生的结果可以维持几十年，甚至更长的时间。

影响土地价值的最重要因素是可达性。零售商希望找到最大数量的潜在顾客可以访问的位置，以及最大数量的潜在顾客可以看到零售商的位置。开发办公建筑的业主，总会想办法把办公楼建在潜在的就业者和到访者可以到达的地方，办公室的日常运转需要劳动者，接近展开商务活动的个人和企业。制造商想让劳动者和供应商容易到达工厂，他们自己容易接近客户。

交通最便利的地方价格最高。开发商总是寻求最有效率利用昂贵的资源（土地），他们会最大强度地开发最昂贵的土地。投入道路、公路和所有与通达相关设施上的公共资金，对土地开发模式会产生强有力的影响。在一个建筑和人口密度很高的城市建成区，对公共交通的投资会强有力地影响土地价值和开发模式。在华盛顿特区这样的地方，地铁系统是整个交通系统的重要组成部分，建设一个新车站可能产生数亿美元的土地价值。在交通拥堵的地区建设停车设施可能会影响到那里的土地价值和开发强度。

对给水排水管网系统的公共投资是影响开发模式的另外一个主要推手。没有公共上下水管网系统的地区，居住开发仅限于在相当大的宅基地上建设独门独户的住宅，商业开发也受到限制。所以给水排水管网系统的延伸，可以在开发强度上带来很大变化。

对学校、大学、机场、港口等设施的公共投资也能对土地使用模式产生重大影响。为了保护生态环境，使用公共资金购买大片没有开发的土地，并让那些土地永久性地成为不开发的土地，所以这种方式同样可以影响土地使用模式。

财政开支

城市基础设施投资一般是通过债券获取的。债券对购买者作出承诺，以有规律的、事先安排好的方式偿还债券购买者。一般来讲，每年给债券持有者支付 1 次或 2 次利息，而本金在债券到期时一并偿还。在债券发行和到期期间，债券的市场价值会变化，但分红和最终偿还却是从一开始就设定下来的。[①]

使用债券筹措这类基础设施投资的一个原因是经常涉及大量资金，而且"不均衡"，也就是说，这类投资是不规则的。如果从市政府或州政府的预算中支付这类基础设施投资的话，会让政府预算逐年出现很大波动。另一个原因是这类城市基础设施投资的收益一般会延续几十年。所以，要求现在的纳税人承担这笔投资，相当于要求他们投入可能仅仅接受很少一点利益的东西。[②]

与城市基础设施投资相对比，州和地方政府的日常运行开支都来自财政收入，而不是债券。实际上，州和地方政府一般禁止用借支方式解决短期的政府开支问题。[③] 州宪法或州授权立法可能包括了这类条款。因为政客们可能借钱偿付当前开支，从而保证降低税收，所以这种禁止借支的条款意义重大。如果不禁止这类借支，最终会把州或地方政府置于糟糕的财政状况中。19 世纪曾经发生过多起州政府破产的例子，究其原因大体如此，所以才有了现在的禁止条款。

基本建设预算

大多数地方政府都有单独的基本建设预算和基础设施改善计划（CIP）。事实

---

① 债券的市场价值与利率成反比。一般来讲，债券的到期日越远，它的市场价格越会随着利率变化。
② 公共财政文献有时使用"用户利益平等"这样一个术语，它意味着从项目中获益的人们也通过偿还债券的方式支付项目成本。
③ 州和地方政府可以借短期债务，解决流动资金问题，实际上，政府的财政收入常常比财政开支不规则得多。这种短期借支包括收入预期票据（RANs），债券预期票据（BANs）和税收预期票据（TANs）。

上，许多州都要求地方政府保持一项基础设施改善计划，一般采取 5 年期。[①]CIP
计划描绘了期待中的一系列投资，让地方政府对何时和以何等规模发行债券有一
个大概的安排，同时，地方政府还可以大体了解到，在它每年的正常开支中，要
拿出多少资金来偿还借支的利息和本金。接受基本建设预算是地方政府机构的职
权。一般来讲，地方立法机构通过的预算，无论是修改过的还是没有修改过的，
都是由市政府的行政部门提出来的。因为基础设施建设投资对城市如何发展影响
很大，所以，规划部门的一项非常重要的工作就是亲自动手编制基本建设预算和
CIP 计划。

债券类型

用于城市基础设施投资的债券有两个主要类型。最常见的做法是发布一般义
务（GO）债券，它用于一个新的市政建设。地方政府为这种债券担保，也就是说，
如果市政府不能按时偿还利息和本金，法庭可以要求市政府使用任何资源来偿付
债券持有人，因为市政府直接承担这类债券的责任，所以这类债券的发行有严格
的限制。许多州规定，一个市政府可以承担的总债务不能超过它的房地产税基的
某个百分比。例如，弗吉尼亚州的法律规定，市政府可以承担的总债务不能超过
它的房地产税基的 10%。一些州还规定，在发行债券前要举行公决。同时，把现
在的负担转移给未来的纳税人是很有诱惑性的，所以一些州严令禁止市政府使用
债券偿付日常运行开支。

固定资产投资和运行开支之间的界限在理论上是清晰的，但在实践中，二
者的界限有些模糊。创造性做账确实可以把固定资产投资归到日常运行的支出
中，这样让市政府把现在承担的开支转移给了未来的纳税人。有投资者开发建
设公用设施，市政府与投资人签订长期的租赁合同，以租赁方式使用那些公用
设施。这种租赁安排让市政府作出了固定资产投资，但没有相对于一般借贷限
制的开支。一旦那些公用设施的租赁偿付完成，其产权就转移给了市政府。就
资金流而言，这种安排几乎与市政府出售债券以建设公用设施是一样的。这种
租赁方式似乎像是一种计谋，但是法庭已经认可了它。在很多情况下，市政府
已经出售了增加财政收入的公用设施。也许最值得注意的案例是，芝加哥出售
了丹瑞安高速公路的收费权，将在第 12 章中详述此案例。在这种情况下，市
政府得到一笔资金，它可以按照自己的选择去使用这笔资金。反过来，市政府

---

① Charles J. Hoch, Linda C. Dalton, and Frank S. So, eds., *The Practice of Local Government Planning*, 3rd
edn, International City/County Management Association, Washington, DC, 2000, p. 418.

也同时放弃了那些被出售的公共设施可能在未来带来的财政收入。从理论上讲，放弃未来的财政收入以支持现在的开支，与借支去做相同的事情，实际上是没有什么不同的。

这样，投资和运行开支之间原本很明显的区别有可能变得模糊起来，地方政府有时确实可以规避对政府借贷的种种限制。当然，这种制度的运作或多或少还是平衡的。

人们可能会问，市政府（以及州政府）为什么经常去借债而不去提高税收标准。一个理由是，抵制增加税收的人肯定多于抵制借款的人。在美国反税收的条件下，没有几个政客想因为增税而在选举中败北。城市间和州政府之间的竞争也同样要求保持税收稳定。正如第 13 章所述，对于公司来讲，税率多寡并不是最重要的因素，但公司在作决策时并非不问当地的税率。

收益债券

如果城市基础设施投资有望不断给市政府带来收益，那么可以使用收益债券支持它。市政府或州政府通常不为收益债券承担责任。它们只是声称那些设施有可能产生积极意义。因此，收费道路、停车设施、给水排水工厂、机场、体育馆和其他可以产生收益的设施，可以利用收益债券融资。不能直接产生收益的公用设施不能利用收益债券融资。如果说可以作出选择的话，市政府愿意选择收益债券，因为政府无需对此承担责任，所以也没有借支限度，不要求公投。收益债券的一般要求是通过债券评级机构的论证，如标准普尔和穆迪之类的机构，确定市政府有能力偿还债务，否则这种收益债券不能上市。

拨款

正如第 5 章所述，上级政府的拨款占据了地方政府开支的很大一部分。这里我们讨论一下这种制度可以延续下来的几个原因。联邦政府的绝大部分拨款是拨付给州政府的，很少一部分绕过州政府直接拨给地方政府和一些地区，尤其是学区。州政府的绝大部分拨款是拨付给地方政府和地区的。[1]拨款的类型很多，最常见的是封闭式的配套拨款，与地方政府的开支达到一定限度的匹配。在建设州际高速公路和许多污水处理厂时，联邦政府的资金占建设成本的 90%，地方政府仅为 10%。许多其他道路项目一直坚持各占 50% 的比例，联邦政府和地方政府

---

[1] 几乎没有相反方向的流动。

各出一半。拨款可能在很大程度上影响地方基础设施建设，因为那些拨款让不可能的事变成了可能，还因为那些拨款改变了地方政府面对的价格体系。例如，地方政府可能打算买一些没有开发的土地，但它付不起全额。于是州政府或联邦政府支付 50%，地方政府支付另外的 50%，那么地方政府就决定购买。①

预算上的基本区别

州和地方政府在运行预算和基本建设投资预算之间作出了鲜明的区分。因此，它们的预算类似于公司预算。联邦政府不作这种区分。实际上，确定联邦政府预算有多少用于运转，有多少用于基本建设投资，是一个不小的任务。有些人提出，要求联邦政府在运行开支和基本建设开支之间作出划分，确实会更清晰地思考联邦预算，但是这种事情一直都没有发生。

州和市政府预算不同于联邦政府预算的另一个方面是，联邦政府并不是按照平衡预算的要求在运作的。许多保守党对此很沮丧。左翼政客可能提出，预算平衡将使联邦政府不可能在需要的时候使用其预算去刺激经济。当然，无论争议如何，联邦政府都不会这样做。

土地使用管理

尽管土地使用管理不如公共投资对土地使用的影响那么强大，但它们还是极其重要的。土地使用管理的发展与执行构成了大多数规划机构的主要工作。在许多市民看来，土地使用管理几乎与规划同日而语。

我们在这一部分讨论土地细分管理、分区规划和各式各样的土地使用管理。

土地细分法规

土地细分法规是土地使用管理的一种旧形式，可以追溯到 19 世纪初甚至更早。市政府在州政府授权给它的权力框架内行使它的行政权，以执行土地细分法规。② 土地细分法规控制着一定规模的地块如何转变成建筑地块的方式。在建筑地块出售之前或开发商进行开发之前，市政府必须批准该地产的地图。与此相关的法令至少要求这张地图要显示街道、地块线和公用设施用地（通行权）。法令还会规定，在出售建筑地块或颁发建筑许可证之前，必须进行哪些改进。这样，地方政

---

① Ronald C. Fisher, State and Local Public *Finance*, Thomson South–Western, 2007.
② Hoch, et al., eds., The Practice of Local *Government Planning*, ch. 14.

府能够敦促房地产商建设道路,以合理的方式与城市道路系统协调一致,满足宽度、安全的标准,满足施工质量要求。类似的,地方政府可以敦促房地产开发商提供满足地方标准的下水道、供水和排水设施。土地细分要求通常还规定,开发商要为社区留出一定的土地,用来建设学校、娱乐设施和公用设施。许多土地细分法规要求分区的设计符合城市总体规划和分区法规,从而加强这些文件的实施。一般来讲,土地细分法规用于居住区开发,当然在某些社区,它还管理一些商业和工业开发。

土地细分法规不像分区规划那样为人所知,实际上,土地细分法规给予了地方政府具体的权力,保证新的居民区开发能够满足地方标准,符合城市发展规划。如同分区规划法令一样,土地细分法规受到诉讼和各种形式的政治压力的影响。如同有权分区一样,市政府也有权力管理土地细分。例如,有些社区寻求为较不富裕的人或较便宜的房子提供较低的评估,以便缴纳较少的房产税,这类社区颁布了土地细分法规,增加了开发商不必要的开发成本,从而阻碍了平均价格住房的建设。

分区规划法令

分区规划法令是人所共知的土地使用管理形式,通常由市政府规划部门或规划咨询人员编制。一旦地方议会通过了该项法令,那么这个文件就具有法律效力。一般来讲,分区规划法令分两个部分。第一部分是把社区划分为若干区域的地图,这张地图很详细,我们可以找到分属不同分区的任何一块土地,所有的社区都做了分区规划。当然,有些非城市的县可能对部分社区做了分区规划,部分还没有。第二部分是文字表达,对每一种分区开发建设和使用什么样的结构都作出了详细的规定。作为一个例子,方框中摘录了弗吉尼亚州费尔法克斯县的分区规划分类具体内容。

分区规划法令一般会提到的项目如下:

1. **场地布局要求**。这些要求可能包括最小地块面积,临街面和深度、最小退红,建筑物可能覆盖的场地最大比例、车道的位置,停车要求、隔离要求,以及对标识的尺寸或位置所做的限制。

2. **建筑特征要求**。这些要求可能包括建筑物的最大高度、最大楼层数,以及最大建筑面积。最大建筑面积常常用容积率(FAR)表示,相对场地面积,最大允许开发的建筑面积。

3. **可用于建筑物的用途**。在住宅区,这项法令可能规定住房只能由单身家庭居住,然后界定家庭的构成。这种分区法令也可能列举允许的非住宅建筑,如教堂、殡仪馆和专业办公室。在商业分区里,这类分区规划一般会规定允许和不允许的使用种类。例如在制造区,法令可能规定:允许钣金工之类的操作,但不允许打磨涂层之类的操作。

4. **程序问题**。分区规划法令将规定如何确定建筑平面图是否与分区规划法令一致（通常的情况是,建筑检查员将做出这类决定,如果建筑设计不符合要求,他会拒绝办理建筑许可证）。分区规划法令一般规定了申诉程序,申请人可以申请帮助。在许多地方,第一个上诉部门是专业机构,一般叫分区规划上诉委员会。如果不是这样,审查活动常常交给规划委员会或市政府的立法机构。

分区规划的普及。分区自成立以来,一直是社区寻求土地使用管理的最常见手段。分区规划如此普及的理由是什么? 答案十分简单。分区规划具有相当的权力去实现社区选择的目标,分区规划几乎是免费的。除非出现"征用"（见第 5 章）,否则不需要因为分区规划引起的房地产价值的下降而对房地产业主给予赔偿。实际上,市政府得到了房地产所有者的一种权利,即有权对房地产的使用实施某种控制,而无需要购买该房产。[①] 市政府为分区规划所做的唯一费用就是行政管理和法律费用。

原则上讲,利用征用权或通过市政府与房地产业主之间的合同也可以实现相同的结果。但是,两种方式必然会导致市政府的巨大开支。

事实上,政府和房地产业主之间的合同已经被用来影响土地使用了。一般来讲,这种合同涉及地役权。房地产业主同意放弃一些权利（例如细分物业的权利,或以某种特殊方式开发物业的权利）而获得一个补偿。如纽约州的萨福克县,大量使用购买地役权的方式,让长岛东部地区的农田得以保护。这种方式可以很有效率,由于购买地役权可以以合同的方式向社区作出保证,即地产不会以地役权禁止的方式使用。在那些确定了保护农田作为社区发展目标的地方,政府对用于农业的土地征收非常轻的税,远远小于其他用途的房地产税。

美国大部分州都使用地役权和特别征税的方式,但是不像分区规划,地役权和特别征税的使用结果参差不齐。分区规划和地役权及特别征税之间的区别就在于成本。

---

① William A. Fishel, The Economics of Zoning Laws: A Property Rights Approach to American *Land Use Controls*, Johns Hopkins University Press, Baltimore, MD, 1985.

分区规划的要素

这个材料源于弗吉尼亚费尔法克斯县的分区规划法令。请注意，该法令规定了允许使用、场地形状、地面覆盖以及建筑高度和体量。

商业区条例

第 5 部分，4-500 C-5 街区零售商业区

4-501 目的和意图　C-5 区旨在为当地居民提供便利设施，零售商业为主，街区导向的市场大约可以服务 5000 人，供应人们日常的必需品，少量的旅游消费品。在"街区零售商业区"中可以找到的一般土地使用项目包括：食品超市、药店、个人服务设施、小型专卖店、数量有限的小专业办公室。

为 C-5 区规划的区域应该与街区的取向一致，这样 C-5 区在全县的分布模式与街区取向一致。C-5 区应该成为其所服务的社区的一个组成部分，面向行人和车辆。C-5 区不应该靠近其他零售商业设施布置。

由于街区零售商业区的性质和位置，应该鼓励它们在建筑上与所在社区相适应的统一设计下，在紧凑的中心进行开发。而且，C-5 区在服务范围上不应该过大或过宽，不应该吸引大量街区之外的商业活动。一般来说，县内某一特定位置的 C-5 区的最终规模不应该超出 10 万平方英尺的总建筑面积，或不应该超出 10 英亩的场地。

4-502 允许的使用

1. 第 10 条允许的通道使用。

2. 商业服务和供应服务机构。

3. 教堂、小教堂、寺院、犹太教堂和其他朝拜场所。

4. 免下车银行，受以下 505 条的限制。

5. 餐饮设施。

6. 快餐店，受以下 505 条的限制。

7. 金融机构。

8. 办公室。

9. 个人服务机构。

10. 私立普通教育学校，私立特殊教育学校。

11. 公共使用。

12. 快速服务食品店。

13. 维修服务机构。

14. 零售设施。

15. 电话交换站。

4-506 地块规模要求

1. 最小地块面积：40000 平方英尺。

2. 小地块宽度：200 英尺。

3. 按照 9~610 条，规划委员会可以放弃对最小地块规模的要求。

4-507 体量规定

1. 最大建筑高度：40 英尺。

2. 最小院落要求。

A. 前院：由 45° 平面控制，但不少于 40 英尺；

B. 侧院：没有要求；

C. 后院：20 英尺。

3. 最大容积率：0.5。

4. 有关最小院落要求参见 13~108 条。

4-508 开放空间，20% 的草地，应该是景观化的开放空间 4-509 附加规定

1. 有关上述规定，见第 2 条。

2. 有关街边停车、上货卸货和私人道路的要求，见第 11 条。

3. 有关招牌的规定，见第 12 条。

4. 有关景观美化和遮蔽的要求，见第 13 条。

分区规划的成效。分区规划对土地使用的影响有多大？社区之间存在巨大差异，从几乎完全无效到非常有效。分区规划对处于增长阶段的地区可能成效显著，因为那些地区的土地使用模式还没有完全决定下来。分区规划可以通过阻止或限制某个地区的增长而影响城市模式。而对土地使用形成较大压力的繁荣的发达地区，分区规划可以有效地阻止或减缓这种变化。例如，一个繁荣的内城郊区可能成功抵制了这样一种变化，把独户住宅区改变成多户住宅区，当然，地方住宅市场是支持这种改变的。

另一方面，分区规划对于老城区相对无效，因为那里的土地使用模式已经建立起来了，增长的推动力不是很强大。由于土地使用管理不能强迫任何人在一个地区投资，所以分区规划本身不能提出再开发的问题。如果一个社区致力于吸引投资，很容易调整分区规划来满足开发商的偏好，在这种情况下，分区规划的效力可能相对弱小。在半乡村或乡村地区，如果当地居民不太需要分区规划，分区规划也可能薄弱或不存在。

分区规划是否有效的一个关键是协调土地使用管理与基本建设投资。一个地方的土地使用管理与基本建设投资政策可能是相互矛盾的，甚至相互拆台。例如，一个基础设施投资计划可能提高一个地区的开发承载能力，但是分区规划禁止以同种强度开发该地区。在这种情况下，或者基础设施投资被部分浪费，或者经济压力将迫使分区规划发生变化。反过来讲，如果分区规划允许的开发水平未得到必需的道路和公共设施投资的支持，则什么也不会发生。

分区规划的局限性。经济和法律限制着分区规划。如果分区规划允许使用的土地价值远远低于禁止使用但存在市场的土地价值，那么房地产业主会产生改变分区规划的想法。业主会扩大用于诉讼的资金，或者努力建立一个联盟，游说对分区规划的修订。如果一个社区迫切需要创造就业岗位，提高税基，潜在的投资者会指出，如果没有一些灵活性，他们会把资金投入其他社区。

为了说明上述论点，让我们考虑一个典型的郊区场景。X先生拥有家族遗留下来的100英亩空地。他把地租给一位农户，所获得的租金足够偿付这个物业的房地产税。按照现在的低密度居住分区规划，这块土地的市场价值为每英亩1万美元。一个大型房地产开发公司觉得，如果在那里做中密度开发，那么每英亩的土地价值为5万美元。这个开发商与X先生进行了接触，提出购买这块土地的意向。X先生愿意以1.2万美元的价格出售，时间为2年，如果开发商不接受，X先生还是保持1万美元的地价。

现在，这个开发商试图改变分区规划。如果律师告诉她，市政府对这个地产所做的分区规划缺乏法律依据，她可以向市政府提出这个不合法之处，所以妥协对双方都有好处。市政府可能出于多种原因在法律地位上处于弱势。允许城市其他地区的相似地块做更密集的开发。开发商可以因为这种不一视同仁的处理方式而把政府告到法庭。也许这块地产的分区规划不符合市政府的总体规划。如果真是这样，开发商可以提出，这个分区规划是反复无常的且不一致的。她可以从基础设施，如道路的角度说明，这块地可以承受比分区规划允许的开发密度更高的开发。在这种情况下，她可以提出，目前的强制性的分区规划是不合理的。

市政府官员在听取了所有这些意见，并咨询了规划顾问和律师之后，可能决定妥协。于是，市政府官员可能向市里的立法机构提出修改这个分区规划法令。如果市政府固执己见，开发商又确信法律是支持她的，那么，她可能把这个案子递交给法庭来裁决。在这种情况，市政府可能决定妥协。

除此之外，这个开发商还可以另辟蹊径。她与当地规划咨询师商议，为这个场地设计一个公寓式的开发项目。规划咨询师随后拿出了一个建议书，包括很有吸引力的计算机图形和模型。然后，这个规划咨询师展开了所谓"财政影响分析"，研究这种开发是否会影响社区服务、社区的房地产税和其他事务。这个开发商的建议提到公寓居民会产生的零售需求，这个提法可以吸引商界的支持。这份报告还提到该项目需要多少年的现场建设劳动力，尤其是在最近建筑业疲软的时期，这个观点应该带来更多的同盟。

于是，这份报告送到了市政府手里，同时出现在报纸等大众媒体上。在举行公众听证会时，这个开发商或其代言人采取了合理和融合的姿态。当设计的某些方面遭到市民反对时，她会认真倾听，努力找到双方都满意的妥协方案。例如，居民担心这项开发使学校的孩子增多，她会提出建设更多的开间和一居室的居住单元，少建 2~3 个卧室的住宅单元，以便让更多没有孩子的成对青年住进来。人们一直都在研究住宅单元规模、家庭规模和学龄儿童人数之间的关系，实际上，这种关系是可以预测的。这种"用建筑控制生育"的办法在实践中往往有效果。

这个开发商还将编制一个方案，给自己留出回旋余地。当她满足 1 英亩建设 6 个住宅单元的方案时，不要忘记，最初的设计期待 1 英亩建设 8 个住宅单元。这种战略让她在遭受适当抵制时还有退让的空间，避免真正的伤痛。

请注意，如果开发商成功获得了重新分区规划，她实际上在开工前就已经赚了一大笔钱。不过，加上其他开支，她以每英亩 1.2 万美元的价格获得了每英亩 5 万美元的土地。事实上，如果她不再考虑自己的开发项目，而是把重新规划的土地卖给另一个开发商，她可能收益更大。[1]

因为在一些土地使用决策中涉及大量资金，所以分区规划实践不可避免地会卷入贿赂和腐败。联邦调查局在加利福尼亚州弗雷斯诺的一次行动导致 8 人被定罪，最长的刑期为 30 个月，这个案件涉及贿赂和支持分区规划决定。[2]

---

[1] Donald G. Hagman, Den J. Misczynski, Madelyn Glickfield et al., eds., *Windfalls for Wipeouts: Land Value Capture and Taxation*, American Society of Planning Officials, Chicago, IL, 1978.

[2] "Operation Rezone Brings Prison Terms, More Trials," *Planning*, October 1996, pp. 20–21.

围绕分区规划展开的博弈不限于私人一方，市政府也在其中。市政府常常以经济上不现实的分类方式给大量土地做了分区规划。这种做法很好地满足了市政府的利益，因为这样做的目标是把市政府放到了一个交易的位置上，如果一开始编制分区规划就是现实的，那么市政府就不会有这样一个讨价还价的地位。

20世纪70年代末，纽约州的哈里森镇成为德士古公司的总部所在地。公司总部对这个镇征收的费用很少，但却支付了大量的财产税，从城镇的角度看非常不错。这种安排如何发生的呢？这个场地有100英亩的土地，在2英亩的地块上规划为独栋住宅。该场地位于开发中的商业区，紧靠两个州际公路的交叉口。显然，这个场地的使用价值远远超过低密度的独栋住宅，所以为了使开发具有经济上的现实性，需要对已有多人分区规划进行变更，于是市政府在协商中的地位十分具有优势。首先，这个城镇拒绝任何它不喜欢的开发建议。另外，重新分区规划的需要让这个城镇有权力坚持场地特征，如地下停车场和深度退红，否则公司可能不会这样做。

居住区开发与此相似。为了批准建造多家庭住房，市政府必须修改它的分区规划，在这种情况下。市政府有理由拒绝接受建造低收入住房的意向书，但可以同意开发它所希望的富裕家庭的住房。实际上，这是一种歧视形式，如果将其写入《分区条例》里，几乎没有法院会支持。

房地产税和分区规划

如果不了解房地产税，就不能完全了解分区规划。2014年，美国地方政府和学区收取的房地产税合计为4840亿美元，大约占全部地方税的75%。就这个数字的规模而言，几乎所有的重大分区规划决定都考虑到了对房地产税的影响。我们在这里只是非常简单地介绍房地产税如何上升。市政府都保持着一个有关房地产税的分类账簿（纸质的或电子的）。一般来讲，房地产税单上有一栏为"土地"，另一栏为"利用"，即建筑物。每一栏都记录了土地或建筑物的评估价值。市政府的评估员决定的这个价值代表了他（她）估计出售时可能获得的价值。[①] 有些市政府使用"全部价值评估"。另外一些市政府使用"部分评估"。在使

[①] 有时可能使用其他标准，尤其是对商业地产而言。例如，评估人可能使用替代估计成本或产生收入的可能性。

用部分评估的地方，所有房地产都应该具有市场价值的相同部分。[1] 市政府和其他征税的行政机构都有一个房地产税率，用来评估房地产的价值，从而决定需要向业主征收多少税。例如，假设房地产税率为每100美元的评估价值缴纳2.50美元的房地产税，被评估为5万美元的房地产，50000万美元×2.5/100=1250美元，业主每年需要缴纳的房地产税为1250美元。

对于作为整体的市政府，这个方程为：税基×税率=税收。税基在这个方程中是受纳税约束的所有土地和利用的评估价值。[2]

如果一个特定的开发项目带来的税收高于市政府为它所做的开支，那么，或者（1）可以维持比较低的税率，提供相同水平的市政服务，或者（2）在税率相同的情况下，得到较高水平的市政服务。如果新开发的服务成本超过了以现有税率征收的税收收入，那么这种关系就会发生逆转。

虽然这个讨论局限在市政税率上，实际上，一个社区可能有若干种房地产税。例如，在一个县里有独立学区的城镇的房地产，可能需要交纳县税、镇税和学区税。在一些郊区，政府的体制和责任不能与城市政府同日而语，所有家庭的很大一部分人口是学龄儿童，学校税构成整个税赋的主体部分。

房地产税一直都在受到质疑和批评。但它还是维持普遍使用的状态。房地产税容易管理和实施是一个原因。评估员进行评估，征税人员给业主寄税单，如果业主不偿付这个税单，市政府有权注销该房产，以拍卖方式出售，拿回应付的税款。房地产税可能是最难躲避的税种。个人或商业有可能隐藏一些收入以避税，但是没有人可以把房子或工厂藏起来避税。

土地和建筑物的有形不动产也是地方政府主要依靠房地产税的一个重要原因。有些行政辖区很小，过多依靠收入税、营业税或商业税，可能导致经济活动混乱，富裕的居民会离开那里。所以房地产税是最安全的税种，也许是地方政府最能依靠的税种。

---

① 在使用部分评估时，通常要计算"均衡率"，这样被评估的价值可能转变成"完全价值"。这一点特别重要，州政府对公立教育提供的资金是以接受城镇房地产税基为前提条件的。最近这些年，一直都有趋向完全价值评估的倾向，避免这类复杂性。

② 非营利机构所拥有的财产，以及政府自身拥有的财产，都免征财产税。

让分区规划更有弹性

分区规划是一种粗糙的工具。它规定了什么不能做，但它不能创造任何东西。分区规划的武断可能导致不理想的结果。例如，假设一个分区规划的地区允许在一定大小的地块上进行一定数量的开发。一些地块按照规定全部开发了，而另外一些地块依然空置着，或者仅做了部分使用强度的开发。在这种情况下，这个地区可能运转良好。另一方面，如果每一个地块都按照分区规划规定的使用强度完全开发，那么交通拥堵和噪声可能十分严重。但市政府也几乎不能告诉一个房地产业主，不能像他的邻居那样，做同样强度的开发，因为人家先做了。假定在法庭上，法官也不会支持市政府的这种决定。

"分区规划饱和"研究常常显示，如果一个城市按照分区规划允许的最大程度开发，那么该城市的人口会是现在人口的好多倍。纽约市的人口密度是美国最高的，最近几十年，人口已经达到 700 万～800 万。不久前一项饱和研究显示，如果真的依法最大程度地开发纽约市，那么纽约市的人口将会达到 3000 万。纽约州扬克斯市的人口为 20 万，土地面积为 20 平方英里，对它的一项饱和研究显示，如果依照法律允许的规模去开发，扬克斯市的人口会达到 60 万。果真如此的话，扬克斯市就会成为美国人口密度最大的城市。无论是纽约市还是扬克斯市，实际上都没有出现这种情况。

这种实际开发和理论开发之间的差别让人们怀疑分区规划的精确性。分区规划显然不是决定城市结构细节的因素，在分区规划的外衣和开发的主体之间还有很大的空间。

分区规划严重限制了建筑师和场地设计师的自由，可能降低了城市设计的质量，它很容易受到此类批判。一刀切的规则很可能没有顾及特殊场地或地块的特殊性。

分区规划还一直受到这样的批判，它过分分割土地使用功能，从而产生了一种很脆弱的环境。雅各布斯（Jane Jacobs）在 20 世纪 60 年代提出了最具影响的此类批判。[①] 她提出，过度地对土地使用功能进行分区，居民在这里，商店在那里等，规划师创造了贫瘠，有时甚至危险的城市建筑环境。因为它们缺少使用和建筑类型的多样性，所以这种城市建筑环境是贫瘠的，因为单一功能的大街，在一天中的某些时间是无人的，从而诱导了那里的犯罪。因此这样的城市环境是危险的。

---

① Jane Jacobs, The Death and Life of Great *American Cities*, Vintage Books, Random House, New York, 1961. See, in particular, the section titled "The Conditions for City Diversity."

雅各布斯经常提到的一个地区是曼哈顿的格林威治村。这是纽约的老城区，地块狭小，形状往往不规则，混合使用很常见。大部分建筑都不是很高，一般为4~6层。同一个街区可能既包括居住建筑也包括了非居住使用的建筑。实际上，许多建筑的地面层可能有商店、餐馆、咖啡馆，而上面却是居住公寓。这个地区的街头生活很活跃，一直延续到深夜，人们一般认为那里是很有希望的居住街区。雅各布斯证明，严格的分区规划，规划师所确定的土地使用功能分离，常常让格林威治村丧失了它的多样性、魅力和活动（图9.1和图9.2）。她认为，格林威治村如此之富有魅力源于这样一个事实，它是在分区规划实施之前就发展起来了（分区规划不具有追溯机制）。虽然雅各布斯本人不是规划师，但她的批评让许多规划师重新思考分区规划的目的和对街区的影响。在20世纪60年代，雅各布斯对分区规划的批判是很激进的，现在实际上已经成为规划标准的一个部分。她关于细粒混合使用的可取性的观念是我们将在第10章讨论的"新城市主义"的核心。

1996年4月，《纽约时报》报道了一个案例，纽约的一些地区之所以繁荣，仅仅是因为它们能够摆脱城市分区规划法规的僵化，而分区规划稍有懈怠的一部分原因是，地方政府缺少预算，限制了雇用建筑检察官强制实施分区规划的规则。在20世纪70年代，制造业岗位迅速流失的警报在纽约市拉响了，于是纽约市限制了上千英亩土地的使用，几乎仅允许用于工业制造业。这些地块包括许多老制造业企业的场地，尤其是在下曼哈顿地区，实际上那些地区已经在制造业区位上不具有竞争性。不过那些废弃的建筑物有可能另有他用。《纽约时报》提出了以下建议：

> 纽约的SOHO和翠贝卡的旧工厂和仓库证明是混合发展计算机技术、艺术和居住的理想场地，那里租金便宜，而且还有大量开放空间，现在那里正在像硅谷一样欢呼雀跃它的胜利。
>
> 这种转变成为可能的原因不过是没有强制执行分区规划规则。[①]

近年来出现了各种各样的技术，努力让分区规划成为更精细的工具。一般而言，这些技术旨在让土地使用管理更灵活、更可协商。基本观点是增加灵活性，让各方对土地使用展开协商交易，从而实现经济学家所说的"贸易收益"。

我们假定，土地开发商想做一些分区规划法令禁止的事情。另外，市政府可能希望开发商做某件法律上没有强制他做的事情。为什么没有一条法令，让某种

---

① Kirk Johnson, "Where a Zoning Law Failed, Seeds of a New York Revival," *New York Times*, April 21, 1996.

图 9.1（上）和图 9.2（下）：这里展示了格林威治村的两条大街，尽管是 2004 年拍摄的，它们基本上保留了雅各布斯时代的样子。在上边的照片里，左边是一个百老汇剧场，右边是一个餐馆，两个商业设施的上边都是公寓，在餐馆和百老汇剧场之间还有一幢公寓楼。因为作为社区服务的街道，比最小的现代化郊区所允许的道路宽度还要窄，所以道路上基本都是行人。从下边这张照片上，我们可以看到公寓下面不同类型的建筑和商店

交易成为可能呢？我们很可能不需要担心市政府会输。如果这场交易不利于市政府，市政府会不做交易，以下我们列举一些新做法。

奖励分区规划

如果开发商在开发中考虑了中低收入家庭的住房，那么许多社区将允许该开发商增加开发场地的居住密度。例如分区规划法令可能规定，特定分区每英亩可以开发 8 个住宅单元，但只要开发商同意保留 15% 的土地用于开发中低收入家庭的住房，那么就可以把上述分区规划规定的每英亩开发 8 个住宅单元增至 10 个住宅单元。开发商通过较密集的开发获得规模经济效益，而地方政府向自己确立的为中低收入家庭提供住房的目标靠近了一些。

许多城市在办公空间开发方面有相似的安排。只要开发商在大楼底层提供一定的公用设施（如大楼入口前的广场，地铁站的直接入口，或者袖珍公园或坐一坐的地方），那么分区规划规定，除已经规定的办公大楼的建筑高度或楼层数目外，再给开发商增加一定的高度或楼层。

开发权的转让

开发权转让（TDR）的意图是把开发集中在需要开发的地区，并将其限制在不需要开发的地区。为了做到这一点，需要确定一个送出和接收区域。在送出区上的房地产业主，如果未在分区规划法令允许的范围内充分开发，可将其没有使用的开发权卖给接收区的房地产业主。这种方式可以用来保护开放空间，限制对生态脆弱地区的开发，或者实现历史保护的目标。[①]

有人可能会问，"使用传统的分区规划，允许一些地区高密度开发，限制另一些地区的开发，是否能够这样做？"从字面上，我们可以说，行。但在实践上，我们的回答是，不行。假设城市总体规划的目标是保持一个特定地区的开发密度极低，如果市政府简单地按照这种方式做分区规划，比如规定用于独栋住宅的最小地块规模为 10 英亩，那么业主可能蒙受重大损失。即使市政府在法庭上赢了，市政府也创造了一个反对这个总体规划的选区。另外，如果市政府通过分区规划，给房地产业主可出售的开发权，他们的起诉动机和理由都

[①] "Large Tower Would Use Depot's Rights," *New York Times*, September 17, 1986, sec. B, p.1 See also George M. Raymond, "Structuring the Implementation of Transferable Development Rights," *Urban Land*, July–August 1981, pp. 19–25. For recent uses in a number of jurisdictions, see Rick Pruetz, AICP, *Saved by Development: Preserving Environmental Areas, Farmland, and Historic Landmarks with Transfer of Development Rights*, Planners Press, American Planning Association, Chicago, IL, 1997.

将被消除。如果市政府希望保留历史分区的老建筑，实现这一愿望的一种方法是让那里的业主拥有可出售的开发权。当他们把开发权出售给市政府打算发展的地区业主时，他们将不再想拆除老建筑了。因为他们已经出售了开发权，再也无法以更高密度重新开发。

接收区的房地产业主不会反对必须去买送出区业主的开发权吗？不一定，如果购买开发权不能营利，接收区的房地产业主自然不会去买开发权。我们可以这样设想，当开发权的价格上扬，推动送出区的房地产业主出售他们的开发权，同时，对接收区的业主而言，购买开发权的价格不高，足够保障其盈利，开发权市场就会发展起来（图9.3）。

如同分区规划本身，对市政府而言，这种办法从根本上是没有成本的。购买开发权的资金不是来自税收，而是来自另外一些房地产业主。这个城市的纳税人可能以房租和房价上涨的形式消化了一部分成本，不过这是另外一个问题。

图9.3 一个玻璃屋顶的拱廊连接着曼哈顿 AT&T 总部大楼的两条平行街道。为了摆脱僵死的传统欧几里得式的分区规划，通常需要实现一个有趣而不同寻常的结果

这项技术在最初的几年中引起了一些争议，部分原因是它似乎很容易被滥用。归根结底，如果真给那些拥有"石滩"或"沼泽"土地的业主可出售的开发权，其他地方的开发商可能依然愿意购买他们的开发权，而对于拥有"石滩"或"沼泽"土地的业主来讲，这仿佛天上掉下了大馅饼。经过一开始的怀疑观望，开发权转移正在证明自己。以下方框是一个相关的特殊案例。请参考普努茨（Rick Pruetz）和斯丹特雷奇（Noah Standridge）的著作，他们研究了转移开发权的最佳条件。[1]

高线和开发权转让

开发权转让发挥了关键作用的一个不同寻常且重要的项目，是纽约市高线的建设，高线公园地处曼哈顿，长1.5英里。[2]

这个故事是从20世纪30年代开始的。当时，一个高出地面大约30英尺的高架铁路线在曼哈顿第10大街和第11大街之间运行，它有时在一层楼的建筑之上运行，有时穿过建筑。这个高架铁路线替代了地面的铁路线，把蒸汽驱动的货车与地面上的行人和汽车分开。在那个时代，这个高架铁路线极大地改善了曼哈顿地区的交通。它经过的切尔西区有大量的制造和仓储活动。向西是哈得孙河沿岸的码头，用来装卸海运货物。所以这个铁路线是给商业提供重要服务的（图9.4）。

随着时间的推移，这个地区的经济状况发生了变化。那里的制造业和仓储业衰退了，哈得孙河上的码头失去其航运业务功能。高线的运载量越来越少。1980年高线运输了最后一批货，三车冰冻火鸡。

于是问题发生了，如何处理高线呢？大约有20年的时间，这里只是一个锈迹斑斑的地方，并且影响了附近房地产的价值，看起来是拆迁的首选。实际上，没有拆除的原因是还没有确定谁来负责拆除。

1999年，一个叫作"高线之友"的市民团体形成了一个想法，让高线转变成一个高于路面的步行道，或城市线性公园。2002年，新当选的市长布隆伯格（Michael Bloomberg）同意了这个想法，让城市规划部门

---

[1] Rick Pruetz and Noah Standridge, "What Makes Transfer of Development Rights Work? Success Factors from Research and Practice," *Journal of the American Planning Association*, vol. 75, no. 1, winter 2009, pp. 78–88.

[2] Lisa Chamberlin, "Open Space Overhead," *Planning*, March 2006, pp. 10–11.

图 9.4　改造前的高线现场（上）

图 9.5　2009 年向公众开放后的高线。注意高线是怎样通过相邻建筑的（右）

图 9.6　这幢大楼是用立柱支撑的新酒店，高线从其下方穿过（下）

开始工作。一个关键的问题是土地所有权的问题。为了推进这个项目，纽约市不得不成为高线下的土地所有者。购买或征用这个土地，征用土地并支付费用是复杂而昂贵的，最终采用通过开发权转让来解决。相关业主可以把给他们的开发权售给第 10 大道和第 11 大道沿线上的业主。这样，纽约市没有直接使用征用方式就得到了所有权。那时曼哈顿居住和商业地产市场很强劲，所以获得开发权的业主为他们找到了一个现成的市场。在这种情况下，送出地区和接受地区非常近，大约是半个街区，相距 100 码左右。

建设高线的资金来自纽约市、联邦政府和私人资金。事实证明，高线现在非常受欢迎，正在考虑相似项目的城市有芝加哥、费城、泽西市和圣路易斯。它带给这个地区的步行人流和转让的开发权，已经带来了第 10 大街和第 11 大街的建筑繁荣（图 9.5 和图 9.6）。

包容性分区规划

在包容性分区规划中，建造超过规定数量的住宅单元的开发商，必须提供一定比例的供中低收入家庭使用的单元。[1] 这种分区规划不同于奖励方式，中低收入家庭单元不是能自由决定的。同时，这样做可能把这类家庭的住房成本转移给了开发商。接下来，开发商可能会转移一部分成本给其他购买者或租赁客户。

规划单元开发

过去几十年里，规划单元开发（PUD）已经得到了广泛的应用，它的人气还在增长。规划单元开发的方式多种多样，但一个典型的条例可能是这样运作的，整个城市按照传统分区规划方式进行了分区。然而分区规划法令规定，拥有最少英亩数（假定 20 英亩）的房地产业主，可以选择使用规划单元开发来开发他所有的土地。在这种情况下，这块地产受到不同的控制。允许开发的密度可能与传统法令规定的密度相同，也可能不同，允许的使用功能可能相同，也可能不同。整个场地规划将由规划单元开发法令指定的机构来审查。

有些规划单元开发完全是居住的，有些是完全商业的。然而在很多情况下，单元开发包含了比传统法令要多的混合使用功能。许多以居住为主导的规划单元开发包含了一些零售商业。许多还包含了居住和商业混合的开发。因为整个场地规划是在一个时间里得到审查的，所以混合使用的收益往往是可以得到的，而不会冒一些缺点的风险。对于城市设计师来说，规划单元开发可以为创意性和创新设计提供比传统法令下工作更大的空间。

许多商业区（如市中心区和郊区）存在的一个问题是，它们到了晚上就变得空空如也，门可罗雀。居住与商业混合使用往往会使这些地区在晚上和周末更加活跃。这种混合使用的概念可以使居住区和商业区更有意思且不枯燥乏味。从根本上讲，规划单元开发给审查机构或其他群体在土地使用上一些权力，它们关注了特定的场地设计。它允许一定程度的创新和灵活性，这些是在一刀切的分区规划法令中不存在的。

但如同许多其他技术一样，规划单元开发也有弱点，也受到了批评。20 世纪 90 年代，科罗拉多州的科林斯堡不再使用规划单元开发。一个原因是相邻房地产业主的反对。与规划单元开发相邻的房地产业主并不知道边界上具体的土地使用功能会与自己会发生什么样的冲突。这种不确定让房地产业主心有余悸，所以建

---

① Seymour I. Schwartz and Robert A Johnston, "Inclusionary Housing Programs," *Journal of the American Planning Association*, vol. 49, no. 1, winter 1983, pp. 3–21. See also Barbara Taylor, "Inclusionary Zoning: A Workable Option for Affordable Housing," *Urban Land*, March 1981, pp. 6–12; and Gus Bauman, Anna Reines Kahn, and Serena Williams, "Inclusionary Housing Programs in Practice," *Urban Land*, November 1983, pp. 14–19.

立了一个反对规划单元开发的选区。市政府官员也会担心，即使每一个场地设计都很优秀，但大量的规划单元开发可能使一个地区很难最终从整体上形成一个统一的规划。

组团式分区规划

组团式分区规划同样希望让场地设计师能够从僵硬的传统分区规划中得到解放，同时又让整个开发结果得到控制。一般用于居住区开发的组团式分区规划法令，允许在比较小的地块上开发居住建筑，节约出来的空间用于公共目的。例如，分区规划法令可能规定最小地块面积为 0.5 英亩，但组团式分区规划允许在 0.25 英亩的地块上建设住房，前提是已完成的开发项目中的房屋不得超过用 0.5 英亩开发确定的房屋。这样，节省的空间将构成一个开放区域，可供所有居民使用，业主协会通常负责维护。

组团式分区规划非常受规划师的欢迎。它允许保留开放空间，减少开发成本。把住房安排得紧凑一些可以减少需要铺装的路面，减少每栋住宅所需要的公共线路。在较小的地块上建造住宅，意味着减少每栋住宅用于平整场地的费用。

现在，许多社区都有了组团式分区规划，但这种规划常常受到一些公众的怀疑。社区看到了紧密间隔的住房和开放式街区的结合，并怀疑这些开放式街区迟早会被房子填满。事实上，在社区批准组合式开发时，开放街区的永久性很容易得到法律文件的保护，但要想说服一个社区这样做可能不容易。随着时间的流逝和成功经验的积累，抵制组团式分区规划的势力正在减弱。

绩效分区规划

绩效分区规划相对较新，目前尚未广泛使用，当然对它的使用正在增长，而且它给人们带来很多希望。绩效分区规划规定了最终结果可能是什么或不能是什么，而不是详细规定开发的精确形式。绩效分区规划的目标可能与传统分区规划的目标大同小异，但实现目标的方式更具有灵活性。

在佛罗里达州的拉戈市，一种绩效分区规划系统取代了 20 个传统的分区系统。拉戈市建立了 5 个居住分区，它们之间的区别仅在于允许的最大建筑密度。使用限制容积率（FAR）和场地防渗漏面积的比例等办法控制土地开发强度。不限制住宅类型，不限制边院和后院退红，以及不限制建筑高度。

拉戈市建立了 4 个独立的商业分区。它们之间的区别同样是容积率（FAR）和场地的可渗透面积比例。市中心区的容积率为 0.9，场地防渗漏面积为 100%。

另外，洪水易发区的容积率为 0.12，场地防渗漏面积为 40%。4 个独立的商业分区都没有边院和后院退红和建筑高度的限制。拉戈市规划副主任伊士利（Gail Easley）以这种方式解释了采取绩效分区规划的决定：

> 一个特殊问题（与传统分区规划相关的）……是采用分区规划的区域越来越多。随着区域数量的增加，我们很难对它们作出区分。当它们之间的区别变得越来越不清晰时，各自的目的也模糊了，而且原先的区别都变得难以辨认了。区域数量的增加导致每个区域允许的使用更少。通过适当分区，满足开发商的需要，但当每个区允许的使用变得更少时，实际上减少了一个场地多种开发的可能性。接下来，寻求分区规划修订的可能性就增加了。[①]

但并不是每一个尝试过绩效分区规划的市政府都对它同样满意。佛罗里达州的塔拉卡西市 1992 年就采用了绩效分区规划，但在 1997 年，它又回归做了一些变更的传统分区规划。他们认为，与传统分区规划相比，绩效分区规划太繁琐了。[②]

开发协议

加利福尼亚州通过了授权法，允许市政府缔结"开发协议"。这些开发协议实质上是绕过了已经建立起来的分区规划，当然这些开发协议必须符合总体规划。开发商与市政府之间的协议，指定了开发商在项目地区可以做什么以及要求开发商做什么。开发商得到的好处是做一些已经有的分区规划不允许做的事情。因为这种协议对市政府有法律上的约束，所以开展多阶段项目的开发商得到了一种保证，在开发过程中或"建设期"中，市政府不会去改变分区规划和其他控制指标。市政府得到的利益是，可以向开发商开出签订协议的前提条件，要求开发商去实现。

在圣莫尼卡的一个办公大楼，"科罗拉多广场"的开发中，开发商因获准在分区规划规定的 45 英尺高度限制之上建造而受益，也受益于能够在项目中包括一些分区规划不允许的用途。这个城市得到的利益是，市政府要求开发商在其他地方建设一些低收入家庭的住房，提供和保留一个小公园和幼儿园。

---

① Gail Easley, "Performance Controls in anUrban Setting," *Urban Land*, October 1984, pp. 24–27. See also Tam Phalen, "How Has Performance Zoning Performed?," *Urban Land*, October 1983, pp. 16–21.

② "Tallahassee's Performance Zoning Gives Way to Euclid," *Planning*, December 1997, p. 26.

苛捐杂税

最近这些年，各种各样的收费，即所谓苛捐杂税，已经成为土地开发事务的一部分。相当数量的城镇在颁发开发许可证之前索要苛捐杂税。有些地方是在要求重新制定分区规划或改变分区规划时才会收费，另一些地方在现行分区规划的地区征收苛捐杂税。一般来讲，这类税收是用来支付开发对城镇所造成的影响。

有些地方的税费可能涉及与开发相关的成本，例如新商业开发产生的新增交通量需要建设道路，新的居住区开发可能需要建设学校或公园。有些情况下，这类联系比较牵强。例如旧金山决定，因为新办公空间开发增加了这个城市的住房需求，所以自从 1981 年以来，在办公大楼的建筑面积超过 5 万平方英尺以上时，建筑商必须自己建设新的住宅单元，或向住宅更新项目或可承受住宅项目出资，以此获得积分。积分的多少依据由办公空间建筑面积所需要的劳动力、旧金山办公室劳动大军居住在城市里的百分比，以及一般住房单元里住了几位劳动者来决定。

基于形态的分区规划

最近，在分区规划方面出现的重大进展是引入了基于形态的分区规划。这个以形态为基础的编制分区规划的想法出现在 20 世纪 80 年代，不过，只是在最近的 10 年里这种想法才广泛传播开来。基于形态的分区规划规定在某些方面比起传统的分区规划更灵活一些，而在其他方面则非常不灵活。

传统的分区法规规定了允许的用途，并提供诸如容积率、最大建筑高度、最小停车空间以及建筑红线后退等问题的基本数字。对于大部分使用传统分区规划的地方，区域的数量相当大，随着时间的推移，分区的数量有日益增加的趋势。虽然传统分区规划提出了许多要求，但是并没有直接指出接下来的开发会是什么样子。与此相对，基于形态的分区规划把重点放在开发的实体形式上，强调实施分区规划的地方实际上会是什么样子。而且与传统分区规划相比，基于形态的分区规划在允许的土地使用方面弹性很大。基于形态的分区规划与新传统设计一致，正如第 10 章讨论的那样，基于形态的分区规划的许多倡导者都属于新传统学派。[1]

基于形态的分区规划的创始人和最杰出的倡导者之一是杜安尼（Andres Duany）——新传统建筑师和城市设计师（见第 10 章）。他通过城市"断面"的想

---

[1] Peter Katz, "Form First: The New Urbanist Alternative to Conventional Zoning," *Planning*, November 2004. Current material on the subject may be found on the website of the Congress for the New Urbanism.

法，[①] 把基于形态的分区规划方式引了出来。想象画一条线，从乡村边缘一直画到城市或大都市区的中心。这条线会经过各种各样的开发类型。每一种类型的开发都或多或少有自己的特征，如图9.7所示。沿着这个断面，从边缘向里确定下来6个规划分区（图9.8）：

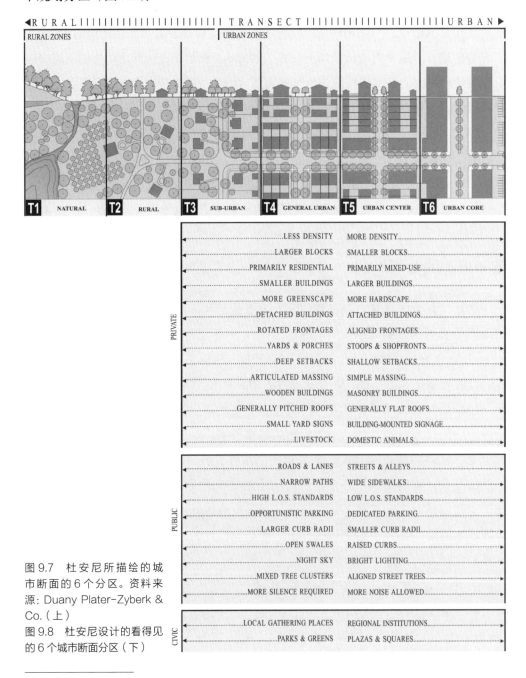

图9.7 杜安尼所描绘的城市断面的6个分区。资料来源：Duany Plater-Zyberk & Co.（上）
图9.8 杜安尼设计的看得见的6个城市断面分区（下）

① Andres Duany and Emily Talen, "Transect Planning," *Journal of the American Planning Association*, vol. 68, no. 3, summer 2002, pp. 245–266.

1. 乡村保护区；

2. 乡村储备区；

3. 郊区；

4. 一般城市；

5. 城市中心；

6. 城市核心。

这个表上的前 2 个分区是为了让这个断面完整，不过后 4 个分区对我们的讨论很重要。

那些倡导基于形态的分区规划的人认为，每一种规划分区都有一种期待的实体形态，土地使用控制的目标就是让开发实现这种实体形态。基于形态的分区规划规定在地图上划定区域，然后规定开发商在每个分区里必须满足的许多设计标准。它试图非常具体地规定那个地区实际上会是什么样子。就关注地区的审美和感受来讲，使用这种规定改变了相当数量的建筑商或开发商、规划师或城市设计师的决定。在一定程度上讲，基于形态的分区规划常常源于一个城市"愿景"活动，公众——至少是参与思考城市未来的那些公众，在最终产品中拥有更大的发言权。

作为一种文件，基于形态的分区规划看上去非常不同于传统分区规划。传统的规定以文字和数字为主，可能包含一些图示，帮助读者理解数字或相关的计算。另一方面，因为基于形态的分区规划给开发商的信息就是"这就是开发看上去的样子"，所以它很重视图示。由于仅有为数不多的规划分区，而不是传统法令中的那么多规划分区，因此基于形态的分区规划可能较为简单，且更容易理解。

基于形态的分区规划所要控制的内容是什么呢？像传统的分区规划一样，它会规定最大建筑高度。不同于传统的分区规划，基于形态的分区规划常常会规定最小建筑高度，因为它的目标之一是使土地空间得到紧凑利用，从而可以步行，这是新传统设计哲学。传统的分区规划常常会规定最小建筑退红，但基于形态的分区规划可能会确切地指定退红，或者对以某些规划分区来讲，它可能指定没有退红要求，建筑就压在地产界线上。基于形态的分区规划可能还会有一些传统分区规划中没有的要素。例如入口的位置，以及门、窗户和庭院的细节。在某些情况下，基于规范的要求可能会规定哪些材料可用于建筑物墙壁的覆层。基于形态的分区规划将包括人行道的宽度、弯道半径和植树的具体规定，在一些情况下，甚至规定可以接受的树种。

在上面的描述中，基于形态的分区规划明显比传统分区规划更具有限制性，更直接一些。另外，在涉及允许的土地使用问题上，基于形态的分区规划并没有那么苛刻，通常会指出非常广泛的使用类别，如居住区。不同于传统分区规划，没有很多种规划分区，但是只有少数几种基本类型，从这个意义上讲，基于形态的分区规划并不复杂。

基于形态的分区规划往往只用于城市的一部分或几个部分。它可能在那些还有大量建筑空间的地方更能发挥规划控制作用。如果一个地方基本上都开发了，那么能够实现基于形态的分区规划的空间就很有限。对于基于形态的分区规划最好的环境是新城镇，规划师或城市设计师从一张白纸开始。它还是一个相对新的事物，所以我们对它下结论还为时尚早。

我已经听到过开发商的抱怨，如果分区规划真的非常灵活，他们会做得更好且更富有创造性，当然事情并非如此。我们会在某一天听到开发商以同样的方式抱怨基于形态的分区规划？规划师和在土地使用诉讼方面具有特长的律师埃利奥特（Donald L. Elliot）提出：

> 基于形态的分区规划确实有很多好的想法，但它的优势也是其弱点。基于形态的分区规划在沟通预定开发模式方面的优势也让它成为相对静态的方式。规划单元开发总是可以协商以反映最新的开发和建筑方面的新倾向，或可以满足未来出现的新技术的绩效分区规划，与此不同的是，基于形态的分区规划可能更是对当前情况的一种不得已的反应。虽然倡导这种分区规划方式的人们振振有词，在"好的"和"坏的"设计形式之间的差别是半客观的，"好的"和"坏的"设计形式究竟正确与否，随着时间的流逝才能显现出来。如果所有的街区都满足了分区规划的要求，从理论上讲，会产生一个居住上最好的城市——这会成为陈词滥调吗？我们难道看不到购买者开始需要其他不同的东西吗？评审委员会还是不清楚，与其他形式的分区规划相比，基于形态的分区规划或多或少受到时间的约束。①

---

① Donald L. Elliot, A Better Way to Zone: *Ten Principles to Create More Livable Cities*, Island Press, Washington, DC, 2008, p. 33.

其他类型的地方土地使用管理

除了已经描述的土地细分法规和分区规划法规之外，还有许多使用不太广泛的管理办法。这里非常简要地介绍几个管理办法。在一些案例中，这里所介绍的土地使用管理办法是分区规划法令的一部分。在另外一些案例中，它们可能是与分区规划分开的。

场地设计审查

场地平面图审查通常适用于一定规模的开发项目。地方政府授权规划或分区规划部门负责审查场地设计方案，如内部交通、停车、相邻使用的缓冲地带，在颁发建筑许可证之前，必须先批准场地平面设计。场地平面图审查并不取代分区规划，而是另外一个层次的审查。商业和公寓开发都要求做场地设计审查。

建筑审查

建筑审查是从美学角度审查建筑设计。一个以殖民风格住宅为主导的城镇可能进行建筑审查，保证新开发项目保持已有的建筑风貌。那些比较老的、高收入的居住区常常资助建筑审查委员会，敦促建筑审查委员会保护他们所在地区的历史建筑风貌和保护那里的房地产价值。新的居住大院也常常建立自己的建筑审查委员会。大院建筑审查委员会常常涉及一些小问题。例如，能不能允许在庭院里竖起卫星天线，什么样的住房外墙色彩是可以接受的。对审查委员会的感觉参差不齐。一些人赞扬建筑审查委员会维护了城镇或一个地区的视觉品质；另一些人则认为，建筑审查委员会让社区死气沉沉，缺少多样性。实际上这是一种交换。如果我们追逐多样性和自发性，那么我们必须冒一些品位不佳的风险。

历史保护

许多城镇指定了历史地区，然后对它们的开发实施控制。控制可能规定，新建筑的风格和尺度要与过去一致。控制可能规定，建筑何时需要维护，以及需要保护的历史风貌。例如，相邻建筑有老式的、小块的镶铅玻璃窗户，那么就不会允许这栋建筑安装落地窗。一些地方可能用社区开发基金帮助业主维护建筑的特征。规划部门常常负责城镇的历史保护工作。有些城市把这项工作交给不同的机构，如纽约市的地标委员会。虽然美国各地都有历史保护活动，但新英格兰地区可能最重要，那里保护了大量殖民地时期的建筑。热爱历史的人们无疑会推动历史保护运动，当然发展旅游经济也同样推动着历史保护运动。

基础设施投资与土地使用控制相结合

由于资本支出和土地使用管理是市政府影响土地使用的两种方式，所以开明的城镇努力协调，让二者相互促进。对交通、公用设施和基础设施的投资可以影响土地市场。土地使用管理可以允许城市所期待的并禁止城市所不期待的。

例如，我们可以看看维斯特切斯特县案例，纽约的所谓"白金里"，虽然这个名字是地方上那些不太谦虚的人起的，但那里铺着数英里的白金确实不假，很多公司总部和办公楼沿着白原市和哈里森镇之间的边界展开。它们提供了成千上万的工作岗位，形成了数亿美元的税基，这是很多城镇梦寐以求的境地。数英里的白金如何造就起来的呢？

首先，那里原本就有得天独厚的优势，是纽约大都市区内的地理位置很好。它吸引那些从纽约市外迁出来又不愿离开纽约都市区的企业入住，同时还吸引想进入纽约都市区而又不愿意进入曼哈顿交高额房租的企业入驻。

尽管地理条件优越，但还是需要让那些条件成为现实。20 世纪 50 年代末，白原市已经规划沿着它与哈里森镇相接的边界上修建一条叫作白原大道并绕过市区的道路。联邦政府当时正在与各州协调建设州际公路系统。市政府的官员很快看到了这个机会。他们放弃了原先建设绕城道路的计划，把那条道路与州际公路系统合并到一起。

白原市的计划成功了，于是 I-287 号州际公路现在两个市政辖区之间穿行，增加了白原市的可达性，大大提高了白原市的土地价值和开发潜力。建设投资的关键作用显而易见。不过我们注意到，整个道路建设费用的 90% 来自联邦政府。州和地方政府仅仅支付了剩下的 10%。州和地方政府的资金用来建设州际公路两侧的宽阔辅道和许多横跨州际公路连接两侧地方道路的路桥。

无论是地方政府的资金还是联邦政府的资金，政府投资产生了土地开发的需要，现在那里依然控制着土地使用，以便产生地方政府希望看到的结果。控制土地使用意味着允许希望的开发，挡住那些不希望的开发。显然，编制允许办公开发的分区规划就是这种土地使用管理战略的一部分。要求大尺度的最小开发场地可以防止因土地被拆得太散导致的零星开发。在那些相对热门的地区，在公路可达的地方的确有展开零售业的可能性。但是，沿着道路做带状商业开发会排除掉开发办公园区的可能性，因为商业开发会占据面向道路的场地，还会产生一种不能吸引公司总部和其他"高档"办公开发的建筑氛围。简单地禁止零售开发就可以阻止这种状况的发生。园丁通过除掉其他植物的办法来维护他希望生长的植物，同样，土地使用管理通过阻止其他类型的土地使用开发而支持特定类型的开发。

超出地方控制的力量

到目前为止，本章的前面部分都是从地方政府的角度来讨论问题的，市政府可以通过做些什么来塑造自己的开发模式。但是，许多土地使用决定是市政府控制不了的。

例如，州公路部门所作出的公路建设决定，强有力地影响着地方的开发模式。道路建设不仅直接占用很多土地，而且还产生强有力的经济力量，而经济力量又会影响土地使用。市政府不是不可以影响州政府的决定，但它们毕竟不掌握最高话语权。州道路部门、州议会议员和州长都可能比市政府官员更能影响道路建设决定。另外，主要企业和社会机构也发挥着重要作用。一些企业表示，它们是否在这个地区落脚依赖于公路建设的决定，于是这些企业对州公路建设部门和州政府的影响要比地方政府大得多。社会机构同样有可能影响公路建设决定。我曾经看到一所大学在建设新公路的决策方面发挥了重大作用。这所大学拥有几千个工作岗位，大量注册的学生和分散在全州的成千上万的校友，它对道路建设的决策具有举足轻重的影响。在这类问题的决策过程中，大学校长的影响远比任何一个选举官员的影响要大。

在许多情况下，推动新道路建设的动力基本上来自个人和私人组织。

弗吉尼亚州72号公路的规划就是这样，这条公路把底特律和南卡罗来纳州的查尔斯顿连接起来，个人、商业部门和房地产业主看到了建设这条公路创造出来的经济发展机会。所以多年以来，他们一直都在鼓动建设这条道路，成为这个项目的重要推动者。当然，市民分成两派。一个名叫"适合弗吉尼亚人的道路"的市民团体，长期从法律上反对这个州际公路的建设，2010年他们最终输掉了这个案子。

州和市政府主动追逐经济发展，法庭确定有重大经济刺激作用，在这样的时代，公司董事会作出的决策对开发模式产生重大影响（见第13章）。不仅建设商业设施可以直接影响土地使用模式，而且州和市政府也在决定土地使用和公共投资，从而吸引工商业投资，实际上政府的这些行动成为政府与企业协商的重要基础。

上级政府的其他决策可能会对地方土地使用模式产生深远影响。州或联邦政府建设的设施是不受地方政府土地使用管理约束的，所以它们能够对地方土地使用模式产生较大的影响。上级政府购买土地同样会产生类似的效果。

更高水平的土地使用管理

最近几十年，州政府和联邦政府已经掌握了一些原先属地方政府所有的土地使用决定权。人们把这种权力变更称为"静悄悄的革命"。博塞尔曼和克里斯这样写道：

> 被推翻的旧制度是分封制，在这种旧制度下，数以千计的地方政府控制着整个土地开发模式，每个政府都在追逐税基最大化，社会问题最小化，很少关心其他人的情况。
>
> 这场革命的方式是形式多样的新法律，不过它们都有一个共同的主题——在土地资源供应越来越有限的情况下，州和地区政府需要在某种程度上参与那些影响土地使用的重大决策。[1]

20世纪60年代，人们越来越关注环境问题，而法律的大部分内容恰恰源于对环境的关注。概括地讲，源于上级政府的土地使用管理并没有取代地方政府对土地使用的控制。上级政府的土地使用管理不过再加上了一个层面的管理。这种管理不仅要符合地方管辖权，也要符合上级的管辖权。大部分更高级别的土地使用管理，涉及超出单个行政辖区边界的明显具有公共利益的问题。此外，经常可以在环境敏感地区看到更高级别的管理，如沿海地区。

为什么需要更高级别的管理？人们可能会问，为什么有必要对类似湿地开发之类的开发实施较高级别的管理。从根本上讲，地方居民和州全体居民对环境质量的关注程度是一样的吗？

一部分回答涉及外部影响[2]的问题。如果一个地方政府修改分区规划，把一片湿地用来开发购物中心，该地的财政收益会增加，同时还会得到很多就业岗位，那里的房地产价值很有可能上升。另一方面，不利影响可能会在社区之外感受到。

---

[1] Fred Bosselman and David Callies, The Quiet Revolution in Land Use Controls, Council for Environmental Quality, Superintendent of Documents, U.S. Government Printing Office, Washington, DC, 1973, p. 1.

[2] 这是一个涉及对"第三方"产生影响的经济学术语，也就是没有参与交易、交易方没有考虑的一方。

例如，对这个社区本身来讲，可能很少感受到雨水排放方面的重大变化，但是有可能引起下游发生洪水。把决策扩大到州一级，有可能减少让少数人的收益主导地方政府决定的机会，增加对分区规划变更所产生的广泛影响的关注。

对环境问题进行更高级别管理的另一个重要原因是技术的复杂性。地方政府可能没有时间和专业人员进行良好决策所需的数据收集和分析。我们会在第 14 章和第 15 章介绍州级别对开发的种种控制。

小结

市政府可能通过两种主要方式塑造其土地使用模式，（1）对基础设施和公用设施的投资；（2）对私有房地产的使用实施管理。

公共投资创造了特殊的基础设施和公用设施，这两种设施构成整个土地使用布局的一部分。更重要的是，公共投资影响了私有土地如何开发。

土地细分法规本质上控制了未开发土地的细分和投入市场开发的方式。与分区规划相比，对土地细分法规的讨论相对较少，但它们在管理开发过程中是很有影响力的。1926 年，由俄亥俄州著名分区规划法庭案例命名的"欧几里得"分区规划制缺少灵活性，现在多种技术补充了这种分区规划制度，使其更加灵活，更容易协商，更适合作为单一实体的大型开发项目的设计。这些方式包括"奖励"分区规划、开发权转让（TDR）、规划单元开发（PUD）和组团式分区规划等。最近的主要创新是基于形态的分区规划。新传统主义者特别推崇这种方式，它在允许的土地使用方面具有更大的灵活性，但在开发的实体形式上更加规范和更具有约束性。

20 世纪 20 年代以来，分区规划权已经明确建立起来了，由于法律诉讼和法庭案例的确立，分区规划的限制仍会发生一些变化。尤其是 20 世纪 60 年代以来，一些针对郊区社区的法庭案例已经让法庭重新确定了地方政府对非当地居民所要承担的责任。

为了更有效地塑造土地使用模式，公共资本投资和土地使用管理应该协调。公共资本投资影响对土地和结构的需求，而土地使用管理渠道，塑造需求力量发挥作用的方式。

参考文献

Cullingworth, J. Barry, *The Political Culture of Planning*, Routledge, Inc., New York, 1993.

Elliot, Donald L., *A Better Way to Zone*: *Ten Principles to Create More Livable Cities*, Island Press, Washington, DC, 2008.

Haar, Charles, *Land Use Planning*: *A Casebook on the Use*, *Mis-Use and Re-Use of Urban Land*, 3rd edn, Little, Brown & Co., Boston, MA, 1980.

Hoch, Charles J., Dalton, Linda C., and SO, Frank S. eDS., *The Practice of Local Government Planning*, International City/County Management Association, Washington, DC, 2000.

Kaiser, Edward J., Godschalk, David R., and Chapin, F. Stuart Jr., *Urban Land Use Planning*, 4th edn, University of Illinois Press, Urbana, 1995.

Talin, Emily, *City Rules*: *How Codes Create Places*, Island Press, Washington, DC, 2011.

第三部分 城市规划的方方面面

第10章 城市设计*

> 人的思维在城市中形成；反过来，城市形成制约着人的思维。在城市里，空间和时间都被重新作了巧妙的安排：在边界线和轮廓中、在固定水平面和垂直山峰上、在利用或否认自然遗址上，城市把文化和时代的态度留在了城市的细枝末节上。穹顶和塔尖，开放的大道和封闭的庭院，不仅讲述了不同的物质环境，而且讲述了本质上不同的人类命运观。语言本身仍然是人类留下的最伟大的艺术作品。[①]

在人类历史中，城市设计一直都是一种有意识的工作。到了20世纪50年代，大学里设置了学位课程，有了"城市设计师"这个术语，城市设计才成为一种名正言顺的专业。

城市是通过人们有意识和无意识的活动，随着时间的推移而发展。城市设计师认为，尽管城市规模庞大、复杂，他们仍然可以设计它，塑造和引导城市的发展。1855~1868年，拿破仑三世执政时期，奥斯曼男爵在巴黎的作品充分证明，人是能够塑造城市环境的。

那时，奥斯曼负责创建一种新的林荫大道模式，重塑了巴黎的城市特征。林荫大道沿线的建筑立面要求统一，给街道一种节奏感和秩序感。他创造的林荫大道至今依然是巴黎的主要公共空间。奥斯曼谈到了交通流和适当使用土地的问题。他通过限制建筑高度和控制建筑之间的空间，塑造了巴黎的天际线和空间比例。林荫大道所形成的视觉远景突出了大型公共建筑和花园，形成了19世纪新的城市特征。奥斯曼这种把林荫大道作为一种支配性因素的城市设计，之后流传到了世界各地（图10.1）。

---

* 这一章的部分内容是斯蒂格（Charles W. Steger）撰写的。他原先是弗吉尼亚州立大学理工学院建筑和城市研究学院的院长。

① Lewis Mumford, *The Culture of Cities*, Harcourt Brace Jovanovich, New York, 1970, p. 5, originally printed in 1938.

图 10.1　一个世纪以后我们所看到的奥斯曼的设计，从巴黎圣母院俯瞰塞纳河

什么是城市设计？

城市设计介于规划和建筑两个专业之间。它涉及城市的大规模组织和设计，涉及建筑的体量和安排以及它们之间的空间，但不涉及单体建筑的设计。

我们可以用若干因素区分城市设计和建筑设计。城市设计涉及大尺度，例如整个街区或城市，整个工程可延续 15~20 年的时间。奥斯曼对巴黎的改造就延续了 17 年。单体建筑的建设一般延续 1~3 年。城市设计还涉及大量可变因素，如交通、街区标志、步行导向和气候。这种复杂性，加上比较长的时间，导致了一个具有高度不确定性的环境。对特殊开发的控制不如对单体建筑直接，所以城市设计师采用的许多技术手段与建筑师的不同。

虽然城市设计师和规划师相得益彰，但是他们毕竟还是各司其职，有各自的专业工作。最常见的是现代城市设计师处理城市的一部分，给城市设计师分配的工作常常属于一个大型规划活动的一部分。在完成分配后，城市从体量与空间组织的角度对场地进行检查。与城市设计师相比，城市规划师则考虑的是整个城市。实际上，城市规划师必须超越城市的边界，了解城市如何作为更大区域的一个部分发挥作用，例如城市交通体系如何与周围的郊区和社区相联系。所以，规划师把土地分配给不同的城市功能去使用。与城市设计师相比，城市规划师更有可能涉及制定公共政策的政治活动。城市规划师和城市设计师都涉足社会、文化和实体设计问题。差别不过是一个程度问题。

开发商常常在住宅、商业和混合使用项目上聘请若干城市设计师。公共机构也聘用许多城市设计师。例如在城市更新期间（见第 11 章），城市更新机构购买、清理和设计场地。然后再把划分好的地块出卖或出租给开发商，他们会按照城市更新机构的总体规划展开建设活动。在这个案例中，公共机构聘用的城市设计师负责城市设计，而开发商雇用的建筑师个人或建筑企业负责建筑设计。

在过去的几十年里，城市设计的作用不断增强。对于大型项目，城市设计形成一种整体概念，让这种整体概念成为大型项目的许多单独决策的基础。公用基础设施对单个建筑业主或地块开发商来说可能太贵了，在必要时，城市设计师可以提供和共享公用基础设施，使它们相得益彰。

三个大规模城市设计案例

炮台公园城

图 10.2 的阴影部分是纽约市的炮台公园城（BPC），与阴影部分相邻的是西街，西街沿着曼哈顿的水岸展开，一直延伸到填出来的炮台公园。世界贸易中心遗址地处西街以东，接近炮台公园南北方向的中点。炮台公园中凹进的地方是炮台公园的船坞，与世界贸易中心处在同一纬度上。

炮台公园是一个公共资金支持的大型成功的城市设计项目。1968 年，纽约州议会通过议案，决定成立作为公共开发企业的炮台公园城管理局（BPCA）。其目的是在曼哈顿哈得孙海岸开发 92 英亩的垃圾填埋场，毗邻世界贸易中心和纽约的金融区。

项目设计师负责分配整个开发区的土地使用，划分出道路、建筑地段、开放空间、公用设施、沿哈得孙河 1.2 英里长的滨海艺术中心等。

由独立建筑公司设计的建筑符合炮台公园城管理局规定的高度、体量和其他准则。

从长计议是大型城市设计工作的一大特征。炮台公园城管理局是 1968 年成立的。1972 年发行公债筹措资金，1976 年完成填方。因为纽约市财政困难，工程停顿了若干年，1979 年重新组建炮台公园城管理局，1980 年第一幢建筑开始建设。

现在，炮台公园城大体建成。炮台公园城包含了 6000 个居住单元，容纳 1.1

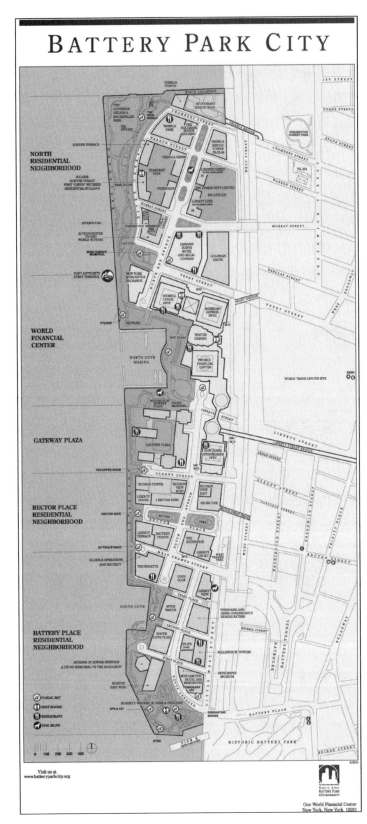

图 10.2 曼哈顿炮台公园城平面图，建在曼哈顿西海岸 80 英亩的垃圾填埋场上。炮台公园中部的右侧大片空地是世界贸易中心所在地

图 10.3　从炮台公园的船坞往曼哈顿方向看，我们可以看到大量的办公和商业空间（上）

图 10.4　向西看到新泽西海岸线（下）

图 10.5　从滨海艺术中心看到的居住区

万人。炮台公园城还包含办公和商业空间，图 10.3 展示的就是这类空间。从这张照片上我们可以看到炮台公园城的轮渡码头，轮渡基本上用于上下班通勤。我们可以从照片上看到美丽的滨河大道，那里的利用率非常高。炮台公园城的开发是非常成功的（图 10.4 和图 10.5 ）。

重建世界贸易中心遗址

　　世界贸易中心遗址与炮台公园城相邻。"9·11"事件发生以后，重新设计和重建世界贸易中心是一个非常复杂的过程，但已经取得了很大的成就。

　　场地下的交通基础设施完全恢复。纪念广场已建成，标志性建筑 541 米高的自由塔（世界贸易中心 1 号楼）已经竣工。2014 年，这幢大楼 50% 以上的使用空间都出租了。另一幢办公楼（世界贸易中心 7 号楼）多年前已经建成，而且租赁一空。第三幢大楼（世界贸易中心 9 号楼）于 2013 年竣工，正在招租中。另外两幢建筑（世界贸易中心 3 号楼和 5 号楼）正在部分建造。

　　从一开始到现在，该遗址的重新开发就是一个异常复杂的活动，不仅在建筑和象征问题上充满着争议，而且还涉及一系列法律、经济可行性的问题，涉及从整体上如何开发下曼哈顿地区的问题。一个主要的法律问题是责任问题。大约在"9·11"事件发生之前 2 个月，纽约房地产开发商西维斯坦（Larry Silverstein）已经从纽约和新泽西港务局租赁了这个场地，合同期为 99 年，包括世界贸易中心。西维斯坦为塔楼每个事件投保 35 亿美元。"9·11"以后的法律问题变成了**事件**这个术语的意义。对世界贸易中心大楼的攻击是 1 个事件还是 2 个事件？西维斯坦当然提出，"9·11"那一天，恐怖分子对世界贸易中心大楼的攻击是 2 个事件。可以想到，保险公司提出，恐怖份子对世界贸易中心大楼的攻击是 1 个事件。法庭最终裁决，那一天恐怖份子对世界贸易中心大楼的攻击是 1 个事件。这个决定让西维斯坦对这个场地的投资少了 35 亿美元。

在下曼哈顿建设如此之多的商业建筑空间的决定是备受争议的。过去几十年，曼哈顿的办公空间建设已经趋缓。20 世纪 60 年代和 70 年代，曼哈顿每 10 年新增 6000 万平方英尺的办公空间。2000~2010 年的 10 年间，仅新增 2000 万平方英尺的办公空间。在这 10 年的第一时段，除了世界贸易中心以外，办公空间建设已经降低了速度。这种显而易见的需求降低使投资者退却了。

实际上，为了让自由塔在商业上可行，港务局经过与西维斯坦长时间的协商，最后同意租赁这个大楼的 60 万平方英尺的办公空间，每平方英尺每年的租赁价格为 59 美元。纽约市政府也同意再租赁 60 万平方英尺，位于大楼下方，每平方英尺每年的租赁价格为 56.50 美元。如果没有市政府让数千名公共部门的工作人员重新安置到新进入大楼中的政治决定，真的让人怀疑这幢大楼是否可以重新建设起来。

几十年里，下曼哈顿的商业空间市场一直都比曼哈顿中城要弱一些。人们一般认为，造成这种状况的主要原因是，下曼哈顿的道路比较狭窄，道路布局比较不规则，建筑地块比较小。下曼哈顿是纽约最古老的部分，它的一些道路布局可以追溯到纽约或是新阿姆斯特丹的时代。只要我们看看下曼哈顿那些旧办公楼改造成出租公寓或共管公寓的数量，就可以明白那里商业建筑空间市场的疲软程度了。所以，许多人认为，在下曼哈顿建设更多的办公空间显然是错误的。他们提出，下曼哈顿地区有很多吸引人的文化设施，良好的公共交通设施，哈得孙河、东河和纽约港的美丽景观，使那里成为出色的居住选址，所以那里应该开发居住建筑，尤其是较小户型的家庭住房。

支持住宅开发战略的人可能会说，建造数千套公寓，其中很大一部分提供给受过良好教育的年轻人居住，即城市地理学家佛罗里达（Richard Florida）所说的"创意阶层"，这样从长远来看，这将比增加办公空间更有利于城市的经济增长。这种看法可能是对的，也可能是不对的，但它确实表明还有机会对基本政策作出选择。大规模的城市设计项目提出的问题可能超出了严格的设计问题，超出了有形的建设场地。

哈得孙园区项目

现在，纽约市规划部和大都市交通管理局（MTA），两个大型私人开发公司，关联公司和牛津房地产集团，KPF 建筑和城市设计事务所，正在着手另一个大型城市设计项目。

这个开发项目将覆盖图 10.6 所示的虚线部分。如果计划顺利实现，这个 28 英亩的场地将包含大约 1700 万平方英尺的建筑面积，其中包括 5000 个居住单元和大量的办公零售和酒店空间。按照规划方案，这个场地大约有一半的面积是开放空间。而这个场地的另一半将会建非常高的建筑，大约 70 层楼高。这种高密度、高层建筑和开放空间相结合的设计非常类似柯布西耶"公园里的塔楼"的设计概念。为了提高这个场地的市场开拓能力，它已经与现有的纽约市地铁系统连接起来。否则步行 0.5 英里才能乘坐地铁会让这个场地失去优势，实际上纽约市的地面交通相当拥挤，而且停车是一大严重问题。

场地的基本设计问题如图 10.6 所示。图上绘制的轨道向东延伸到第 7 大道和第 8 大道之间的宾夕法尼亚车站。设计方案是建设一个用 250 个建在基岩上的沉箱支撑的平台，平台估计重 37000 吨，施工期间不能中断火车运行。

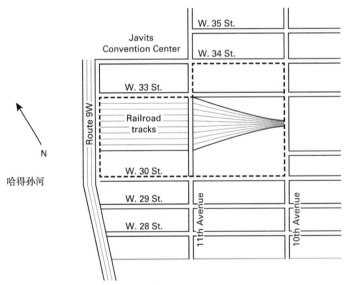

图 10.6 虚线内就是哈得孙园区项目的开发场地。从第 30 街到 34 街之间的距离为 1000 英尺，从 9 号公路到第 10 大道的距离为 1600 英尺。第 10 大道的下面是地铁线，宾夕法尼亚车站在这个场地的东边，第 7 大道和第 8 大道之间。当时提出来的关键设计问题是如何解决铁轨问题

　　显然需要统一的城市设计过程。该平台建立在大都市交通管理局（MTA）长期租用的空中权上，是整个项目的共同基础设施。支撑这个项目的其他基础设施同样遇到了高密度建成区开发中不可避免的复杂问题，要求城市各个主管部门和开发商紧密合作。让地铁延伸到这个场地面临同样的问题。该项目的总体设计从建筑选址、开放空间的布局，到相互支持的混合使用，都需要协调（图 10.7）。

图 10.7　站台下方的铁路线和站台上方正在施工的建筑物，这个场景以东是哈得孙河

城市设计过程

　　尽管每个城市及其问题都是独特的，但在大多数城市设计研究中都有一些共同的活动。以下是城市设计的四个基本阶段和一些子阶段。

　　1. 分析

　　　　• 收集基本信息；

　　　　• 实地调查；

　　　　• 识别软硬地区；

　　　　• 功能分析。

　　2. 汇总

　　3. 评估

　　4. 实施

分析

收集基本信息。收集土地使用、人口、交通、自然系统和地形等项目的基本信息。另外，设计师要仔细考察场地特征、街区和商务区的结构，找到问题和设计目标。对于住宅开发而言，设计师必须考虑以下因素：

1. 地形的适宜性，即坡度或泄洪面；

2. 新开发单元所需要的土地面积；

3. 产生的交通量，承载这个交通量所需要的道路；

4. 适当的公共设施；

5. 需要的停车空间；

6. 学校、公园、游乐场所；

7. 相关的分区和细分法令。

对于商业开发而言，设计师可能还要考虑周围居民区的购买力，如商业空间的"吸收率"，附近其他商业区的竞争强度。

实地调查。凯文·林奇（Kevin Lynch）曾经在《城市意象》一书中描述了实地调查的概念和实地调查的关键因素。[①] 实地调查的想法是这样的，当我们在城市里步行时，我们建立了一个有关城市的意境图。这张意境图让我们不那么担心自己会迷路。林奇推出了一种符号语汇，使城市设计师能够用图示的方式描绘城市的关键要素。现在实地调查是所有城市设计研究的标准部分，并被设计师用作互相交流他们对城市或街区结构和组织的看法的工具。实地调查考察和认识城市的成分，如标志性建筑的位置和景色、活动节点。实地调查认识街区间的边界，它们是清晰还是模糊。实地调查还探索了行人从城市的一个位置走到另一个位置时可能遇到的空间序列。

识别软硬地区。城市以及组成城市的街区和地区，都处在不断变化的状态中。虽然这种动态条件可能不容易在一朝一夕中觉察出来，但在 5 年、10 年或 15 年的时间中，这种变化还是显而易见的。

划定软硬地区可以帮助设计师认识到，城市的哪些部分可以承载增长和变化，哪些部分本质上是固定的，例如标志性的历史建筑让一个地方必须保持原貌。一个大城市靠近中心商业区的公园就是典型的坚硬地区，根本不可能在那个地区进行任何开发。一个街区或商务区的空闲场地越来越多，它们可能就是典型的柔软

[①] Kevin Lynch, The Image of the City, MIT Press, Cambridge, MA, 1960.

地区。在城市设计过程的最后阶段，当必须评估方案的可行性时，这些信息是很有价值的。

功能分析。功能分析考察各种土地使用活动之间的关系及其与道路系统的关系。这种研究非常依赖于土地使用规划师的工作。当然城市设计师是在三维空间里展开此项研究的。

例如，几乎在每一个主要的市中心区都有交通拥堵问题，所以从三维空间上考虑规划的实际结果和随时间的变化是十分重要的。

汇总

从汇总阶段开始，出现了一些设计概念，这些概念反映了对问题约束的理解，经过取舍，得出最佳的解决方案。设计师面临着许多矛盾需求的解决方案，就住宅单元而言，行人和车辆之间存在一种固有的冲突。如果交通车辆太快或太大，会影响行人过街，所以必须安装交通信号灯，或者建设过街天桥。这些解决办法需要增加新的资源。

正是在这个汇总阶段，收集到的数据和对问题的分析都要转变成为行动方案。在完成城市设计方案之前，还有几个活动需要展开。汇总阶段的第一个组成部分就是解决问题的概念的演变。在初始阶段，可能会提出一些概念。通常有不止一种方法来解决一组特殊的问题，概念之后是制定设计方案。这些方案在性质上更为具体。一旦设计方案形成，就开始制定实施计划了。

评估

需要进行评估的层次不少，从是否满足技术要求到是否能够让大众接受。这是在汇总阶段生成的初步计划与原始目标和问题进行比较的时间。

在提出设计方案之后，依据最初问题或设计方案打算解决的问题，对设计方案展开评估。与评估相关的最复杂的任务之一就是决定应该采用什么标准。这里有两个基本问题：（1）解决方案与问题的契合程度；（2）提案如何能够得到实施。城市是动态的，城市的问题是不断变化的，因此任务是复杂的。

实施

在实施中，设计了实际融资和建设策略。为了实现该项目，需要进行详细的阶段性研究，并使分区规划规定发挥作用。

一旦城市设计计划编制完成，实施该计划的主要工具就是土地使用管理和投资。城市设计师可用的土地使用管理不仅包括传统的或欧几里得的分区规划条例，还包括第9章谈到的各种方式。

资本投资通过道路和基础设施建设改变土地价值，从而形成土地开发模式。当公众参与一个项目，投资与征用权结合在一起，有可能把项目所需要的土地聚集到一起。

什么是好的城市设计？

从最一般的意义上讲，城市设计师试图通过设计改善人们的生活质量。他们通过清除障碍和创造机会实现城市设计的目标，让人们在城市里自由、安全且愉快地行走。例如，人们应该能够在恶劣的天气中，毫无困难地穿过城市的合理部分。

明尼阿波利斯的冬季漫长、严寒且被冰雪覆盖，通过把市中心许多建筑的二层楼通过全天候的过街天桥连接起来。这些天桥加上商业建筑和公共建筑里的连接走廊形成了一个5英里长的步行通道系统。人们不用到街面上就可以步行好几个街区，从停车场或公寓到办公室或商店。有些居民利用"天桥"锻炼身体和散步。

显然，明尼阿波利斯的天桥系统帮助市中心区保持了与其他项目开发的竞争力，例如位于城市南部的"美国购物中心"。不过天桥系统也有不足。按照城市设计师雅各布森（Wendy Jacobson）的看法：

> 天桥和地下步行通道都能把街上的活动吸收进来，使其变得生动、有趣又安全。几乎没有例外，北美城市都缺乏行人活动密度，所以街面上那些商店的门前总是冷冷清清的，不能与天桥和地下通道相比。这肯定是有影响的，主要是影响大街。
>
> 私有化也是一个重要问题。虽然天桥和地下通道是公共空间，但它们大部分都是与私人开发相联系的。不同于公共道路，进入天桥和地下通道的时间通常受到限制，甚至可能只限于特定的人——穿着得体的人。

注意，私有化提出的问题与第7章讨论的一些与私人社区有关的问题类似。我曾经在明尼阿波利斯与一个规划师谈到道路活力问题，他告诉我，规划部认为这个天桥系统的优点远远大于它的缺点，所以明尼阿波利斯继续受理延伸明天桥系统的申请。

加拿大艾伯塔省的卡尔加里市是另一个寒冷天气的城市，它也有一个庞大的天桥系统。卡尔加里的这个天桥系统叫做"+15"，意思是道路之上的天桥与道路之间要留出 15 英尺的净空。卡尔加里的官员也知道道路和天桥之间的商业竞争问题。实际上，天桥层的同等商业空间租金要比地面层的商业空间租金高。但卡尔加里的官员还是非常乐于让开发商建设天桥，对于开发商建设的每平方英尺天桥，市政府允许超出分区规划再追加 20 平方英尺的建筑空间。

人们乐于看到别人，也愿意被别人看到。许多城市都鼓励开发商建设与他们开发项目相连接的公共广场。这类公共空间给人们在午休时间，坐在阳光下观察大街上的各种活动提供了机会。怀特（William Whyte）在他的《小城市空间的社会生活》一书中描述了成功的城市空间的因素。[1] 他的结论是，某种可以移动的座椅和购买食品和饮料的机会是城市空间成功的关键因素。

评估城市空间成功与否的另一种方式是那种帮助使用者导向的方式。例如，使用者能在没有困惑或恐惧的情况下找到从一个地方到另一个地方的路吗？标识是否易于理解？主要步行区夜晚是否有适当的照明能让使用者容易辨别方向和安全？雅各布斯在 20 世纪 60 年代初出版的《美国大城市的死与生》中就谈到过这个观点。[2]

如安全之类的其他功能标准也是重要的。例如，人车分流可以减少交通事故的发生率。必须安排好空间与通道，以便于让紧急车辆和货运车辆顺利通行。

好的城市设计实现设计意图，而且还常常超出设计意图本身。例如，开发商设想建设一个混合使用项目，结果可能是把商业和住宅建筑组合起来，实现双赢。当然，如果这个项目地理位置优越且具有美学吸引力，它的收益将波及周边地区。这个项目可能会增加行人流量，从而提高了相邻零售地区的房地产价值。该项目还有可能通过让这个地区丰富多彩而提高相邻街区的价值（图 10.8 和图 10.9）。

有许多因素影响城市设计项目的成功。下面列出了一些判断城市设计的更重要的标准：

1. 统一性和连贯性；

2. 行人与车辆的最小冲突；

3. 防雨、防风、防噪声等；

---

[1] William H. Whyte, The Social Life of Small *Urban Spaces*, The Conservation Foundation, Washington, DC, 1980.

[2] Jane Jacobs, The Death and Life of Great *American Cities*, Vintage Books, Random House, New York, 1961.

图 10.8 明尼阿波利斯尼科莱特购物中心的天桥。狭窄的街道仅限公交汽车、出租车、警车和应急车辆使用，不允许小汽车使用

图 10.9 从明尼阿波利斯的马凯特大道所看到的街景。这些天桥由私人规划、建设和维护（目前的成本超过 100 万美元），需要获得建设许可。因为这些天桥是由不同的建筑师为不同的建造商设计的，所以它们的外观有很大差异

4. 方便使用者定位；

5. 土地使用的兼容性；

6. 休息、观察和会议场所的可用性；

7. 具有安全感和愉悦感。

但我们必须承认，城市设计并不是一种精确的科学，因为总有个人品位的因素。一个人的平安和宁静可能会让另一个人感觉无聊和寂寞。一个人的激动会让另一个人备受干扰。适合一个 20 多岁单身青年的地方可能在 10 年以后不再适合于同一个人，那时他不再单身而且还有两个孩子。

街区观念

"街区"是城市设计的一个核心观念，我们可以在"街区"找到前面提到的许多应用标准的地方。尽管我们现在采纳了有关街区的观念和街区规划的观念，实际上，这个街区观念并不是一个老观念。美国第一个清晰的街区观念是由佩里（Clarence Perry）在 20 世纪 20 年代提出的（见第 3 章）。[①] 现在街区是一个单元，它与大部分人的日常生活尺度相匹配。传统的街区规划单元是指人口足以支撑一所小学所需学生的地区。佩里考虑的学生数目大体为 1000~1200 人，在 20 世纪 20 年代，这个数字意味着街区人口约为 5000~6000 人。

街区规划一般会考虑到住房、学校、购物设施（杂货铺、药店、文具店，但没有百货商店或汽车经销商）、游戏场所、也许还有一个小公园。道路用于当地居民，不鼓励车辆贯穿性通行。主干道通常也是街区的边界。有些社区（如弗吉尼亚州的雷斯顿），进一步把行人和自行车分开。设计优秀的街区可能还布置了公共场所，鼓励居民在那里展开社交活动。因此街区提供大多数人在日常生活中需要和使用的便利和安全的东西。

对许多郊区规划的一个抱怨是，土地使用功能分离，特别是大片的住宅区，消除了我们与邻里之间的联系。因为没有街角商店，所以人们不会在步行到商店去的路上遇到邻居。许多郊区居住区都具有分散的特征，人们不可能通过步行方式到达很多目的地。与之类似，孩子们不能结伴步行到街区的学校，因为那里没有街区学校。他们必须乘坐校车，到若干英里之外的地方上学（图 10.10）。

---

① Clarence A. Perry, "The Neighborhood Unit Formula," reprinted in *Urban Planning Theory*, Melville C. Branch, ed., Dowden, Hutchinson & Ross, Stroudsburg, PA, 1975, pp. 44–58.

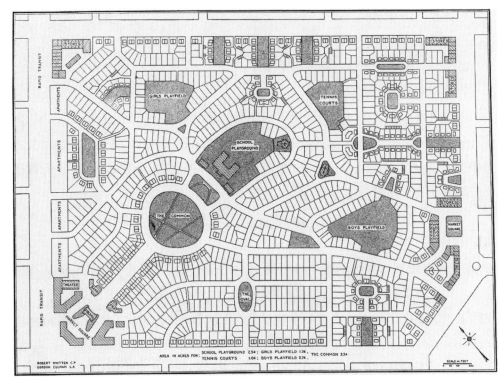

图 10.10 街区观念出现在 20 世纪 20 年代。现在已经不再把男孩和女孩的嬉戏场所分开了，当然这个规划已经包含了很多现代特征——商业区与居住区分开、弯曲的道路、保留社区开放空间、公交站附近集中高密度住宅。注意，当时的街区是围绕公立学校建设的

规划郊区：新传统主义者

请一组规划师提名一位城市设计师，他们中的大多数人会提到安德烈·杜安尼（Andres Duany）。古巴出生的杜安尼是新传统设计最重要的成员，有时也称之为新城市主义。

美国增长的大部分人口都住在郊区，杜安尼和其他新传统主义者都坚持认为，总的来说，郊区的规划是错误的。[1] 他们一般把这种错误归咎于交通工程师，同时也谴责规划师。按照杜安尼的说法，公路工程师"想要小汽车高兴"，所以在规划时突出强调机动车。满足车辆交通需要和停车目标先于为人的设计，先于步行环境的设计。新城市主义者认为，大规模土地使用的功能分离是郊区规划的一大错误，尤其是把居住使用与其他使用分离开来，在土地使用布局上太粗糙。其结果是使用者之间的距离变得太远，不利于步行，因此人们被迫依赖汽车出行。

---

[1] Andres Duany, Elizabeth Plater-Zyberk, and Jeff Speck, *Suburban Nation*, North Point Press, a division of Farrar Straus and Giroux, New York, 2000.

新传统主义者提出，高度依赖汽车从许多方面降低了生活质量。老人在郊区丧失了独立性，不是在身体虚弱到不能行走的时候，而是在视力不再允许他们开车的时候。从这个意义上讲，本可以独立生活的人不得不依赖他人了。在年龄的另一端，郊区的孩子比起市区的孩子少了很多自主性，因为他们依赖成年人驱车送他们去任何一个地方（图10.11和图10.12）。

新传统主义者提出，为汽车所做的设计导致了对行人不友好的布局，即使直线距离不大，也会阻碍步行。例如，即使主要道路只有两条车道，交叉路口附近的弯道宽度会是道路宽度的2倍。宽阔的道路，又没有人行道，二者结合起来，让步行者失去了愉悦感，有时甚至让步行者觉得受到车辆的威胁。在传统的城区，道路是直角相交，所以车辆在转弯时不得不减缓行驶速度。与此相比，车辆在郊区那种大半径圆角的交叉路口无需减速，这使得行动缓慢的老年人或残疾人胆战心惊。出于对车速的考虑，道路工程师并不反对这种类型的交叉路口。

之所以称为新传统规划，在很大程度上是因为新传统主义者倡导回到传统的城镇规划实践活动上去，那种规划是否定现代郊区规划的。新传统主义者倡导在一个规划单元里把不同的土地使用混合在一起。他们看到，分区规划最初就是要把不相容的土地使用功能在空间上分开，但现在已经不像20世纪初那样需要功能分区了。例如，现在很多工厂十分安静而清洁，没有理由让它们远离居住区。一个地区的建筑在规模上确实要相互照应，但未必在使用上也要一致，或者居住相同类型的人。像雅各布斯一样，新传统主义者认为，过分同质的土地使用和建筑类型会导致人们生活单调贫乏，给居民带来很多不便。他们认为，商店上方的公寓和单户地块上的附属公寓（例如把库房变成一居室公寓），将有助于解决中低收入家庭住房短缺的问题。他们还指出，令人遗憾的是，大多数郊区分区法规都不允许建造这种居住单元。

新传统主义者特别强调行人专用街道。传统城市道路一般有两个车道供车辆行驶，每边各有一个车道用于停车，而且两边各有一个人行道。这样的道路是行人友好的。因为只有两个车道供车辆行驶，车速相对缓慢，所以行人容易过街。因为停在路边的车辆可以阻挡行进中的车辆冲上人行道，所以人行道上的行人有了安全感。建筑靠近道路，车辆可以停到建筑物的背后。路易斯维尔大学的吉尔德布鲁姆（John Gilderbloom）推出的初步数据显示，为了提高车速，把道路从双向变成单向时，房地产价值会下降。这个结论与新传统主义者强调行人友好的道路设计的想法是一致的。

新传统主义者认为，典型的购物中心和办公园区的设计是一场设计灾难，在

图 10.11 左图，弗吉尼亚州雷斯顿，将城镇中心与规划社区内的居住区相连接的步行桥（上）

图 10.12 下图，从安娜湖（人造湖）看到雷斯顿城镇中心。这个城镇大部分地区的设计是为了方便步行和骑自行车（下）

那些地方，建筑相对道路后退，腾出空间，建设很大的停车场。按照杜安尼的说法，那些最没有吸引力的建筑不只让人看到停在它前面的车的海洋，而且在没有多少车辆停泊时，让人看到一个沥青的海洋。新传统主义者喜欢巷子，因为建筑背后的巷子可以停车。巷子避免了郊区住宅设计，让车库的大门占了住房建筑的半个正面。新传统主义者设想的好设计必然意味着小地块，因为住宅与住宅之间的空间太大不利于步行。

死胡同和次干道设计错在哪里

死胡同和次干道体系是一个很平常的郊区设计方式，如框架图的上半部分所显示的那样，每一个死胡同分别与次干道连通。杜安尼认为，纸上看不错，但实际运行是很糟糕的。首先，从一个死胡同到另一个死胡同的出行变成了汽车在次干道上的运行，预示着交通拥堵。问题不在于整个路面不够，而是这种设计迫使大量的交通量集中在整个路面中的一个部分上。

如图中显示的那样，从某一个死胡同里的房子出发去次干道前的购物中心或商店是没有直接路径的，所以步行到那里很不便利，需要开车。同样，从某一个死胡同里的独栋住宅出发去公寓看一个人也是没有直接路径的，所以必须开车。因为购物中心的顾客必须走到次干道上，才能到达商业带上的另一家商店，所以从一家商店走到另一家商店同样不方便，最好还是开车。总而言之，死胡同和次干道体系还增加了驱车出行的总次数。

图中次干道以下部分显示的传统设计模式，杜安尼认为，这种传统设计模式比上述死胡同和次干道体系要优越得多。图中上下两个部分分别包含的元素是相同的，它们都有独栋住宅、公寓、商店和一所公立学校，但出行方式很不一样。图的下面一部分，购物和社会交往的大部分出行都可以利用地方道路实现，不需要使用次干道。另外，步行就可以实现很多出行。独栋住宅和公寓的居民可以沿着有人行道的二级街道，从一条合理的直达小路走到购物中心。放学后留下来参加活动而错过校车的学生可以步行回家，无需等家长来接。因为两种类型的住房、公寓和独栋住宅并不是相互分离地布置在不同的死胡同里，所以这种设计在很大程度上促进了社会融合。

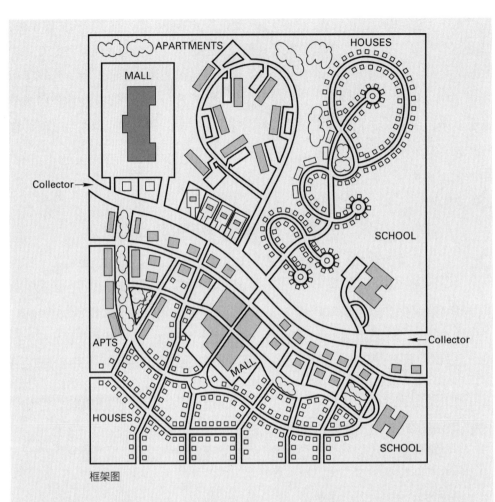

框架图

弗吉尼亚州议会已经对新传统观念有了一些认识。2007 年生效的《街道验收要求》不允许州交通部（VDOT）接受那些与相邻居住区或商业开发不相连接的道路。简而言之，州交通部不再接受死胡同道路。不再接受图的上半部分所显示的那种道路。该条例还要求道路能够容纳行人，也就是说，根据开发密度和最小环境影响，在道路的一侧或两侧要有人行道。最小环境影响的条款要求建设比较窄的街道，比我们在最近开发的居住区里看到的街道还要窄。因此，车辆行驶的平均速度也降了下来。这些要求与新传统主义者的主张完全一致。

当然正如在规划的大多数问题上一样，总会有一些不一致。因为没有贯穿性的交通，许多人喜欢居住在死胡同里。因为死胡同只有一条路进出，陌生人在路上更显眼，所以犯罪案件要少很多。研究是否真能支持这类看法还不得而知。

另一位著名的新传统主义者是加利福尼亚州的彼得·卡尔索普（Peter Calthorpe）。他的总体设计理念与杜安尼的相似（图10.13），但卡尔索普更强调公共交通，主张建设紧凑型城镇中心，让那里的人口数量达到足以支撑公共交通的水平。提起《公交导向的开发》（TOD），人们就会想起卡尔索普是指开发一个高密度地区，它的每一个住宅单元都位于公交站步行10分钟以内。沿着一条公交线展开的一系列"步行街区"让这条公交线有足够的乘客，他们乘公交汽车或轻轨，而不再驱车出行。这一点对加利福尼亚州的许多地方尤为重要，那里人口迅速增长，非常依赖小汽车出行，从而导致严重交通拥堵和空气质量问题。卡尔索普在加利福尼亚州展开的著名项目是萨克拉门托以南的拉古纳西部，当然《规划》杂志认为，卡尔索普为加利福尼亚州和其他地方的许多城镇设计了公交导向的总体规划，所以他对加利福尼亚州和其他地方的开发有更大的影响。

新传统主义的开发项目非常依赖市场。新传统主义者指出，开发一个精致的、步行友好的地区，人们是要付出很高的代价。例如，华盛顿特区的乔治敦、马萨诸塞州的马布尔黑德、纽约市的格林威治村和布鲁克林高地。

我认为新传统主义的很多设计思想是有吸引力的，但是我们必须承认，并非每一个人都这样认为。新传统主义反对那种大面积的郊区分区规划，但它们大部分并非规划师的选择，而是公众的愿望。

规划师在城市设计革新方面常常比市民们要开放得多。市民们对谁是邻居，孩子可能与谁一道上学，以及如果在周围建起经济适用房，他们的房地产价值是否会下降这类问题更为关心，这使他们非常反对小地块，抵制土地的混合使用。相当数量的公众选择大地块的开发，选择与此相伴而生的汽车依赖型生活方式，不过需要大量停车场，需要交通顺畅一些。赖特的"广亩城市"（Broad Acre City）展示了一种分散的、以汽车为基础的城市远景，这种远景表达了相当一部分人的品位。审视第二次世界大战结束后美国的郊区发展，赖特的"广亩城市"似乎具有相当的先见之明。

新传统主义受到了来自左翼的批判，左翼认为，新传统主义是社会精英阶层的想法，没有解决多少城市核心区的问题。左翼的批判是，肯特兰等新传统社区的住房价格昂贵，城市核心区几乎没有出现新传统主义的开发。在我看来，这种批判并不完全公平。大部分新传统主义社区的住房确实是昂贵的，但是，美国大部分地区没有补贴的住房同样是昂贵的。在住房泡沫破灭之前好多年，2004年春季，美国一个家庭单独居住的住房平均价格为22.1万美元，而全部房子的平均价格比这类住房的平均价格还要高，为27万美元。这样看来，新社区几乎不可避免

图 10.13　杜安尼设计的肯特兰的新城市主义社区。这个设计的特征是，住房之间的间隔比较小，所有道路都有人行道，大部分住房背后都有胡同，在路上看不到车库和垃圾桶。城镇中心和相邻地区有多家庭共同居住的公寓楼、养老院、各种服务和零售商店

地会拥有昂贵的住房。新传统主义的大部分开发确实都出现在郊区或更远的地方，但我们必须认识到，建设一个新传统社区需要相当多的土地，原则上讲，城市核心区可以用于开发的场地很少有如此大的规模。

一般来说，规划好的社区也是如此，开发一个新传统社区需要大量的基础设施投资，需要就分区规划和其他设计问题与市政府展开漫长的协商。

边缘城市

与新传统主义设计风格截然相反的是边缘城市（edge city）。不像设计理念非常清晰的新传统主义，边缘城市并非一种设计理念，也没有像杜安尼那样明确的代表人物。边缘城市是在各种经济力量推动下的一种正在展开的开发形式，开发商和投资者都是边缘城市的推动者。

记者加罗（Joel Garreau）使用边缘城市这个术语描述过去30年在美国像雨后春笋般蔓延开来的一种新的开发形式。按照加罗以下有些武断的定义，美国大约有200个边缘城市，如华盛顿特区外的泰森角、亚特兰大的巴克海特区、芝加哥郊外的绍姆堡地区、底特律郊外的迪尔伯恩－费尔菲尔德村、达拉斯郊外的新达城、加利福尼亚州的尔湾地区、康涅狄格州的斯坦福德－格林威治地区、纽约拿骚县的米切尔菲尔德花园城以及费城以西的普鲁士国王区，都是加罗认定的边缘城市。他认为，符合下述5个条件的就是边缘城市：

1. 办公空间已经成为信息时代的工作场所，可租赁的办公空间超过500万平方英尺（把这个数字转变成工作岗位，每个劳动者大约占250平方英尺）。

2. 有60万平方英尺的可租赁零售商业空间。这相当于一个较大的购物中心。

3. 工作岗位多于卧室。当一个工作日开始，人们涌向那个地方，而不是离开那个地方。就像所有的城市地区一样，上午9点，那里的人数增加。

4. 人们认定那里是一个目的地，从工作岗位到购物，再到娱乐，应有尽有。那里不是一个出发地，而是一个目的地。

5. 30年前，那里完全不像一个"城市"。如果不是牧场的话，也不过是一个卧室而已。现在那里一切都是新景象。[①]

哪些市场力量有利于边缘城市的开发？周边位置意味着开发商可以一次性做

---

① Joel Garreau, Edge City: Life on the New *Frontier*, New York, Doubleday, 1991, p. 6.

出一个大型、统一的设计，无需顾忌现有建筑的剩余价值（见第 11 章）。大规模可以在规划、建设和营销方面提供实质性的规模经济。

地处大都市区的边远地区，为边缘城市的雇主提供了大量适当的劳动力。因为零售商和私人服务很容易获得大批富余的郊区居民，所以它们在边缘城市兴旺发达。边缘城市的不同活动可能提供有利可图的协同作用。例如，办公建筑里的劳动者也会是购物中心的零售商和服务企业的客户。非常高的汽车拥有率、容易接近高速、大容量公路，具有这类条件的郊区化的人口很适应边缘城市。形成边缘城市的最基本条件是附近有良好的公路交通，在容易驱车到达的距离内有大量且至少中等富裕人口，以及大量可用土地。

有些边缘城市，如加利福尼亚州的尔湾地区，在规划上就是按一个整体设计的。有些边缘城市则是分阶段设计的。无论是哪种情况，这一过程都与欧几里得的分区规划下的传统城市发展截然不同。边缘城市的开发商必须集中适当规模的土地，向市政府提交统一的设计方案。开发是一个很复杂的协商过程，而不是开发商买一块地，然后按照分区规划要求开发，或者要求重新调整分区规划。

虽然边缘城市包含了许多与传统市中区相同的商业元素，不过那些商业元素在形式上大相径庭。边缘城市比传统市中区要分散得多。这种分散形式适合于高度依赖汽车出行的方式。加罗注意到，开发商认为 600 英尺是人们真正愿意步行而没有抱怨的距离。所以边缘城市的一般形式是 1 栋建筑或 2~3 栋建筑组团，周围是几英亩的停车空间。一般没有较大的建筑组团，因为建筑组团大，停车场也会变大，超出了人们乐于接受的步行距离。

就像边缘城市对汽车友好一样，它对行人也不友好。如图 10.14 显示的那样，与传统市中心相比，加利福尼亚州南部的尔湾地区相形见绌。尔湾的规模本身不适合步行，它的设计也是如此。街道上没有人行道，建筑物及其周边也不适于步行。道路在设计上就是为车辆行驶而设计的，来访者把车停在停车场，然后步行到造访的建筑。那里有一些步行设施，是用来娱乐休闲的，而不是用于交通，如景观小径。边缘城市把各种商业功能混合在一起，不过比新传统设计所推崇的细腻要粗糙许多。边缘城市有效地把居住和工作分开，因此，每次上班都是一次汽车之旅，这也是与新传统设计思想格格不入。

边缘城市出现的时间不过几十年。虽然许多建筑师、规划师和其他人都在猜测城市形态的未来，但谁也没有真正看好边缘城市。赖特的广亩城市从某些方面预计到了人类栖息地蔓延开来的模式，非常依赖汽车。但是赖特和其他人都没有预计到边缘城市本身。加罗看到，因为边缘城市是一种新形式，我们无法说它最终会演变成什么。19 世纪的城市是工业革命的产物，到了 20 世纪才发展成为更清晰且更让人愉悦的形式，所以边缘城市也可能发展成更优美和微妙的形式。当然这只是一种推断而已。

我们也许可以先看看转型后的边缘城市，如弗吉尼亚州费尔法斯特县的泰森角会是什么样。泰森角地处华盛顿特区之外，特区环路（I-495）与 I-66 号公路交汇处。如果我们把特区环路看成一个钟面的话，泰森角就是 9 点钟。我们可以从图 10.20 上看到泰森角与环路和 I-66 的关系。泰森角并非一个单独的市，而是一个人口普查指定的地方（CDP），总面积为 4.9 平方英里，2000 年的统计人口为 18450 人。这些数字与美国任何一个城镇的数字没有什么不同，但泰森角非常不同于一般城镇。在任何一个工作日，泰森角的人口可能是当地居民人数的 7~8 倍，估计有 11.7 万人在那里工作。再加上顾客，估计工作日白天的人口大约为 15 万人。泰森角估计包含 16.7 万个停车位，4600 万平方英尺（1.65 平方英里）商业建筑空间（办公室和零售）。建筑密度和人口密度都比尔湾（图 10.14）要大。像典型的边缘城市一样，泰森角几乎完全是为汽车设计的。与普通城市或城镇不同，这里没有连续的街道和人行道网格，宽阔的、弯曲的交叉路口旨在让车辆迅速通过，而不鼓励步行。泰森角肯定不是步行友好的。

然而，把泰森角转变成更典型的城市设计正在进行之中。这种设计的一个中心要素是把泰森角与华盛顿特区的城铁系统连接起来。延伸现有的城铁系统，包括 4 个车站，车站之间的平均距离不到 0.5 英里，而且继续向西延伸，覆盖其他几个市政辖区，一直延伸到杜勒斯机场。到本书截稿时为止，泰森角的铁路工程进展顺利，延伸到杜勒斯机场的工程投资也正在筹措之中。在泰森角和华盛顿特区之间的城铁线会大大增加泰森角作为居住选址的吸引力。

除了建设多户公寓式住房外，居住建筑的高度也要上升，原因是那里没有足够的空间建设独栋住宅。该设计的关键部分是更为精细和步行友好的街道模式。步行道、自行车道、短途接送车以及其他一些非汽车导向的措施，都可以把泰森角转变成为一个高密度的、步行友好的、便于接近的地方。用来建设新道路和住房的位置一定是停车场。停车收费也是泰森角改造的一部分，改变人们驱车到这里来的习惯，改用公共交通。

未来城市的憧憬

赖特的"广亩城市"、巴克敏斯特·富勒（R. Buckminster Fuller）的半英里宽

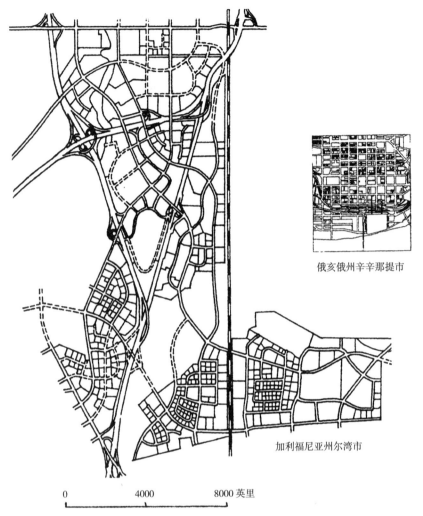

俄亥俄州辛辛那提市

加利福尼亚州尔湾市

0　　　　　4000　　　　8000 英里

图 10.14　我们以相同比例描绘辛辛那提市中心和边缘城市尔湾。尔湾的长轴是辛辛那提长轴的 4 倍。尔湾的面积大约比辛辛那提的面积大 9 倍。资料来源：1998 年，《美国规划协会杂志》，第三辑，第 64 页

的曼哈顿网格穹顶、柯布西耶的"光辉城市"、索勒里（Paolo Soleri）的巨型建筑，都是他们在 20 世纪想象的未来城市。[①] 这些概念背后都有一个关于城市居民应该如何应对社会和科学技术变化的想法。

　　例如，柯布西耶想象了这样一个光辉城市：在一个公园般的环境中，建造高层住宅楼。主要道路把城市的各个部分联系起来。这个城市的设计设想反映了柯布西耶的两个关键想法。第一个想法是，把土地留给人来使用，而不是被

---

① 柯布西耶的设想来自第一次世界大战前后那段时间。赖特的广亩城市是在 20 世纪 30 年代出现的。富勒是在 20 世纪 30 年代开始设想他的穹顶建筑，到了 20 世纪 60 年代，在纽约中曼哈顿建造一个巨大穹顶的设想产生了。索勒里的巨型建筑也是这个时期设想出来的。

建筑物占据。使用建筑立柱，让建筑离开地面，这样使得建筑不妨碍人在地面上的行走。第二个想法是如何组织城市，可以改变正在扩散开来的汽车拥有率。把主要道路与城市商业和工业区的高层建筑连接起来。柯布西耶试图找到让人们更靠近大自然的途径，利用先进的科学技术解放自己，反思自己的未来和在世界上的位置。[①]

"光辉城市"反映出来的建筑布局和土地所有权模式与赖特"广亩城市"的概念形成鲜明对比。[②] 在"光辉城市"中，土地是共同所有的。而在赖特那里，每个家庭都拥有一英亩的土地。住宅与工厂用主要道路连接起来。赖特觉得，土地的个人所有是保持民主社会的重要方面。赖特的政治和社会哲学被转变成广亩城市规划中包含的设计方案。

柯布西耶和赖特对城市设想上的差异反映了两人不同的政治哲学。赖特强调个人的独立自主，如每个人都拥有一块土地。与此相反，柯布西耶看到了集体拥有土地的作用，如果个人把自己看成一个群体中的一员，顺应一个精确的大设计，那么整个社会福利就会提高（图 10.15~ 图 10.21）。

图 10.15　泰森角的凯丹购物中心入口。购物中心前面有大量的停车场。它显然是专门为汽车通道设计的

---

① Le Corbusier, Towards *a New Architecture*, Dover Publications, New York, 1986（first published in 1931）.
② Frank Lloyd Wright, *The Living City*, Horizon Press, New York, 1958.

图 10.16 一个设计师想象的 2050 年的泰森角，那里更像传统城市，更加步行友好

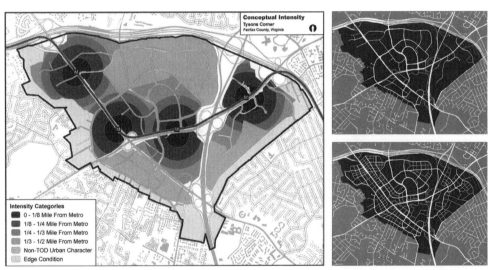

图 10.17 城铁线及其 4 个车站，车站之间的平均距离不到 0.5 英里，这个城铁线将成为改造后的泰森角主轴。城铁从华盛顿特区开过来，从图的右边接近顶部的位置进入，向图的下方行驶，然后再从接近左边顶部的位置出去。这些车站周边地区的开发强度最大，并且会在 0.5 英里的地方开始衰减（左）

图 10.18 泰森角的"超级地块"：现存的泰森角（右上）

图 10.19 泰森角比较小的步行地块的未来：设想的泰森角。黑色的背景区域外显示了当前的街道路模式，基本上是郊区的细分（右下）

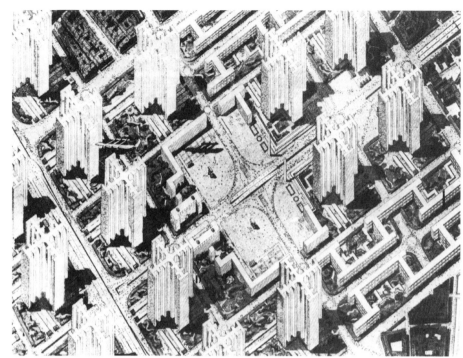

图 10.20　柯布西耶在 1922~1925 年为巴黎做的“瓦赞”计划。如果建筑非常高，可以形成非常高的人口密度，留出 95％ 的土地。柯布西耶的这个设想虽然没有实现，但在许多国家，它对设计无论好坏都产生了巨大影响

图 10.21　英国规划中的罗汉普顿社区。注意柯布西耶对大量室内开放空间以及使用立柱支撑的影响

对美国人来讲，柯布西耶的城市愿景似乎更是一个另类，因为美国人更强调个人选择和最少管理规则，但也许出人意料的是，柯布西耶的思想对美国的影响还是很大的。在建筑专业，柯布西耶受到高度赞扬，对单体建筑设计以及总体城市设计，特别是公共住房的影响都是很大的。

其他有远见的人建议采取更激进的方法来构建未来城市。索勒里巨型建筑的设计图和模型比摩天大楼还要高，覆盖几百英亩的土地。索勒里设想的巨型建筑里包括 10 万以上人口的住房和就业。索勒里给他的这个研究贴上了"生态建筑学"的标签。生态学是研究大自然中的动物家园的，与这种生态学类比，生态建筑学研究如何更好地建设与大自然相协调的城市建筑来容纳住房、工厂、公用设施。索勒里不仅提出了如何安排生活空间的设想，他还设想了全自动制造设施，有可能建在地下。索勒里在亚利桑那州凤凰城以北的沙漠里建设了一个叫作"雅高山地"的新社区，作为一种实验，这个社区的规模很小，包括了他的巨型建筑设计的一些概念（图 10.22 和图 10.23）。

城市设计师的一个任务就是把美学考虑与我们所了解的实体设计和人类行为之间的关系结合起来，从而实际改善人们的生活质量。城市更新和联邦政府帮助的住房项目让我们得到一些经验，虽然实体设计影响人类行为，但并不是最重要的因素。实体设计是影响我们日常生活的物质、社会、经济、文化和心理因素综合体的一个方面。

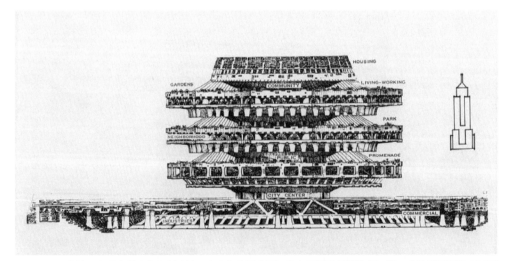

图 10.22 从地面上看索勒里的巨型建筑。右上方帝国大厦与这个巨型建筑的比例一样。索勒里设想这个巨型建筑高 1050 米，地基宽 3160 米。居住人口约为 5.2 万人，或者每平方英里的人口密度为 17.1 万人，是纽约人口密度的 7 倍。索勒里传递了非常强大的环境意识。这个巨型建筑会承载大量的居民和劳动者，但给地球留下的"印记"是很小的，人均能量消费也不高。虽然在短期的未来，我们不可能建造这样的建筑，但索勒里的设计影响了一代规划师和建筑师。我们可以在休斯敦商业街和亚特兰大凯悦大酒店中看到他的思想影响

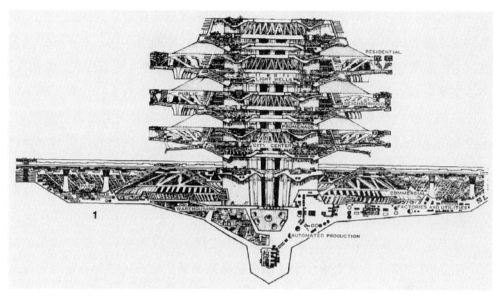

图 10.23 索勒里巨型建筑的断面图

例如，与公共住房相关的经验告诉我们，高层建筑不一定适合所有人。住在20 层楼上的母亲很难照看在楼下院子里玩耍的孩子们。住在高层建筑里的人们老死不相往来，似乎让公共住宅更容易受到犯罪的骚扰，也让居民们难以形成社区意识，难以相互帮助。另一方面，高层建筑可能很适合年轻人、富裕的人，这类成功的公寓不在少数。柯布西耶没有预见到与高层和高密度居住模式相关的负面的社会影响。我们不应照搬他的设计思想用到所有的城市地区和城市居民，而是把那些对未来城市的设想当成一些选择加以探索和评价。

关于城市未来的最新思考

现在，在思考可能的城市未来，对可持续性的关注似乎是最突出的一个问题。例如，建筑师诺曼·福斯特（Norman Foster）领导的英国企业"福斯特及其合伙人事务所"设计了阿拉伯联合酋长国（UAE）首都阿布扎比的卫星城马斯达尔。[①] 这座城市已经开始建设，它坐落在阿布扎比以南 13 英里的地方，大约占地 3.3 平方英里，设想容纳 4.5 万 ~5 万人，为了全面展开经济活动，一部分劳动力将来自阿布扎比。这个城市最突出的特征是，马斯达尔完全实现碳排放为零的目标。也就是说，它使用的所有能源都将由非化石燃料产生。例如，通过太阳能动力驱动的海水淡化工厂提供淡水。照明、运输等使用的能源可能是太

---

① Masdar or Foster and Partners.

阳能和风能。这个城市非常注重实现绿色城市的设想，让城市更凉爽一些。那里的街道将会狭窄一些，这将使吸收太阳能热量的表面最小化，并不允许汽车通行。由于没有汽车和人口密度高，这座城市有可能成为一座步行友好的城市。公共交通会在地下运行，车辆很小，每辆电动车只能载客 6 人。这种车辆不同于传统的公交汽车或城铁，它是由乘客自己设定的，没有固定的运行时刻表，也没有固定的运行路线。福斯特及其合伙人事务所把这座城市的经济基础设想为环境友好的制造业与科学研究及其技术创新的混合体。整个城市由高墙围合起来，与周围的沙漠隔离开来，这种特征与西方的标准似乎不一样，但阿拉伯联合酋长国政府明显希望这样做。

这座城市会像福斯特及其合伙人事务所设想的那样发生吗？这座城市的规划始于 2007 年金融危机之前，因此经济状况缺少确定性——是否有足够的资金投入，是否有商业选址的需求存在？一切都如规划师所料？一个更大的不确定性似乎是中东目前的混乱，阿联酋可能无法与之隔离。当然，不考虑这个项目的命运如何，这个规划说明了正在思考城市未来的人们最关心的一些问题。

面对汽车

如果你想选择一个单一主题来定义 20 世纪的大部分城市设计，那么与汽车达成协议可能是最好的选择。新传统主义的规划设计显然是为拥有汽车的人群设计的。新传统主义者试图把汽车并入城市结构里，但是又不让汽车破坏城市结构。边缘城市和赖特的广亩城市都是完全容忍汽车的，没有汽车也没有任何意义。没有汽车，任何一座城市都无法生存，任何一个城市的传统结构都几乎荡然无存。柯布西耶的瓦赞规划虽然不同于边缘城市和广亩城市，但它也是容忍汽车的。在柯布西耶的城市里，出行都靠汽车，那里没有连续的小街巷和人行道网，而且巨大建筑物之间的距离不适合步行，除非步行是为了娱乐。索勒里巨型建筑以非同寻常的方式面对汽车：巨型建筑完全排除了汽车。依靠电梯垂直旅行，水平旅行依靠一双脚。巨型建筑是另一种选择，与 20 世纪蔓延的汽车导向大都市不同。福斯特及其合伙人事务所设计的马斯达尔规划确实考虑了排除汽车，用环境友好的电动车辆替代汽车，但与汽车一样，那些电动车辆提供的还是个人自我控制的移动性。

如果你回顾一下图 10.10 所描绘的街区，我们依然可以看到汽车的身影。弯曲的内部街道允许汽车进入附近的所有地区，而其边缘的较大街道承载的是那些不进入这个街区的长途车辆。实际上佩里的街区至少比新传统思潮早了半个世纪，它依然与新传统主义具有一定的相同之处。第 3 章讨论的拉德本也容纳了汽车。

像新传统主义者一样，拉德本的设计师承认，拥有和使用汽车近乎普遍，但他们试图保持现状，并保护社区不受汽车的干扰。

汽车不可抗拒地吸引着大多数人。如果说有一种产品本质上是自我广告的话，那就是汽车。在低密度的环境中，汽车运行良好，不过它不适合在高密度环境中运行。无论是在运动中还是停运时，汽车都是一个巨大的空间占用者。一辆汽车的占地面积相当于一个工作室公寓的面积，只是用来停车。基于所有这些原因，汽车很难与城市环境相协调，把城市生活与汽车协调起来一直是并且依然是城市设计的一个中心问题，这并不奇怪。

小结

城市设计通常处在建筑和规划之间的中间位置。城市设计的重心不是单体建筑，而是建筑之间的组团和安排。规划师关注的是整个城市，甚至作为更大的大都市系统的一部分，因此我们可以说，城市设计师所关注的实体问题比规划师关注的问题要小一些。

城市设计过程可以分解为4个主要阶段：（1）分析；（2）综合；（3）评估；（4）实施。判断一个特定的城市设计总是有点主观，但还是有如下一些公认的判断标准：

1.统一性和连贯性；

2.行人与车辆的最小冲突；

3.防雨、防风、防噪声等；

4.方便使用者定位；

5.土地使用的兼容性；

6.休息、观察和会议场所的可用性；

7.具有安全感和愉悦感。

城市设计不仅追求好看，而且寻求功能运转良好，因此城市设计必须考虑许多因素，而不仅是纯粹的物理因素。这些因素包括金融、政治、心理和社会学等方面的考虑。

本章总结了新传统的设计（新城市主义）和与之相反的边缘城市的设计。它简要介绍了柯布西耶、赖特、索勒里对城市未来的憧憬。本章最后指出了当前人们对可持续设计的兴趣，并指出20世纪和21世纪城市设计面临的最大挑战，可能一直都是如何把城市地区与最反城市的技术与汽车协调起来。

参考文献

Alexander, Christopher, *A Pattern Language*, Oxford University Press, Oxford, 1977.

Barnett, Jonathan, *An Introduction to Urban Design*, Harper & Row, New York, 1982.

Bohl, Charles C., *Place Making*：*Developing Town Centers*, *Main Streets and Urban Villages*, Urban Land Institute, Washington, DC, 2002.

Brambilla, R. and Longo, G., *For Pedestrians Only*, Whitney Library of Design, New York, 1977.

Calthorpe, Peter, *The New American Metropolis*：*Ecology*, *Community and the American Dream*, Princeton Architectural Press, New York, 1993.

Dover, Victor and Massengale, John, *Street Design*：*The Secret to Great Cities and Towns*, John Wiley, New York, 2014.

Duany, Andres and Plater-Zyberk, Elizabeth, *Towns and Town-Making Principles*, Rizzoli, New York, 1991.

Duany, Andres, Plater-Zyberk, Elizabeth, and Speck, Jeff, *Suburban Nation*, North Point Press, a division of Farrar, Straus and Giroux, New York, 2000.

Katz, Peter, *The New Urbanism*：*Toward an Architecture of Community*, McGraw-Hill Book Co., New York, 1994.

Larice, Michael and Macdonald, Elizabeth, EDS., *The Urban Design Reader*, Routledge, New York, 2006.

Morris, A.E.J., *History of Urban Form*, John Wiley, New York, 1972.

Moughton, Cliff, Cuseta, Rafael, Sarris, Christine, and Signoretta, Paola, *Urban Design*：*Method and Technique*, Architectural Press, New York, 2004.

Pushkarev, B. and Zupan, J., *Urban Space for Pedestrians*, Regional Plan Association of New York, MIT Press, Cambridge, MA, 1975.

Regional Plan Association, *Urban Design Manhattan*, New York Regional Plan Association, 1969.

Trancik, Roger, *Finding Lost Space*：*Theories of Urban Design*, Van Nostrand Reinhold, New York, 1986.

Urban Design Associates, *The Urban Design Handbook*：*Techniques and Working Methods*, W.W. Norton, New York, 2003.

Van Der Ryn, Sim and Calthorpe, Peter, *Sustainable Communities*：*A New Design Synthesis for Cities*, *Suburbs and Towns*, Sierra Publishing Co., Jackson, CA, 1991.

Walter, David and Brown, Linda Louise, *Design First*：*Design Based Planning for Communities*, Architectural Press, New York, 2004.

第11章 城市更新和社区发展

几十年以来，社区发展一直是规划师的主要关注点。社区发展覆盖了广泛的目标和活动。

1. 促进经济增长，或在更绝望的情况下采取措施减缓经济活力的丧失。
2. 努力提高市政公共住房的品质，有时包括增加公共住房的数量。
3. 努力维持或改善城市的特殊商业功能，主要是一般零售功能。
4. 改善社区的物质条件，如公园、娱乐设施、停车设施或街道模式。
5. 推进城市设计目标。这一项往往与前面列举的一些目标有关。例如，美化市中心街道可能与增加市中心区的零售活动相关，而这可能与扩大就业的目标相联系。
6. 提供多种服务。例如，提供日托、培训、戒毒等社会服务，服务提供可能主要针对社区中不大富裕的人群。

社区发展这个术语虽然起源于二战后期，但对于规划而言，社区发展并非一个全新事务。规划师对住房的关注可以追溯到 19 世纪。推动经济增长同样是城市规划几十年的追求，是规划背后的一个主要动机。

这一章首先介绍"城市更新"，这是一个现已成为历史的项目。读者可能想知道回溯这段历史的必要性。尽管"城市更新"项目已经结束了，但它的诸多主要要素仍然是城市发展进程的核心。

我们可以通过"城市更新"说明，制定一个没有重大副作用且真正能实现其愿望的政策是多么困难。因为对"城市更新"持批判态度的人与日俱增，所以"城市更新"应了那句老话："好心没好报"。

城市更新

这里所说的"城市更新"从 1949 年的《住房法案》开始，1973 年正式结束（当然，1973 年以前开始的项目基金一直延续发放到 20 世纪 80 年代）。按照立法和国会辩论的说法，"城市更新"计划的目标包括如下内容：

- 清除不符合标准的住宅；

- 振兴城市经济；

- 建设良好的住房；

- 减少事实上的隔离。

在地方政府领导和联邦政府大规模补贴的支撑下，清除城市贫民窟，改造城市住房。这个项目当时是，现在仍然是美国历史上最大的联邦城市项目，它重塑了数百个城市的部分地区。[1] 1973 年的统计显示，在这个项目截止时，有 2000 多个项目在联邦政府的资助下得以展开，涉及的城市土地面积达到 1000 平方英里。清除了大约 60 万个住房单元，大约 200 万人的居住场所，他们被迫搬迁。在同一场地上建造了大约 25 万套住房单元，在更新的土地上，大约建设了 1.2 亿和 2.24 亿平方英尺的商业空间。[2] 作为对经济影响的一种衡量，这个建筑空间数字可以折为大约 150 万个工作岗位。更新地区的土地和建筑评估价值比更新计划开始前增加了 3.6 倍。现在，新建筑的价值会更大一些，因为在 1973 年，许多拆除后的更新地区还没有完全建设起来，实际上仅反映了 1971 年处于清除阶段的状况。

到 1973 年，这个"城市更新"计划累计花费了 130 亿美元的联邦资金，折算成今天的美元，大约还要翻 7~8 倍。[3] 此外，这个数字还不包括地方政府数十亿美元的配套资金。除此之外，私人还对城市更新场地投入了大量资金，私人投资远远大于全部公共投资。

"城市更新"计划的起源

"城市更新"源于两个非常简单的经济条件。在一个处女地上开展建设活动，开发商只要支付土地费和建设费就可以了，但开发一块包含了建筑物的土地，开发商还要投入拆除旧建筑的资金，而且还要支付那些建筑剩余下来的价值。一个建筑也许陈旧了，它的业主或任何一个客观的观察者可能会同意，目前条件下，

---

[1] 有人可能会说，（1）州际公路体系的建设，（2）美国国内税法（IRS code）和它给房产所有权提供的税收优惠，这两项联邦计划或政策可能比"城市更新"对城市的影响更大一些。但就这两项联邦计划或政策对城市影响的力量而言，它们并不是专门针对城市的计划；就立法者的意图而言，它们对城市的影响并非是最重要的。

[2] Congressional Research Service, Library of Congress, "The Central City Problem and Urban Renewal Policy," prepared for the Subcommittee on Housing and Urban Affairs, Committee Banking, Housing and Urban Affairs, United States Senate, Washington, DC, 1973. 注：可以在 *Annual Yearbook*, Department of Housing and Urban Development（HUD）, Washington, DC.

[3] 这是一个很粗略的估计。"城市更新"计划从 1949 年开始，到 1973 年结束。从 1961 年起到 2011 年，劳动统计局的数据显示，生活成本上升了 7.5 倍。这就意味着，联邦政府在"城市更新"上的开支相当于 900 亿~1000 亿美元。

在现有场地上建设同样的建筑是没有意义的。然而，如果建筑可以给业主带来收益的话，业主就不会在没有赔偿的条件下放弃这个建筑。

我们可以考虑这样一个例子，X先生在靠近市中心的地方拥有一套90年历史的公寓。这栋建筑包含12套住房，平均每月租金200美元，这个房租是很便宜的，接近城市住房市场的底线了。一个对这块地感兴趣的开发商必须购买这个建筑才能得到这块建设用地，所以他找到了X先生。租赁市场的规则是，建筑物的价值等于100倍的月租金，所以，X先生提出以24万美元（12×200×100）的价格卖掉它。如果这个建筑的地块为50英尺×100英尺，那么每平方英尺大约值48美元，每英亩的价格大约为200万美元。即使这个开发商认为X先生可能会降低售价，郊外公路旁1英亩空地的售价大约只有100万美元。

妨碍建成区开发的第二个因素是土地权属合并问题。城市土地所有权往往是很分散的。一块城市地块可能被许多个人或商业组织所有。实际上在许多城市，最初细分出来的基本单元大约为25×100（25英尺宽的临街宽，100英尺的进深）。对于一个开展大型项目的开发商来讲，有可能要与十几个不同的业主打交道。在某些情况下，他们的地契可能还有法律问题，会拖延很长时间才能解决。还有的情况是，小块地的业主可能要价很高，超出了土地的市场价值，从而成为钉子户，让整个大项目无法展开。城市边缘地区的地块要比城区的地块大很多，因此开发城区土地的形势可能非常不乐观。

实际上，在20世纪30年代大萧条后期，人们就认识到了这些城市改造的障碍，联邦政府开始有兴趣采取措施提高中心城市的竞争地位。1941年12月，里尔（Guy Greer）和汉森（Alvin Hansen）在困难时期提出了一个新的民用项目，建议成立一个"城市房地产公司"。[1] 这些公司能够动用征用权集合土地，并从上级政府那里得到一些资金购买和清理场地。这些城市房地产公司能够有效地解决建筑剩余下来的价值和土地集合问题。

第二次世界大战暂时搁置了这种想法，战争一结束，这个想法重新拿到了台面上来。《住房法案》（1949）基本上按照里尔和汉森的想法推进了"城市更新"项目。这个法案创造了"地方公共机构"（LPAs），类似于"城市房地产公司"。这种机构有权以征用形式购买开发场地。它的2/3的资金来自联邦政府，剩下的1/3来自地方政府。不过地方政府的一部分配套资金可能是某种服务（提供的工作人员，城市捐献的土地），所以就现金而言，联邦政府出资超过了2/3。地方公共

---

[1] Guy Greer and Alvin W. Hansen, "Urban Redevelopment and Housing," National Planning Association, 1941.

机构使用它的合法权力和财政资源购买、清理和开发场地的基础设施（建设给水排水设施、扩宽和拉直道路等）。然后，把这样的土地以低于成本的价格出售或租赁给私人开发商。

"城市更新"计划吸收了剩余价值以及许多其他开发成本，从而大大加速了城市指定地区的重建进程。动用公共权力获得并清理出大块场地，这个计划允许更协调且充满据想象力的开发得以实施。

为了按照设想开展工作，城市更新在法律中引入了一种新的做法。以前的理解是，征用权可以用于获取私有财产，并转给公共机构供公共使用（例如建设一所公立学校）。但在"城市更新"中，政府从一个私人业主手里拿走房地产，假定从一个破败公寓的业主那里拿走产权，最终又转让到另一个私人业主的手里，在城市更新场地上展开建设活动的开发商。这种安排似乎是可以在宪法基础上加以拷问的。一个房地产业主确实向法庭起诉了城市更新机构。但在 1954 年的伯曼对帕克（Berman v. Parker）一案中，最高法院支持了城市更新机构。如果这个案子真的倒过来了，那么城市更新过程就会真的停滞不前，这一事件再次显示法庭在城市规划中所发挥的关键作用。

2005 年，在凯洛对新伦敦（Kelo v. New London）案中，法庭重新确认了伯曼对帕克案。但紧随凯洛对新伦敦案所发生的政治动荡，让许多州下令禁止从私人转到私人的做法。现在究竟有多少更新改造项目还能展开，还不得而知。第 5 章详细讨论了凯洛对新伦敦一案的决定和各州的反应。

意图与现实

国会打算将"城市更新"作为一项住房计划，目标如前所述。最初的立法是将城市更新活动的场地限制在住宅用地上。实际上最初的立法规定，每新建一套住房单元至少要拆除一套旧的。清除贫民窟，用好的、新的住房替代坏的、旧的住房，这个目标当初是非常确定的。

这些目标虽然值得称赞，但它们相互之间包含了一些内在的矛盾，而且产生了一些令人不快的副作用，这种副作用随着时间的推移越来越明显。例如，改造城市经济可能通过这样一个计划来实现：拆除不合标准的住房，用纯粹商业开发来取代。但增加好的、新的住宅单元来补充城市住房存量的目标如何实现？谁会反对拆除不合标准的住房？换一种说法，减少低成本住房的供应，降低住房的空置率，穷人必须在这样的住房市场里找到自己的庇护所，这种状况显然不太好。实现更高程度的种族融合是一个值得赞扬的目标。在一个贫穷的黑人社区实现种族融合的一种途径是，拆除低收入黑人居住的破旧的老房子，建起高质量和更为昂贵的住房，供中等或更高收入的家庭居住，他们大部分不是黑人。这是一个代价高昂的种族融合。是否真的会出现种族融合，两种人群是否真的可以生活在一个地区，其实还是一个问题。

那时城市更新确实是一个解决城市问题的重大行动，因此产生了很多副作用，当然并非所有副作用都是不可取的或可预见的。地方意图与联邦的意图往往不一致，这一点很快就显现出来了。随着时间的推移，地方欲望开始改变联邦法律和联邦实践活动。从联邦政府的角度出发，住房是核心，但许多地方政府并不关心住房问题。拆除那些收入很低的家庭居住的破旧房子，然后做商业开发，市政府既可以解决住房问题，也可以解决税基问题。住在那些被拆除房子里的居民是不会从地球上消失的。当联邦"推土机"推掉了房子，他们就会住到其他地方，进而把他们的问题变成了其他社区的问题。从当地的角度看，不符合居住标准的房子确实被拆除了。但从联邦的角度看，低收入群体的居住条件根本就没有得到改善。充其量，无非是拿着联邦资金做了一场零和游戏而已，一方得益一方受损、两者得失相抵。问题究竟是什么，解决办法究竟是什么，取决于人们认为谁是自己的组成部分。

当联邦和地方目标不同时会发生什么？想要联邦钱的"地方"会作一些妥协，接受联邦政府一些不得不接受的条件。另一方面，必须花掉预算的联邦机构，想看到的是与地方公共机构的协议和实施项目。所以联邦机构同样会作出一些妥协。经过磨合，计划从最初的样子变成了地方和联邦都能接受的状态。就城市更新计划而言，这种变化意味着放宽了居住要求，允许更多商业主导的项目渗透进来。

不过事情并没有结束。斗转星移，一些项目的副作用显现出来了，那些受到此影响的人开始发出变革的声音。

最显而易见且受副作用影响最大的，是那些因为城市更新而失去他们原有居所的人。在典型的城市更新项目中，一开始就是购买全部的土地。在清除所有地上建筑物之前，住在那里的所有人都要搬迁。随后项目进入清除阶段。施工阶段可能会持续数年。清除完成后，可能还要几年才能开始施工。当施工阶段完成时，新住房的单元数量可能接近或不接近被拆除的单元数量。无论如何，新住房单元都不太可能让原先的居民有多大好处。首先，拆除和施工阶段，原先的居民在哪里过渡。同样重要的是成本问题。与旧房子的房租相比，新住房单元的租金上涨了。城市更新通常发生在城市核心地区，拆除的是旧房子，房租相对便宜，居民基本上是穷人。即使他们可以等待新房子建成，他们大部分人是承受不起新住房单元的房租的。安德森（Martin Anderson）对城市更新作了最精辟的批判：

> 那些人很穷，其中很多是黑人和波多黎各人。质量好而且区位便利的房子不多见；即使有，想找到每月房租50美元或60美元的房子几乎不可能。我们很难描绘成千上万的低收入人群，他们中许多人受到种族歧视，根据支付能力，从低品质的住房搬到质量稍好的住房里。如果有低房租的好房子，人们可能会问，在城市更新推动他们之前，他们为什么没有搬迁？ [1]

对被城市更新赶走的人的研究常常发现，他们的状况比以前更糟。搬迁割断了原先与朋友、亲戚、街坊社团的联系，让他们觉得生活大不如前。人们唯一觉得比以前好的是住房标准，因为城市更新拆除了市政住房中最糟糕的那一部分。随着住房存量的减少，他们付新房子的房租要比付旧房子的房租多。

城市更新对城市经济的影响同样受到一些批判。城市更新刺激经济发展是没有问题的。批评者提出的问题是，城市更新过程对现存的经济结构造成多大损害。首先，一旦宣布对一个地区实施城市更新，该指定区域及其相邻地区的投资就停止了。没有哪个投资者会做这种竹篮打水的投资。甚至在该地区之外，投资者也会受到抑制，因为他们不知道在联邦资金的资助下，很快会有多少人竞争进入更新地区。如果附近的场地很快出现新的竞争性的建筑，那么无论是旧房子、旧零售设施或旧的商业空间都会面临风险。另外一个判断是，因为要拆除旧的商业设施，生意被迫关门，以后那些生意往往不会重新开张了。顾客到竞争对手那边去了，或者重新开张的成本提高了。据说，城市更新清除了相对便宜的商业空间。承担不起新建商业空间的商人原先通常使用的是那些便宜的商业空间。这种批判认为城市像在孵小鸡似的，可能对生意造成长期损害，短期统计是看不到这种长期损失的。 [2]

最后，"城市更新"树立了那么多的对立面，以至于1973年的国会终止了这项计划，当然，已经启动的项目依然得到联邦政府的资金支持，一直延续到20世纪80年代。

---

[1] Martin Anderson, The Federal Bulldozer, MIT Press, Cambridge, MA, 1964, p. 64.

[2] 这是城市经济学中的一个古老假定，城市孵化小型的、正在成长的企业。这些企业成熟到一定程度，它们会搬到城市边缘地区，那里的运行成本会低一些。当然，那里的商业氛围没有那么丰富多彩。虽然失去了一个又一个企业，城市还是生存了下来，因为城市还在不断产生新的企业。见 Wilbur Thompson, *A Preface to Urban Economics*, Johns Hopkins University Press, Baltimore, MD, 1965.

城市更新回顾

就"城市更新"的副作用而言，有关城市更新的人力成本似乎没有什么争议。因为项目一旦完成，城市更新的休眠状态随即消失，所以那些因为城市更新而出现的不景气就消失了。因为许多城市在城市更新完成后依然保留着大量便宜的商业空间，所以回顾起来，有关城市孵化作用的判断似乎也没有那么可信。

我们可以对"城市更新"的积极效果说些什么呢？城市更新项目让城市有能力与郊区相竞争，这一点可能是城市更新项目的最大收益。例如第9章提到，在大部分城市的零售和工作输给郊区的时代，纽约的白原已经发展成为一个零售中心。白原成功的经验可能是，新的高效的道路网和那些大块清理出来的可以上市的土地，它们的价格低于城市更新投入的成本。如果没有城市更新，白原市中心的大部分零售业都会沿着公路展开。

曼哈顿作为商业和居住区的一大卖点是，它作为文化中心的卓越地位。林肯中心是一个作为城市更新项目建设的文化中心，位于几栋破旧的住宅建筑上。

作为城市更新计划的一部分，波士顿滨水地区的更新带动了数百万的旅游收入，同时让波士顿对年轻和富裕的人群更有吸引力，实际上那些年轻人完全可以住到郊区。从这个意义上讲，"城市更新"像一个"绅士化"的推动者，无论正确还是错误，大部分城市似乎都欢迎城市中心区的绅士化倾向。①

埃布拉姆斯（Charles Abrams）在20世纪60年代对"城市更新"这样写道：

> "城市更新"清理出更多的空间建设广场和停车场，"城市更新"是重建城市的一个有效方式。开发20英尺×25英尺地块的郊区居住区，已经使重建城市和棋盘式道路体系的任务搁置很久了。"城市更新"为扩大围绕新开发项目的道路体系提供了机会，封闭一部分道路，让交通分流，增加道路或扩宽交叉路口。"城市更新"让新的公路通过市区的购物中心，设置沿街停车位和封闭式停车场。总之，"城市更新"提供了一个多用途的机会，努力纠正交通问题，提供了休闲场所和开放空间，提供街区公用设施以及新的公共和私人住宅。②

在谈到竞争失败的企业时，经济学家熊彼特（Joseph Schumpeter）为资本主义

---

① "gentrification"这个术语来自 gentry（绅士阶层），指经济或社会身份比现有居住者高一些的人，返回老城市街区的一种流动过程。

② Charles Abrams, "Some Blessings of Urban Renewal," in *Urban Renewal: The Record and the Controversy*, James Q. Wilson, ed., MIT Press, Cambridge, MA, 1966, p. 560.

的"创造性破坏"喝彩。在最好的情况下,"城市更新"是创造性的破坏。它拆除了旧的和过时的城市,用某种新的、光明的,有时充满经济活力的东西替代旧的和过时的城市。但这种破坏可能会给个人和企业带来伤痛。理性的人可能对收益和痛苦的看法有所不同。

虽然"城市更新"计划停止了,但它的一些基本要素,如使用公共资金和征用权去解决土地聚集问题,把获得土地再转移给私人开发商去开发,直到今天依然是许多城市更新项目的基础。把房地产从私人的手里转移到另一个私人手里的问题变得更加严重,我们在第5章讨论过的凯洛案中公众的反应和立法反应都是针对这种转移的。

社区发展

在"城市更新"计划终止一年后,国会通过了《住房和社区发展法案》(1974)。这个综合性法案替代了"城市更新"以及许多城市"分类"计划。即可以获得联邦资金的特殊项目,如污水处理、娱乐或住房。这个法案提供"社区发展一揽子拨款"(CDBGs),允许地方开展包括"城市更新"计划在内的各种活动。这种一揽子拨款方式旨在减少联邦政府在地方事务上所发挥的作用,让地方政府有更多的自主权。在这个意义上,《住房和社区发展法案》保持了尼克松政府比民主党更为保守的政治哲学。"社区发展"(CD)基金是以一种公式为基础分配的,包括人口、住房年代和贫困。

当时,美国的所有社区都得到过社区发展的拨款。市政府可以选择覆盖的项目,进而扩大获得的资金,包括许多服务和投资。"社区发展一揽子拨款"可以用于购买房地产、公用设施和更新改造服务,建设公园和游戏场所、残疾人中心、街区设施、固体垃圾处理设施、停车设施和公用设施,改造道路,建设上下水设施、步行广场和步行道、排水设施,开展清理活动、公共服务和公共住房的维修,以及更新改造融资、临时搬迁帮助和经济开发。[①]

《住房和社区发展法案》强调为较贫困人群提供服务,但许多社区倾向于把社区发展的大部分拨款用于工程建设项目。工程建设项目使用寿命更长,更为明显。服务很难延续,所以一旦拨款被削减,市政府可能会发现自己捉襟见肘,难以把相关的服务维持下去(图11.1~图11.4)。

---

① *Federal Register*, March 1, 1978, p.8441. *Federal Register* 是联邦政府每天的出版物,提供议会通过的法律具体实施办法。这个出版物每年都可以达到数千页。

图 11.1　由巴尔的摩市和劳斯公司合作开展的巴尔的摩内港再开发项目。这个开发项目包括建设旅游景点，如美国海军星座号军舰的恢复，餐馆、商店、大量的办公空间，以及数百家接待游客和商业人士的酒店房间。这个项目之所以能够运转，是因其混合用途可以相互促进。只有通过许多相邻地块的统一开发，才能开展这种城市更新改造

图 11.2　恢复的美国海军星座号军舰

图 11.3　康涅狄格州斯坦福德城市更新区，20 世纪 60 年代改造前的状况

图 11.4　斯坦福德城市更新区 20 世纪 80 年代完全改造后的状况，通过 95 号公路进入市区，改变后的道路体系

根据法律规定，市政府不能把这种社区发展拨款用在没有此类资金的情况下的支出，它们也不能为了减免税收而使用社区发展拨款。用公共财政的术语讲，社区发展拨款是"刺激"，而不是"代替"。[①]

《住房和社区发展法案》还要求社区发展拨款的主要部分要用来让中低收入人群获益。这个要求实际上意味着把社区发展拨款用于中低收入居民聚居的地区，或者把社区发展拨款用于为中低收入居民提供公共设施或服务，让他们获益。可以使用社区发展拨款建设托儿所，或清理废弃的工厂或仓库，但不能使用社区发展拨款修缮存放游艇处的海堤。

该法案要求每个社区在其申请拨款中列入"住房援助计划"（HAP），该计划规定了社区住房需求，并制定出解决这些需求的计划。《住房和社区发展法案》还强调了市民参与的要求。这个法案提出：

> 中低收入者、少数族裔的成员、开展活动的地区的居民、老人、残疾人、商界、市民团体都要参与进来。——申请单位应该努力保证这些人参与的延续性。应向市民提供充分和及时的信息。——市民，尤其应该鼓励中低收入的市民提出他们的看法和建议。[②]

显而易见，对"城市更新"计划的批评推动了这些要求的出台，那些批评指责"城市更新"计划忽略了更新地区居民的参与。即使联邦政府不努力直接执行这些规则，市民们也会具有相当的力量。所有的市民或群体如果觉得在社区规划活动中没有得到表达意见的机会，都可以以市政当局未能提供适当的市民参与过程为由，对其提起诉讼。成功的诉讼可能会迫使市政府整改，然后才能使用联邦资金。

社区发展与城市更新方式

一般来说，"社区发展"与"城市更新"的不同之处在于其温和的方式和对重建的重视；相反，"城市更新"强调另起炉灶，从头开始。例如在住房问题上，"社区发展"计划把大量的资金投入到住房业主和租赁房业主的赠款或低利率贷款上，用于整修房屋和实现房屋的现代化。

---

① 做出这个区分未必总是很容易。如果社区想建设一个游戏场所，把"社区发展—揽子拨款"分出来一部分修建游戏场所，我们怎么可以说这笔资金随便用来做什么呢？社区发展基金不能用到那些没有批准的社区发展活动上，我们可以确定这样讲吗？实际上，我们可以肯定的是，拿了"社区发展—揽子拨款"也不会减少市政府减少征收房地产税。

② *Federal Register*, March 1, 1978.

在一些城市非常成功的一个项目是"城市旧房改造和返迁"计划。在日益衰落的住宅区，一些人长期拖欠房地产税，以致最终扔掉房子逃之夭夭，于是，市政府常常通过丧失抵押赎回权的办法成为那些居住房地产的产权所有者（繁荣地区不可能发生这种状况，因为更高的市场价值会让那些付不出房地产税的业主卖掉他们的房产，而不是简单地逃掉了事）。在"城市旧房改造和返迁"计划中，房屋基本上是给了新的业主，新业主承诺在规定时间内"提高住房标准"。如果新业主成功地做到了这一点，那么市政府就会把所有权免费转让给他（她）。实际上，获得房地产的成本是使建筑物达到市政建筑规范中规定的标准所需的支出。

在巴尔的摩市，"城市旧房改造和返迁"计划在解决旧排房问题上十分成功。所有权的诱惑足以吸引一定数量的城市房地产业主，不过按照市政府官员的说法，房地产业主的收益其实很有限，所以这个计划更多吸引的是房地产投资者。"城市旧房改造和返迁"计划不仅改善了住房质量，还给那些街区带来了一些热衷于街区事务的个人和家庭。这个计划更大程度地稳定了那些岌岌可危的街区，这种长期目标可能比简单翻修房屋重要得多。

在城市商业区，许多"城市旧房改造和返迁"计划采取了比"城市更新"要温和的方式。给地方商人提供低利率贷款，帮助他们的商业运行、更新和扩大等事务。建设了用来吸引顾客的步行街。有些支出自然很容易让人联想到"城市更新"，例如建设停车设施，扩宽道路和调整道路安排。但是一般来讲，"城市旧房改造和返迁"计划的重点已经转向保护、恢复、改善和逐步改变上来了。该计划与"城市更新"的目标相同，但是尽量不去破坏现有的城市结构。

在很多案例中，市政府已经放弃了与郊区零售商竞争的想法，因为市区不可能像郊区购物中心那样容易驱车前往和停车（前面提到的白原案例是一个例外）。所以市政府加强这些资产的重点可能包括文化设施、步行街，那里的土地利用密度更高、形式更加多样，它们都是郊区不具有的优势。例如，恢复弗吉尼亚劳诺克市中心地区的具体项目包括博物馆、剧场和许多专营店，小农产品市场，步行可达的地区。该市没有认真尝试与郊区的购物中心竞争。

许多城市滨水地区的港口功能早已不存在了，因此被转变成为餐饮、购物和文化娱乐场所。波士顿的滨水地区、曼哈顿的南街港口、巴尔的摩的内港都是很好的案例，那些项目常常包括了历史保护工作。例如，曼哈顿的南街港口就在市政府所有的港口上恢复重建的许多老建筑和若干旧船只。人们可以把这类计划看成一种努力，让城市拥有郊区没有的资源起死回生，发挥作用，即旧貌换新颜。

住房问题

住房可能是城市规划中最重要的问题。住宅用地仍然是大部分城镇的最大用地，许多地方的住宅用地超过了其他用地之和。许多城市的住房及其土地占了整个房地产税基的 50% 以上。因为人们的大部分时间是在街区度过的，所以街区状况比起其他规划问题更能够深层次地影响人，且影响更多的人。另外，住房常常是家庭预算中最大的一项，住房是大多数人获得的最昂贵的财产。同样，在一个人拥有的财富中，住房常常是主要部分。

我们可能都同意住房问题是重要的，并且需要去解决。但当问到什么是住房问题时，不同的人会给出非常不同的回答。虽然我们可以笼统地说国家的住房市场，但它实际上代表了数千个独立住房市场的总和。一些人认为，低收入人的住房质量、数量和费用可能是美国最大的住房问题，当然有些经济学家认为，美国最大的问题根本不是住房问题，而是收入分配问题。如果你现在正在租房，想拥有自己的房子，那么你可能认为，美国最大的住房问题是住房的市场价格比个人收入上升要迅速得多。

如果你是一个中年业主，想在车库里建一套附属公寓，给年迈的父母居住，那么你的最大的住房问题可能是发现你的设想超出了硬性的分区规划规定，它不允许你这样做。

如果你是一个田园式的边远小镇的房主，那里正在迅速转变为郊区小镇，那么你的最大的住房问题可能是太多的房子建在离你太近的地方。

如果你有一幢很好的郊区房子，在那里住了 25 年了，你可能完全不认为有什么住房问题。你住在舒适的房子里，在退休的时候把它卖掉，得到的一大笔钱足够到佛罗里达州买一套不错的公寓。如果房价上涨，你也不会生气，因为房价上涨了，你可以让你的房子卖出一个好价钱。就我作为一个郊区规划师的经验来看，很难让人们以同样的理由关注住房短缺。

多年以来，规划师和一部分人曾经担心住房会变得很贵。低收入家庭的住房供应曾经是一个关注点。一些郊区规划师，包括我在内，曾经担心富裕地区的住房价格太高了，使得那些居民的孩子们长大以后再也住不起那个地区的房子了。在 2008 年的大萧条中，住房价格大跌，我们的那种担心改变了。我们曾经担心那些泡在抵押贷款中的业主们，也曾经担心随着住房的价值下降，人们会觉得自己更穷了，所以消费减少，使萧条延长。现在，人们庆祝住房价格的上涨，认为住房价格的上涨是经济发展势头强劲的信号。

你可能会问，我们对住房问题的认识如此混乱，我们的住房政策在哪里。答案是：无处不在。因为公共政策的不同要素要对不同人群作出反应，所以政策往往指向不同的方向。

2006 年，在住房市场开始坍塌的前一年，联邦政府花了 380 亿美元补贴低收入家庭的住房。除此之外，联邦政府还提供了 80 亿美元，以税收优惠的方式鼓励开发商给低收入群体建房（一般来讲，税收优惠被认为是一种税收支出，它们实现的结果与直接开支一样，当然与直接支出不同，这种税收支出是通过税收规定输送的）。总而言之，这种税收优惠和税收政策可以认为是扶贫。但同时，与房地产税、贷款利率和对业主出售自住房获益相关的联邦税收支出，比联邦政府以税收优惠方式支出的数量多 3 倍以上，它们肯定还是让富裕人群获益的，我会在第 17 章中对此作出解释。补贴低收入家庭的住房，以税收优惠的方式鼓励给低收入群体建房的建筑商，这两种政策有不同的方向，但并非说二者都不好。帮助低收入人群获得比较好的住房肯定值得赞扬。许多人还会说，鼓励拥有住房产权也是值得称道的。但如果这种联邦政府采取的方式是出自一种思想，它看上去可能会相当不同，更加具有内在的一致性。然而，事情并非如此。联邦政府采取的方式不是由一种思想设计的，而是许多思想的产物，出自民主政治过程。

在地方层面，政策也可能不完全一致。一个城镇可能会限制用于多户住宅的分区土地数量，要求划出更多的大地块建设单户住宅，这些都不是城市规划师和城市设计师认为必要的分区规划。按照地方政府的这种做法，一般会提高租金和住房价格。同时这个城镇可能还有划出包容性分区的要求，敦促建筑商给低收入和中等收入的租赁者或购买者建设一些住房单元，但是不同人群的反应是不同的，而且反应的时间也不同，那些市民不仅关注住房政策，也关心许多其他事情，这些事情之间的矛盾冲突可能还没有显现出来。

最后，直接的公共支出和以税收优惠方式做出的支出都与住房联系在一起，在这种情况下，它们依然不能与私人开支相提并论。2006 年，整个美国在购买住房、获得住房产权和住房运转方面花费了近 2 万亿美元。[①] 粗略地说，这是税后个人收入的 1/4。这样，政府对住房的影响是有限的。

住房规划

纯粹由私人市场建造的住房是没有任何直接补贴的，一个社区可以采用的主

---

① Table 658, Statistical Abstract of the United *States*, 2006, 126th edn.

要步骤就是给这个市场提供一个运行的机会。也就是说，提供道路、公共给水排水之类的基础设施建设。没有道路，就不能开发住宅用地；没有公共的给水排水，住宅的开发密度只能是非常低的。除了这些必须的基础设施外，其他公共投资也会影响新住房建设的速度。例如，娱乐设施或小学可能让开发区域更令人向往。

通过设置每英亩可以建设的住宅单元数量，土地使用控制会限制住房存量。住房存量会影响住房价格。土地使用控制也能通过允许建设的住宅单元的类型影响住房价格。每个花园公寓单元的成本低于排房，而排房的单元成本低于大块地上建设的住房。对新开发提出具体要求（如建设娱乐设施）的土地使用控制也会提高住房价格。土地细分要求影响场地开发成本，最后在住房单元的价格上反映出来。

社区可以为低收入和中等收入家庭的住房做些什么？社区可以提供基础设施来支撑这类开发，土地使用控制可以允许建设不那么昂贵的住房类型。社区可以鼓励建造商寻求联邦和州政府对建设中低收入家庭住宅所给予的补贴。社区可以制定政策，不使用其土地使用控制和其他法律手段阻碍建设那些补贴的住宅。对于集体住宅，社区可以采取一种包容而不是抵制的姿态。最后这一点不是空穴来风。许多社区的居民抵制建设集体住宅。另外，市政府可以使用"社区发展"基金，甚至通过自己税收筹措到的资金补贴中低收入家庭的住宅。例如使用"社区发展"基金，给中低收入住房和低租金公寓住房的业主提供低利率的住房更新贷款。这类举措可以通过一种循环贷款基金或通过银行来实施，市政府可以承担一定比例的利息成本，也可以为业主获得贷款提供政府担保。只要开发商在开发中建设了一定比例的中低收入家庭使用的住房单元，市政府的分区规划法令就可以给开发商提供密度奖励。

如果特定势力威胁要减少经济适用房的供应，市政府有时可以采取预防措施。例如，一些郊区都有这样一种倾向，土地价格很高，闲置的建设用地很有限。老旧街区有可能出现这种情况。一个潜在的住房业主购买了一个品质不错的住宅，其规模与周围住宅相同，很简单，购买这个住宅的目的就是要这块地。然后，拆除了这幢房子，用一个规模更大的住宅替代，人们有时称之为"豪宅"或"大房子"。因为这类住宅在尺度上超过了周围的房子，所以左邻右舍常常反对这样的设计。另一种影响是减少所谓起步房的供应，让经济困难的人难以找到他们可以承受的住房，难以实现逐步过渡成为住房业主的梦想。许多市政府已经使用各种合法手段抵制了这种活动。在一些情况下，调整分区规划和建筑规范对建筑高度、体量（建筑的体积）和最大容积率的限制。[①] 新住房规模可能大大超过被拆

① Terry S. Szold, "Mansionization and Its Discontents," *Journal of the American Planning Association*, vol. 71, no. 2, spring 2005 pp. 189–200.

除的住房规模，在这种情况下，一些市政府要求对设计进行审核。但如同许多其他规划问题一样，可以从两方面挑战这种限制。这种限制的目标不无道理，但这种限制侵犯了购买者的权利，而且有可能让那些想卖掉房子的业主受到损失。所以，对簿公堂的可能性相当大。

从纽约市到圣莫尼卡，许多市政府努力通过控制房租的办法让住房更可承受。原则上讲，经济学家是反对这种做法的。经济学家提出，控制租金让投资者不再对这类居住单元投资，担心他们投资建设的住房单元也会受到此类房租控制。经济学家认为，控制降低了住房质量，加剧了住房短缺。但不管房租控制是否有智慧，涉及住房可承受的任何新政策都提到了控制房租。

一个单一的社区在中低收入家庭住房方面通常做不了很多事情。联邦政府的住房基金总是供应不足。自从 2008 年的大萧条以来，这种情况更为突出。

即使社区尽其所能地让其土地使用控制不去排除低成本类型的住房，实际上，任何一种新的没有补贴的住房都是昂贵的。社区可以通过"社区发展"基金或自己的财政收入补贴住房，但这种能力受到预算中其他需要的限制，受到大多数纳税人愿望的限制。如上所述，如果社区有这种愿望，它们可以量力而行地开发一定数量的经济适用房，不过并非每一个社区都有这种愿望。

联邦政府的要求

"社区发展一揽子拨款"计划已经推动了数千个社区编制正式的住房计划。无论一个社区是把这笔资金用于住房，还是用于其他项目，想获得"社区发展一揽子拨款"，它就要编制一个"住房援助计划"（HAP）。现在这种规则要求社区在它的"社区发展一揽子拨款"申请中保证其遵循住房和城市建设部批准的"住房援助计划"。简而言之，住房和城市建设部要求"住房援助计划"中包含对社区住房存量所做的盘点，改善住房的若干目标。住房和城市建设部还要求这个计划具体分析低收入租房者的住房需要。最后，"住房援助计划"必须提出如何实现计划目标。

这项研究包括的住房问题和住房市场可能因社区而异，差别很大。如果这项研究基本上是为了有资格获得联邦资金的话，那么它会把重点放在对低收入家庭有效的住房单元的品质和成本上。

客观地衡量住房品质并非易事。几十年以前，美国统计局曾经对大量"破败的"和"衰落的"住房单元做过调查，结果是对所谓"破败的"和"衰落的"的判断主观成分太大，所以那次调查不能提供合理的数据。当然美国统计局毕竟还是提供了不包含厨房和浴室设施的住房单元数量。虽然这个指标不完美，人们还是一直用包含和不包含厨房和浴室设施作为住房品质的一个硬指标。另外一个住房品质指标是"拥挤"，当然拥挤与住房单元的实体品质没有什么关系。美国统计局把拥挤定义为一个房间超过一个人的状况。

最后，中低收入家庭是否能够负担得起住房的问题受到了广泛关注。对于这个问题，规划师一般依靠租金收入比，美国统计局提供此类数据。人们曾经一度认为，家庭的房租不应该超过家庭收入的 25%。最近经济学家认为，家庭不应该用家庭收入 35% 以上的钱去租房。其实两个数据都有些武断。

社区可以评估有多少住宅单元不符合标准，有多少家庭需要房租援助。空房率也可能是一个指标，说明社区是否应该认真关注增加单元总数。

更全面的住房规划方式

在研究住房状况中，社区无需被联邦的批准和补贴约束。一个需要考虑的长期问题是，社区整体上究竟有多少住房存量才适当。人口和就业预测可能用来估算未来的住房需要。对市场发展有一定了解也很重要。新建、对现存单元做再划分和把非住宅单元转变成住宅单元，都是增加社区住房单元总量的办法。火灾、拆除、放弃和把住宅单元转变成非住宅单元（如把一个独栋住宅转变成办公室）都会减少社区的住房单元总量。个人收入、房租和房价、土地成本、居住和商业空间使用上的竞争之类的市场力量都能影响公共住房存量的长期变化。

在做长期分析时，我们的注意力应该放在供应因素，包括土地、基础设施、街道承载能力等。所以，真正的综合研究会超出诸如中低收入家庭住房之类的问题。努力认识整个住房市场的发展。我们可能还要注意到，中低收入居民的住房和较富裕人群的住房并非是毫无关联的事情。随着街区条件的破败，我们会看到富裕的人群搬了出去，而中低收入的家庭搬了进来。反之，在住房需求强劲、供应有限的情况下，我们可能看到富裕的家庭替代了贫穷的家庭，这就是我们在许多城市看到的那个绅士化的过程。

老年人口规划

与老年人相关的规划是城市规划的一个领域，这个领域几乎不可避免地会在一个时期里发展起来。其推动力当然是人口。1930~1950 年出生的人口在 2015 年相继进入 85 岁和 65 岁。这一时期包括大萧条、第二次世界大战和婴儿潮的最初几年。那个时期，美国每年新出生的人口约为 280 万。1950~1970 年出生的人口在 2030 年将相继进入 85 岁和 65 岁。那个时期几乎等于整个婴儿潮时期，每年新出生的人口约为 400 万。更多的老人，更多的老年选民，更大的购买力握在老人的手里，这一切都意味着更加注重与老年人相关的规划。

"自然退休社区"（NORCs）居住着一定数量的老年人，这基本上是一种城市现象。孩子长大了，他们的父母依然住在公寓里。随着时间的推移，那些公寓越来越受到老年人的欢迎。在实施租金控制的城市，如纽约、旧金山和洛杉矶，这种现象可能更为突出，那里受控的房租和不受控的房租之间的差别随着时间的推移越来越大了，人们放弃那些有租金控制的居所更加勉强了。许多市政府认识到了这种"自然退休社区"现象，用更多的财政资金为住在"自然退休社区"的老年人提供公共服务。概括而言，为老年人提供公共服务是一个社会工作问题，而不是一个规划问题，不过确实存在一些规划问题，如改善进入建筑物的通道、改善人行道、马路牙子的设计、公交车站的车棚等。

有一定比例的老年人住在退休社区里。家庭成员中有一人的年龄超过 55 岁，而且没有一个成员的年龄小于 18 岁，一般才有资格在退休社区里居住。因为都市区的远郊或非都市区有大块土地供应，退休人群对城市中心区的需要相对小了，所以退休社区一般建在都市区的远郊地区或者乡村地区。许多规划师、设计师和建筑师现在和将来还会以此作为自己的专长。但是，相当数量的老人愿意留在他们一直生活的那些老街区里。有一项调查显示，有这种愿望的老人多达 89%。[1]

住进退休公寓确实是有吸引力的，但搬到那里意味着与过去熟悉的人和地方告别，开始新的生活，远离儿孙，大多数老年人似乎不想这样做，而且也并非所有人都负担得起。

让我们的街区、城镇中心、城市核心区和其他一些地方更适合于老年人生活，让那些地方更适合不同代际的人生活，这是另一种选择。亚特兰大区域委员会（ARC）致力于研究这个问题，我们会在第 16 章讨论。亚特兰大区域委员会在有关这个主题的手册中提出了基本目标和原则。[2] 它把为那些愿意留在原住地的老年人的规划目标确定为：

1. 推动住房和交通选项；

2. 鼓励健康生活方式；

3. 增加获得公共服务的机会。

实现这些目标的七项原则是：

---

① Lisa Selin Davis, "Aging in Place Suburban Style," *Planning*, July 2013, p. 24.
② Lifelong Communities Handbook：Creating *Opportunities for Lifelong Living.*

1. **连通性**。在理想状态下，这意味着多条路径和优选多个模式，以提供区域内的安全和方便移动，以及到区域外的一些目的地。

2. **行人通道和公共交通**。这可以视为上述原则的子项。行人通道是指人行道，按照老年人过街行走速度设计的交通信号灯，让行人分两个阶段横过双向车道的中间岛，在行人过街地段让人行道向道路方向凸出，减少道路宽度。总之，在一定程度上偏向行人。例如在行人过街地段，让人行道占去一部分道路，两道变成一道，可以抑制车辆交通。公共交通这里泛指公交汽车、轻轨和多种形式的准公交运输系统。纽约州的北亨普斯特德有这样一个案例，居民可以使用呼叫系统，安排计程车出行，市政府承担一部分费用。[①]

3. **提供街区零售和服务**。

4. **社会互动**。社会互动是指一种设计，鼓励邂逅，提供公共场所，让人们进行社会交往，如社区中心、绿色空间等。

5. **住宅类型的多样性**。这个目标是让人们在住房需要改变后，或者经济条件发生变化后，还有可能留在他们的老社区里。

6. **健康的生活**。这是指一种设计，鼓励安全条件下的步行和其他健康的体育活动。还包括提供便利的就医通道。

7. **对现有居民的考虑**。这意味着编制这样一种计划，让希望留在这个地区的居民不搬走。这还意味着不要让人们突然面临房租暴涨，或者因为要拆除旧房子和建造新房子，让他们不得不离开那里，即使新住房在他们的经济能力范围之内。这是一个敏感的方法，与前面所说的"城市更新"形成强烈对比。

有人可能会问：上面的内容有多少是真正新的呢？答案是不是很多。我们可以发现，它很像我们在第10章讨论的新城市主义。它是怀特思想的一种反应，也是卡尔索普的公交导向开发（TOD）的一种反应。什么是新，至少值得讨论的是对单个目标的全面关注。注意，这种方式不仅包括实体规划的内容，还包括各种社会服务。例如健康生活原则就包括了便利就医。这可能涉及与土地使用规划师直接处理的任何事情截然不同的人类服务。

设计一个满足老年人需要的社区可能在土地使用控制上比一般分区规划法令还要多一些灵活性。例如，有关通道建设上的灵活性，容纳多代际家庭的适当居所，这些都是很重要的。允许在小范围内的土地混合使用对那些不是十分依赖私家车出行的人群来讲也是至关重要的。在详细设计层次上，有很多细节需要考虑。

---

① Davis，"Aging in Place Suburban Style，"op.cit.

有关这类问题，可以在互联网上查找相关资料，它列举了许多在年轻人群中不会出现的问题。老年人的步行速度可能缓慢一些，他们的视力未必很好，他们上下台阶可能有问题等。无论实际采取哪种法令类型，基于形式的分区规划所具有的设计细节的细致性是会发生作用的。

住房泡沫和遗留问题

20 世纪 90 年代末，美国的住房价格开始迅速攀升，被广泛引用的标准普尔全国住房价格指数显示，从 2000 年到 2006 年第二季度，美国的住房价格上升了 90%。按照通货膨胀率加以调整后，6 年内美国房价上涨了 61%。[①] 2006 年第二季度，住房价格达到峰值，然后迅速下滑。人们曾经认为房价会无限持续上涨下去，现在正在成为一个泡沫，这个泡沫在 2006 年爆发了。金融泡沫伴随人类已经几个世纪了。也许其中一些原因是人类心理固有的，心理学家和行为经济学家对此作了最好的解释。住房或其他资产泡沫背后的一个因素是容易获得的货币，也就是说，借钱利率很低，从而推动人们购买资产，然后看机会再卖掉。21 世纪转折时期的美国经济正处在产生泡沫的状态下。2000 年发生了科网股（dot.com）的泡沫化，纳斯达克指数损失了它的价值的 3/4。[②] 大约在 2 年以后，作为整体的美国股市下跌，主要股票指数丧失了它们 1/2 的价值。

推动股市泡沫的许多相同心理和货币因素无疑也推动了房地产泡沫的爆发。不过它还有另外一个推动力，这需要一些解释。

几十年以前，大部分抵押贷款都是银行发放的，银行管理抵押贷款，一直到抵押贷款还清。所以银行需要得到某种合理的确定性，借贷人确实有能力偿还抵押贷款。这就意味着要求很大一笔首付，还要仔细考察借贷者的收入、借贷者的其他资产和负债。那时抵押贷款业务是一个稳重而谨慎的商务活动。

几十年前，抵押贷款业务开始变化。促进金融风暴爆发的因素正在积累起来。1970 年后期，前债券交易人和所罗门兄弟公司的高管拉涅里（Lew Ranieri）发明了抵押担保证券（MBS）。拉涅里是一个很活跃的人，他不仅发明了这种抵押担保证券业务，还让这种抵押担保证券流行起来，敦促联邦政府消除许多妨碍抵押担

---

① 在标准普尔全国住房价格指数编制期间，那些出售不止一次的住房的价格，形成标准普尔全国住房价格指数，所以忽略了新建住房的影响，事实上把现存住房市场价值的变化搁置一边。如果把新建住房的价格计算进来，那么住房价格上升率会更大。

② 纳斯达克指数源于国家证券经纪人协会。这个指数非常重视计算机和其他高技术股票。

保证券的障碍。2004 年,《商业周刊》把拉涅里称之为 75 年以来最伟大的金融发明家之一。

大量的抵押贷款结合成为一个抵押担保证券。这个证券拿抵押贷款支付的利息分红。支撑这个证券的抵押贷款也是一种资产,就像支撑个人房屋抵押贷款的房子一样。

在一段时间里,抵押担保证券运转良好。事实上,那些希望看到美国住房所有者扩大的人会说,抵押担保证券给抵押贷款市场借来了更多的钱,允许发出更多的抵押贷款。

直到 20 世纪 90 年代,抵押担保证券一直都在快速发展。那时利率正在下降,降息是联邦储备银行的一个政策,低利率一般会推动投机行为。走向下一个 10 年,住房市场正在显现出一些"泡沫"。2004 年,联邦调查局报告了抵押贷款诈骗增加的证据,不过它没有咬住这个问题不放。就在"9 · 11"事件发生后,联邦调查局把主要精力投入到了国土安全问题上。

联邦储备银行具有相当大的权力管理许多种金融交易,它能够紧缩抵押信贷资金的供应,然而它当时并没有这样做。紧缩还是放松抵押信贷资金的供应是联邦储备银行的哲学问题。当时联邦储备银行的行长是格林斯潘(Alan Greenspan),许多人认为他是历史上最伟大的联邦储备银行行长。格林斯潘认为,相对放松金融市场,给金融市场留出发展空间,金融市场会实现平衡的。当然从那时起,格林斯潘改变了他的那种看法。

联邦政策也是诱发金融风暴的因素之一。《社区再投资法案》(CRA)给银行施压,要求银行给那些本来它们拒绝给予抵押贷款的购房者提供抵押贷款。这个想法是为了让低收入群体更容易拥有自己的房子。这个目标本身没有什么问题,但它促进了正在到来的金融风暴。联邦政府还对联邦国民抵押贷款协会(房利美)和联邦住房抵押贷款公司(房地美)施压,推动它们把钱借给那些它们认为不够资格的购房者。房利美和房地美并不是直接面对这些购房者,而是购买巨大数量的抵押担保证券,创造一个这类贷款的市场。

债券评级机构常常给债务抵押债券(CDOs)过高的评级(一般来讲,没有评级这类证券是不能出售的)。使用风险低估的方式显然是出现这种过高评级的一个理由。人们还认为,利益冲突可能也是债务抵押债券评级过高问题的一部分。债券发行人支付评级费,如果给某种债券的评级低于发行人期望值,那么债券发行人很有可能另请高明了。

以上都是导致 2008 年金融风暴发生的一些主要因素。这里有一个典型的交易,一个购房者从一个抵押贷款经纪人那里借到一笔房屋贷款，这个经纪人很快把这个贷款卖给一家投资银行。这家投资银行把这笔抵押贷款与其他大量抵押贷款合并成抵押担保证券，许多抵押担保证券可能再合并成为另一个债务担保证券〔这个术语在这里可能让人眼花缭乱，并非所有人都以相同的方式使用这一术语。例如抵押担保证券（MBS）也可以认为是一种债务抵押债券（CDO），就债务抵押债券来讲，抵押担保证券是一种债务，而且抵押担保证券由借贷的房地产抵押〕。然后，这家投资银行把债务抵押债券卖给投资者，投资者可能是一个养老金账户、另一家银行、一个作为个人的投资者等，这些投资者可能在美国，也可能在世界上的任何一个角落。金融创新生生不息。债务抵押债券可以结合成更大的债券。那时，一个复杂的纸牌屋正在建造。

关键的一点是，在这条金融链的每一步都要赚钱，对于抵押贷款经纪人和那些产生各种证券的人来讲，他们面对的问题不是几十年前的银行家可能会问的问题，"这些贷款是否慎重？"他们面对的问题是，"我们能不能让这种纸动起来？"一旦这种证券卖了出去，制造这个证券的一方不再直接从金融上关注那个证券的命运了。

所有以证券化、抵押信贷方式造出来的钱变得越来越宽松了。那时，抵押贷款没有首付了。有些贷款经纪人甚至在发放抵押贷款时不要求借贷人提供收入证明。那些"没有偿还贷款证明"的贷款一般是指"骗贷"的生意。有些贷款经纪人谈论"忍者贷款"（NINJA，是没有收入、没有工作或没有资产这些词汇的第一个字母的缩写）。有些贷款经纪人允许购房者在若干个月内仅仅支付房屋贷款的利息，不支付那笔贷款的本金。有些称之为"逆向分期偿还"抵押贷款允许购房者在一定时期里的还款额少于利息，把这个差额加到本金上。有些抵押贷款利息很低，叫作"诱饵利率"，若干年以后"重新设定"更高的利率。

这样，一些经济上幼稚或不了解所签合同的人被卷入了他们买不起的住房。还有一些人觉得，住房价格会不断上升，一旦他们还不起贷款，他们总可以卖掉房子，还完贷款还能有所盈利。在一些情况下，借贷人也有同样的看法，让他们不那么关注借贷方的情况。只要住房价格保持上升，所有的事情都没有问题。实际上，很多人想靠"速买速卖房子"的办法赚钱；他们借钱买房子，仅仅留在手里很短的时间，再标高价出售。

于是，泡沫破裂了。随着房价的下跌，抵押担保证券、债务抵押债券和其他证券的价值也开始下跌。许多人认为，2008年9月投资银行雷曼兄弟的破产标志着一场金融危机爆发。雷曼兄弟握着数百亿抵押贷款证券，那些证券的价值暴跌，雷曼兄弟无法出售那些债券。大量借贷是短期的，必须延期。但没有人会把钱借给雷曼兄弟。在金融恐慌中"现金为王"，不确定可以得到偿还，是不会把钱借出去的。金融系统陷入困境，大萧条正在降临。雷曼兄弟与其他金融机构其实是一样的。[1]

尽管如此，我们并没有说金融危机完全是由于抵押贷款的情况所致。正如大投资家巴菲特所说，许多金融机构的过度融资和大量监管不力的金融衍生产品，是"金融上的大规模杀伤性武器"。当然抵押贷款是导致这场金融危机的一个主要因素。[2]

今夕是何年？ 2008年的金融危机爆发后，住房价格大幅下滑，到2014年，住房价格大约跌落了50%。现在，各家银行在房屋抵押贷款上都采取了极端谨慎的政策。过去，独立家庭住宅的大多数抵押贷款都是由房利美和房地美以及联邦住房管理局（FHA）发放的。所有坏的抵押贷款让房利美和房地美深陷泥潭，联邦政府拨款1650亿美元挽救房利美和房地美两家公司。现在，房利美和房地美正在营利，而且也偿还了联邦政府的救助资金。2009年，联邦政府对这些曾经独立于政府资助的企业（GSEs）实施了监管，直到发稿之前，仍然在联邦政府的监管之下。总体上讲，大部分金融遗留问题已经得到了清理。

大部分国会议员，尤其是保守党，都希望看到房利美和房地美被废除。实际上，政府支撑和担保的信贷机构不应该与其他信贷机构竞争。可以说，政府支持的事实本身就可能导致鲁莽行为，用经济行话"道德危险"。银行对房利美和房地美在没有任何担保的借贷行为非常不满，如果没有了房利美、房地美和联邦住房管理局，抵押贷款就会崩溃。

自从2008年金融危机发生以来，联邦政府对住房市场所采取的最重要的行动就是让联邦储备银行维持非常低的利率。在一段时间里，抵押贷款利率低于3%，这是历史性的低利率水平。到2013年底，减少房屋止赎率的两个计划已经帮助了400万以上的房屋业主。

住房可负担调整计划（HAMP）使一些已经拖欠了大量月供的住房借贷人调整贷款类型（例如调整成固定利率），延长还贷时间、降低利率，或者把原先积累

---

[1] 联邦储备银行出手或者通过更强大机构购买的方式拯救了如贝尔斯登之类的许多企业，但出于某些原因，联邦没有出手拯救雷曼兄弟。

[2] 金融衍生产品是一种金融证券，它的价值取决于其他金融证券，如信用违约互换（CDS）。如果另一种证券违约，信用违约互换就是付给买者的一个合同。证券巨人AIG为那些没有充分支撑的证券签署了许多这类合同。当违约上升，证券巨人AIG担保的那些证券的买者需要支付，证券巨人AIG也深陷泥潭。AIG当时拿了联邦政府的1000亿的援救资金。现在AIG的运行有了盈利，已经向财政部偿还了利息。

下来的欠款合并到本金里，延长还贷时间。所有这些变更的目的是减少住房借贷人的月供规模。

住房可负担再融资计划（HARP）的对象是，目前还没有拖欠月供但因为欠款大于住房的市场价值，所以得不到常规的重新融资。其目的是减少月供，从而减少他们拖欠月供和止赎的可能性。

尽管这两项计划都得到了联邦政府的财政支持，但它们都是通过银行实施管理的。两项计划都仅限由房利美和房地美或参与两个计划的贷款方担保获得贷款的业主。

对城市的影响

住房价格下降和高抵押贷款违约率对市政当局及其住房存量有什么影响？在抵押贷款违约非常少的情况下，银行收回房产就行了，把收回的房屋卖掉，整个止赎事件与市政府没有什么关系。但住房价格下滑，抵押贷款违约率频繁发生，这就是2008年和2009年发生在许多市政辖区的实际情况，于是这种情况就成为一种大家关注的事情了。

废弃的房地产，尤其是在大量废弃的情况下，很快就会失去价值。它们经常遭到故意破坏，在许多情况下，拾荒者会走进这些房屋，拆卸掉所有可以拆卸的东西，严重损坏房屋。擅自占有那些房子的人和吸毒者都会引起一系列问题，纵火或意外火灾也可能是一个问题。如果原业主因为必须搬走而生气或觉得受到伤害，他们可能肆意破坏。抛弃和无人问津的房子让周围房地产的市场价值下降，进而让更多的房地产业主受到损失，他们对改善这种情况充满悲观情绪。这种状况当然会让另外一些人抛弃房子，一走了事，这样一来，事情会变得越来越糟糕。其实这就印证了有关房地产的三个最重要的特征是，地段、地段，还是地段。

对地方政府来讲，街区品质是一个问题，违约会给地方政府和学区造成严重的财政问题，因为对他们来说，财产税是一个非常重要的收入来源。废弃的房产是不需要缴纳房地产税的。

止赎危机严重打击了城市。一般来讲，过去几年里经历过房价大涨的地方受到金融危机的打击也越大。因为许多业主和投机者几乎没有什么资产在房价下滑时让他们摆脱负资产的状况，所以在那些大部分房地产存量是新房的地方一般会受到比较沉重的打击。加利福尼亚州、美国的东南和西南部地区因为这种情况受到了很大的打击。我们在第2章提到的类似"每年以两位数增长的城市区域"出于同样的原因，是受到这场金融危机打击最大的地区。但是，其他类型的地区也受到了沉重打击。例如，克里夫兰和底特律，因为失业意味着许多人无法偿还抵押贷款，同样在这场金融危机中受到沉重打击。

政府可以做什么？

由于需要大量的资金，问题的根源不在地方政府的权限范围之内，因此地方政府很难处理这类问题。这个问题的根源显然是国家层面的，信贷市场的状况，住房价格、劳动力市场的状况。如果一个城市的房价下跌，也会让相邻社区的住房价格下滑。如果一个城市的失业人数增加，这也将不可避免导致相邻社区劳动力市场的疲软。

市政府可以在止赎和废弃房产的问题上做一些事情。市政府可将执法工作重点放在该地区，以减少纵火和故意破坏行为。如果房产无法保留，市政府可以拆除它们，也可以使用社区发展资金去推动相邻地区的发展，阻止衰退的蔓延。有些市政府掌握了废弃的房产，它们就可以采用巴尔的摩解决旧排房问题时采用的方式，吸引一定数量的城市房地产业主投资改造那些房地产。地方银行掌握着一定程度的抵押贷款，市政府可以动用它的影响，鼓励借贷人和出借人协商借贷条件，尽量避免止赎的发生。但事实上，市政府的影响是有限的。即使市政府有心让房地产业主避免止赎，实际上几乎没有一个市政府有资金做到这一点。

小结

"城市更新"计划是从《住房法案》（1949）开始的，1973年被国会终止。地方公共机关混合使用地方和联邦资金，加上征用权，购买和清理更新场地。通过清理，开发商可以使用他们的一部分资金开发整个场地或部分场地。使用大量补贴和征用权相结合的办法旨在解决妨碍城市更新的两大障碍：剩余价值和现场组装问题。

随着"城市更新"计划的展开，它树立了许多敌人，主要是因为它迫使许多人离开了那里。在国会终止"城市更新"计划时，它拆除了大约60万套住房单元，迫使大约200万人搬迁，而他们中的大部分人是中低收入者。"城市更新"计划还迫使数以千计的小生意人关门，许多生意再也没有恢复过来。"城市更新"计划还摧毁了街区的社会和经济结构，如此高的代价最终被认为是无法接受的。

就在"城市更新"计划结束一年后，国会通过了《住房和社区发展法案》（1974）。社区开发计划取代了"城市更新"的清理和重建方式，并倾向于强调保护和改善。巴尔的摩市的城市安居计划强调保护现有的城市结构，成为许多社区发展计划的特点。作为超越"城市更新"计划的一种反应，社区发展法案包含了许多要求市民参与的条款，尤其是要求中低收入人群参与。

住房计划可能与联邦资助计划紧密联系，或者住房计划采取的是一种更为宽泛的方式。为了评估未来的住房需求，要在就业和人口统计研究的基础上来评估住房需求，并把这种评估与未来供应进行比较。一般来说，住房是规划师处理的最令人沮丧的项目之一。在整个住房投入中，公共资金非常少。因此政府计划影响基本住房状况的能力有限。另外，住房问题常常是社区内部社会和政治冲突的主要起源。

我们在这一章的最后，谈到了2006年开始的大规模止赎事件和原因，不计后果的抵押贷款是造成住房价格泡沫的一个原因。2006年，住房价格泡沫开始破裂。蔓延开来的止赎和随之而来的弃房让城市面临巨大困难，它们威胁到了整个城市住房存量的状态，而且侵蚀了城市的税基。这一章提到了市政府可以采取的一些措施来解决这个问题，以及联邦政府加强住房市场和减少止赎数量而采取的一些措施。

参考文献

Blinder, Alan S., *After the Music Stopped*, Penguin Press, New York, 2013. (An account of the financial crisis)

Dalton, Linda C., Hoch, Charles J., and So, Franck S., *The Practice of Local Government Planning*, 3rd ed., International City/County Management Association, Washington, DC, 2000, chap. 11.

Ford, Larry R., *America's New Downtowns*, Johns Hopkins University Press, Baltimore, 2003.

Lucy, William H, *Foreclosing the Dream*, American Planning Association, Chicago, 2010.

Paumier, Cy, *Creating a Vibrant City Center*, Urban Land Institute, Washington, DC, 2004.

Wilson, James Q., ed., *Urban Renewal: The Record and the Controversy*, MIT Press, Cambridge, MA, 1966.

第 12 章　交通规划

在这一章中，我们考虑在城市和都市层面实行的交通规划。在开始之前，我们需要了解第二次世界大战以来交通发展的一些背景。

城市交通的近期发展倾向

1945 年，第二次世界大战进入最后一年，美国当时的人口为 1.33 亿，拥有2500 万辆汽车。到 2009 年，美国的人口增长到了 3.04 亿，拥有 1.35 亿辆汽车，人口增加了 2.3 倍，汽车则增加了 5.5 倍。不过，这个数字大大低估了私人拥有汽车数量的增加，因为运动型多功能车（SUVs）和小货车分类为轻型卡车，单独计算。2008 年，有很大一部分的运动型多功能车、小型货车和皮卡都是个人交通工具，它们的数量大约为 1 亿辆。[1]

第二次世界大战之后，平均实际个人收入的增加是推动汽车私人拥有量增加的一种强大的力量。这种总体繁荣不仅让更多的人拥有了汽车，还推动了更大规模的郊区化浪潮。战后的郊区化和汽车拥有率的上升是二者互补的现象。越来越多的汽车推动了郊区化。另一方面，从市中心搬到郊区增加了人们对汽车的需要。

表 12.1 显示，美国人的上下班通勤非常依赖于汽车。这张表覆盖了 19 年的时间，从而形成了一个相对稳定的画面。因为在工作通勤中，公交车优于小汽车，表 12.1 实际上低估了所有出行中人们对小汽车与公共交通的依赖。尤其是在早上和晚上的高峰时段，开车通常是最不方便的，而且必须准时到达工作地，这是其他出行所缺乏的必要条件。

1990年、2000年和2009年的工作通勤（百万）			表12.1
方式	1990 年人数	2000 年人数	2009 年人数
各种车辆	115.1	128.3	138.7
小车，卡车或面包车	99.6	112.7	119.4
独自开车	84.2	97.1	105.5
公共交通	6.1	6.1	6.9

---

[1]　Federal Highway Administration, *Highway Statistics Annual*, 2008.

续表

方式	1990 年人数	2000 年人数	2009 年人数
汽车	3.4	3.2	3.7
地铁	1.8	1.9	2.4
铁路	0.6	0.7	0.8
其他			
步行	4.8	3.8	4.0
在家工作	3.4	4.2	5.9
骑自行车	0.5	0.5	0.8

注意：在完成这一版时，2010 年的统计数据还没有。实际上一直以来，这些数字变化都不太大。

资料来源：1990 *Census of the Population*，*Social and Economic Characteristics*，*Table* 18；*and* 2000 *census*，Summary File 3（SF 3），Table P30，U.S. Bureau of the Census，Department of Commerce. American Community Survey，Bureau of the Census，Commuting in the United States，U.S. Bureau of the Census，Table 1；The Bureau of the Census stopped including commuting data in the decennial census after 2000.

在第二次世界大战的最后一年，美国的公共交通使用率达到了峰值。当时汽油实行配给制，小汽车的生产已经暂时停止好几年了。1945 年，付费乘客的出行次数达到 190 亿次，到 1975 年这个数字降至 56 亿次。因为联邦政府在过去的 30 年对公共交通进行了大量投资，加上汽油价格上升，到 2009 年付费乘客的出行次数上升至 100.4 亿次。[①] 尽管付费乘客的出行次数出现增加，但与 1975 年相比，2009 年使用公共交通出行依然只占全部出行的比较小的比例。

在美国，公共交通的使用分布很不均匀。2009 年付费乘客的出行次数为 100.4 亿次，其中约 31%（即 32 亿次）是由纽约大都市区大都会交通局（MTA）一家机构提供，覆盖纽约市和纽约州纽约都市区部分。芝加哥第二，付费乘客的出行次数超过 5 亿次。洛杉矶第三，付费乘客的出行次数低于 5 亿次。美国大部分地区的公共交通承载的付费出行寥寥无几。地铁（重轨）交通分布更不均匀，纽约市的地铁每年大约承载付费乘客的出行次数为 24 亿次，占全国地铁出行次数的 2/3。

不难解释公共交通的衰落。私人汽车拥有量的增加，减少了数百万的公交乘客。由于郊区交通拥堵大大减少，汽车在郊区要比在市中心区行驶更有效率，郊区化意味着数百万家庭搬到了汽车行驶效率更高的地区。由于公共交通依赖于固定线路上的大乘客量，因此更加困难。于是蔓延开来的郊区土地使用模式让公共交通

---

① Public Transportation Fact Book，2011，American Public Transportation Association，Table 2.

的运行效率大打折扣。随着郊区化的推进，居住场所和工作场所分散开来，收集乘客和把乘客分别送到他们要去的地方就非常困难了。

站点间隔和平均速度之间的平衡也会困扰公共交通。站点太密，平均速度就会很低。但增加站点之间的距离就会让收集和分散乘客发生问题。由于频繁停车，公共交通往往都运行缓慢。2009 年，美国所有公共交通车辆的平均速度是每小时14.9 英里。公共汽车的平均速度为每小时 14.9 英里，城际铁路的站点少很多，而且使用自己的专用道，所以它的平均速度为每小时 31.2 英里。这些数字，不包括等车时间，许多年都没有改变，它们也没有打算变更。最少上下车的时间以及可以接受的最大加速和减速率，其实都不是技术能力问题，而是保证乘客安全和舒适的问题。

城市核心区集中了大量的工作岗位，公交站附近集中了大量的公寓楼，我们在许多大的和老的东部城市可以看到这种让公共交通良好运行起来的理想环境。这种安排简化了乘客收集和分散的问题，提供了足够大的市场来维持频繁的公共交通。土地使用的高密度也减少了使用小汽车的吸引力。但这里所说的高密度的土地使用模式，是与我们自第二次世界大战以来采取的主导开发模式反向而行的。当公共交通使用衰退的时候，乘公交上下班一般还不错，而乘公交购物、娱乐等的人数就大幅下降了。

就比例而言，副公共交通即所谓需求反应系统发展最快。有人打来电话，系统就作出反应，送出一辆车。这种公交系统没有固定路线，没有固定的时刻表。这种系统可以给特定人口提供服务，如残疾人或老人，那些按时间表和固定路线运行公共交通在经济上不可行的地方，也可以使用这种副公共交通系统。在这个意义上讲，这些系统其实就是一种出租车服务系统，给别无选择的人提供公共交通服务。

从 2004~2015 年，美国的公共交通使用增加了 15%。这种增长有可能是新系统开始运行，但大部分还是发生在已经存在的公交设施上。美国的小汽车使用在2007 年达到峰值，从 2007~2012 年，小汽车的使用率下降了 3%。这种变化是一个转折，还是 2008 年开始的大萧条的后遗症，对此我们还需要观察。

支付交通费用

要了解交通政策，重要的是要了解私人和公共交通的融资方式。就直接成本而言，私人交通基本上是自己出资的，购车、购油、维修、上保险、停车等费用都是由车主和运行者自己支付的。税收和车辆使用者缴纳的各种费用基本上用于道路和公路的建设和维护。

联邦政府对汽油和柴油分别征收每加仑 18.4 美分和 24.4 美分的燃料税。现在，美国每年消费的汽油和柴油分别为 1300 亿加仑和 400 亿加仑。对这两项征收的燃料税合计约为 300 亿美元。联邦政府征收的这笔燃料税进入"公路信托基金"，这个基金是在 20 世纪 50 年代建设州际公路系统时建立起来的。各州也征收燃料税和其他的税。在美国本土的 48 个州里，就联邦与州联合起来的燃料税而言，加利福尼亚州联合起来的燃料税最高，为每加仑 71 美分，新泽西州联合起来的燃料税最低，为每加仑 31 美分。[①] 除了征收燃料税外，各州还向车辆使用者征收名目繁多的费用，最主要的是驾车执照费和车辆注册费。

联邦政府对燃料税率作最后一次调整的时间是 1993 年。从那时到 2015 年，消费价格指数上升了大约 69%。如果除去通货膨胀因素的话，联邦政府征收的燃料税大约要上升至每加仑 31 美分。最近，对美国基础设施状况展开了大量的讨论。美国市政工程师协会 2013 年的一份报告给不同种类的基础设施分了等级：道路 D级、桥梁 C+ 级。[②] 更新道路和桥梁基础设施的一个明显资源是调高燃料税。目前可能在政治上不是好时机，但上调燃料税肯定是一种可能性。燃料税的实际值（除去通货膨胀因素）不仅受到通货膨胀的侵蚀，还受到不断提高的汽车燃料经济的约束，未来汽车燃料的销售可能会逐年下降。

一般来讲，5 年期的综合拨款法案给联邦地面交通提供资金。大约在 20 年前，国会的政治争议让长期法案无法通过，所以联邦政府的贡献都是以短期为基础安排的，因此让州政府和地方政府在制定计划时左右为难。

2015 年 12 月 3 日，让一些评论员惊讶的事情发生了，一个争论不休的国会竟然在一个长期法案上达成协议，将《整修美国地面交通法案》（FAST）送到奥巴马办公室，第二天，奥巴马总统就签署了这个法案，使之成为法律。这个法案规定，在未来 5 年里，联邦政府支出 3050 亿美元用于整修道路。虽然整个资金是用于公路和相关基础设施的（如桥梁），但这个法案还是给公共交通、许多小项目（如自行车道）提供了一些资金，并为自动车辆的研发提供了资金，自动车辆的研发标志了一个时代的到来。

因为国会不愿提高税收，所以用于整修道路的资金中的一部分是从非常规来源得到的。例如，为了获得联邦储备系统账户上的结余改变核算方式，靠出售战

---

① Train à Grande Vitesse（train of great speed）and Alta（high）Velocidad Espanola.
② Association for California High-Speed Train's website.

略石油储备销售收入。所以批评者提出，长期以来一直存在的联邦交通资金问题并没有得到解决。当然这个法案至少在未来的 5 年里让相当大一笔资金可以用于交通基础设施建设，让州和地方政府能够做一个长期规划。

公共交通资金与私人交通的资金大相径庭。我们可以看到几个不争的事实。公共交通是昂贵的。拿使用最广泛的公共汽车来讲，每个乘客每英里的成本平均为 90 美分。成本如此之高的一个原因是人工成本非常高。整个公共汽车的成本的 55% 和整个公共汽车运营成本的 68% 是直接人工成本。需要响应的总成本为每英里 3.01 美元。需要响应的人工成本更高。

轨道交通不太贵，但并不便宜。轻轨（即我们常说的有轨电车）每英里的成本平均为 64 美分。重轨（地铁、城铁）每英里的成本平均为 39 美分，稍微便宜一些。与其他交通工具相比，轨道交通的固定资产投资所占比例大于人工成本。只有在轨道交通沿线乘客数量极大的情况下，巨大基础设施投资才是可行的。

除了上下班使用城铁和地铁外，富裕人群一般不使用公共交通。公共交通的每英里成本很高，所以不可避免地需要政府给予很大补贴。2011 年，美国全部公交成本为 600 亿美元。[①]全部出行次数为 103 亿次，每次出行的平均成本为 5.63 美元，而平均收费仅为 1.31 美元。600 亿美元的公交成本，乘客仅付 136 亿美元的车票费，剩下的 464 亿美元由政府买单。政府负责几乎所有的公共交通基本建设投资，其中联邦政府占大头。政府还要承担 62% 的运行成本。在公共交通的运行成本上，联邦、州和地方政府大体各占 1/3。

公共交通机构是跳不出这个金融困境的。交通收费降低与乘客的增加不成比例，结果是丧失净收益。[②]把公共交通收费提高到可以自我维持的状态是不可行的，提高公共交通收费会引起出行需求大幅减少。在达到该水平之前，提高公共交通收费会让数百万不能承受私人交通经济负担的人们面临困难。因此，除了对公共交通实施大量财政补贴外，没有别的选择。

有人可能把公共补贴看作对数百万人不可缺少公共服务的支持。人们还可以看到，没有公共交通，许多中心商业区便会无法生存下去。人们还可以说，补贴公共交通，减少在城市地区交通拥堵和驱车时间，让那些没有使用公共交通的人获益。

---

① 美国铁路公司最著名的一条是波士顿、纽约、华盛顿特区线，所谓 BOWASH 走廊，可能是美国最大的铁路客运市场。全线长 456 英里，运行 7 个小时，平均速度为每小时 68 英里。每年客运人数为 200 万。但如本文中所提到的两个理由，这条线的速度不及欧洲相似线路的一半。

② Public Transportation Fact Book.

一直以来，人们都认为公共交通减少了国家二氧化碳和其他污染物的总排放量。随着汽车里程数的增加和排放控制继续改善，这个判断可能会失去一些说服力。最后，因为低收入人群是公共交通的主体，所以补贴实际上是一种向低收入人群的收入再分配。这无疑是一个事实，但必须承认，这不是一种非常有效的收入再分配形式。许多人虽然不是很穷，却使用公共交通，而一些人可能很穷。却没有使用公共交通。

交通规划和土地使用

土地使用和交通规划在很大程度上是鸡和蛋的关系。简单讲，土地使用与交通需要具有相关性。因为人口或商业增长产生了交通拥堵，进而出现了解决这种状况的政治压力，于是建设了许多公路。另外，道路建设改变了土地使用价值，从而改变了对土地的使用强度，进而改变了整个土地使用模式。最好的例子莫过于州际公路的建设了，州际公路的目标是承载从一个城市中心到另一个城市中心的物流和人流。当然，它还在重塑城市地区方面做了大量工作，这个结果是建设州际公路体系时没有想到的。除此之外，州际公路体系更新了美国都市区和非都市区的平衡，让过去偏远的乡村地区更容易接近了。实际上，大量的制造业向都市区之外的地区转移，进入乡村地区。所以州际公路体系对都市区和非都市区的经济都产生了重大影响（图12.1）。

在理想情况下，交通规划和土地使用规划相伴而行。在国家层面，交通规划和土地使用规划显然没有协调起来。在州层面，交通规划和土地使用规划有时协调起来了，有时并没有协调起来。在最好的情况下，州公路部门会考虑到这样一个事实，公路部门的决定不仅影响如何为现在的人口服务，还会影响未来几十年的土地使用总体规划。在不太令人满意的情况下，公路工程师一般会考虑满足需求，而不是把满足需求和塑造未来土地使用结合起来。

交通与土地使用规划恰恰是在城市行政辖区层次上最紧密地协调起来。交通与土地使用规划的协调比较简单，涉及人数比较少，这样交通与土地使用规划的协调比较容易。规划师和公路部门都向同一位市长和同一个市议会报告，这一事实可以防止他们向不同的方向发展。

目前，亚特兰大环线正处在开发初期，它是交通规划和土地使用规划紧密结合的一个实例。亚特兰大环线的核心要素是22英里的轻轨线，这个轻轨线基本上是利用围绕亚特兰大中心商业区的旧铁路线建设的。一系列公园和多用途小径与

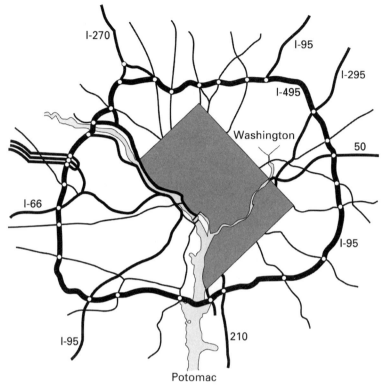

图 12.1 有环路的州际公路系统的设计在城外创造了大量可使用的土地，尤其是城市放射性道路与环路相交的地方。尽管不是刻意而为之，但是，这种系统有力地把人和工作岗位移出了中心城市

这个环线连接在一起。这个环线还与经济适用公寓和独栋住宅的开发以及"经济开发"地区相协调。这个设计的目标是消除这些没有使用的铁路线对开发形成的障碍，把这些没有使用的铁路线改造成吸引人和工作的磁极。许多废弃的铁路已经被变成了小径和线状公园。但这是第一批设计，使用废弃的铁路线作为重新设计承认亚特兰大重要部分的一个因素。《2030 年的交通 》是亚特兰大区域委员会有关若干个县在内的交通总体规划，亚特兰大环线是其中的一个组成部分。这个规划很不寻常，它是从格拉威尔（Bryan Gravel）1999 年的硕士论文开始的。2000年，他和另外两个学生把这篇论文的综述送给了亚特兰大的许多议员和一些精英人物。这个想法在随后几年里一直引起人们的注意。公园的第一部分于 2009 年开放，公园和小径的部分建设工作仍在继续。

交通规划过程

交通规划是许多规划机构的基本职能，能够满足交通需要一直都是编制交通规划的一个主要目标。在过去几十年的实践中，尤其是在多行政辖区的层面上，交通规划都是最详细和最精确计算的规划领域。现代跨行政辖区的交通规划过程是工程、经济和城市规划的融合，所有这些都由现代计算设备提供便利。这种现在形式的交通规划是第二次世界大战结束后不久由各种因素纠结在一起而推出的。汽车拥有率的迅速上升和郊区住房的大开发，需要大规模扩大公路容量。《公路法案》（1954）给城市公路建设提供了 50% 的配套资金，给交通规划提供专项资金。《公路法案》还要求以编制交通规划作为是否有资格获得联邦政府配套资金的前提条件，这依然是联邦政府用获得资金的要求来控制地方规划的局面。1956 年，国会通过了《国防公路法案》，推动建设州际公路系统（见第 17 章）。这样，联邦立法和联邦资金在战后的几十年间掀起了公路建设浪潮。数字计算机是在战争结束时发明的，10~15 年后，它逐步成为一个实用的规划工具，有可能处理海量数据和编制现代公路规划。

我们在以下几页集中讨论都市区层面的公路规划。在较小的地理层面，公路规划必然简单一些，也没有那么多的数据要去计算。通勤流本身是跨行政辖区的，所以与大多数规划过程相比，交通规划需要做更多的跨行政辖区的工作。那些可以相对独立编制土地使用规划的行政辖区，往往是一个都市区范围交通规划的组成部分。

都市区交通建模

交通规划过程的目标是帮助政府以可接受的成本提供适当的交通系统。这包括建模当前系统的运行情况，评估未来的出行需求，估算系统的变化将如何影响未来的出行行为和交通系统的运行。

20 世纪 50 年代,在"芝加哥地区交通研究"（CATS）[1] 中第一次使用了下述方式，其他大都市区随后推出了这种方式的变体。一般方法也用于许多较小的领域研究。[2]

主要的交通规划项目通常包括四个步骤来估算出行量，可以评估交通系统中可能变化的价值。

完成这些步骤需要建立一个地理数据库。一般来讲，编制规划的地区，或者一个都市区，被划分成若干个分区。在芝加哥研究和其后出现的许多研究中，都

---

[1] Chicago Area Transportation Study: Final *Reports* (3 Vols.), published jointly by the State of Illinois, County of Cook, City of Chicago, and the U.S. Department of Commerce, Bureau of Public Roads, 1959–1962.

[2] John W. Dickey, Metropolitan Transportation *Planning*, 2nd ed., McGraw-Hill Book Co.,, New York, 1983, chap. 6.

给这个区域加上了一个矩形网格，汇集网格上每一块的数据。一般的网格可能会覆盖几千平方英里的地区。在其他情况下，尤其是较小的研究中，分区可能是不规则的，地形、街区边界或土地使用的其他特征决定分区的形状。

从每一个分区汇集的数据包括人口信息和经济信息：人口信息包括诸如住房单元的数量和类型、居民人数、人口的年龄结构、家庭收入、汽车拥有量等。经济信息包括该分区不同职业的就业人口，零售、批发、制造、办公和其他活动的建筑面积和土地使用面积。这些分类中的每一项还可以细分为更小的子项，有时仅使用非居住建筑总面积。非居住建筑总面积是一个不错的指标，它预示了吸引到这个分区的通勤数量，比起更具体的分类数据要容易编制一些。

四个步骤。一旦数据库建成，就可以评估给定的交通方案。一般使用四个步骤。

1. **估算通勤生成**。在决定人们从一个设定的原点出发之前，习惯上在不考虑起点和终点在哪里的情况下，估算一个设定点上的通勤生成。为了估算一个居住区产生的通勤，可能要用到诸如家庭收入、家庭人数、家庭拥有车辆数，用可能的人口密度估计每个家庭每日的平均出行次数。一般来讲，车辆出行数与前三项呈正相关，与后三项呈负相关。因为人口高密度聚集的地区与那些人口稀疏地区的家庭相比，人口高密度聚集地区的居民更有可能步行和乘坐公共交通出行，所以车辆出行数与每个家庭每日的平均出行次数呈负相关，而那人口稀疏地区的居民的出行距离可能要长一些，停车问题和交通拥堵问题不大。

2. **估算出行分布**。在解决了出行生成之后，下一个问题就是出行分布。假设这个区域的一个分区有 1000 个家庭，已知家庭平均规模、家庭车辆拥有数和家庭收入，这样就可以估计出行总数。不过问题是这个出行总数在可能的目的地上如何分布。多年以来，人们发明了许多估算方法。最常见的是引力模型，起源于 20 世纪 20 年代，用来分析购物模式（最初的公式叫做"雷利零售引力法则"——Reilly's Law of Retail Gravitation，过去的那些引力模型有时都叫雷利模型）。两点之间的引力与它们质量的乘积成正比，与它们之间距离的平方成反比。打个比方，假定一个住宅区和一个办公区之间的出行引力与家庭数量和办公室面积的乘积成正比，那么与它们之间距离的某种函数（平方或接近平方的值）成反比。一般而言，我们可以通过计算 A 和 B 之间的相对引力、A 和 C 之间的相对引力，估算从 A 出发到目的地 B 和 C 的相对出行数，方框 12.1 描绘了这个过程。对于一个大量分区的区域来讲，数据库和计算数目都是很大的。因此，没有计算机是不可能展开这样的规划工作。

可以使用计算机来模拟住房和建筑面积的实际分布或设想的分布。采取直线距离，从一个分区的中心到另一个中心。或者以实际的道路长度、旅行时间或二者的结合计算距离。

3. **估算交通方式划分**。一个地方可供人们出行使用的交通方式不止一个，假定可以乘公共汽车和自驾，那么我们需要把上一阶段研究的出行分摊到不同的交通方式上。过去已经积累了相当多的经验，出现了许多数学预测方法。一般来说，服务质量和成本是决定个人对出行交通方式选择的两个主要标准。服务质量基本上是一个旅行时间问题，速度和成本之间常常具有明显的取舍。例如在公共交通问题上，城铁要比公交汽车快多了，当然也贵一些。如果掌握了使用公交车的人群的收入分布，我们就有可能估算这个人群如何在两种交通方式之间进行划分。

4. **预测出行分布**。一旦选择了交通方式，最后一个问题是，预测从相同起点到相同终点的不同旅行路径如何分布。我们依然通过数学模拟来找到这个问题的答案。假设从 X 分区到 Y 分区有两条路：A 和 B。设想所有的人都走路 A。当出行者们从 A 路转到 B 路，在 A 路上的旅行时间下降，B 路上的旅行时间上升。使用数学模型预测什么时候达到平衡状态。

一般而言，我们可以按下述方式来使用 4 个模拟步骤。首先使用刚刚描述的步骤，用数学模拟交通系统的现状。校正这个模型，使之产生与实际交通流相对应的结果。通过实地测量得到一个路段的交通流量数据，使用那些数据校正数学模型。一旦这个数学模型复制了观察到的旅行行为，就可以模拟其他状况了。例如，规划师可以假设在给定区域内增加家庭数量。

一个简单的重力模式图示

假设在行程生成步骤中，我们已确定显示为原点的区域每天将生成 1000 次工作行程。这将到达图中所示的三个目的地。每个目的地的吸引力与其占地面积平方英尺除以距离平方成正比，然后行程将按照下图所示的计算进行分配。如果行程中有实际数据，可通过将距离指数调整为 2.0 以外的某个值或调整距离值，使模型接近实际。

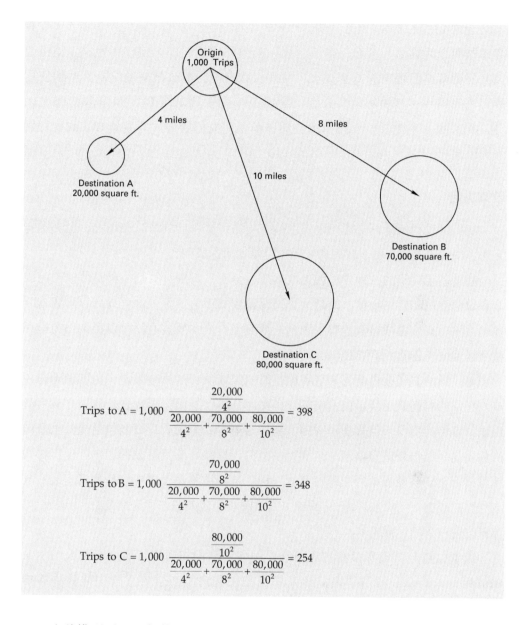

$$\text{Trips to A} = 1{,}000 \ \frac{\dfrac{20{,}000}{4^2}}{\dfrac{20{,}000}{4^2}+\dfrac{70{,}000}{8^2}+\dfrac{80{,}000}{10^2}} = 398$$

$$\text{Trips to B} = 1{,}000 \ \frac{\dfrac{70{,}000}{8^2}}{\dfrac{20{,}000}{4^2}+\dfrac{70{,}000}{8^2}+\dfrac{80{,}000}{10^2}} = 348$$

$$\text{Trips to C} = 1{,}000 \ \frac{\dfrac{80{,}000}{10^2}}{\dfrac{20{,}000}{4^2}+\dfrac{70{,}000}{8^2}+\dfrac{80{,}000}{10^2}} = 254$$

　　这种模型可以反复使用，这个区域会出现稍微不同的出行模式。交通规划师可以设想道路模式的变化，看看这些变化如何影响出行模式。由于道路上的行驶速度取决于交通量，所以这类模拟会让规划师们了解道路系统的潜在变化如何影响行驶时间。在都市区行驶会有早高峰和晚高峰，与上下班的时间相对应。高峰时段与非高峰时段的交通流量很不一样。这种数学模型也可以用来模拟一天当中不同时间段的交通量。

　　在过去，通常假设大都市区的增长为一种前景，这种前景常常是根据现状所作出的推论，然后使用数学模型探索不同的交通选项，为这种设想服务。如何为不同土地使用模式提供服务，如何影响有关都市区开发的土地使用规划，最近在考虑这两个问题时，人们一般使用数学模型评估不同的土地使用模式。这样我们又回到了前面提出的那个观点，在理想状态下，应该把交通规划和土地使用规划当作同一过程的不同部分做。按照巴塞洛缪（Keith Bartholomew）和尤因（Reid Ewing）的看法，大都市增长前景都要朝向更紧凑的开发模式，减少对燃料的依赖。[1]

政策决定

我们可以利用计算机建模来辅助检查交通系统可能的改进和增加，但其本身无法作出任何决定。关于政策的实际决定是如何达成的？

辅助制定决策的一种方法就是成本效益分析。详细计算每一种具体选项的成本和效益，例如路网衔接，或延伸公交线，用货币值计算。也可以计算出成本收益的比例。在许多项目争抢有限资金的情况下，成本效益之比可以用来作为给那些项目提供资金的决策依据。

对计划的交通改进而言，节省旅行时间是该项目的一种收益。为了做到这一点，必须给时间赋予货币值，实际上，交通分析已经展开了大量的研究，努力认识旅行者如何用货币值来衡量时间。新道路更为安全的收益可能包括挽救生命和避免受伤。如果新道路缩短了车辆行驶距离，提高了车辆行驶的通畅程度，那么就可以把车辆行驶成本的削减计算成一种收益。道路建设成本包括购买土地的成本和维护成本。一般来讲，公路的成本效益研究中最大的三项是建设费、土地成本、节省时间和车辆运行成本。

成本收益分析确实存在主观因素。例如，我们如何用货币值衡量人的生命和健康？人们已经使用了诸如估计终身收入和法院在过失案件中的裁决等措施。目前最受欢迎的技术是一种统计技术，它把不同职业的工资率和死亡率结合起来，以确定为了接受一定的生命损失风险，需要支付多少钱。[2]例如，一个人的工资为1000美元，他接受一次死亡风险1000美元，那么这就意味着这个人给自己的生命定了一个100万美元的价值。这种方法似乎很不近人情，即使我们都承认，没有人真的拥有上帝般的智慧。还有一些事情也不能用货币表

[1] Keith Bartholomew and Reid Ewing, "LandUse-Transportation Scenarios and FutureVehicle Travel and Land Consumption," *Journal of the American Planning Association*, vol. 75, no. 1, Winter 2009, pp. 13–27.
[2] Michael J. Moore and Kip W. Viscusi, "Doubling the Estimated Value of Life: Results Using New Occupational Fatality Data," *Journal of Policy Analysis and Management*, vol. 7, no. 3, 1988, p. 476.

示，例如城市设计和审美问题自身都不能"货币化"。然而，成本收益分析总比纯直觉的方式要可靠得多。

交通问题通常会引起公民的参与，并且会变得情绪化和政治化。新的道路建设项目让一些人的房地产受到影响，甚至影响整个街区。通过街区的高速公路可能分割了本来的街区。产生了很大的噪声，降低了空气质量，让那里的生活失去了吸引力。交通流的变化可以让一些生意火爆，而让一些生意衰落。那些每天都要上下班的市民深受交通拥堵之害，他们推动政府加大对人口密度比较高的地区的公共投资，建设道路和发展公共交通。

一些市民对公路建设的失望来自规划师和工程师所说的"诱导需求"。随着路网能力的增加（例如建设新的高速路），那些市民会发现，其他道路上的拥堵几乎没有减少多少，而且早晚高峰时段新道路可能在非常短的时间里就接近最大容量了。新增容量诱导了新增的交通流量，原先选择避开早晚高峰时段出行的人也在高峰时段出行了。即更多的人得到了他们想要的，在想要去的时间里去他们想去的地方，公路规划师可能对这样的结果很满意。有些人原先在早高峰时段用一个小时就可以到达工作地点，现在他们的用时是 59 分钟，对于他们来讲几乎一无所获。[1] 下次在对发行公路债券举行公决时，这位市民可能会投反对票。

市民反对公路建设的呼声变得非常强烈。20 世纪 70 年代初，在建设旧金山滨海高速公路时，因为市民的反对工程被迫中断，反对者认为那条高架公路会挡住旧金山海湾的视线。在 1989 年 10 月的地震中，已经建成并正在使用的部分道路遭受重创，旧金山市没有再去重建它。不仅如此，还拆除了那些残存下来的高架公路。从那以后，地面公路替代了滨海高速公路的北段和南段。20 世纪 70 年代，纽约市计划建设西路，沿着曼哈顿西边的公路，期待分流一部分穿越市区拥挤道路的车辆。这个项目得到了市长、州长、工会和规划师的支持，可能大多数市民也同意，但一群固执的市民坚持反对此项目长达 10 年，他们根本不想要更多的高速公路。纽约市已经花费了 2 亿美元用于土地征用和设计成本，但在 1985 年，纽约市认输了，向联邦交通部（DOT）申请一些资金来发展公共交通项目。"反对高速公路"这个术语已经成了描绘抵制高速公路建设的代名词。这种抵制不仅来自受到影响的居民、商人和房地产业主，而且也来自环保主义者，他们一般不支持任何会增加机动车使用的开发项目。

---

[1] Anthony Downs, "The Law of Peak-Hour Congestion," *Urban Problems and Prospects*, Rand-McNally, Chicago, 1976.

许多商人可能对有关公路建设的决定很感兴趣，期待有较好的交通条件的企业为建设新的公路四处游说。不希望自己的房地产被公路分割的大多数业主们竭尽全力反对建设新的公路。在某些情况下，拟建设的道路可能要通过政治上最弱势的街区或市政辖区，所以最终抵抗不了房地产业主的诉求。

开工兴建或改善一条公路，具体如何融资相当重要。地方政府可能通过纯粹计算成本效益而认识到，A 方案明显优于 B 方案。但是如果州和联邦政府基本上支付了 B 方案所需投资，A 方案则需要动用大量地方资金，那么它们是不会选择 A 方案的。只要是别人出钱的项目（OPM，other people's money），总是容易得到支持的。

模拟、成本收益分析和其他类型的分析研究都有助于决策过程在更合理的方向上展开，但最终决策还是从政治活动中产生出来。

公共交通规划

公共交通基础设施规划的方法原则上与公路规划的方法相似。汽车旅行的计算机研究也可以用于交通。如同使用成本效益分析来研究公路和街道一样，我们也能使用成本效益分析来研究交通。

最近几年，相对建设新的公路而言，大城市和都市区的民众一般更加支持发展公共交通。发展公共交通一般可以通过减少机动车出行的办法降低地路交通拥堵。环保主义者强调，发展公共交通可以改善空气质量并减少燃料消耗。因为发展公共交通可以产生更加紧凑的土地使用模式，而紧凑型开发更加适合于步行，所以城市设计常常支持发展公共交通。在紧凑的土地使用模式下，目的地之间的距离变短了，用于道路建设的土地面积也缩小了。芝加哥或波士顿是公交导向型城市，阿尔伯克基或洛杉矶则是机动车导向型城市，只要我们身临其境，在那里的大街上散步，就会相信这一判断是有道理的。

如前所述，公共交通的一个主要问题是在经济上远远做不到自足。所以，公共交通少不了大量的政府补贴，而且大部分补贴必须来自更高级别的政府。

20 世纪 70 年代中期，公交客流量的长期衰退停顿下来，然后缓慢上升。这个逆转的原因是，按照《城市公共交通法案》（1964），联邦政府对公共交通的投资增加了。

但是国会对公共交通的支持通常不是很强烈。这种缺乏热情的背后是美国的地理现实。如果要让公共交通的运转经济合理，需要人口密度至少达到每平方英里 2000 人。所以大多数美国人，包括其大都市地区的大部分人口在内，实际上是生活在无法以任何想像的公共支出水平充分提供交通服务的地区。因此，许多国会议员没有非常关心交通问题的选区。

就在本书截稿时，许多行政辖区正在建设或计划建设轻轨（有轨电车）线路。例如，华盛顿特区正在计划建设运行 37 英里长的轻轨线路。轻轨的建设是很昂贵的，估计 4.5 英里长新系统的基建费为每英里 2000 万美元。围绕这个项目的争议是预计的乘客量是否能证明高昂的成本是合理的，其未来也不确定。

过去，轻轨和重轨系统一直都是放射状的，把郊区的工人带到市中心区来。随着就业岗位的分散布局，人们讨论了建设环状轻轨线的方案，把工人从郊区的居住区送到郊区次中心的工作岗位上去，当然这种有关建设环形轻轨线的想法目前并未付诸实施。建设成本高，以及前边提到的收集和分散问题，都将使这种类型的公交系统极其昂贵。

在我看来，未来公共交通可能更多地依赖公交汽车，而不是轻轨。公交汽车的建设成本要低很多，而且公交汽车的运营是可以随着居住布局和商业增长而调整的。但我们必须承认，如果我们建设一条公交线路的主要目的是推动某地区的商业或居住开发，那么非常缺乏灵活性的轻轨确实具有优势。当潜在的投资者看到轨道被放下，他知道在可预见的未来，那条轻轨线路肯定会通车。

快速公交（BRT）是最近出现的一种把轻轨和公交汽车优势兼顾起来的公交运营形式。[1] 这种公交汽车在它自己的专用道上运营，站与站之间的间隔比较大，是 0.5~1 英里，比一般公交汽车的站距要大一些。公交汽车站使用了轨道车站的设计，站台高度与汽车底盘高度相同，站台比常规汽车站台要大一些，这样缩短了乘客上下车的时间。在某些情况下，这种快速公交可自动控制交通信号灯，它接近交叉路口时，绿灯自动开启。有些地方建设了公交专用车道。这种公交线的建设成本大于常规公交汽车线，但低于轻轨线。这种快速公交具有一般公交汽车的灵活性，而且它们的线路可以随时调整。

快速公交系统的运行速度介于常规公交汽车和通勤或轻轨之间。例如，克利夫兰的医院线（因为那条快速线的一端终点是克利夫兰临床医学大厦），34 分钟行驶 9.4 英里，相当于每小时 27 公里。常规公交汽车走完这条线需要 46 分钟，相当于每小时 20 公里。克利夫兰的这条公交线月载客量为 37.5 万人，显然是很成功的，而且显示出这种快速公交可以融入现有的城市布局中来。在华盛顿州的埃弗雷特市，快速公交的运行速度平均为每小时 35 公里，运营长度为 17 英里。这条公交线既有公交专线，也有信号优先通道。

---

[1] Harold Henderson, "Light Rail, Heavy Costs," *Planning*, October 1994, pp. 8–13.

如同轻轨，快速公交可以用于第 10 章讨论的公交导向开发（TOD）的主干线。交通节点上可以安排数千居民，采取步行友好的街道模式，在步行距离内，大约是以公交车站为圆心的 1/4 英里圈，混合布置商业功能。

在建设快速公交系统中，市场似乎是一个关键因素。经济情况较差的人会乘公共汽车，所以公共汽车的声誉不如城铁。这样，快速公交的开发商会想方设法使该系统不同于传统的公交汽车。把快速公交快线的外观加以改造，并起个不同的名字，譬如称之为"快速公交车"（RTVs）而不叫"公共汽车"，建设外观不同的快速公交车站，甚至喇叭声都不一样，让快速公交区别于传统的公交汽车。有些想法未必智慧，但经验表明，形象对乘坐率影响很大。

城际铁路交通问题

过去几年，人们对城际铁路服务的兴趣日益高涨。2007 年和 2008 年的汽油价格上涨是一个原因。上面提到的精明增长，对全球变暖的关注，都与公路拥堵联系起来，人们认为，与汽车或航空相比，城际铁路交通留下的碳足迹比较小。最后，城际铁路具有示范效应。法国的和西班牙的城际铁路（TGV，AVE）运行准时，时速在 273 公里 / 小时。所以那些乘坐过法国的和西班牙城际火车的人都会问，"我们为什么不能有那样的城际铁路？"[1]

随着人们对城际铁路交通兴趣的增加，2009 年的经济刺激提案包括了对城际铁路的资助，以及一些可能的主要线路的研究的资助。也有一些州倡议，其中最雄心勃勃的是 2008 年 11 月通过的《加州提案 1A》。加利福尼亚州高速铁路管理局引述了这个提议的一部分如下：

> 为了给加利福尼亚州人提供一个安全、便利、经济、可靠的替代自驾车和高油价的交通方式；为了提供能赚钱的工作和改善加利福尼亚州的经济，减少空气污染和全球变暖的温室气体排放、减少我们对外国石油的依赖，我们打算发放 99.5 亿美元的债券，用来建设清洁高效的高速火车，把加利福尼亚州南部、萨克拉门托－圣华金河谷和旧金山湾地区连接起来，至少 90% 的债券资金，包括联邦和州政府的配套资金，都要用在具体项目上，而且受独立机构的审计监督。[2]

这里有必要简单提一下美国城际客运服务的历史。大约在 1920 年后，美国的

---

① Christopher Swope, "L.A. Banks on Buses," *Planning*, May 2006, pp. 33–36.

② F. K. Plous, Jr., "Refreshing ISTEA," *Planning*, February 1993, pp. 9–12.

城际铁路交通开始衰落，私人汽车的数量日益增加以及道路网络的建设，美国城际铁路交通遇到了最大的竞争对手。第二次世界大战以后，随着私人汽车的数量稳定增长，土地使用模式进一步分散，空运开始争夺长距离的城际线路，城际铁路的发展形势每况愈下，城际铁路客运状况类似于城际公交汽车运输的状况。其他有吸引力的交通模式逐步可行，而土地使用模式正朝着让乘客的收集和分散越来越困难的方向发展。

1971 年 5 月，国会对城际铁路客运服务持续衰退的状况作出反应，建立了"国家铁路客运公司"，推动铁路客运服务。现在，"国家铁路客运公司"在"美国铁路公司"（AmTrak）的名字下承担了全美几乎所有的城际铁路客运业务。美国铁路公司基本上是通过购买一般铁路线的某时段和某段线满足城际铁路服务需求的。因为大部分城铁服务利用的是铁路货运线，欧洲的高速客运火车不可能在美国使用。[①] 欧洲水平铁路客运服务需要高质量的铁路路基，而且还需要建设客运专用线，避免客运受到货运的干扰，实际上，铁路货运才是铁路最重要的运输业务。当然，美国铁路公司提供了 21000 英里的铁路服务。如同公共交通，没有补贴，铁路客运服务是不能维持下来的。现在，美国铁路公司每年接受联邦 26 亿美元的补贴。

环保主义者、政治上的中间派和左翼集团一般都是支持美国铁路公司的。而政治上的保守派认为，对美国铁路公司的补贴是滥用公共资金，是政府对市场的不公正侵扰。

从规划师的角度看，发展城际铁路客运的关键因素是集中。从一定意义上讲，发展城际铁路客运可以推动紧凑型开发，让城市核心区更有价值。如同公交线的衔接，支持城际铁路的那种土地使用模式。反过来，城际铁路强化的那种土地使用模式，恰恰与我们从 20 世纪 20 年代沿用至今的这种土地使用模式的方向相反。

城际铁路是否会改变现行的土地使用模式，其支持者毕竟还没有绝望。我有些怀疑，成本是一个问题。设想的加利福尼亚城际客运铁路系统估计投资为 450 亿美元，如果这个系统真的建设起来，就可以把南边的洛杉矶与北边的萨克拉门托连接起来，考虑到其他类似项目的经验，这个估算可能还低了一些。

目前，联邦和州因为预算赤字，已经在很大程度上减少了对城际铁路项目的支持，至少最近是这样，我们将在第 15 章详细讨论。另外一个关注点是新汽车技

---

① Federal Highway Administration, Office of Legislation and Intergovernmental Affairs, Program Analysis Team, "A Summary of Highway Provisions in SAFETEA-LU," Washington, DC, 2005.

术的开发,此类投资同样巨大。目前仅仅用于军事的短距离航空技术(如垂直起降)开发也是一个问题。总而言之,知己知彼,方能百战不殆。

交通系统优化

在早期,交通工程师最关注的是交通基础设施的建设。当然,最近几十年以来,交通工程师对优化现有交通系统的绩效也越来越感兴趣了,在已有的里程数内,获得更大的绩效。交通系统管理(TSM)和交通需求管理(TDM)两大系统有重叠部分。[1] 它们都涉及非结构性系统改进。

交通系统管理包括各种收费系统、信号协调和同步、事故管理(尽可能快地疏通事故现场)、入口匝道计量,以减少主干道的交通拥堵。在环岛可以提高交叉路口的通行能力和减少交通事故时,交通系统管理可能还包括用环岛替代交叉路口。给驾车人提供实时的路况信息,让他们绕行,这也是一种办法。交通系统管理可能还包括各种停车管理办法,避免妨碍交通,包括提供停车和乘车设施,进一步减少瓶颈地区的交通流。注意,这些项目在交通需求管理中也有。

一些交通需求管理包括鼓励拼车、错开早晚高峰时段、鼓励远程办公、使用停车费来鼓励人们不独自驾车出行,鼓励骑车和其他非机动车出行的办法,发展公共交通。从长远角度看,交通需求管理和城市设计之间有着明显的联系,城市设计涉及土地使用,目标是减少平均出行距离。

日益生产影响的收费和私有化

经济学家会告诉我们,建立正确的价格是有效使用资源的途径。如果某种东西是免费的,那么我们都会去使用它,它将一直使用到最后一个用户只从中获得最微不足道的好处,但最后一个用户付出的成本可能要比对手多很多。如果给这个资源合理定价,那么其成本会得到与这个成本相当的收益。用经济学的术语讲,有效地调整成本和收益之差。

道路使用收费是最近出现的一种倾向。越来越多的道路都要收费了,大部分收费道路一天中的收费标准不同,这对有效使用道路是有意义的,因为道路越拥堵,

---

[1] Janusz Supernak, "HOT Lanes on Interstate 15 in San Diego: Technology, Impacts and Equity Issues," San Diego State University, 2005. This article, and many others on the subject, is readily available by Googling HOT Lanes.

新增车辆的行驶速度会越慢，这样，最后一辆车所付出的成本会更高。因为早高峰和晚高峰的道路通行需要最大，因此，提高早高峰和晚高峰的道路收费标准可以让收费最大化。

有关收费道路，有一个值得关注的新问题，收费道路的建设和运行正在吸引私人资本。连接杜勒斯机场和华盛顿特区环路的"杜勒斯收费道路"就是收费道路的建设和运行吸引私人资本的一个案例。人们有时很看重他们的时间，投资者日益认识到，把节省下来的时间卖给客户是能赚客户钱的。从地方和州政府的角度看，在没有花费公共资金和留下公共债务的情况下，通过私人投资建设收费道路的办法，实现了本地区改善交通状况的公共目标。

吸引私人资本的不仅有收费道路的建设，还有收费基础上的现有道路的运行。引起广泛关注的一例是，芝加哥市把芝加哥天际路的收费权卖给了一群投资者，长达99年，售价为18亿美元。市政府把这笔钱拿来投资，否则芝加哥市那些需要投资的项目会拖累市政府很长时期，而且这笔买卖是经过充分咨询的。投机者可以说，政治家们为了拉选票采取这种做法是短视的，许多年以后，他们会看到这么重要的财政来源落入私人之手是一大错误。

国会通过的《安全、负责、灵活、有效率的公平法案：使用者的遗产法案》（SAFETY—LU）推动了私人投资或运营管理收费道路的发展。这项法案允许投资者使用免税的收入债券建设收费道路。"收入债券"是指在收取的道路费中扣除本金和利息后，拿预计剩下的那一部分收入去市场上募集资金，形成债券，并用这个债券筹集的资金建设收费道路。免税是指，购买这个债券的人不需要为他从这个债券里挣得的利息上个人所得税。反过来则意味着这种债券可以低利率法来发放，这样减少收费道路投资者还本付息的成本。实际上，这里产生了联邦政府对建设道路的暗补。在一条建设资金为10亿美元的道路上，通过免税方式节省的利息成本累积可达数亿美元。

这项法案的另一个特点是扩大了各州可以征收通行费的道路类型。在许多州，大都市区域内的主要道路都有多乘客车辆（HOV）专用车道，早晚高峰对至少载客两名以上的车辆开放。《安全、负责、灵活、有效率的公平法案：使用者的遗产法案》允许州政府把这些专用道变成收费专用道。[①] 符合载客要求的车辆依然可以免费使用那些车道，如果只是开车而没有乘客的话，则需要为使用这种车道付费。最高级车道（HOT）使用的是变动收费技术。使用HOT车道的收费标准可以每6

---

① 2011年，日产汽车公司宣称，它的全电动叶片以34千瓦时的功率可跑到100英里。

分钟变化一次，这个收费标准被传输到沿路的信号灯上。这样，驾车人可以调整他对 HOT 车道的使用选择，他们或者回到免费车道上。当车辆行驶在 HOT 车道上和驾驶员不断收到缴费信号时，车上的应答机会跳动。这个系统不仅带来了收益，而且还让人们充分利用 HOT 车道现存的通行能力，减少其他道路上的拥堵。随着在 HOT 车道上的车辆越来越多，引起拥堵时，HOT 车道上的收费就会上升，这种费用上升意味着不鼓励人们使用 HOT 车道，所以变动收费实际上是在实现车流的最优化。人们曾经担心，那些所谓雷克萨斯车道会仅仅成为高收入人群的专用车道，人们对圣迭戈 I–15 号公路的 HOT 车道开展了多年实验，结果表明事实并非如此。现在，加利福尼亚州使用了 HOT 车道，在休斯敦的 I–10，在丹佛，都使用了 HOT 车道，华盛顿特区也正在筹划使用 HOT 车道。在华盛顿特区，HOT 车道的规划师正在考虑高峰时段每英里收费 1 美元。显然，规划师认为车主会付这笔钱，以便摆脱他们每日驱车的痛苦。

汽车的未来

在过去的一个世纪里，汽车已经得到了很大的改进。1915 年的自动点火技术，随后又创造了自动换挡技术、动力转向技术等。液体燃料驱动的发动机驱动车辆，通过挡风玻璃向外看的驾驶员控制车辆、转动方向盘、脚踏油门刹车，这种最基本形式的汽车从一开始就伴随着我们。

过去 10 年，汽车技术的发展正在加速。实际上，我们可能会看到稍后讨论的一个领域的巨变。因为交通和土地使用之间强有力的联系，规划师一定关注机动车技术的未来。传统的内燃机已经成为过去，全电动和各种混合动力的发动机日益普遍，技术突飞猛进。

未来能源成本还存在很大的不确定性。许多地质学家和部分人认为，我们正在达到"石油峰值"，也就是说世界石油生产正在紧逼它的生产峰值，因为旧井产量的下降量大于新井的产量。所以油价不可避免会上涨。水平钻井和采油正在为我们打开了巨大的石油资源，传统的钻井方式得不到那些石油资源（见第 15 章）。

水平钻井和采油技术同样使天然气产量大增，而天然气单元能量成本远低于汽油或柴油。在这个领域不需要技术突破。为数有限的车辆已经使用液化天然气（LNP）几十年了。让数百万辆由液化天然气驱动的车辆上路，需要石油公司做大规模投资，建设储运和加油设施。

无论使用什么驱动装置，燃料效率似乎正在提高。2012 年，联邦环保局批准的"企业—般燃油经济"（CAFE）标准为 54.5 英里 / 加仑（87.7 公里 /3.785 升），大约为现行标准的 2 倍。这个标准究竟能不能成为现实还有待观察。这个标准意味着更小和更轻的车辆，而人们一直青睐更大和更重的车辆，看看多功能运动型车辆（SUV）的速度，所以联邦环保局公布这个标准的压力很大。实际上汽车公司极力游说反对这个标准，但专家的这个想法是可以实现的。

总之，驱动装置技术和未来的燃料成本现在都还存在巨大的不确定性。

无人驾驶汽车可能就是下一个飞跃。人们原先似乎有理由认为，无人驾驶的车辆可能通过车辆革新和道路改善相结合而逐渐发展起来。但现在呈现出来的最大可能性是，无人驾驶车辆的发展会比预期快得多。

无人驾驶技术的发展可能有很多途径，大量的研究目前当然还只是专利，所以无论对圈外人还是对圈内人来讲，大家对无人驾驶技术的前景都不是那么确定，但有些信息还是有意义的。汽车制造商也许一直都不是掌握无人驾驶技术最前卫的公司，但谷歌已经在推进无人小汽车原型车辆的开发方面积累了上百万英里的经验。谷歌系统的眼睛是一个光探测和测距系统，装在无人驾驶车辆的顶部，提供了车辆周边的 360° 的实时情景，非常精确。光探测和测距原先已经在遥感中使用了。光探测和测距（Light Detection and Ranging）的缩写是 Lidar，类似无线电探测和测距（Radio Detection and Ranging, *radar*）。谷歌系统还包括了一个相当于 GPS 系统中的地图数据的数据库。两者之间有一个信息，回答了"我们周围正在发生什么"和"我们如何从这里到达那里"的问题。许多人建议，无人驾驶车辆的控制系统可以相互交流，避免两个系统同时出现在同一个位置上。毫无疑问，有一个与交通流相关的问题必须解决，一些车辆是计算机控制的，另外一些车辆是人工控制的，道路上会长时间出现这两类车辆并行的状况。无人驾驶汽车的问世尚不能确定，但许多技术精明的人们认为它会实现，并正在为此注入资金。

在启用重大新技术之处，无论是蒸汽机，飞机，计算机，以及后来的通信光纤等，也许大多数的长期影响都是不可见的。无人驾驶汽车成功的话，这可能就是这种情况。

但现在许多事情已经露出了端倪。一个永不厌倦、不分心的控制系统，对酒不感兴趣，在处理数据的速度上比人的大脑快几个数量级，一定会大幅度提高汽车的安全系数。开车有时让人烦躁、血压升高、极度紧张，对于这样的人来讲，无人驾驶技术会让旅行变成一段令人愉悦的经历。一些人觉得自己不能安全开车，也许老年人吧，他们视力不好，反应不灵敏，不能快速应对突发事件。具有微秒级数据处理能力的控制系统，可能会让高速行驶中的车辆更为安全，车距比现在更近一些，这样，不用增加车道就可以提高道路承载能力。不难想象，无人驾驶技术加上更高水平的燃料效率，一定会真正影响到我们土地使用模式和城市和城镇的长期发展。

小结

自第二次世界大战以来，美国人均汽车拥有率翻了一番，部分原因是实际收入的增长。人均汽车拥有率的增加与郊区化过程结伴同行，相互促进。就直接成本而言，私人交通或多或少由个人自己承担了，与此相反，公共交通需要巨额补贴。第二次世界大战以来，美国人均汽车拥有率的攀升以及土地使用模式的分散，与美国公共交通的衰退不无关系。

现在的土地使用模式影响了当前的交通需求，交通投资决策影响了未来的土地使用模式。在最理想的状态下，土地使用规划和交通规划是相互协调的，而不是互不相干的。

大规模的交通规划有四个步骤：

1. **估算通勤生成**。在不考虑那些通勤的起点和终点的情况下，规划师使用诸如家庭收入、家庭人数、家庭拥有车辆数等变量，估算从每个分区出发的总出行次数。

2. **估算出行分布**。使用引力模型或其他的数学模型，规划师可以估算从每个分区到每个分区的出行次数。

3. **估算交通方式划分**。一个地方可以供人们出行使用的交通方式不止一个，假定可以乘公交汽车和自己开车，那么我们需要把上一阶段研究的出行分摊到不同的交通方式上。这类模型上的主要变量是旅行费用和旅行时间。

4. **预测出行分布**。一旦选择了交通方式，最后一个项目就是预测从相同起点到相同终点的不同旅行路径如何分布。

在模型建成之后，我们对模型进一步作调整，让它的结果符合那个区域的实际出行行为。然后使用这个模型考察不同的交通选项。我们通常使用成本收益分析来评价不同的投资可能性，给它们排序。最后，因为交通系统的投资对土地价值、街区品质、整个开发模式的影响很大，所以大型交通项目的投资是一个政治问题。

我们看到，最近几年出现的对开发城际铁路的兴趣，也看到了涉及城际铁路的一系列重大的财政金融问题。这一章也讨论了交通系统管理和交通需求管理，它们都是改善公路系统绩效使用复杂的收费系统和一些公路私有化的手段。本章最后讨论了汽车技术的变化，特别是无人驾驶汽车和它可能存在的一些意义。

参考文献

Dickey, John W., *Metropolitan Transportation Planning*, 2nd ed., McGraw-Hill Book Co., New York, 1983.

DiMento, Joseph F.C., and Ellis, Cliff, *Changing Lanes: Visions and Histories of Urban Freeways*, MIT Press, Boston, 2012.

Meyer, Michael D., and Miller, Eric J., *Urban Transportation Planning*, 2nd ed., McGraw- Hill Book Co., New York, 2001.

Roess, R.P., Prassas, E.L., McShane, W.R., *Traffic Engineering Prentice Hall*, New York, 3rd edition, 2004.

Vanderbilti, Tom, *Traffic: Why We Drive the Way We Do (And What It Says About Us)*. Alfred A. Knopf, New York, 2008.

第13章 经济发展规划

数千个地方行政辖区，可能是大多数县，以及所有 50 个州都在努力促进自己的经济发展。它们究竟在地方经济上花了多少钱不得而知。当然这个数字估计每年高达数百亿美元，包括经济发展机构的运行开支、经济开发本身的直接开支、各种各样以减税形式显示的间接开支。美国现在的情况可以说是跨行政辖区和跨州的高水平经济竞争。

劳动力市场在一定程度上推动着这种竞争。市民们期望地方和州政府促进就业增长，收紧劳动力市场，从而提高工资水平，并且降低失业率。政治家在竞选时都会把他们发展经济的业绩拿出来。得克萨斯的州长佩里（Rick Perry）在 2012 年竞选共和党总统候选人时，他对自己为什么应该成为总统的最大理由是在他执政期间该州的就业增长记录。

税收也是推动地方和州政府展开经济竞争的重要方面。地方政府面临财政困境，一方面要提供公共服务；另一方面，市民们不愿缴税。因此，地方政府必须通过引进新的商业活动和工业活动来扩大自己的税基。跨地区经济竞争带来一定量的"正反馈"。一个州或一个市政府承诺补贴在其辖区内落户的企业，或者展开一个大规模的推广活动，宣称自己才是企业落脚的好位置，其他州和市政府可能对此作出类似回应。这样就出现了企业和政府的讨价还价，因此跨地区经济竞争越来越紧张。这种跨地区经济竞争把经济发展规划变成了规划专业中的一个重要分支。规划学院开设了经济发展规划课程，美国规划协会有一个经济发展规划分会。在我们回到经济发展规划主题之前，一些历史和国家背景将是有用的。

历史根源

经济发展规划是美国的一个古老传统。从许多方面看，经济发展规划是我们在本书中讨论的这种城市规划的前身。19 世纪，许多城市努力增强它们与其他城市的竞争地位。城市的商人自然成为这种竞争背后的推手，城市的经济成功会让他们获益。这种经济发展规划通常是交通基础设施导向的——让城市可以更加便利地进出。在地面交通成本是现在数倍的时代，与其他城市竞争对手相比，如果能够大量减少地面交通成本，那个城市的商人肯定占有优势。[①]

19 世纪最著名的例子可能是伊利运河的修建。19 世纪 20 年代初，一群纽约市的商人认为，有一条通往中西部地区的途径一定会让纽约的经济优势大增。在铁路时代以前，能够实现这个愿望的一个办法就是修建一条运河，把哈得孙河与伊利湖连接起来。完成这项工程的资金很快就从私人那里筹措到了，这条运河在随后的几年逐步建成了。到了 19 世纪 30 年代，也就是运河建成后的十年，这条运河的年货运量已经接近 100 万吨，让纽约比波士顿和费城又多了一大优势。1800~1830 年是美国运河建设的伟大时代，而修建运河基本上都是地方政府推动的，每一个城市都想先发制人。

运河建设的时代随着铁路技术的到来突然结束了，但是市政府之间展开竞争的故事并没有改变，依然如故。许多早期的铁路建设资金都是地方自筹的，城镇之间争夺铁路线的斗争相当激烈。一般情况下，市政府购买铁路债券，用来建设铁路线，这样那些城镇就会出现在铁路线路途上。还有一些城市给债券提供担保，让那些债券可以上市出售。[②]

当美国的铁路系统发展起来之后，地方之间的竞争又转向新的领域，特别是制造业。例如，纺织业从新英格兰地区转移到了美国的东南部地区，这与地方上的商人和市政当局的努力分不开。

地方经济发展透视

要了解当地经济发展的现状，有必要明确两种不同的观点。几十年的时间里，地方经济发展在很大程度上受到联邦资金和联邦立法的影响。

因此，需要从国家的角度来考虑地方经济发展。我们还需要考虑地方经济发展的动机，实际上适合于地方或州的经济发展方案未必一定适合于作为整体的国家。

联邦政府在地方经济发展中的作用

在第二次世界大战后的几年里，美国的经济词汇中增加了一个新的术语：结构性失业。"结构性失业"是指劳动力供应和劳动力需要之间的长期不相匹配。不

---

① Alan Pred, *City Systems in Advanced Economies*, John Wiley, New York, 1977.

② Alfred Eichner, *State Development Agencies and Employment Expansion*, University of Michigan Press, Ann Arbor, 1970.

相匹配的可能是技能。例如 20 世纪 60 年代，因为战后的农业机械化的发展，大量原先的农民和农场工人被迫离开土地，他们因为缺少做其他工作的技能而失业了。与此同时，正在兴起的计算机产业正缺少程序员、系统分析师和技师。最近几年，美国的制造业已经大幅下降，而医疗卫生服务业则大幅上升，从事工业生产的工人居高不下的失业率与护士的严重短缺同时并存。在一定程度上讲，这种结构性失业是技术变化的结果。技术变化越快，这种结构性失业就可能更严重。

地理分布是结构性失业的另一个方面。因为企业迁走了，或者因为技术变化而减少了对劳动力的需要，或者干脆破产了，于是该地区可能失去工作岗位。如果失业损失与相应的人口外流不相匹配，可能会导致持续的高失业率状况。一般来讲，资金比人口更具有流动性，所以结构性失业实际上并不以这种方式发生。公司董事会可以作出一个决定，关闭这里的一家工厂，把它的生产转移到其他地方，或世界其他地方。但迁出劳动力剩余的地区，搬到劳动力短缺的地区去，人们作出这样的决定并不容易。

第二次世界大战结束后，结构性失业的问题并没有马上显现出来。与大萧条时期相比，战后时期是大繁荣的时期之一。因此，在一段时期内，许多人似乎认为，政府唯一重要的经济功能是通过对国家（宏观经济的）经济政策的有效管理来维持这种理想状态。

几年后，很明显，尽管国家总体上很繁荣，但并非所有区域或所有人口群体都在经济上获益。阿巴拉契亚是受到严重关注的第一个区域，煤矿就业率下降，崎岖不平的地形地貌，都导致很难开发有效率的交通网络。阿巴拉契亚区域位于繁荣的东海岸和正在兴起的中西部工业区之间，它似乎永无翻身之日了。

1961 年初，国会开始在国家层面解决阿巴拉契亚地区的问题。基本方法就是使用联邦资金来解决结构性失业中的技能不相称和地理错位的问题。在解决技能问题上，联邦政府使用公共资金开展人力培训。联邦政府通过项目，直接把资金投向经济发展落后的地区，解决结构性失业中的地理错位问题，至于一个地区是否为经济落后地区，是根据个人收入和失业率的统计指标确定的。一种典型的项目可能是城市工业园区，使用联邦政府的拨款支付一部分成本。这种项目允许地方政府以低于市场的价格把工业园区的场地卖给商人。1961 年成立的"地区重建管理局"（ARA）是致力于这项工作的第一个机构。1965 年，"经济发展管理局"替代了"地区重建管理局"。住宅和城市发展部（HUD）设置了"城市开发行动拨款"（UDAG）项目，资助城市地区的项目。这个项目不再存在了，但用这笔资助建设起来的市中心的酒店和会议中心现在还在运行着。

在预算的税收支出方面，联邦政府许多年以来一直都通过"工业税收债券"（IRB）融资机制来帮助地方经济开发项目。没有来自联邦政府的支付。按国税局（IRS）的条款允许地方政府给公司安排免税的贷款，进而减少公司的债务负担。不同于资助项目，这些贷款不一定仅仅针对贫困地区。实际上，所有的地方政府都可以使用这些贷款方式，它们究竟对解决结构性失业问题有多大的效果现在还不能完全确定。

公众干预有意义吗？

从国家的角度看，联邦政府对地方经济发展给予补贴究竟有没有意义，人们对此争论不休。从经济学家的角度看，补贴正在用到那些不是最有效率的地方经济活动上，目的是实现某种公平收益。这种所谓的效率换取公平需要作一个简要的解释，因为它是关于政府在影响经济活动地点方面发挥着适当的作用，并成为许多争论的基础。

争论如下。如果这个选址是该公司最有效的地点，那么普通的市场力量将导致在没有任何政府干预的情况下选址，但事实并非如此。当一种补贴（以落户工业园区的形式降低企业的实际开发成本）一定会把企业引到这里落脚，那么那个选址肯定不是最有效的选址。按照这个逻辑，由于使用补贴影响经济位置，让整个经济都丢失了效率。鼓励企业落脚并非是最有效的选址，这就意味着生产一批特定的商品或服务的成本将更高。作为这种效率损失的回报，就有了一种收益上的公平，经济活动被指向了比一般需要更多的领域。因此，这就是有效的公平权衡。那些支持在经济活动上实施强有力的公共干预的人，无论明示或暗示，都非常看重公平。那些普遍反对公共干预的人，往往会再次明确或含蓄地强调效率。

总之，自由派倾向于支持与地方相关的项目。保守派一直都反对这类项目，他们认为，国家政府的恰当角色就是为私人经济活动的繁荣提供条件，但市场本身应该决定如何以及在哪里投资。

卡特执政期间（1977~1981年），联邦政府涉足结构性失业问题最多，此后无论是共和党还是民主党执政，对有关结构性失业问题的关注逐步下降。尽管联邦政府对地方经济发展的兴趣和资金都在减少，然而，州与州、市与市之间的竞争愈演愈烈。每个州和大部分行政辖区的选举人都想给当地劳动力争取更多的就业岗位，从工业和商业开发中得到更多的税收。州和城市经济发展活动似乎有自我生成的品质。如果一个地方为新企业提供减税，那么另外一个地方可能也会紧随其后，不甘落后。

州经济发展工作

多年来，州政府一直都在支持地方经济发展。州政府商业部提供全州的信息，努力把企业引导进入其他城镇。州政府已经给私有企业提供了各种金融优惠条件，如投资税额抵减、低利率贷款、基础设施拨款、劳动力培训拨款等，鼓励企业在各自所在的州落户或扩张。大部分州在欧洲、远东都设有办公室，帮助企业开发海外市场，也鼓励海外企业向州投资。更重要的是，州政府越来越涉足大型工业或商业的再选址和扩张，希望大量投资以吸引经济活动。

例如，在20世纪90年代，奔驰公司在亚拉巴马州的万斯开设了一家汽车装配厂，而宝马公司则在南卡罗来纳州的斯帕坦堡开设了一家。按奔驰的补贴应在2.5亿美元左右，而宝马的补贴约为1.5亿美元。按工作岗位计算，奔驰的补贴为16.8万美元，而宝马的补贴为65000美元。这种补贴包括给公司的直接支付，给公司的基础设施投资，许多税收优惠待遇。

在某些情况下，州政府向企业提供了主要的一揽子方案。也许这种倾向是不可避免的。期望迁出会与期望留下来相匹配。

> 去年（1989）6月，西尔斯公司选择把拥有6000名员工的营销集团放在芝加哥的郊区霍夫曼爱斯黛市，伊利诺伊州的官员们松了一口气，西尔斯在1989年初曾经宣布，它打算从芝加哥市中心的标志性建筑西尔斯大厦搬走。
>
> 虽然把西尔斯留在伊利诺伊州要花费州里1.78亿美元，而且不产生一个新工作岗位，州长汤普森（James R. Thompson）称赞这一决定是他所在州的"一次伟大的胜利"。[1]

毫无疑问，伊利诺伊州政府为搬迁西尔斯花费的1.78亿美元还有许多其他用途，但它几乎别无选择。一个原因是，这个有着6000个工作岗位的西尔斯分销中

---

[1] Robert Guskind, "The Giveaway Game Continues," *Planning*, February 1990, pp. 4–8.

心对于任何一个政府经济发展机构都是一个奖赏，它无疑已经吸引了其他一些州的报价，所以伊利诺伊州别无选择，只能开出自己 1.78 亿美元的价码。从纯粹政治意义上讲，汤普森州长也别无选择，如果西尔斯真的离开了伊利诺伊州，这个州长就要在下一场竞选中背上黑锅。

2014 年 2 月，华盛顿州给波音公司可能是最大的优惠了。波音公司的总部在西雅图，大约有 6 万人在那里就业。公司和工会有关退休金问题的争议越来越大。公司想从传统的"固定收益"养老金转变成"固定缴纳"养老金。双方的争议非常激烈，于是波音威胁要把 777X，甚至 737MAX 的生产线搬到另一个州，这样公司不用再面对一个激进的工会。2013 年，州议会将面临失去 2 万个工作岗位的危险，于是通过了一项法案，从 2013 年开始直到 2040 年，减少波音公司 87亿美元的赋税，把波音公司的 777X 和 737MAX 生产线留在华盛顿州。最后，波音公司给"国际机械师与航空工人工会"开价，提高工资和签约奖金，但波音公司还是不同意在养老金问题上作交易。以微弱优势投票，工会接受了波音的开价，波音则不会迁走。波音公司之所以敢于威胁迁厂是因为很多州都给出了不错的报价，当然细节不便披露。

为了吸引新产业在一个州或一个地方落户，州政府或地方政府会提供一个一揽子补贴计划，最后的回报可能是正的，也可能是负的。从积极方面看，有来自新工作岗位的收入，从新增的经济活动和房地产开发中得到了新的税收。另一方面，经济增长推动了人口增长，所以就有了新增的支出，如学校、社会服务、面临增加的交通流量等。除了用于补贴的成本外，增加的财政收入可能略有结余或入不敷出。新企业是否会提高一个地区的平均工资还不得而知。有人可能希望有一个总体趋紧的劳动力市场，这样通过增加就业提高平均工资。然而，如果新企业的工资水平低于那个地区已经有的平均工资水平，新企业的进入会降低该地区的平均工资水平。

州政府除了使用自己的资金吸引企业外，还常常寻求联邦政府在其行政辖区里投资。这就可能要动用州在国会代表的影响和权力，在数百亿美元的军费开支中分得一杯羹。这可能意味着推动联邦政府把新的军事设施建在自己州，而不是其他州。或者要求州的国会代表尽其所能去抵制关闭他们州军事基地的决定。另一个例子是寻求获得联邦政府公路建设资金，企业在选址时特别看重通达性。

是否有必要通过减税与其他州展开竞争是有争议的，减税可能导致减少服务、削减州政府的雇员、削弱公共部门的实力。从国家层面来看，削减州支出以降低州税收可能是零和游戏。但从一个州的角度看，减税还是有意义的。企业在决定重新选址或扩大规模时，税率是要考虑的重要方面，但并非最重要的方面。如果所有的州都有这类法律，影响就大同小异了。因为所有其他事情都一样，但如果某个州有禁止强行要求工人加入工会的法律，那么它就会比没有那项法律的州有优势，许多企业都愿意选择工会势力较小的地方落户。

地方经济发展计划

在地方一级，人们对经济发展有着浓厚的兴趣。美国有 15000 个组织致力于经济发展，绝大多数这类组织是在地方一级——城市、县、城镇或街区。

社区推动经济发展有若干个动机，一个动机就是就业。增加地方经济规模似乎是减少失业的一个明显途径。事实上，经济发展通常不像人们想象的那样减少失业。一个主要原因是新工作岗位鼓励了移民，因此许多工作被新居民占据。区域经济学家认识到这一点已经超过半个世纪了，但在政治过程中，人们往往没有看到这一点。[①]

房地产税减免是地方发展经济的另一个主要动机。对于州以下级别的政府，财政收入的最大一部分来自房地产税。这一点同样适用于校区。许多地方政府和校区发现自己面对很大压力，市民一方面抵制增加房地产税率，另一方面需要政府提供公共服务。跳出这个两难境地的一个明显途径就是开源，在不改变税率的条件下增加政府的财政收入。在许多地方，房地产税收的动机实际上比就业动机更重要。所有的市民都在支付房地产税，相反，在任何一个设定的时间里，失业的总是少数市民。谁获得了税收优惠，这一点并不含糊。如果在城市或县、镇、校区建造设施，该机构将收到税款。另外，劳动力市场和商业刺激效应可能会远远超出这个行政辖区的边界。大都市区域内的小社区常常会感到它们是大都市区劳动力市场的一部分，它们太小了，不会对其产生很大影响，但它们有可能清楚地算出一个新项目会给它们带来多少税收。

还有其他动机，经济增长可能对整个商界的各个部门都有好处。房地产经纪

---

① 由于两个原因，计算的失业率可能没有什么改变。文中提到了移民效应。还有一个原因是，新的工作可能吸收那些失业的居民，所以不再把他们算作失业者。有关这个问题，参见 Gene Summers, *The Invasion of Nonmetropolitan America by Industry*: *A Quarter Century of Experience*, Praeger, New York, 1976. Wilbur Thompson, "Economic Processes and Employment Problems in Declining Metropolitan Areas," in *Post Industrial America*: *Metropolitan Decline and Job Shifts*, George Sternlieb and James W. Hughes, eds., Center for Urban Policy Research, Rutgers University, New Brunswick, NJ, 1976.

人会从新增的交易中受益。房地产业主会从土地和建筑物需求的增加中获益。零售商会从购买力增加中得到销售的增加。建筑企业以及工人会从扩大的建筑开发项目中获益。总而言之，地方经济发展得到了各方的支持，包括商界和劳动者。

几十年以前，许多经济发展机构首先关注的是制造业，实际上，经济发展领域有时被人们称之为"烟囱追逐"。二战后早期，制造业的就业人数占美国全部就业人数的1/3，而且据说那时的制造业是相对"自由"的，在区域或国内市场销售产品的制造商有很大的空间决定他们的工厂选址。所以，许多经济发展机构有理由把制造业放在首位。不过制造业的主导地位不是不可改变的。

几十年间，美国制造业就业在绝对数上相对稳定，不过随着经济的增长，美国制造业的就业人数占总就业人数的比例在衰退。自2000年以来，美国制造业的绝对就业人数开始下降，目前占美国总就业人数的比例不到9%。因此，市政府及其经济发展部门追逐的是零售、商务和个人服务、办公、娱乐等，就业人数有了很大的增长。

许多地方政府、州和区域机构都开发了科技园区，吸引高技术企业入驻。这些企业可能从事软件开发或科学研究，有一些企业可能展开小规模的尖端制造业，对于这类企业来讲，依靠自己的实力吸引少数训练有素的人才和有资质的就业者，可能比降低劳动成本更重要。对于大多数科技园区，核心资源是有一所在科学和工程技术方面有专长的重点大学。例如布莱克斯堡的弗吉尼亚理工大学，它有一个非常成功的"研发中心"，距离校园有1英里。这个研发中心的员工可以在大学攻读学位，并可以使用大学的图书馆和计算机设施。这个研发中心便于与学校的院系开展咨询，并给院系的工作人员提供便利的工作场地，他们可以在研发中心的企业里就业。最后把许多高技术企业聚集在一起，共用公共设施，可以让那里的就业者们开展各种观念交流和信息交流。

重要区别

本书中讨论的规划基本上没有涉及行政辖区之间的竞争。如果A镇改善了它的公园，这种改善不会让B镇的公园变得糟糕。实际上，A镇改善公园可能推动B镇也来改善公园。但如果A镇通过基础设施改善、减税或其他诱惑把通用阀门和水龙头定在它那里，而不是在B镇落脚，A镇的获得当然是B镇的损失。在竞争和零和结果的意义上讲，地方经济发展工作体现了公共政策和规划的独特领域。[①]

---

① 这个术语源于博弈论。

规划师和经济开发商之间的关系

规划师和经济开发商必然有很多的互动，他们都关注对基础设施的公共投资、土地使用管理、环境管理，以及影响开发什么产业和在哪里开发的任何事情。有时，地方政府的规划师和经济开发商之间的关系是很融洽的，不过有时也不尽然。对于规划师来讲，引入新的企业，鼓励现有企业扩大生产规模，是许多规划目标之一。对于经济开发商来讲，引入新的企业和鼓励现有企业扩大生产规模其实就是发展经济的唯一目标。我们想发展，但必须符合总体规划，规划师的这个立场可能与经济开发商的立场相冲突。当潜在的投资者想做经济开发商认为正确的事情，但在规划师认为错误的地方，就会出现分歧。根据市政当局政治机构的优先事项，这个问题可以朝着任何一个方向发展。

毋庸置疑，规划师和经济开发商有许多专业联系。一次，我和同事对许多经济开发机构的主管开展了一个问卷调查。我们提出的一个问题是，"如果经济开发不是你的第一个专业，那么你原先的专业是什么？"最常见的回答是城市规划师。

一个社区如何推动其经济增长

一般而言，一个社区可以做四件事来推动自身的经济增长。显而易见，它们之间存在一定程度的重叠。

招商和推广。社区可以展开公关、广告、招商和推广等项工作。实际上，社区可以把自己看成一个产品，努力把这个"产品"推销出去。对于那些寻找落户的企业，不可能收集到有关所有可能性的客观信息。所以社区要千方百计把自己展示在企业面前，让自己先声夺人。

补贴。社区可以用各种方式资助发展。一种形式就是减税。由于地方政府的主要税源是房地产税，所以通常减少企业税负的办法是减少新开发工商企业的房地产税。有些社区还建立了循环的贷款基金或其他信贷安排来推动商务增长。如果市政府征收销售税、库存税、商业使用税或营业税，那么它可以减少税率。

"企业分区"就是有关补贴的一种办法。城市、城镇、县或州都可以指定一个地方为"企业分区"。在这个分区内，新投资可以得到各种税收优惠。这类优惠可能包括减少房地产税、减少销售税、减少公司收入税等。另外也有可能直接拨款。另一种吸引投资的方式是赦免一些土地使用规则，允许较高的建筑密度。这种方式通常用于市中心地区，努力恢复那里的商务活动。

使用市财政建立的基金来补贴，无论是通过直接补贴还是通过减税的方式补贴，都会有一些内在的矛盾。当市政府帮助一个企业时，它必须筹措资金。如果为了筹措资金而提高税率的话，就会迎合了某个企业，而得罪了其他所有人的企业。问题是哪种方式占主导地位？这并不是一个容易确定的问题。

信息不对称困扰着补贴。在理想情况下，只有在决定性的情况下才会给予补贴。但无论什么情况，只要企业在那个社区投资了，补贴不过是意外收获，与社区本身并无关系。假定这个补贴事关重大，补贴的规模应该是最低水平的，目的是让企业做市政府想要企业去做的事。对企业而言，补贴无疑是多多益善，所以企业会声称补贴是必要的，而且想要的补贴数额一定很大。企业当然清楚自己的动机，如果企业正在选址，它会考虑其他社区的补贴有多大。然而，社区或经济开发部门是不会知道此类信息的，企业有选择性地释放它想释放的信息。另一方面，作为公共机构，市政府和它的经济开发机构必须以相对透明的方式运作。实际上，这是一种牌局，允许一个玩家不亮牌，而其他的玩家必须亮牌。市政府提出正确补贴数额的机会不大。

企业可以说，"如果你不补贴这个数，其他人会。"于是，企业有能力与社区周旋。多年以来，马里兰州一直试图把它自己推销成影视生产基地。《纸牌屋》就从马里兰州得到了一笔可观的补贴。2014年2月，《华盛顿邮报》报道称，制作《纸牌屋》的影视公司"媒体权利资本"的一个高级职员给马里兰州州长奥马利（Martin O'Malley）写信："我想让你知道，公司要求我们了解其他州是否通过了下一季《纸牌屋》抵税额的相关法令。"①

市政府先提出补贴，然而结果却不是市政府预期的，这是另一个问题。许多市政府都在与企业签订的补贴协议中包括了返还补贴的条款。如果企业没有达到相应的投资规模或就业岗位，企业要把补贴退还给发放补贴的机构。这类条款有时执行了，有时因为企业破产而无法执行。实际上，市政府与破产企业的其他信贷人一样，真正可以收回的补贴可能寥寥无几。②

特别小区域的财政安排。 市政府可以直接提供财政资金去支持适合较大经济开发战略的特定地区。税收增值融资（TIF）是一种直接的财政资金。新开发出来的那一部分房地产税可以留下来用于那个地区的再投资。企业投资区（BID）就是一个相关的设置。征收该区内房地产业主们超出一般房地产税的附加税，用这笔税收支持区内的投资。企业投资区的附加收费因为谁偿付和谁受益泾渭分明，所以，即使在普遍的反对征税的环境中，政治上也是可以接受的。

---

① Jenna Johnson, "Hit Show Gets Maryland's Attention," *Washington Post*, Section B, p. 1, February 21, 2014.

② W. Zachary Malinowsky, "Winning the Subsidy Game," *Planning*, February 2014.

提供场地和建筑。决定一个社区是否能够吸引新的商务活动和留住现有商务活动的一个关键因素是场地或建筑物的可用性。什么是可用的场地？以郊区或都市区边远地区的规划机关为例，它可以建立一套认定可以用于工商业的土地标准。首先要排除的是所有坡度超过 5% 的土地，开发大于这个坡度的土地成本很高。接下来要排除地下条件不适合开发的土地，如渗水有问题或有岩石的土地会增加建设成本。是否存在公共工程设施，如给水排水和电力也是一大标准。对于轻工业、零售、批发、办公来讲，足够的道路通道也是一项要求。对于重工业来讲，还可能需要有铁路。除了有足够的可用土地之外，场地几何形状也是一个问题。对于用于重工业的场地来讲，至少有 800 英尺的场地进深可能是一条规则，而对于用于轻工业的场地，最少也要有 400~600 英尺的场地进深。

为了确保在不久的将来还有足够的场地供应，地方政府有许多办法。最直接的办法就是国有土地的供应。许多城市、城镇和县都有市政府开办的工业园区。地方政府使用公共资金（以及征用权）购买和开发场地。向企业出售或长期出租开发出来的场地，用于建设工厂或其他商业建筑。一般来讲，在工业园区里运作的企业都有相当的公共补贴，于是，租赁或出售价格仅仅包括了场地购买、开发、公共设施建设成本的一部分。

一些社区还建好了房子，然后再去寻租或出售。这种建筑常常是毛坯房，在找到企业入住后，再完成建筑的内部装修。补贴可能有也可能没有。在这两种情况下，地方政府都承担着风险，卖掉或出租那些建筑的可能性都有。

另一个社区可能会采取更大胆的方法，参与储备土地，即购买土地，或者购买那些可能具有商业开发潜力的土地。这样做当然是耗资巨大的。这类土地占有资金越多，社区的兴趣也越小。如果社区使用 100 万美元来储备土地，当时的利率为 5%，每年的维护成本为 5 万美元，于是纳税人要承担这些费用。

在大多数情况下，场地供应意味着市政工业园区的几英亩土地，或者可能是空壳建筑的面积，但可供应的场地有时很大。几年前，纽约市提供一个位于罗斯福岛的场地（沿曼哈顿的东河里的一个狭长的岛），场地开发花费了 1 亿美元。这个竞标的获胜者是康奈尔大学和以色列海法理工学院联盟。2011 年，宣布的结果是一个工程学院——康奈尔纽约市理工大学。纽约市估计会得到 600 个工作岗位，当然更重要的是，这个学院被看成纽约市高技术产业增长的催化剂。

孵化大楼。许多经济开发项目通过使用孵化大楼努力培育小商务开发。这类建筑的目标是为初创企业提供空间，其目的是通过使用共享设施降低成本。事实上，如果将空间以低于成本的价格租给公司，还可以获得一定程度的补贴。经济开发机构也可能给初创企业提供技术帮助，也可能与社区里的其他商人建立起师徒关系。

循环贷款基金。循环贷款基金最初可能是从公共财政或地方商务资源中筹措起来的，以小额贷款的方式支持地方上的小商务机构。随着偿还贷款，基金又可以提供新的贷款：可能有或没有以减利方式给予的补贴。因为这类基金的目标不是营利，而是社区发展。因此，这类基金一般希望提供的是商业贷款机构不会做的贷款。循环贷款基金还可能通过提供贷款担保帮助企业，让企业可以获得商业信贷。在银行越来越谨慎，而小生意人觉得越来越难借到钱的时候，这种基金的作用可能扩大，它们能够筹措到足够的资本。

利用土地使用管理和提供基础设施。除了直接提供土地外，社区还可以利用它的土地使用管理权来保证适当的私人所有的土地用于商业开发。一个明显的办法就是简单地划分适当类别的足够数量的土地。分区规划应该用到实际具有开发潜力的土地上，即符合前边提到的地形和几何标准的土地。分区规划还意味着那些土地已经有了道路，铺设了适当的基础设施。

基础设施问题通过社区资本预算解决。对于具有近期开发潜力的场地，投资资金可以用于提供公共设施和道路。对于那些具有长期开发潜力的场地，社区很难直接支付。但社区可以使用更新改造资金逐年建设起那些场地的基础设施。

这些措施都不能保证一块地将用于工业或商业，或者不会用于其他事务。但通过总体规划、分区规划和资金预算的办法，社区减少了具有经济潜力的土地被其他用途抢占的可能性。假设有 100 公顷土地，它具有长期经济开发潜力，可是在未来的几年里做这类开发的机会不大。业主有一个机会卖掉那块地中间的 5 英亩土地，用于居住。如果这样划分这块土地，那么就有可能大大减少这块土地用于工业或商业的最终目标。通过向业主传达社区的长期愿望，鼓励业主把眼光放远些，从长计议。

合作与竞争

曾经，地方经济发展几乎完全是一项竞争活动，借用霍布斯（Thomas Hobbes）的一句话来讲，地方经济发展是地方政府间"排斥其他的全面战争"，当然，霍布斯下这个判断的背景非常不同。最近这些年情况有了变化，许多地方政府，特别在涉及制造业时，真正的竞争对手并不在相邻的城镇或县，而是上万英里之外的制造商。所以现在有大量的跨行政辖区的机构，它们寻求推广一个地区，而不是单一的行政辖区。这些机构可能一起出资做广告和公关，并制定政策，引导潜在投资者前往该地区最符合其需求的行政辖区。对于这类跨行政辖区的机构，试图诱使企业远离相邻行政辖区的做法已经不再被接受了。

追求上级政府的投资

地方政府不仅试图从州政府那里获得投资，它们还千方百计争取上级政府的投资，如联邦政府。当然，主要还是州政府的投资。

例如，许多县尤其是乡村地区或半乡村地区，已经确定监狱是个创造工作岗位的好资源。监狱是劳动密集型的活动，而且监狱里的就业不受商务圈波动的影响。如果有一个场地适合做监狱，而且远离人口中心，地方政府很可能会努力建造下一所州监狱。其他州设施也是地方政府争夺的对象。地方政府经常寻求影响联邦政府对公路的投资，因为良好的公路出入口往往是吸引私人资本投资的必要条件，但不是充分条件。

更多的考虑

地方政府可以做多少来促进其自身的增长？如前所述，地方政府可以让自己更多地了解投资者，使用补贴作为一种推动经济增长的手段，在场地和基础设施方面做一定的工作，但是地方政府还面临许多它不能控制或部分控制的更大的事情。在企业被问及如何做出选址决策时，两个经常出现的问题是市场准入和当地劳动力市场。市场准入基本上是一个区位问题，地方政府对此无能为力。劳动力市场问题混杂了可控因素和不可控因素。可能的雇主很注重劳动力市场的规模、现行工资和劳动力的素质。劳动力素质包括技能、教育和一些看不见的因素，如"职业道德"。

许多市政府和它们的开发机构与社区学院建立了紧密的关系，以便满足雇主的需要。对劳动力的合作培训强调科学、技术、工程和数学（STEM）等方面的教育。许多经济开发行业的人士告诉我，企业往往很看重劳动力教育素质，许多重新落户的企业常常很担心是否可以雇用和留住满意的劳动力队伍。

企业的执行官和业主很有可能也会在企业所在地区生活，而且还要考虑到企业的人才招聘问题，所以许多企业在选址时很看重那里的生活品质。招聘训练有素的员工对于企业的成功至关重要，因此企业选择落户的地方要能够吸引人才是非常重要的。究竟什么构成好的生活品质是一个主观问题，不过，气候、良好的自然环境、有休闲娱乐的机会、文化生活丰富多彩、公立教育的质量和个人安全对许多人来说都是很重要的。

这里提及的一些因素是地方政府完全不能控制的，而另一些因素是地方政府可以部分控制的。地方政府和它的经济开发机构必须在很大程度上控制好自己手中掌握的那几张牌。

这些更大问题的重要性还表明，有时不直接针对经济发展的投资可能比直接针对经济发展的投资获得更大的发展回报。例如对博物馆或音乐厅的投资，或者对公园或自行车道的投资，通过对雇主们认可的那些生活质量的影响，都会获得超出直接投资的更大回报。相类似的，提高劳动力理论上的和实际的素质是对公立教育投资的回报。两个研究美国中心城市就业的研究得出这样的结论，"长期经济繁荣与劳动力的教育水平始终相关联"。[①] 这个发现与城市地理学家佛罗里达（Richard Florida）的观点广泛一致，一个城市经济成功的重要因素是它是否能够吸引和留住"创新阶层"的成员。

投资教育当然不一定可以保证在经济发展方面获得回报。人们可以搬到别处去。许多小镇都有类似的痛苦经历，一些人获得大学文凭后很快就离开了小镇，到别处就业。编制一个最有效地使用地方政府资金的经济发展战略谈何容易。

系统的经济发展规划方式

以下是对地方政府编制经济发展规划的简要说明。[②]

1. **评估需求**。在这个阶段，地方政府要决定经济发展规划的目的。提供新的就业机会和加强市政税基是两个最一致的目标。如果主要目标是就业岗位，那么地方政府就应该考虑这个目标，是简单增加就业岗位数量，还是寻求建立特殊类型的就业岗位，也许强调劳特殊部门劳动力的高失业率或就业不足。明确经济发展规划的目的十分重要，因为地方政府必须在若干竞争项目上选择如何使用公共资金。

2. **评价市场**。为了制定出有效的推广方案，地方政府的经济发展机构努力对自己的优势和劣势进行客观评价。这就意味着要考察工资和有效的劳动力、税收、土地和建设成本，公用设施费用、现有商业和工业基础的结构、交通设施的优势和劣势、地方上的教育和文化基础、各种生活质量因素。这类评估会帮助地方政

① Edward W. Hill and John Brennan, "American Central Cities and the Location of Work," *Journal of the American Planning Association*, vol. 71, no. 2, autumn 2005, pp. 411–432.

② H.J. Rubin, "Shoot Anything That Flies; Claim Anything That Falls," *Journal of the American Planning Association*, vol. 56, spring 1988, pp. 153–160; and John M. Levy, "What Local Economic Developers Actually Do: Location Quotients Versus Press Releases," Journal of the American Planning Association, spring 1990, pp. 153–161.

府对自己关注的企业展开推广活动，哪些企业可能很有兴趣搬迁或扩大生产规模。

3. **评估经济发展计划**。经济发展会涉及财政后果，新的财政收支。经济发展还会影响交通容量、环境质量、住房市场和社区生活的许多方面。预测和规划这些影响是经济发展系统方法的一部分。

4. **编制计划**。地方政府的这种经济发展计划可以包括一些或全部以下因素：

- 广告和推广计划。

- 补贴使用计划，如房地产和其他减税，低利率的贷款或贷款担保，或地方政府承担一部分场地购买和开发成本。

- 支撑工业和商业开发的基础设施建设投资计划，如给水排水、道路和其他公共设施。如果地方政府决定采用企业方式来开展这类建设，它可能需要做工业或商业园区的开发规划，或做毛坯房的建设计划。

- 土地使用要素。这可能涉及调整地方政府的土地使用管理，以便提供适当的工业和商业场地，还有可能为未来的经济开发购买或选择土地。

小结

经济发展规划可以追溯到几十年前。早期的工作往往侧重于交通，通常由城市的商业精英发起。

20 世纪 60 年代初，联邦政府开始补贴地方经济规划和开发项目，主要是解决结构性失业的问题。这种联邦政府的补贴政策延续至今，当然它在卡特执政时期达到了顶峰，而后在共和党和民主党执政期间，这个政策的重要性逐步降低。

所有的州都在努力通过各种计划推动自己的经济增长，包括推广、补贴和使用固定资产投资等办法。成千上万的地方政府也在使用推广和补贴的办法推动着它们的经济发展。地方政府通常使用它的投资预算和土地使用政策来保证有足够数量的合适场地可供使用。

经济发展系统方式的步骤包括：

- 需求评估；
- 市场评估；
- 发展政策结果的评估；
- 编制计划；
- 规划审查和更新。

参考文献

Blakely, Edward J., *Planning Local Economic Development: Theory and Practice*, Sage Publications, Newbury Park, CA, 1989.

Fitzgerald, Joan and Leigh, Nancy Green, *Economic Revitalization: Cases and Strategies for City and Suburb*, Sage Publications, Thousand Oaks, CA, 2002.

Glasmeier, Amy K., *The High Tech Potential: Economic Development in Rural America*, Center for Urban Policy Research, Rutgers University, New Brunswick, NJ, 1991.

Mitchell, Jerry, *Business Improvement Districts and the Shape of American Cities*, State University of New York Press, Albany, 2008.

Moore, Terry, Meck, Stuart, and Ebenhoh, James, *An Economic Development Toolbox*, American Planning Association, Chicago, IL, 2006.

Watson, Douglas J. and Morris, John C., eds., *Building the Local Economy: Cases in Economic Development*, Carl Vinson Institute of Government, University of Georgia, Athens, 2008.

White, Sammis B., Bingham, Richard D., and Hill, Edward, *Financing Economic Development in the 21st Century*, M.E. Sharpe, Inc., Armonk, NY, 2003.

第14章 增长管理、精明增长、可持续发展和灾害规划

我们通常把增长管理定义为对发展的数量、时间、地点和特征的管理。自 20世纪 60 年代后期以来，美国数百个城市、县和城镇已经确立了增长管理计划。许多州的计划都包含了大量增长管理的要素。

这些增长管理计划的目标各不相同。增长管理计划往往受到环境因素的严重影响。相关的考虑因素可能是确保未来几年土地开发的理想模式。保护现有的生活方式和社区氛围是共同的动机，确保社区的学校、道路、工程设施和休闲娱乐等公共设施适合于未来的需要。在某些情况下，增长管理的主要目标将是资金，确保社区不会因为开发成本而陷入困境。最后，就像前面讨论的排他性分区规划一样，增长管理可能有一个排他性的动机，或"把好东西留给我们自己"。确定一个项目很少会只有一个理由。我们可能很难把各种动机都分解开，并准确地说出为什么一个社区要进入增长管理。

一般来讲，增长管理计划或系统由规划师多年来熟知的要素组成。增长管理系统与传统的综合规划不同之处不在于构成它们的要素，而在于这些要素的综合。具体而言，土地使用管理和基本建设投资之间非常紧密和长期的协调构成了增长管理系统的特征。使用更现代的方式管理土地使用,对环境问题更为敏感,也是增长管理系统的特征。我们在规划工作中可以找到所有这些特征，只是没有贴上增长管理的标签罢了，我们必须承认，增长管理和传统规划之间并没有绝对的界限。

20 世纪 60 年代末和 70 年代初，当增长管理概念出现时，实际上存在若干意义重叠的不同术语。1975 年出版的一套有关增长管理的多卷论文集，书名就是《增长管理和控制》，除了增长管理和增长控制的术语外，还使用了没有增长的术语[1]。

增长管理可能被认为是指没有任何限制增长的含义下的管理。增长控制不仅包含管理或引导增长的含义，而且还有限制增长的含义。"不增长"一词显然意味

---

[1] Randall W. Scott et al., eds., *Management and Control of Growth*, Urban Land Institute, Washington, DC, 1975. Three volumes appeared in 1975; two more have since appeared.

着要完全停止增长。随着时间的推移，**增长管理**成为涵盖符合上述术语所有三种含义的项目的标准术语。增长管理有其坚定的支持者，他们认为是维护社区和自然价值的明智和有原则的方式。增长管理也有批评者，他们认为增长管理有着非常自私的目的，随后我们会解释这个看法。[①]

在旧的中心城市，增长管理政策不很普遍，因为那里的问题可能不是疯狂增长，而是萎缩或停滞不前。增长管理政策在郊区和那些依然具有很大增长潜力的城市很流行，在那些大都市区以外的县和城镇也很常见。迅速增长的可能和高度环境意识很容易推动社区建立增长管理政策，高度的普遍繁荣也是如此。增长意味着就业和收入，如果人或社区贫穷，他们可能首先关注增长。在这种情况下，环境和生活质量问题似乎不那么重要了。现在，人们对增长管理的兴趣不如前些年了，2008年金融危机之后，住宅和商业开发都放缓下来，人们的注意力很快就离开了增长管理，而去关注经济发展和金融问题了。

增长管理的起源

几股力量汇聚在一起，推动了增长管理思潮的兴起。首先是第二次世界大战结束后的郊区化浪潮。人们向大都市区的外围迁徙的部分原因是想摆脱城市中心地区的生活状况：呼吸新鲜空气、不那么拥挤、安全、贴近大自然。在许多情况下，搬出市区中心的人会期望自己就是最后一个这样做的人。所以，"我已经上船了，把舷梯撤了吧。"参与郊区规划的所有人都有这种想法。

这些动机与20世纪60年代初开始的日益增长的环境意识相结合。控制增长的支持者可以从普遍关注环境的气氛中获得力量和尊重。那时，环境组织支持限制增长的设想。无论是住宅还是商业开发，任何一种开发都会在某种程度上影响环境，所以在地方层面上，人们很难驳斥限制增长的论点。

当分析的自然尺度扩大时，以环境为基础来反对增长是否合理，则是另一回事。如果一个城镇制定土地使用规划，使某一特定区域为低密度住宅区，而其他地方为人口高密度住宅区，那么毫无疑问，它已经减少了对该地区的环境影响。在低密度住宅区，不会大量砍伐树木，不会硬化过多地面，空气和水污染会更少。[②]

---

① Wilbur Thompson and Willard R. Johnson in vol. 1.
② 有人可能会问，纯粹居住开发涉及的空气污染源来自何方。按照美国国家环保局的估计，50%的空气污染源与汽车尾气有关，因此与住宅开发相关的车辆交通是主要的空气污染源。少量的空气污染可能源于家庭供热系统。在美国的一些地区（如科罗拉多州丹佛），烧木材的炉子是空气污染的主要来源。

然而，大量的增长因为受阻而被转移到其他地方了。在这种情况下，人们不能确定增长限制究竟在整体上是减少还是增加了对环境的影响。增长限制的支持者通常使用环境影响的判断，然而他们很少讨论增长转移到其他地方的后果。

如果不去考虑替代效应问题，20世纪60年代和70年代日益增长的环境意识无疑增强了增长管理思潮。由于全球人口控制和地方人口控制表面上的相似性，甚至全球对人口过剩的关注也增强了增长控制思潮。

> 毫无疑问，这与新马尔萨斯人口论关注的对国家和世界人口无限增长后果的担忧有很大关系。有些人似乎认为，启动对国家人口增长实施控制的地方在城市、都市区或州层面。另外一些人把希望寄托在国家层面的人口零增长（ZPG）上，以为这样一来，社区也会出现人口零增长。这两种观念都只说对了一半。[1]

舒马赫（Ernest F. Schumacher）的《小即是美》（Small Is Beautiful）以及类似的作品反对现代生活日益增加的规模和复杂性，这种看法也让增长管理思潮如虎添翼。[2]

美国最早也是最著名的增长管理计划之一，是1969年由纽约州的拉马波镇实施的。拉马波地处中曼哈顿西北28英里的地方，这个城镇感到自己快要被新的开发所淹没。虽然它地处曼哈顿通勤距离的最边缘地带，但是在纽约州南部的纽约大都市圈和与新泽西州相邻的位置，拉马波是容易展开大规模商业开发的部分。那时，拉马波已经做了分区规划，只允许开发独栋住宅，不过这个分区规划增加了一些规定，如果下水道、附近的娱乐设施、道路和消防站等基础设施不能承受新开发，满足了分区规划的开发计划同样不能实施，这里提到的基础设施都是拉马波镇的一个18年基本建设投资计划的关键项目。反对这个基本建设投资计划的人认为，这个计划不过是一个新的更高水平的排斥性计划，他们把这个镇政府告到了法院。州上诉法庭做出了一个艰难的决定，支持了这个镇政府。按照现在的标准，该法令似乎很原始，放到今天是不会得到法庭支持的，而且这个法令也已经废止了。但这个案例标志着增长管理的司法批准。

---

① William Alonso, "Urban Zero Population Growth," *Daedalus*, vol. 102, no. 4, fall 1973, pp. 191–206. Scott, *Management and Control*, vol. 1, ch. 5.

② Ernest F. Schumacher, Small Is Beautiful: A Study of Economics as If People Mattered, Harper & Row, New York, 1975.

增长管理的赢家和输家

一般而言，许多地方政府都可以通过限制住宅或商业开发的办法减缓增长速度。减缓住宅增长会通过限制劳动力规模和顾客数量减缓商业增长。类似地，影响住房需求的一个主要因素是就业，所以，限制商业增长会减缓住房存量的增长。

大多数增长管理系统强调限制住宅增长，因为这样的政策往往会导致劳动力市场紧张和房价上涨。对已经住在那里的人来讲，这种结果比限制商业开发更有吸引力，因为限制商业开发会产生比较高的失业率和比较低的房价。恰恰是已经住在那里的居民建立起那里的增长管理政策。

我们可以设想一个增长管理项目产生了相对就业增长的住宅，增长减缓的效果。谁是赢家，谁是输家？业主通过供求法则轻而易举成了赢家。限制任何项目的供应，与其他事情一样，房价就会上涨，房地产业主以同样的方式获利。租赁房单元的长期供应趋少意味着比较高的房租，折合成相应建筑的较高价值。由于同样的原因，房客当然成了输家。还没有住到这个社区但希望住到这里来的人，他们也成了输家，因为他们现在很难在这个社区找到房子住了。从一般意义上讲，拥有社区房产的业主受益，而想在社区拥有房产的人受损。那些从社区增长中受益的人也是输家（如建筑商、建筑工人和房地产经纪人）。因为土地的价值和开发强度之间存在一般关系，因此社区内未开发的土地的业主是增长管理的输家。限制了土地的开发强度，土地的价值减少了。[①]

城镇之外也会感受到经济影响。X镇和Y镇同处一个大都市区，在一定程度上具有相同的住房市场。当X镇减少住房建设，一些住房需求就会转移到Y镇。这样，Y镇的房价（X镇一样）会上升，让已经拥有那里住房的业主获益，而让那些想买房的人处于不利形势。租赁市场的结果大同小异。

财政影响也可以体现出来。X镇限制居住开发，但接受了一个公司总部的开发项目。从公司总部得到的税收确实超过了公司总部要求这个城镇提供服务的新开支。X镇从公司总部得到了税收结余，而把与人口相关的成本转嫁到了其他城镇。Y镇现在必须支付那些在X镇工作的人其孩子的教育费用，工作场所给X镇的税基作了贡献，所以X镇的税率可能会下降。

---

① William Fischel, "The Property Rights Approach to Zoning," *Land Economics*, vol. 54, no. 1, February 1978, pp. 64–81.

"保护特权"的问题

除了纯粹经济上的输赢外，还有一个更大但不太明显的问题。围绕环境和规划问题展开的很多争论都与"保护特权"的问题交织在一起，与反对增长管理的那些人的指控和支持增长管理的那些人抵制相伴。我们简单地提出这个问题，当然，我们没有打算掩盖复杂的形势。

当我享受一块不错的牛排时，并不妨碍你去享用另一块牛排。也就是说，一方享受的快乐并不减少另一方享受的快乐。只是当我到滑雪场玩上一天，有可能因为一点点拥挤而给你带来不便。

当人们变得更加富裕时，拥有第一类商品对于区别富裕与不富裕就变得不那么重要了。相反，这种区别日益成为能否享受第二类商品或服务的问题了，随着其他人得到相同或类似的项目越多，项目的价值就减少了。财富越来越重要，不是因为财富可以购买消费品，而是因为财富可以购买宁静、独处、清新的空气或相对没有受到干扰的大自然。我们可以生产更多的消费品，但山里溪水的供应是固定的。

如果人们接受这一论点，那么在捍卫特权方面，这只是看到一些环境和规划冲突的一小步。生活在富裕而有吸引力社区的人们限制增长，其实就是要保护那个社区的特权。那里的人们通过政治行动正在寻求保护或提高它所拥有的第二类商品的价值。有人可能会说，社区正在使用政治过程把损失加给外人，也就是说，临时或永久性地拒绝他们来到这个社区。

这场争论的一个有趣的方面是为环境问题而斗争的阵营。商界和劳工通常会联合起来支持开发，而对立面基本上是中上阶层，它也许由若干环境团体组成的一个联盟作为代表，如塞拉俱乐部。这个阵线不难理解。同样一个让开发商受益的项目对建筑工人来讲意味着工作，所以他们同心协力。中上阶层的生活不是依靠投资基本建设，也不是做建筑或工业劳工。如果一个人接受了保护特权的判断，那么这个阶层的人就会因为上述原因而反对项目。[1]

地方增长管理项目案例

科罗拉多州的博尔德市地处美丽的自然环境中，对许多人来讲，这里的生活

---

[1]　Bernard J. Frieden, *The Environmental Protection Hustle*, MIT Press, Cambridge, MA, 1979.

环境很好，但博尔德市采取了很多方式来限制增长。博尔德市把每年允许建设的居住单元限制在400套，约占该市住房总量的1%。如果申请超过了400套，那么，每个申请人按比例获得允许建设的单元数。因为每个住房单元的平均数日益减少，所以400个住房单元意味着博尔德市的人口停止增长。因为博尔德市适合于居住开发的用地所剩无几，因此这个限制正变得没有太大意义。21世纪第一个10年结束时，每年的建筑许可申请只有250~300套。

一般来讲，如果一个城市无法承受增长压力的话，它将在周边地区发展中得到缓解。然而，博尔德市是个例外，博尔德市沿着与其他一些行政辖区的边界购买了其他行政辖区的土地，用于永久性开放空间，建设博尔德市的绿带。如同其他城镇一样，博尔德对住宅开发的限制大于对商业开发的限制，所以它的房价日趋攀升。这样，博尔德市劳动力的增长快于住房总量的增长。博尔德市规划部估计，若干年以后，该市54%的劳动力会居住在绿带以外地区。

博尔德市认识到，它收紧的住房市场产生了非常高的房价，所以它试图通过一个经济适用房项目来消除增长管理的副作用。如果一个新的开发项目有5个或更多的住房单元，那么其中20%的单元必须是"经济适用房"。博尔德市的"经济适用房"是指年收入为8.6万美元以上的一对夫妻可以承受的独立住房单元。根据家庭规模、全新或旧的、独立的还是单独的，还有一些调整空间。开发商可以用付费的办法完成自己建设经济适用房的义务，并不实际提供规定的经济适用房。这笔费用不菲，每一个独立住宅平均要付12万美元。因为每5个住宅单元至少有1个是经济适用的住房单元，所以其他4个住房单元要平摊这12万美元，每个住房单元相当于要承担3万美元。

对于数量有限的中低收入人群来说，幸运的是他们能够买到一套经济适用房，这个系统是有效的。而对于那些不太幸运的中低收入的人来讲，他们的收入虽然超过了获得经济适用房的收入临界点，但收入其实并不高，所以博尔德的住房市场是一个烫手山芋。2009年，博尔德市的独栋住宅的均价为53万美元。

地处费城都市区之内的宾夕法尼亚州巴克士县，以一种不同的方式应对增长压力。按照宾夕法尼亚州的法律，分区规划权掌握在市政府一级，所以巴克士县不直接控制土地的使用。县规划部门基于人口变化预测确定了若干开发区。在这些开发区内，县规划部门主张基础设施（给水排水和道路）建设要与自然环境和预测的人口变化和谐发展，并建议那些开发区之外的地区为"抑制分区"，控制土地使用，把人口密度维持在非常低的水平上。通过大地块分区、鼓励农民通过把

土地用于农业和税收政策等办法实现这个目的。^①

在指定开发区里，巴克士县使用了加上一些欧几里得分区规划元素的绩效分区规划方式（见第9章）。巴克士县没有像传统分区规划那样具体规定住宅开发的属性，而是简单地提出允许开发场地硬化的数量和每英亩的居住单元数。例如，一个居住单元究竟是一个家庭的还是多个家庭的，实际上是一个社区决定的问题。对硬化面积的要求是用场地覆盖面积计算的，提出这种要求的愿望是，从真正重要的方面控制土地使用，而不是详细说明大量次要的细节。从设计的角度讲，绩效分区实现的是分区规划的总体目标，给设计师充分的自由，鼓励更加有意思的和变化多样的设计。依靠市场而不是分区规划法令来实现功能完善、美观的开发。

在博尔德市的案例中，增长管理项目的一个副作用是较高的房价。巴克士县采用的抑制分区规划方式阻止了一些周边地区的增长，从而缓解住房存量的压力。与商业开发相比，住宅开发的限制更严格一些，在博尔德案例中，还有劳动力市场的压力。

虽然在分区规划上县政府能发挥的作用就是建议，然而县政府并非完全没有权威性。按照2001年通过的州法律，当市政府的土地使用规划与县里的推荐意见不一致时，市政府获得州政府基础设施建设资助的机会就会减少。所以地方政府尊重县规划确实有财政方面的考虑。

如何在增长发生之前为增长提供基础设施，以及如何支付增长带来的基础设施的开支，许多行政辖区已将增长管理问题视为主要的财务问题。正如我们在第9章谈到的那样，为了允许开发得以展开，地方政府会要求开发商承担一些基础设施建设费用。弗吉尼亚州的费尔法克斯县采用了一种"贡献"制度，要求开发商支付大型建设项目的基础设施建设费用，实际上这是征收论题上的一个变种。费尔法克斯县与华盛顿特区相邻，在它西边，那里经历了非常迅速的增长，尤其是在办公活动方面。费尔法克斯县十分关注提供基础设施满足开发的需要。因为对商业空间的需要强劲，所以费尔法克斯县已经考虑到了它在与开发商打交道时的杠杆作用。

费尔法克斯县利用批准或拒绝更改分区规划的能力作为获得利润的一种手段。例如，费尔法克斯中心大约占地3000英亩，县里的总体规划确认了3个层次的开

---

① 许多县在大都市区内或靠近大都市区的地区使用给予税收优惠的办法把土地保留为农业用地。一般而言，以土地用于农业而产生的价值来计算土地税，而不是以土地用于居住或商业而产生的市场价值计算土地税。

发。第一个是基础层面，基本上是一个家庭的大地块开发；一个中间层面；以及最上一个层面，允许密集型商业和多户住宅开发。按照弗吉尼亚州的法律，政府不能要求私人方出资。这样，如果开发商依法开展建设活动，县政府就不能向它们征收基础设施或开发可能给市政府带来的其他费用。但当开发商希望更改分区规划，除非开发商作出贡献，否则县政府可以选择许可或不许可。从某种意义上讲，这种贡献是自愿的。开发商作出贡献是希望得到某种回报，从较大的密度开发中获得更高的收益。这种贡献可以用实际工程替代，如在开发场地外改善交叉路口或扩宽道路。当然这种贡献也能直接向住房、公园、道路或休闲娱乐等基金支付现金。为了建设经济适用房，费尔法克斯县要求发大型住宅项目的开发商建设一部分中低收入家庭使用的居住单元，或者给住房信用基金作出贡献，让基金到其他地方建设这类住房单元。

科罗拉多州的科林斯堡采用了一种技术，把增长安排在特定地区，并要求新开发项目首先支付自己的基础设施建设费用。多年以来，这个地处县里的城市通过行政辖区的合并已经实现了增长。按照市县合并的条件，确定了65平方英里的"增长管理地区"。这个增长管理区里的所有土地都受这个合并的约束。在这个区域里，提供城市服务，使用城市开发标准——铺装的道路、公共给水排水设施等。随着城市开发的展开，科林斯堡合并了这个增长管理区。开发商除了建设开发场地的基础设施外，还要提供场地之外的基础设施，如道路和给水排水管道。究竟要求开发商提供多少费用，是以交通和其他相关研究为基础的。

在科林斯堡的案例中，不是要求开发商对开发基金作贡献，而是要求提供特定的基础设施。因为在开发完成之后，这个建设项目会使用原先开发商建设的基础设施，所以后来的开发商要支付原先的开发商。例如，A开发商建设了1英里道路为其建设项目服务，B开发商是后来的，直接使用了A开发商建设的那段道路，所以要求B开发商向A开发商支付一笔费用。

在城市规划机构看来，科林斯堡的这种方式是"增长管理"，与"增长控制"相反，这样做是影响增长，但没有限制增长。实际上，在20世纪70年代后期，科林斯堡的选民完全拒绝了博尔德市的那种限制增长的方式。

州级增长管理

许多州都对增长活动实行了相当大的控制，究其对环境敏感地区。这些控制构成了我们在第9章提到的博塞尔曼的"静悄悄的革命"。

夏威夷州

20 世纪 60 年代初，夏威夷率先在全州范围实施土地使用控制。当时夏威夷之所以这样做，是因为这个岛屿的土地面积不大，而增长压力很大，农业对这个州的经济是重要的。檀香山是夏威夷的主要人口中心，在博塞尔曼看来，当时实施土地使用控制的目标是避免檀香山像洛杉矶那样蔓延开来，洛杉矶确实是蔓延到了相邻的瓦胡中央山谷里。按照夏威夷州 1961 年初通过的法令，夏威夷的全部土地分为四类：城市、乡村、农业和保护，与此同时，这个州还建立了州土地管理委员。在城市地区，以县分区规划法令为准。实际上，县可能允许在州规划确定为城市的地区展开城市类型的开发。州土地管理委员会控制着乡村和农业地区的土地使用。保护区里的土地使用由州土地和自然资源理事会管理。

夏威夷率先在全州范围内实施土地使用控制也许并不出人意料。夏威夷是一个不大的景色宜人的州，承受巨大的增长压力，并且高产农业用地供应有限，这似乎是这样一种制度的理想选择。大量的增长压力来自外部，来自从美国本土过来的人，这个事实促进了州通过这项法令。

限制城市增长的结果之一是使夏威夷的房价非常高。不过这是一件坏事吗？已经在那个州拥有产权房的人可能看法不同于住在本土而想在檀香山养老的人。无论人们期待的是什么，任何规划决定总有赢家和输家。

佛罗里达州

佛罗里达州规划上的增长管理并不成功，但还是可以说明增长管理的一些复杂性和政治方面的问题。佛罗里达州面临严重的环境问题，直到 2008 年金融危机，那里的人口增长非常迅速，可能随着国家经济的改善重新繁荣起来，大量婴儿潮时代出生的人进入退休年龄。佛罗里达州的沼泽地区在环境上是很脆弱的，而且大部分地区非常接近海平面，所以许多地区的地下水受到海水的侵蚀。[①]

1972 年，在环境组织的游说下，佛罗里达州通过了《环境土地和水管理法》以及若干具有法律效力的附件。在"州关注的关键地区"和"具有区域影响的开发"中，在地方土地使用决定没有考虑超出地方行政边界的影响时，佛罗里达州可以推翻它们的决定。[②] 迪格鲁夫（John M. DeGrove）从这个法令中引述了有关"州关

---

① 在靠近大海的低洼地区，因为过量开采地下水或地表水本身减少，影响了对地下水的补充，导致含水层的下降，从而引起海水倒灌。这种状况可能改变植被和野生生物，进而使地下水不适合饮用。

② John M. DeGrove, *Land*, *Growth and Politics*, Planners Press, American Planning Association, Chicago, 1984, ch. 4.

注的关键地区"定义的法律语言：

1. 包含或拥有对全州环境、历史、自然资源和考古资源产生重要影响的地区；

2. 受到现有或计划的重要共用设施影响或已经具有重要影响的地区或其他重要公共投资地区；

3. 州土地开发规划中指定的具有大规模开发潜力的地区，它可能包括计划建设的新社区的场地。

佛罗里达州的大量人口都是居住在大规模新开发居住区里，那些地方原先往往是蛮荒的环境敏感之地，所以"新社区"条款当时特别反映了佛罗里达州的现实状况。对区域产生影响的开发是指，"由于开发项目的特征、规模或位置，那些开发项目会对超出一个县的居民的健康、安全或福祉产生重大影响。"那些开发项目既包括住宅开发，也包括商业或工业开发。

1985 年，佛罗里达州实施了《增长管理法》，通过"协调要求"另外增加了一个控制层面。[①] 这些要求规定，新项目开发之前，地方政府必须向州政府社区事务部（DCA）证明其基础设施已经建成。例如，在新房子建设之前，必须证明支撑这幢房子的上下水、道路都已经到位。所以在实施高水平控制和避免环境衰退和拥挤方面，协调要求构成了一个强有力的管理措施。当然，协调要求的实际操作是复杂的。当时，佛罗里达州规划的一个目标是避免过度蔓延。我们可以设想这样一个开发商，他想在建成区开发某个地方剩下的一些空置场地（有时称之为填充式开发），然而这个地区的交通拥堵已经很严重了，不建设新的道路不可能满足协调要求。因此，开发商可能选择投资一个非建成区，那里没有交通拥堵，没有协调问题。在前一种情况下，提出协调的要求会刺激蔓延的发生。为了解决这个问题，《环境的土地和管理法案》（1993）包含了建设"交通协调豁免区"（TCEAs）的条款。地方政府致力于改善公共交通或参与各种交通需求管理计划（见第12章），这些都可能产生。佛罗里达州《环境土地和管理法案》（1993）还允许地方政府在整个"区"里平均计算交通状况，而不是逐条道路或逐个部分计算交通状况，并且用这样计算的结果来拒绝填充式开发。

佛罗里达州的增长管理计划一直面临巨大的反对。当政府告诉业主或开发商它要实施计划时，我们可以听到这样的声音，"你不能在这里这样做"或"你以后可以在这里这样做,但不是现在,"这会造成经济损失，这种损失有时是相当巨大的。2009 年，佛罗里达州议会通过了一个法案——SB360，它大大削弱了州的增长管

---

① Teresa Austin, "Pay as You Grow," *Civil Engineering*, February 1992, pp. 64–65.

理能力。多数共和党议员支持这个法案，而多数民主党议员反对这个法案。这个州的所有环境组织以及美国规划协会都是反对这个法案，该州共和党州长克里斯特（Charlie Crist）在环境保护问题上取得过不错的成绩，原以为他会说服议员们否决这个法案，但他最终还是与共和党多数议员站到了一边。

据说"魔鬼在细节里"这个法案的一个重大细节是，这个新法案把"密集城市用地区"定义为任何一个每平方英里人口超过 1000 人的地区。这样，那些实施在一英亩土地上建独栋住宅的地区很容易就具有城区的资格，进而可以豁免协调要求。这个法案还把许多城市和 8 个县的部分地区确定为城区。显然，《增长管理法》（1985）被严重削弱了。

2011 年 5 月，形势再次发生变化，佛罗里达州议会干脆废止了《增长管理法》。在规划师看来，废止了《增长管理法》（1985）让佛罗里达州的增长管理形势进一步恶化了。实际上，开发界一直不喜欢这种做法，不断游说反对。想要废止这个法案的人们提出，当增长太慢的时候，这个法案妨碍了增长，这个州正面临高失业率和高财政困难。那时，佛罗里达州在政治上正处于右倾之中，所以想要废止这个法案的人们提出的判断占了上风。

如果未来某个时候经济恢复迅速增长，与增长相联系的环境问题变得更加严重，这个州在政治上有点左倾，也许我们会看到全州范围内的增长管理有所回归。

俄勒冈州

自 1973 年以来，俄勒冈州制定了州增长管理计划。在 20 世纪 70 年代初，俄勒冈州的增长速度是整个美国平均增长速度的 2 倍，人们非常关注如此快速的增长会产生什么后果。从整体上看，该州过去和现在都不是人口稠密的州，但是因为增长集中在波特兰的威拉米特河谷以南地区，所以当时的增长是有目共睹的。那时出现了这样的说法，"不要加利福尼亚化俄勒冈"。当时俄勒冈的州长是托马斯·麦考（Thomas McCall），他是一个强势的环境保护主义者，限制人口增长主张的支持者。按照俄勒冈州的增长管理计划，所有的城市和县都要编制与州增长管理计划目标一致的土地使用计划。尽管这个州增长管理计划的目标共有 19 个，但这个计划的若干核心要素与保护自然资源和约束城市增长密切相关。州议会要求州土地保护和发展部确认地方规划是否与州的增长管理计划一致。[1]

---

[1] Arthur C. Nelson, Raymond J. Burby, Edward Feser, Casey J. Dawkins, Emil E. Malizia, and Robert Quercio, "Urban Containment and Central City Revitalization," *Journal of the American Planning Association*, vol. 70, no. 4, autumn 2004, pp. 411–425.

　　增长管理计划的一个重要特征是使用了"城市增长边界"（UGBs）。土地使用控制和公共基础设施投资旨在鼓励把增长约束在城市增长边界之内，并不鼓励在城市增长边界之外的增长。鼓励地方政府在城市增长边界内适当提高开发密度，让蔓延最小化。通过增加城市核心地区的开发数量，让增长边界能够影响城市中心地区的振兴。

　　实施城市增长边界的规划政策可能会对房价产生影响。普通的经济理论建议，城市增长边界内的土地需求增加（让城市增长边界之外的开发更为困难）将推高住房成本。同时，减少城市增长边界之外的开发量可能导致土地和住房价格上升。

　　除了前面提到的那些目标，俄勒冈州增长管理计划中包括的19个目标涉及海岸线保护、入海口保护、经济开发、空气质量、能量保护、市民参与等多项条款。限制增长不可避免地引起政治和法律冲突，因为这些目标是在数以千计的市民参与下逐步确定下来的，所以给州政府的增长管理计划提供了一些支持。该计划还得到了俄勒冈千友会这类非营利组织的政治支持，该组织是1975年建立的，州长麦考是组织者之一。更确切地说，这个增长管理计划得到了环境保护精神的支持，实际上太平洋西北部地区一直都有环境保护的传统。

新泽西州

　　新泽西州有很好的理由实施州增长管理计划。新泽西州的辖区面积为8000平方英里，而人口接近800万，成为美国人口密度最大的州。新泽西州行政辖区内没有非常大的城市，但它的东北部受到纽约都市区的开发压力，而西南部受到费城都市区的开发压力。郊区蔓延，尤其是在纽约市通勤距离内的地区，明显可见。新泽西州使用了多种方式试图把增长引入指定的开发地区。这类目标旨在保护自然环境，让服务城市增长的成本最小。实现这些目标还给新泽西州居民接近大自然提供了便利的途径。

　　该州的计划仅向政府提供咨询，当然这个计划是给地方政府提供财政支持的一个依据，州政府部门按照州计划作出投资决定。这样，该州通过与道路、上下水主管道、公用设施的选址等相关的投资强化了这一计划。

　　新泽西州的海岸地区是按照1973年通过的《海岸地区设施评审法案》（CAFRA）实施发展管理的。按照这个法案，新泽西州的大西洋和特拉华海湾以及沿着它们支流的开发都需要地方和州政府的批准。所以，该州对大部分生态最脆弱的地区和最理想的土地的开发都有发言权。

　　除此之外，新泽西州还有两个地区受区域管理局管理。30.4平方英里的哈肯萨克湿地保护区，最为球迷们所知的巨人体育场所在地，由哈肯萨克湿地发展委员会管理，它是在1969年建立的，现在更名为新泽西湿地委员会。哈肯萨克湿地保护区包括卑尔根县和哈得孙县的一部分地区，涉及14个城镇。哈肯萨克河和帕萨伊克河横穿曼哈顿哈得孙河对面的部分地区。该地区多年以来一直都是沼泽荒地和这个区域的垃圾场。在纽约都市区里，这个区位显然是非常有价值的。这里当时需要一个协调的规划制度，而新泽西州湿地委员会提供了这种规划制度。

　　成立该委员会的法令授予这个委员会否决地方分区规划的权力。这项法令还让新泽西州湿地委员会建立了一个房地产税共享制度。这一点在当时情况下是很重要的，因为共享房地产税意味着能够把开发引入到一个地方，其他地区不会因为失去开发产生的房地产税而与那个地方竞争（明尼阿波斯－圣保罗区域也采用了类似的房地产税共享制度，见第16章）。由14个城镇的市长组成的湿地市政委员会来解决城镇之间不可避免的争议，新泽西州湿地委员会非常认真地应对市长们组成的湿地市政委员会所关注的问题。

　　40年以后，房地产税共享制度的结果是明显的。现在，这个昔日的沼泽荒地和区域垃圾场，承载了大量的商业开发和相当数量的居住开发，当然，比这个委员会希望看到还是少很多。这个地区的公路建设和交通管理通过协调，承载着巨大的交通量，无论是在新泽西州内部还是在新泽西和曼哈顿之间，大部分湿地得到了保护。棕地得到了重新开发，并广泛推行了绿色建筑标准，通过市镇之间的协调，多种公用设施实现了规模经济。

　　再向南，大约1600平方英里的地区（占该州总面积的五分之一），由另一个区域管理机构松林地委员会管辖。这个地区包括了52个城镇和7个县的一些部分。整个地区的地方规划必须与松林地委员会的规划一致。所以，松林地委员会控制了该地区的开发密度和许可的土地使用类型。

　　上述所有计划并不保证新泽西州就能够控制蔓延过程，因为蔓延背后的力量是很强大的，尤其是靠近纽约和费城的那些部分，以及公众对住房和100年前威尔士（Herbert George Wells）所说的"私人帝国"的需要（见第14章）。但这个计划确实为该州提供了遏制蔓延的机会，并在该州有大量土地有待开发的地区实现了有序的发展模式。

　　还有很多州也建立了州级增长管理计划。大部分计划都有我们已经谈到的那些元素。许多州指定了开发地区，寻求把增长引导到那些地区。许多州使用州财政来投资基础设施建设，以此诱导市镇政府编制服从州整体规划的地方规划。州规划一般强调保护环境脆弱地区，它们可能是海岸线、湿地、入海口，或者佛蒙特州和其他山区州高海拔的土地。许多州还努力保护那些具有特殊景色或具有历史价值的地区，避免对那些地区过度开发。它们同时利用法规和资金上的奖励来实现这一目的。

增长管理：赞成还是反对？

与任何其他规划技术一样，增长管理也容易被使用和误用。在最好的情况下，增长管理技术以一种有计划的方式把我们带入未来，出现好的结果——敏感的和有吸引力的开发模式，良好的公共财产，适合于人们需要的社区服务，对自然环境最低程度的干扰。最糟糕的情况是增长管理技术可以用来阻止合法增长，保护那些已经享有特权的人的特权，并将不可避免的开发成本转移给其他司法辖区去。

当政府管理的规模对应于自然劳动力市场或住房市场的时候，增长管理很有可能获得最好的结果。当增长管理制度的基本目的是有关环境的，在其他条件相同的情况下，如果管理单位的自然辖区和实际的环境过程相对应，那么似乎最有可能取得最好的结果。在这种情况下，增长管理决策的替代效应将在很大程度上得到考虑。另外，如果对其行为所产生的经济、社会或自然影响都不大，那么这个城镇可能很难抵御狭隘利益的诱惑，很有可能忽视了地方决定对外部的许多影响。

精明增长的挑战

20 世纪 90 年代中期，"精明增长"这个术语出现在规划领域，并迅速成为当今的流行语。这个术语最初用于当时的州长帕里斯·格伦登宁（Parris Glendenning）领导下的马里兰州计划。精明增长是否在本质上不同于刚刚谈到的增长管理，它是否就是增长管理，不过是换了一个更吸引人的名字而已，谁会去支持"愚蠢的增长"呢？对此我们可以讨论。无论哪种情况，精明增长都涉及了我们在未来许多年里要面对的一系列问题。

从 1990~2000 年，美国的人口增长了 3200 万。每年大约 300 万的增长率一直延续到本世纪的头 10 年（随着美国劳动力市场的萎缩和减少移民的政策，到本世纪第二个 10 年结束时，这个速度会有些减缓，但人口增长减缓可能是暂时的）。大部分的增长出现在中心城市之外的大都市区，也就是我们所说的郊区，当然这些地区未必都具有郊区的特征。

人们对精明增长的担忧很大程度上源于对郊区扩张的担忧，这种状况直接源于人口增长。蔓延没有标准的、清晰的定义，但我们可以意会。里德·尤因（Reid Ewing）认为，蔓延的指标如下：

1. 跳跃式或分散式开发；

2. 商业带的开发；

3. 低密度的或单一使用开发的投资（如同蔓延的睡城）。①

他接着说，这些容易观察到的现象并没有反映事物的本质，还有一些功能性指标。其中最重要的是"可达性缺失"。在一个蔓延式发展的地区，人们出行不方便，人们必须穿过一个未开发的地区才能到达目的地。在以带状开发为特征的道路上，人们必须经过许多商业机构才能到达目的地。因为可能的目的地都是分散开的，每一个目的地可能有不同的方位，所以很难把办事和旅行结合起来。

尤因还提出，"功能性开放空间"的缺失也是蔓延的一个指标。虽然那个地区会有大量未开发的土地，但大部分都在私人手中，其他开发可能阻碍了通往它们的道路，所以不能用于休闲娱乐或其他公共使用。

如果我们使用尤因的定义，那么蔓延并非只是一个低密度的问题，尽管扩张和蔓延与低密度开发之间可能存在关联。假定10平方英里的地区有1万人，如果它有上述全部现象或部分现象，我们可能认为它就是一个蔓延的案例。另一方面，如果相同数量的人被集中在几个中心，在居住的短距离内，人们可以就业、购物和做各种事情。而且如果真有大量公众可以接近没有开发的地块，那么按照尤因的定义，我们是不会称这种现象为蔓延。实际上我们可能认为，它是低密度开发的一个案例。

推动精明增长的最大动力一直都是市民们对交通拥堵的关注，交通拥堵是蔓延的一个方面。郊区居民发现，因为主要道路上的交通拥堵日益严重，他们的通勤时间和购物、看望朋友、休闲娱乐的旅行时间正在增加，汽车仿佛成了他们的第二个家，在这种情况下，郊区居民可能觉得需要做些事情改善这种状况。通常情况下，有人在为精明增长制定规划。对自然环境保护及其周边环境的过度城市化的关注都是推动精明增长的力量，因为精明增长并没有确切的定义，仁者见仁，智者见智。正是在这个政治旗帜下，集合了很多不同品味和计划的人。

精明增长纲领可能会使用土地使用管理、税收政策，也许还有公共补贴等办

① Reid Ewing, "Is Los Angeles–Style Sprawl Desirable?" *Journal of the American Planning Association*, vol. 67, no. 1, winter 1997, pp.107–119.

法来鼓励紧凑开发。在同样的纲领下，精明增长计划可能强调填充式开发和重新使用，它们可能是旧建筑或原先的工业和商业场地。精明增长项目可能包括购买或获得一些未开发土地的开发权，以确保未来开放空间的供应，并将开发引导至选定区域。围绕俄勒冈州波特兰的城市增长边界可能就是精明增长纲领的一部分。青睐精明增长的人可能也是新城市主义（见第 10 章）的粉丝。新城市主义设计强调建筑物之间的间距相对较近，以及土地使用的细粒度混合。这样的设计应该促进了步行或骑车出行，也减少了汽车出行的平均长度。

精明增长确实很有吸引力，但它是一个没有确切定义的术语，所以必然导致在究竟什么是真正精明的政策问题上认识不一致。例如，在大都市区快速增长边缘的一个县决定买下大片农田（或那些农田的开发权），以便引导增长和保护开放空间。支持者提出，这个想法对县里的现在和未来的居民来说不错，对保护环境也很好，尤其是保护了许多物种的栖息地。但反对者认为，这样做不过让开发机会流到别的地方去了，实际是在大尺度上刺激了跳跃式开发。孰是孰非，还不易说清。

我们可以在城镇、县或州等许多地理范围内实施精明增长的政策。因为这个术语源于马里兰州，我们简单浏览一下马里兰州 1997 年展开的"马里兰精明增长计划"。马里兰州推行这个计划的背景条件有两个：首先，马里兰州很小，平均人口密度较高，与南部的 48 个州每平方英里 100 人的平均人口密度相比，马里兰州的平均人口密度超过每平方英里 500 人。实际上，只有马萨诸塞、罗得岛、康涅狄格和新泽西四个州平均人口密度超过马里兰州。其次，马里兰州很大一部分人口居住在大华盛顿 – 巴尔的摩地区，因此对上述与蔓延相关的现象很敏感。

马里兰州确定的精明增长目标如下：

1. 保存我们最有价值的剩余自然资源。

2. 支持现有的社区和街区。

3. 节省纳税人缴纳的税款，不去建设那些支持蔓延的基础设施。

马里兰州精明增长计划的核心是建设"优先资助地区"。马里兰州把财政资金投入到基础设施上，对落户优先资助地区的工业企业给予财政补贴，从而引导增长。马里兰州把优先发展的地区定义为如下：

1. 这个州的所有城镇。

2. 马里兰州位于华盛顿特区或巴尔的摩环路内的所有地区。巴尔的摩完全在马里兰州里。哥伦比亚区不是任何一个州的辖区，它与马里兰州和弗吉尼亚州接壤。

3. 企业区、街区振兴区、"遗产"区和工业区。

虽然听起来优先发展的地区不少，但这只是该州总土地面积的一小部分。

马里兰州的许多其他项目都支持基础设施建设预算对这些地区的集中使用。乡村遗产项目使用州财政资金保存了大量连接起来的地块。棕地项目（见第 15 章）寻求减少对废弃的城市工业地产再利用的投资风险，从而推动了填充式开发。"就近上班"项目帮助劳动者购买工作场所附近的住房，这个项目的目标是街区稳定和填充开发。

回顾近 20 年来，马里兰州的精明增长计划取得了适度的成果。这个计划基本上是通过各种税收和其他奖励来推行的，而它所面对的是诱发蔓延式发展的非常强大的经济和政治力量。并非所有的地方政府都可以把它们的规划和土地使用控制决定与精明增长计划协调起来。与鼓励在现有社区内部展开进一步开发相比，该计划在保护开放空间方面更为成功一些。[①] 除了马里兰州有限的成就外，该计划还成为其他州工作的典范，并把精明增长的理念纳入国家规划议程。

可持续性规划

近年来，许多规划师对可持续发展的规划问题产生了很大的兴趣。对美国来讲，这种兴趣部分源于自身，部分来自英国、荷兰和其他西欧国家，那里较高的人口密度让许多规划问题具有了紧迫性。关于可持续发展规划的大多数讨论可以追溯到 1987 年世界环境与发展委员会的报告，这个委员会也叫布伦特兰委员会，挪威首相布伦特兰（Gro Harlem Brundtland）时任该委员会的主席，所以世界环境与发展委员会又名布伦特兰委员会。委员会在其报告中对可持续增长的定义如下：

> 可持续发展是指满足当前需求，同时又不损害子孙后代满足自身需求能力的发展。

这是一个非常原则的判断，从这个定义第一次提出以后，人们对它的确切意义有了大量的思考。从表面上看，可持续发展具有显而易见的环境意义。例如，涉及森林，可持续发展可能意味着砍伐木材的速度不超过木材生长的速度。然而，随着时间的推移，可持续性的定义已经更为宽泛了。虽然可持续发展没有单一的、清晰的定义，但在过去 10 年里出现了一个非常粗略的、笼统的协议。大

---

① John W. Freece and Gerrit-Jan Knapp, "Smart Growth in Maryland: Looking Forward and Looking Back," *Idaho Law Review*, vol. 43, 2007, p. 446.

多数作者都把可持续发展规划定义为以协调方式实现三个总体目标的规划。这些目标是环境优质、社会公正和经济发展，即三个"Es"（environment、equity、economic）。[①]

环境要求很容易被理解为不降低环境质量的发展规划。然而，我们应该认识到，确定究竟什么构成退化并不总是那么容易。例如，多年的农业耕作已经让表层土壤变薄了，但同样，多年的农业耕作使用的肥料增加了土壤中的硝酸盐和磷酸盐的含量。现在的土壤究竟是不是比过去的土壤更好了，对此专家的意见可能不一致。

社会公正更加模糊了。可持续发展的大多数支持者把社会公正看成财富的更加平等，为贫穷和弱势人群提供更多的机会。可持续发展的概念中应该包括社会公正，为了维护这种观念，有人可能提出，从长远看，任何一个社会制度或经济制度必须实现一定程度的社会公正，否则社会不公正会在社会制度或经济制度内部产生压力，导致整个社会制度或经济制度的不稳定。究竟是否如此，是值得讨论的。毫无疑问，许多社会和政治动荡中都有不公正和不公正的看法存在，如法国革命或俄国革命。另一方面，一些不公正的制度却表现出稳定性。印度的种姓制度就是一种完全不公正的社会制度，伤害了许多西方人和印度人。但这种种姓制度赖以存在的社会和经济秩序已经稳定多个世纪了，面对现代性的冲击，这种社会和经济秩序现在正在逐步变化。有人甚至会提出，一些社会和经济制度可能不稳定，不过它们却正在朝着更公正的方向发展，因为这种不稳定扩大了人们的视野，推动他们对变革的渴望（"燃起希望之火的革命"）。人们可以用任何一种方式讨论社会公正是不是长期稳定的前提条件。怀疑论者可能认识到，社会公正之所以成为一种标准，是因为提出可持续规划的群体支持更平等的社会制度，社会公正已经出现在国会提案的附件里，而不是因为社会公正对可持续性是必要的。

就像环境目标和社会公正的目标可能有冲突一样，可持续性目标和社会公正的目标也有可能发生冲突。因此，可持续发展规划应该解决这些冲突。但这与社会公正问题是否本质上是可持续性问题的一部分是不同的。无论正反两方面的判断如何，社会公正现在毫无疑问成为规划专业中一般使用的那个可持续性术语的三个主要元素之一。

当人们认定社会公平确实是可持续性规划的一个关键要素时，要求经济发展

[①] Virginia W. MacLaren, "Urban Sustainability Reporting," *Journal of the American Planning Association*, spring 1996, vol. 62, no. 2, pp. 184–202; Scott Campbell, "Green Cities, Growing Cities, Just Cities," *Journal of the American Planning Association*, summer 1996, vol. 62, no. 3, pp. 296–311.

就有了相当重要的意义。当规划关注到社会公正问题，人们希望重新分配一定数量的财富，那么如果平均财富正在增长，而不是稳定，那么这一目标将更容易实现。在社会稳定的状态下，对财富的任何重新分配都必然会是一个零和博弈，会受到很大的阻力。这一观察并不是说如果你富有比如果你贫穷更容易慷慨更深刻。同样，在全社会平均财富正在增长时，更容易实现对财富的重新分配。

原则上讲，城镇，甚至城镇的一部分，任何规模的地方政府都可以开展可持续发展规划。推动一个地理范围内的可持续发展不可避免地会影响到其他地理范围内的环境。在一个尺度上的可持续或不可持续的东西在另一个尺度上看起来可能不同。例如，如果仅从一个建制城镇的尺度上看，曼哈顿的开发（美国人口密度最高的城区）可能与可持续发展不可同日而语。曼哈顿大部分自然环境已经硬化或盖起了建筑，当初的地形地貌不复存在。溪流和沼泽地区开发完毕，生物多样性大幅减少。

另一方面，从更大的地理角度来看，曼哈顿的环境看上去不错。154 万人生活在 22.7 平方英里的曼哈顿地区，同样数量的人口如果蔓延开来，对环境的影响远远大于曼哈顿地区，譬如说，750 平方英里居住了 154 万人（这是典型的郊区人口密度，每平方英里 2000 人）。用地铁运送一个人去工作所消耗的能源比使用汽车送一个人去工作还要少。给一个公寓供暖所需要的能源少于给一个独栋住宅供暖所需要的能源。建造一栋高层公寓所要砍掉的树木会比建造独栋住宅时所要的树木还要少。

不渗水的地面硬化数量是对环境产生影响的一个方面。曼哈顿的道路长度为 508 英里。乘以 5280 英尺（1 英里等于 5280 英尺），再除以 154 万人。结果是曼哈顿人均道路长度为 1.7 英尺。我们可以拿曼哈顿的人均道路长度与郊区的人均道路长度相比，假定每户宅基地的宽度为 100 英尺，沿着这些宅基地形成郊区居住区的道路。所以在考虑可持续发展问题时，我们有可能得出非常不同的结论，取决于我们是在考虑地图上特定地区所发生的事情，还是在考虑容纳特定数量的人还是特定数量的经济活动。

现在，我们带着上述考虑来考察一个城镇的可持续发展规划。

实施地方可持续发展计划

"胸怀全球，着眼地方"这个口号意味着，地方行动可能产生全球效果，可持续性的倡导者们都喜欢这个口号。如果可持续性的三大目标是环境优质、社会公正和经济发展，那么地方上如何实现这些目标呢？

市政府可以利用土地使用控制的手段保护环境脆弱的地区，更确切地说，让地方上的居住和商业活动留下最小的生态印记。实施绿色建筑标准（见第15章）可以减少供热和降温所使用的能源。在那些技术上可行的地区使用日光照射分区，允许风力发电，这类地方行动可以减缓温室气体的产生。如同土地使用政策支持某些减少能源消耗的住宅类型一样，让车辆行驶里程最小化的城市设计也能够帮助减少对能源的消费。可以考虑建立一个地区能量制度的可能性。重新开发褐色场地优先，然后在考虑开发绿色场地。

我认为，地方层面对社会公正可能产生不了多大影响。收入分配和获得医疗服务之类大问题显然都是国家层面的问题，当然如第11章所说，与住房相关的问题还是地方层面可以处理的。如前所述，市政府能对地区作多大的贡献取决于它的征税和市镇间的经济竞争。如果这个城镇有一个经济发展计划，它可以努力让这个计划满足它的市民对劳动力市场的需要，而不是关注所有工作岗位或可以增加税基的那些工作岗位。

就我们关注的经济增长而言，市政府可以推行第13章讨论过的那种经济发展计划。但正如该章所说，地方经济发展是否能够对整个经济增长有很大贡献，或者基本上是对整体的重新分布而已，整个经济或多或少是由国家和国际层面的其他因素决定的（货币政策、金融政策、税收政策、贸易政策等）。

下面这个方框列举了当前使用的各种地方可持续性实践。

可持续发展规划技术一览表

2001年，杰普森（Edward J. Jepson, Jr）调查了数百个市政府，了解它们正在采取什么步骤实现可持续发展。[①] 他从被调查者中获得了39类活动的信息。从以下分类中，我们可以了解地方政府开展可持续发展实践活动的范围。我在随后的附注中对本书其他地方没有解释的类别作了解释。这里列举的可持续发展实践活动强调了环境优质、社会公正和经济发展，以及地方自足，既包括直接行动，还包括收集信息支持随后行动的步骤。

1. 农业区规定

---

① Edward J. Jepson, Jr., "The Adoption of Sustainable Development Policies and Techniques in U.S. Cities," *Journal of Planning Education and Research*, no. 23, winter 2004, pp. 229–241.

2. 农业保护分区

3. 自行车通道规划

4. 棕地改造

5. 社区指标项目

6. 社区园林化

7. 合作住房

8. 生态—工业园区

9. 生态印记分析

10. 环境—场地—设计规定

11. 绿色建筑要求

12. 绿色采购

13. 绿色图

14. 绿色印刷计划

15. 绿色开发

16. 热岛分析

17. 奖励和包容分区

18. 进口替代

19. 填充式开发

20. 周而复始的公共建筑

21. 生活工资法令

22. 低排放车辆

23. 新传统（新城市主义）开发

24. 开放空间分区

25. 步行通道规划

26. 购买开发权

27. 恢复建筑规范

28. 农场权法规

29. 太阳能接入保护条例

30. 固体垃圾回收和循环使用管理

31. 共享税基和收益

32. 开发权转移

33. 公交导向的开发

34. 交通需求管理

35. 城市增长边界

36. 城市森林计划

37. 城市系统分析

38. 野生生物栖息地和绿色走廊规划

39. 风能开发

注：这里解释一些本书其他地方没有解释过的可持续性实践活动。5. 在编制规划中使用的社区社会、经济或环境指标。7. 让住房靠近许多共用设施。8. 旨在形成良好生态实践的工业园区。11. 推行使用能源最少和对环境影响最小的新建筑。12. 在市政府采购决定中考虑到环境问题。14. 在市政府的规划和图示上显示计划收购和储备的自然区。20. 在计算公共建筑成本时包括拆除和处理的所有阶段。22. 购买市政府公用车时购买低排放的车辆。27. 编制建筑规范支持建筑修复和再利用。36. 植树以减少大气层中的二氧化碳含量，帮助建筑的加热和降温（植树这个术语还用在维护市辖区内少量半自然的栖息地）。

第 7、18、21 项强调了公正问题。第 17 项强调了自足。

在本章开始时，我们谈到了增长管理的实施在很大程度上依赖于已经沿用多年的规划方式，它们在"增长管理"这个术语出现前就已经存在。类似的，制定可持续发展时使用的许多方法其实原先就已经有了。例如，许多地方几十年以来一直都在购买土地，以保存开放空间。另外一个例子是，许多市政府长期以来一直坚持提供经济适用住房。可持续发展规划在一定程度上是一种新观念，将其与之前的规划工作分开来的是整体概念和长期视野，而不是单独的技术。

自然灾害规划

出于我们在第 4 章末尾提及的原因，自然灾害规划已经成为规划中越来越重要的一部分。我们是可以预测自然灾害的可能性，日本人对地震和海啸是不陌生的，墨西哥湾沿岸地区对飓风也不陌生，但我们不能准确预测自然灾害发生的时间、地点和规模。在自然灾害发生之前，很容易拖沓，日常的各种压力可能让政府和个人把防灾减灾规划排在了后边。在自然灾害发生之后,没有多余的时间,必须一次做好所有的事情。防灾减灾规划和从灾害中恢复过来可能涉及政府不同机构之间的协调,涉及的金额可能是巨大的。

与防灾减灾规划相关的决定可能让一些人受到重大损失,而让一些人得到很多。例如,是否允许在泄洪区内重建的决定可能对房地产业主和投资者产生重大经济影响。重大利益攸关者不可避免会施加强大的政治压力。在一些情况下,科学的不确定性是一大问题。对于海湾地区来讲,全球变暖引起的海平面上升是一个关键因素。但是第五届国际气候变化专门委员会(IPCC)报告预测,随着全球变暖,21世纪海平面会上升26~82厘米,对一些地方造成各种相对小的灾害和重大灾害。有些机构对低端的估计相似,而对高端的估计则不同。例如2013年,国家海洋和大气管理局估计海平面会上升2米。

福契克(Robert Verchick)提出了编制防止和减少自然灾害规划的3个基本规则:

1. 绿色行动;

2. 公正;

3. 安全。[①]

第一个原则,绿色行动:

> 通过保护自然缓冲区防止地理灾害,并将这些缓冲区整合到堤防或海堤等人工系统中,最大限度地减少物质暴露于地理灾害的风险。——绿色行动还意味着,不鼓励在那些把人和财产暴露在不合理的风险之下,尊重自然地理界线。

第二个原则,公正,涉及这样一个事实,从总体上讲,在自然灾害中,一些社会群体比另一些社会群体蒙受更大的痛苦,所以好的规划必须对此加以考虑。我们在第7章中讨论过这个问题。

第三个原则,安全,按照福契克的看法,如经济利益之类的因素有时让防止和减少自然灾害规划中的安全考虑搁置一边。福契克提出,重点放在安全上。

以下是本世纪迄今为止袭击美国的两次最著名自然灾害的简要案例研究。

---

① Robert R.M. Verchick, *Facing Catastrophe in a Post Katrina World*, Harvard University Press, Cambridge, MA, 2010.

新奥尔良和卡特里娜飓风

2005 年 8 月 29 日，卡特里娜飓风袭击了新奥尔良。这场风暴已经在加勒比地区生成多日了，新奥尔良的居民和官员们都很了解这场飓风。路易斯安那州的州长在这场飓风到达新奥尔良前两天建议居民撤离。新奥尔良市的市长纳金（Ray Nagin）在这场飓风到达新奥尔良前一天就下达了强制疏散令。这个城市的大多数居民都撤出了，几乎所有人都是开车撤离的，估计 45 万人中有 10 万人没有撤离，其原因是他们没有汽车。除了让车辆在一些公路的车道逆行加速撤离之外，新奥尔良市完全没有撤离计划。这场飓风是 3 级风暴（风暴级别以风速为基础，最高级别的风暴为 5 级），风虽然很大，但并非极端。然而，这场风暴移动缓慢，让它有时间形成非常大的风暴潮，让高水位风暴有时间冲击堤岸和风暴墙。这场飓风一天之内就冲毁了多处堤岸和风暴墙，整个城市 80% 的地区都淹没在水中。这场风暴发生后数日，电视观众依然可以看到人们在房顶上和二楼的窗子上呼喊救援。这是一场巨大的灾难，估计有 1500 人丧生。

卡特里娜飓风袭击了新奥尔良，这场自然灾害确实让人震惊，但并非完全出乎预料。实际上，人们讨论新奥尔良的弱点已经很多年了。就在这场自然灾害发生之前数月，新奥尔良的主要报纸《花絮时报》，就已经发表了若干篇文章，讨论未来可能发生的自然灾害。在卡特里娜飓风袭击了新奥尔良之前，许多人认为，这场自然灾害不是发生不发生的问题，而是迟早的问题。

这是一场天灾，更是一场人祸。19 世纪，这个城市的人口不多，他们大部分生活在这个城市的最高地段上，就是现在的法国区及其周围地区。随着城市人口的增长，比较低的地方通过排水也得到了开发。就在卡特里娜飓风袭击了新奥尔良的时候，这个城市的大部分人口生活在低于海平面的地区。

新奥尔良的南部曾经有绵延数 10 英里的湿地或长沼。这种沼泽地保护那个地区免遭暴风潮的破坏。20 世纪 60 年代，根据历史数据，美国陆军工程兵作了一个粗略的估算，平均每 2.7 英里的湿地可以减少 1 英尺风暴潮。当然，那里地形复杂，场地与场地间差别很大。风暴持续时间也很关键，所以，2.7 这个数字不过是一个经验规则而已。无论如何，它仍然让人们了解到湿地在这方面的重要性。

进入 20 世纪，人类活动开始改变新奥尔良及其周边地区。密西西比河有着长期发生洪水的历史，随着时间的推移，密西西比河甚至在大洪水后有过改道的历史。1927 年，密西西比河发生了一场灾难性的洪水，导致 2.3 万平方英里的地区被淹没，迫使国会在 1928 年通过了《洪水控制法案》。美国陆军工程兵展开了大规模堤防建设项目，这个项目确实成功地防止了洪水的发生。

然而始料未及的是，堤防大大减少了河流夹带的泥沙，而且还加快了河流里水的流速。

密西西比河口处的湿地在河流带来的泥沙和海湾里的水带走的泥沙之间存在一种平衡。于是，密西西比河口处的湿地开始萎缩。许多运河穿过湿地，承载了河流航运，于是湿地的萎缩进一步加剧。随着盐水进入湿地，那些适应淡水栖息环境的树木和其他植物都退出了湿地。这减少了固定土壤的植物根系，从而让湿地进一步消失。到卡特里娜飓风袭击新奥尔良时，这个湿地已经从100年前的位置上倒退了数英里。

新奥尔良如同它周围的地区一样，都是建设在压实了的沼泽地上，开发活动确实造成了地面下沉，然而采油、采气和抽取地下水导致了地面的进一步下沉。我们在许多水井附近都可以看到这种地面下沉现象，不过这种现象在与新奥尔良一样低的地方尤其严重。

在失去湿地和地面下沉之间，年复一年，新奥尔良变得越来越脆弱了，这场自然灾害不是发生不发生的问题，而是迟早的问题。在卡特里娜飓风重创新奥尔良数周后，新奥尔良还是计划恢复。新奥尔良市一直都没有一个较大的规划部门，就在这场飓风发生之前，按照纳金市长的想法，新奥尔良市正在削减它的规划部门的规模。这个城市本身的规划师寥寥无几，许多规划师都是从外边过来的，他们分别与美国规划协会、城市土地协会、学术界联系，还有一些人与规划咨询企业联系，大家一起编制恢复规划。这个城市的人口同样如此。

规划师奥尔尚斯基（Robert B. Olshansky）和约翰逊（Laurie A. Johnson）在《摸不着头脑：新奥尔良重建规划》一书中，描绘了他们非常复杂的规划经历。他们提到了一种与防止和减少自然灾害规划相关的现象，"争分夺秒"。规划基本上是一个序列进程，就像建设一幢楼房一样。不仅需要时间编制规划，而且还要交流、分享数据，建立起信任。这两位规划师认识到，在一场自然灾害发生后，为编制规划要做的最好的准备工作就是建立起一个面对灾难的卓有成效的规划活动。新奥尔良当然不是这样。就是在一切顺利的情况下，编制总体规划都是要花费不少时间的。不过一场灾难发生之后，情况有所不同，随着系统的规划过程的展开，人们按捺不住地要参与进来。

当时，许多赶来帮助救灾的人们首先想到的是，应该减少新奥尔良的生态印记。自从1960年以来，新奥尔良一直处在人口流失的状态下，所以赶来帮助救灾的人们马上想到，许多逃离这座城市的人们也许不会打算再回来了。他们还认为，那些受到飓风重创的低洼地区也许应该放弃恢复重建，直接转变成开放空间。

基础设施投资应该用来帮助新城市设计的开展。留下比较小的生态印记无疑是一个聪明的想法，而且确实很明智，但许多逃离这座城市的人们不会不回来。市民们很快就否定了减少生态印记的最具潜力的方式，市民们知道他们期待着什么。他们的要求很简单，恢复所有的街区，要那些离开的人们都回来（只要他们本人愿意回来）。他们要马上动手展开灾后重建工作。有些规划师打算首先解决安全、低于海平面的尺度等问题，然后再颁发建筑许可证。规划师认为，如果人们真的在那些不应该建设或重建的地方做开发，他们会限制未来开发的机会。规划师的这个看法没有说服公众，公众要求拿到建筑许可。总之，新奥尔良的建设部门答应了公众的要求。

卡特里娜飓风发生近 2 年后，一个新的城市规划完成了，市议会随后就通过了这个规划。它基本上满足了市民的要求：这个城市规划其实就是对这场风暴发生之前的那个城市的规划，不过在一些细枝末节的地方做得更好一些罢了。

在规划中，总体规划和渐进式规划之间是有区别的，我们在第 19 章详细讨论这个问题。市民们明显要求的是渐进式方式，当然他们并不使用这样的词汇。读者可能还注意到，在第 19 章有关协同规划的那一小节里，我们谈到了究竟需要花多少时间和努力对重大问题达成共识。那些要求其实是不符合自然灾害发生后的那种"争分夺秒"的现象的。

顺便说一句，底特律现在正在讨论更小的生态印记的问题。[1] 袭击底特律的灾难并不是一场风暴，而是数十年来工业岗位的流失和不断萎缩的人口，最终导致该市在 2013 年申请破产。底特律现有人口不足人口峰值时期的一半。生态印记的萎缩可能产生多种意义。这个想法同样不受市民的欢迎。它是否会像在新奥尔良那样被彻底抛弃还有待观察。

回顾。新奥尔良的规划是如何编制的？在卡特里娜飓风袭击新奥尔良之前，新奥尔良的人口为 45.5 万。2006 年，新奥尔良的人口下降到 22.5 万，是风暴前总人口数的 50%。2012 年美国统计局估计，奥尔良的人口上升到 36.9 万，大约是卡特里娜飓风袭击新奥尔良之前的总人口数的 80%。[2] 从那以后，奥尔良的人口一直在缓慢增长。

2013 年的调查数据显示，洪水淹没地区受损住房的 79% 已经或正在重建。拆除的住房为 14%，被毁坏或遗弃的住房为 8%。遭受这场自然灾害打击的商业企业

---

[1] *New York Times*, Section B, February 23, 2014.

[2] the *Times-Picayune*.

68% 重新开张。[1]

在联邦政府的大量援助下，恢复重建的资金一直是一个问题。因此许多地区至今没有回到正常状态，新奥尔良许多地方的服务依然不尽人意。但总的来说，在几年的时间里，这个城市还是恢复过来了。最直言不讳反对综合方法的个人，一位住房被洪水淹没的居民认为，这种灾后恢复重建比重新规划和按照更小生态印记方式展开的灾后恢复重建更好、更公正一些。

大问题当然是：下一场卡特里娜飓风来临时会怎样？现在这种灾后恢复重建方式没有执行福契克提出的绿色原则。2013 年，美国陆军工程兵完成了 87 亿美元的工程，重建了新奥尔良市的海堤和抵御风暴潮的墙。按照美国陆军工程兵的计算，这个重建的防灾工程可以完全抵御 100 年一遇的风暴潮和适当抵御 500 年一遇的风暴潮（卡特里娜飓风一直都被估计为 150 年一遇的）。美国陆军工程兵没有宣称，不会再有洪水了，但在那些可能发生洪水的地方，如果发生洪水，也会小一些，浅一些。完全消除洪水是很困难的，部分原因是新奥尔良市的很多地方都处在低地中，当大暴雨出现时，排水量不及降水量。

美国陆军工程兵采用的防灾减灾方式是正面迎战大自然，而那些采用绿色和比较小的生态印记的方式是一种更加具有调节功能的方式，哪一种方式更好一些？工程兵有信心。许多环境保护主义者则疑虑重重。他们提出，海平面上升和全球变暖可能让现在认为 500 年一遇的那种风暴潮会每年发生。长期的地面下沉和湿地消失一直都没有得到重视。随着时间的推移，新奥尔良的更多地区会低于海平面，因此，它对工程兵钢筋混凝土和砌体结防御体系的需求还会增加。我们可以想想一个盛满了水的碗，只有碗边的破裂可以让水面降下来。这个碗边相当于我们所说的海堤和抵御风暴潮的墙，这个碗底每年都会进一步加深。

那么支持美国陆军工程兵方法的人们可能会辩称，在未来几年，美国陆军工程兵为城市提供了高度的安全保障，如果采取更加自然友好的方式，这种安全维持的时间会更长一些。他们可能提出，美国陆军工程兵的努力已经给新奥尔良创造了时间，也许几十年的时间，来实施更加绿色的方案。

飓风桑迪后的纽约规划

2012 年 10 月 22 日，飓风桑迪袭击了纽约市。如同新奥尔良的卡特里娜飓风，对纽约市造成损失的是风暴潮，而不是直接来自风。纽约市 5 个区中的 3 个，

---

[1] *Times-Picayune*, April 30, 2013.

皇后区、布鲁克林区和斯坦顿岛遭受重创或摧毁性的打击。但与新奥尔良相比，飓风桑迪对纽约现有住房的破坏要小很多。对于大部分纽约人来讲，飓风桑迪对他们房子的影响只是一种故障，而不是破坏。洪水冲进了地铁隧道，让整个系统停运。纽约地铁大约在一周左右的时间里恢复到了最低水平的运营，一个月内恢复到正常水平。曼哈顿的低洼地区和纽约散落的一些地区停电，一周后逐步恢复电力供应。许多人在公寓楼里待了几天，没有供热或照明。那些无法爬楼梯的租户有过几天被困的经历。公共设施修复和运行后，在地下室的水被排出之后，许多商务活动才重新恢复过来。美国商务部在飓风桑迪袭击了纽约市之后展开的调查显示，飓风桑迪对纽约市经济的影响很小。[①]

飓风桑迪给纽约市造成的破坏远远小于新奥尔良。然而谁都不愿再发生此类飓风，飓风桑迪毕竟是一种征兆，未来很有可能发生此类或更糟糕的事情。布隆伯格（Michael Bloomberg）市长在飓风桑迪发生之后很快就转向规划工作状态。

当时有三种可能的方式以及它们的许多种组合。

一种可能是对纽约市的大部分地区提供几乎完全保护的方法，即建设横跨纽约港的一道屏障，如图14.1。这道屏障是岩石，在航道上有一个可以移动的闸门（安布罗斯船闸）和其他几个闸门，以允许潮水进出。这样，给这个海湾和流入这个海湾的哈得孙河留下生态屏障。这道横跨纽约港的屏障与美国陆军工程兵在新奥尔良建设的海堤和抵御风暴潮的墙如出一辙。它会保护布鲁克林的低洼地区、斯坦顿岛、曼哈顿和新泽西沿哈得孙河以西的那些地区，还会保护皇后区的一些低洼地区。完成这项工程的技术不是问题，荷兰已经建成了这类闸门。1982年，泰晤士河安装了几个闸门，以保护伦敦的低洼地区，这类闸门已经关闭过100次以上，实现了预期的设计目标。圣彼得堡通过长长的屏障避免波罗的海来的风暴潮。实际上在飓风桑迪发生之前，人们就一直在讨论为纽约建设这样一道屏障。[②]

布隆伯格领导下的纽约市政府完全否定了这个想法。布隆伯格认为，海平面的进一步上升，风暴的强度可能更大，它们都会让这种屏障形同虚设，建设这样一道屏障的资金可能也是一个问题。

还有另外两种方法：强化目标和各种绿色方法。布隆伯格规划要求两种方法

[①]　"Economic Impact of Hurricane Sandy," U.S. Department of Commerce, Economic Statistics Administration, Office of Chief Economist, 2013.

[②]　Malcolm Bowman of the Storm Surge Research Group of the University of the State of New York, *The New York Times*, "The question is not if a catastrophic Northeaster will hit New York but when."

并举，强化目标为主、绿色方法为辅。

强化目标是指以多种措施防止洪水，减少洪水发生后的影响。对于低洼地区的保护，布隆伯格规划要求建设沙滩，在一些地方建设更宽的滩涂、堤岸和海墙。为了保护建筑，这个规划要求修改建筑规范，建立一些基金，帮助业主对他们的建筑实施改造。一种可能是建筑结构的改进，便于让洪水排出。安装密封的防水外壳，保护电力设备，把一些建筑物里的机械设备安装到比较高的楼层上。安装辅助发电设备，在电力出现故障的情况下，可以给建筑物照明，让电梯运行。在曼哈顿，大量风暴引起的事故是因为变电站进水造成的。安装密封的防水外壳或提高设备安装的高程。纽约地铁的洪水来自路面，通过很简单的办法就可以解决这个问题。若干车辆隧道里的洪水必须采用抽水的办法，可以使用闸门等。

在谈到调整纽约市生态印记、应对未来风暴问题时，布隆伯格很坚决：

> 我们会在重建中变得更强大；我们会在重建中变得更安全；我们会在重建中变得更加可持续。但是，我们会脚踏实地地重建我们的城市。[1]

如何解决沿岸地区附近被摧毁的房子，这是飓风桑迪袭击纽约之后出现了一个问题。那些沿岸地区大多是不应该重建的环境敏感地区，纽约应该撤出这些地区。传统规划始终坚持不要开发泄洪区，上述观点与传统规划别无二致，不应该用公共资金鼓励这样做（如低于成本的洪水保险）。然而压倒多数的居民选择的是重建那些环境敏感地区，而且期待得到公共资金的支持。过去之所以生活在这个脆弱地区，是因为他们喜欢生活在靠近大海的地方，这是一个非常容易理解的选择，他们期望继续住在靠近大海的地方。

布隆伯格市长显然与房地产业主们站在一起。布隆伯格的立场非常不同于纽约州长科莫（Andrew Cuomo）。科莫提出，按照飓风桑迪袭击纽约之前的房地产价值购买一些洪水淹没区的房地产，让它们保持在永远不开发的状态下。布隆伯格提出，扩大湿地面积，种植植物，减少地表水的排放速度，但他的计划从总体上是倾向于强化目标，以多种措施防止洪水发生。从最基础的层面上看，布隆伯格的计划与新奥尔良的重建方式没有多大不同。

飓风桑迪比卡特里娜飓风在时间上离我们更近一些，纽约在飓风桑迪发生之后形势没有新奥尔良那么严峻，所以现在还不好说纽约最终会如何去做。布拉西

---

[1] Politico.com, March 26, 2013.

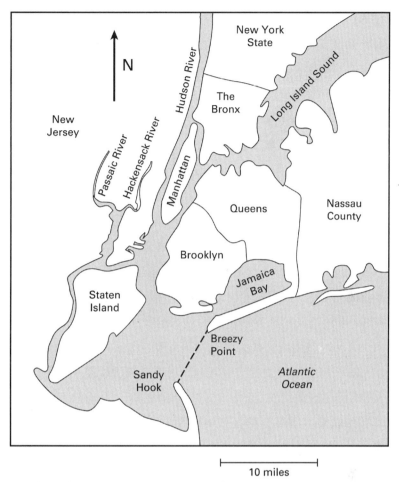

图 14.1 图下方中间的虚线为修建这个屏障的位置，一边是新泽西的桑迪胡克，一边是皇后区的布利齐波恩特。在这个区域的纽约部分，这个屏障会让布鲁克林、斯坦顿岛和曼哈顿基本上会避免风暴潮的侵袭。它还会让皇后区避免来自牙买加湾的洪水，当然，保护不了皇后区面对大海的部分。布鲁克斯地势很高，足够应对风暴潮。在新泽西一边，这个屏障会保护哈得孙河西岸和哈肯萨克河之间的低洼地区，该地区遭受了飓风桑迪的严重破坏。现在这个计划被搁置起来了，但未来再发生类似桑迪这样的飓风时，人们还会重新提起这个设想

奥（De Blasio）接替布隆伯格担任了纽约市长，他有自己的优先选项，但在保护纽约免遭未来桑迪的侵袭问题上没有太大兴趣。

小结

人们常常把增长管理定义为涉及开发的数量、时间、地点和特征的规定。增长管理计划一般使用很多规划方法。因此，此类计划与传统规划的区别在于其意图和范围，而不是其实施技术。

20 世纪 60 年代，增长管理计划扩散开来，以应对战后迅速发展的郊区化和增长的环境意识以及关注的环境问题。对美国人口和全球人口增长的关注进一步强化了增长管理，当然这类关注与地方人口增长之间的联系是不紧密的。控制增长的速度和特征不可避免地会让一部分人是赢家，一部分人是输家，所以增长管理计划提出了各种公平问题，本章具体讨论了这个观点。

许多地方随后都制定了增长管理计划，如博尔德的增长管理计划，它试图限制增长，或者把增长限制在预订的年度增长比例之内。如科林斯堡，它试图影响增长模式，但不试图限制增长速度。

许多州都制定了增长管理计划，夏威夷州从 20 世纪 60 年代初就开始制定增长管理计划。从整体上看，州增长管理计划仅覆盖州的部分地区，通常与环境问题相关。州对开发的管理通常不会替代地方管理，反而构成了一个附加层次的控制，期待在制定开发决策时适当重视超出地方尺度的更大问题。

20 世纪 90 年代，人们开始使用精明增长这个术语，首先出现在马里兰州的规划活动中。人们对精明增长的兴趣在很大程度上是由于人们对郊区蔓延日益严重的认识，尤其是与蔓延相关的交通问题。精明增长无论是一种新观念，还是以更加吸引人的名称出现的增长管理，它在规划师之间还是有一些争议的。

1987 年，布伦特兰委员会的报告中出现了可持续发展的概念。在地方层面，可持续发展与增长管理和精明增长共享了许多方法。可持续发展与增长管理和精明增长的一个不同之处是它非常长的时间跨度。也许另一个不同之处是可持续发展的元素涉及从地方到全球的发展尺度；还有一个差别是可持续发展非常强调社会公正问题，当然我们可以从两方面讨论可持续性和社会公正之间是否真有必然的联系。

这一章的最后部分引述了福契克（Robert Verchick）提出的编制防止和减少自然灾害规划的三个基本规则——绿色行动、公正和安全——讨论了两个历史案例：受到卡特里娜飓风打击的新奥尔良和受到飓风桑迪打击的纽约市。

参考文献

Abbot, Carl, Howe, Deborah, and Adler, SY, EDS., *Planning the Oregon Way*, Oregon State University Press, Corvallis, OR, 1994.

Brower, David J., Godschalk, David R., and Porter, Douglas R., *Understanding Growth Management*, Urban Land Institute, Washington, DC, 1989.

Burrows, Lawrence B., *Growth Management: Issues, Techniques and Policy Implications*, Center for

Urban Policy Research, Rutgers University, New Brunswick, NJ, 1978.

Degrove, John M., *The New Frontier for Land Policy: Planning and Growth Management in the States*, Lincoln Land Institute, Lincoln, NE, 1992.

Degrove, John M., *Planning, Policy and Politics*, The Lincoln Institute of Land Policy, Cambridge, MA, 2005.

Downs, Anthony, ED., *Growth Management and Affordable Housing*, The Brookings Institution, Washington, DC, 2004.

Holcombe, Randall and Staley, Samuel, EDS., *Smarter Growth: Market-Based Strategies for Land Use Planning*, Greenwood Press, Westport, CT, 2001.

Layard, Antonio, Davoudi, Simin, and Batty, Susan, EDS., *Planning for a Sustainable Future*, Spon Press, London, 2001.

Olshansky, Robert B. and Johnson, Laurie A., *Clear as Mud: Planning for the Rebuilding of New Orleans*, American Planning Association, Planners Press, 2010.

Verchick, Robert R.M., *Facing Catastrophe in a Post Katrina World*, Harvard University Press, Cambridge, MA, 2010.

第15章 环境规划和能源规划

环境规划涵盖了一系列广泛的问题，一般来说，要尽量减少人类活动对自然环境的破坏。环境规划的目标可能涉及以下任何一项：

把环境对人类健康和生命的威胁降至最低，例如，通过减少空气或供水中污染物的浓度或限制在泄洪区等危险地区的开发。

储备供未来使用的资源，例如，把土壤侵蚀降至最低或把温室气体排放降至最低。

实现美学和娱乐的目标，如保持一些地方的原始状态。

为了自身而不是为了人类的利益，尽管减少对环境的破坏，例如，保持稀有物种的栖息地，这种物种对我们来说是未知的或不易预见的。

1973年，突然出现了能源规划。当时的阿以战争导致原油价格在几个月内翻了两番。能源规划当时关注的是能源成本的控制。但随着时间的推移，该领域已经演变成一个主要关注减少对石油和煤的使用以减缓气候变化的领域。

环境规划问题

环境问题因为以下几个原因变得很难解决：

1. 环境过程可能是复杂的，而且还没有完全被理解。例如，我们还没有完全了解污染物通过自然环境的物理和化学途径，也没有完全认识污染物在自然环境中的扩散或转换的确切后果。

2. 环境问题不受行政边界的限制。喷洒在堪萨斯农田里的化学物可以在密西西比河的支流里找到，几个月以后，携带了化学物质的密西西比河里的水可能成为路易斯安那州一个社区的饮用水。俄亥俄州工厂烟囱里排放的二氧化硫烟尘可能在佛蒙特州变成了酸雨。1985年，美国和加拿大就酸雨问题展开了磋商，美国中西部地区释放的硫和氮的氧化物导致了加拿大东部地区的酸雨。最终的环境问题可能是温室效应，这主要是由于大气层中二氧化碳含量增加所导致的。地球上任何地方燃烧的石油和煤都会增加大气层中的二氧化碳含量，所以我们只能在国际层面才能完整地提出温室气体问题。

3.解决一个环境问题可能引起另一个环境问题。例如，空气质量法规要求热力发电厂安装"除尘器"，清除烟尘中一定比例的硫化物。但是人们已经证明，除尘之后积累下来的工业污渣会污染地下水。

4.因为环境决策可能会给特定的个人或群体带来巨大的收益或损失，所以环境问题可能会引发强烈的情绪，产生可怕的冲突。

一般而言，解决环境问题的方法是零碎的，一次解决一种污染物、一种排放源，或一种土地使用问题。这种方法不是因为目光短浅或缺少全局观所致。让环境质量达到更高水平十分复杂，必须设计出一种考虑到所有负面效应的统一方法。

5.哈丁（Garrett Hardin）多年以前提出了公地悲剧这样一个术语，"公地悲剧"很好地说明了环境问题的复杂性。哈丁描绘的是村庄的公地，每一个人都可以免费在那里放牧。最后，这些公地因为过度放牧而被破坏了。大气层和海洋可以看成全世界的公地。我们不难找到比较小一点的案例，破坏环境的一方无需为他们的活动支付成本，或仅仅为他们的活动偿付一部分成本。因此，破坏环境的一方出于自身利益，仍然过度使用公共资源。①

全球气候变化问题

在一本有关城市规划的书中包括一个气候变化部分好像有些节外生枝，其实不然，气候变化和我们如何应对气候变化会对我们在地方层面的所作所为产生种种影响。气候变化可能是一个整体环境问题，我们必须在这个框架内提出大部分环境问题。

发生在全球层面的气候变化，特别是在降雨方面的变化，可能对世界农业产生重大影响，加上战争与和平、政治动荡和人口的大规模迁徙等重大后果。在美国，气候变化可能对一些地区产生负面影响，而对另外一些地方产生积极影响。例如，气候变暖和可能的干旱会对美国的西南部地区产生消极影响。同时，气候变暖和可能的干旱会到改善明尼苏达和一部分中北部地区。一些气候学家预计，全球变暖增加了热带风暴的强度，如果真是这样，就有可能对墨西哥湾地区造成负面影响。降雨模式的变化会影响农业的空间模式。全球变暖会全面影响美国的人口分布，也许改变图15.1所示的区域增长模式。

---

① 用经济学家的话来讲，利润率的调整将是低效的，一些用户造成的损失大于他们所获得的收益。

面对气候变化问题，我们的选择会在许多方面影响规划师的工作。交通使用了美国能源的 1/4 以上。所以，能源规划和交通政策紧密联系在一起，而且正如第 13 章所说，交通技术和土地使用模式是紧密联系的。住房是能源的主要消耗者，因此，关于能源和住房开发的选择也是紧密联系的。对环境政策的选择必须考虑到纯粹地方问题，也要考虑到全球变暖的问题。例如，从地方生态系统的角度看，如特殊种类鱼的生存，我们已经拆除了一些水坝，还预备拆除另外一些水坝。但是，水力发电非常有利于削减温室气体的排放，而火力发电厂恰恰在排放着温室气体。我们显然需要在二者之间做出取舍。

全球变暖的最大推动力是地球大气层中二氧化碳含量的增加。正如图 15.1 显示的那样，没有迹象表明，地球大气层中二氧化碳含量增加的速度正在减缓。气候学家之间对气候变暖事实基本取得一致意见，对地球大气层中二氧化碳含量增加的速度尚不确定。我们应该做什么和我们会做什么同样也不确定。花多大力量减少温室气体排放，并减少温度上升和气候模式变化所带来的后果，至今还没有就此达成一致意见。[1] 就降低全球变暖速度而言，在多大程度上把注意力集中放在二氧化碳排放这个最大因素，以及比较小的因素上，如甲烷或碳微粒（"炭黑"），对此同样没有共识。就二氧化碳而言，我们有大量的能源选择，包括封存燃煤中释放出来的二氧化碳，直接从大气层中去除二氧化碳，采用太阳能和风能技术，扩大对核能源的利用。现在，我们可以听到许多人建议，除了减排，我们应该考虑采取积极的步骤增加地球的反射率（反射回太空的射入太阳能的比例），这个主题已经超出本书的范围了。

一个国家减少温室气体排放会让全世界受益，但这个国家不过是在整个收益中得到一份而已。所以简单的经济理论会提出，世界各国可能都不往减排上投资，于是前面所说的公地悲剧问题发生了。

2015 年 12 月，全球气候大会在巴黎举行，许多国家作出了不具有约束力的承诺，减少二氧化碳的排放。也许，对这个问题严重性的普遍认识可能会让世界不再重演公地的悲剧。在美国，减排问题与政治意识形态纠缠在一起。当问起美国人有关全球变暖的问题时，大多数人会说，他们相信全球变暖是真的，但在一些调查中，至少有半数的人认为，不只是人类活动引起全球变暖，实际上还有其他原因。对全球变暖的认识没有显示出多少与受教育程度的相关性，而是显示出

---

[1] Bjorn Lomborg, *The Skeptical Environmentalist*, Cambridge University Press, Cambridge, 2001, and *Cool It*, Vintage Press, New York, 2007.

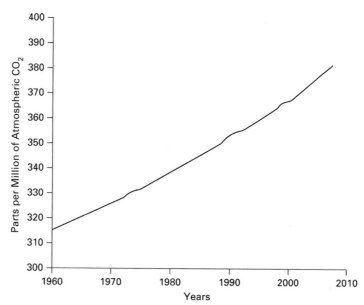

图 15.1 1960~2007 年，大气层中的二氧化碳含量
注：根据冰芯样本估算，工业革命前，二氧化碳在地球大气层中的含量在 260~280 ppm 之间。

与政治立场非常紧密的相关性。与共和党人相比，作为一个群体的民主党人更倾向于相信全球变暖正在发生，人类活动是全球变暖背后的推手。如果真有这种差别存在的话，那是因为对全球变暖问题的认识意味着需要出台大量的法规，还需要投入大量的公共资金。

无论是按照法规由企业支付还是由政府通过补贴项目的办法支出或直接支出，减少温室气体排放是昂贵的。无论何种方式，就在本书截稿时，减少温室气体排放与减税、预算赤字和我们在世界市场上的经济竞争能力发生着很大的冲突。

国家层面的环境进步

人们在联邦层面对许多环境问题进行了抨击，实际上联邦政府在环境领域一直都是很积极的。

自《国家环境政策法案》（NEPA）通过以来，美国对环境质量的承诺已经日渐提高，美国长期以来的污染控制投入可以为证。这些投入包括直接的公共资金的投入，也包括企业按照环境法规所作的投入。这些投入源于更高的税赋和更高的商品或服务价格。在增加了税赋和提高了价格意义上讲，这些投入体现为生活标准的一种降低。然而，更重要的是，通过改善我们呼吸的空气、饮用水、生活环境，这些投入影响了我们的生活标准。在一个人口密集的工业社会里，我们为环境质量所要付出的代价不菲。

尽管环境问题很复杂，但经过多年努力，我们在环境管理方面有了长足的进步。图 15.2 显示了在 1960~2000 年间，6 种主要空气污染物排放的趋势（2000 年以后不久，再没有延续这个数据的采集了）。自 1960 年以来，我们发现美国的这些数字变化不大。具体而言，从 1960~2000 年，美国的人口增加了 57%，美国的 GDP 增加了 288%，登记的机动车辆增加了 200%。如果我们在环境管理上真的无所作为的话，我们将看到的是污染的大幅增加，而不是图 15.2 显示的相对稳定的状态。

在许多情况下，实施统一的国家环境管理标准是绝对必要的。如果标准各异，污染活动就会从环境管理标准严格的地区转移到标准宽松的地区。

我们可以清晰地找到许多污染源头，引入替代产品或替代技术，在这种情况下，我们在环境管理方面的进步可能很迅速。请注意，图 15.2 中显示的最明显的减少是空气中的铅，它是一种污染物，除其他疾病外，还会导致儿童的发育迟缓。空气中的铅基本上来自含铅的汽油。当国会要求汽车制造商只能向市场销售使用无铅汽油的车时，问题就在即将彻底解决中。

当污染物有多个来源，又没有替代技术，或者问题是全球的而不是局部的，解决起来就会非常困难。

国家环境政策简史

基于本章一开始提到的原因，联邦政府一定是推动环境改善和规划主要一方。自 1970 年以来，联邦法规一直都在影响着环境规划和国家为解决环境问题而展开的各项工作。实际上，环境规划专业在很大程度上是由国会通过的法规形成的。

正如第 4 章讨论的那样，20 世纪 60 年代期间，美国的环境意识普遍流行起来。1969 年末，国会通过了《国家环境政策法案》（NEPA）。

> 国会认识到人类活动对自然环境所有元素的相互关系产生了深刻的影响，并宣布，国家环境政策是联邦政府的一贯政策，以国家和地方政府以及其他相关公共和私人组织的合作为基础，使用所有可行手段和措施，包括经济和技术的帮助，促进大众福利，建设和维护人与自然和谐的基本条件。

Sulfur Dioxide Emissions

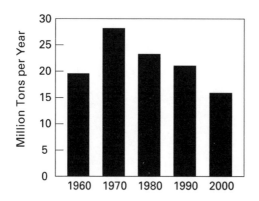

Particulate Matter Less Than 10 Microns

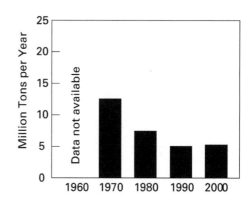

Nitrogen Oxide Emissions

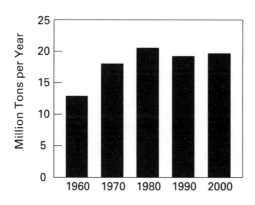

Volatile Organic Compounds

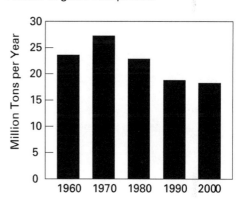

Carbon Monoxide Emissions

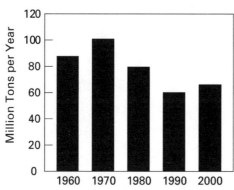

Lead Emissions

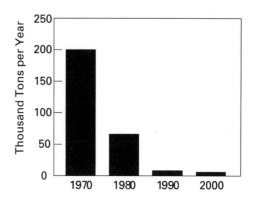

图 15.2 美国空气污染趋势

资料来源: *Data through* 1990 *are* from Environmental Quality; 22nd Annual Report of the Council on Environmental Quality, U.S. Government Printing Office, Washington, DC, 1992.

《国家环境政策法案》于 1970 年签署，成为尼克松总统签署的第一项正式法案。随后，成立了美国环保局（EPA）。20 世纪 70 年代，许多州颁布了自己的《国家环境政策法案》，一般称之为"小《国家环境政策法案》"。在随后的几年里，其他多种重要环境法案成为法律，包括《清洁空气法》（1970）、《清洁水法》（1972）、《海洋保护、控制、保护区法》（1972）、《海岸分区管理法》（1972）、《安全饮用水法》（1974）、《资源保护和恢复法》（1976）、《有毒物质管理法》（1976）以及《综合的环境的反应、赔偿和相关责任法》（CERCLA）（1980），人们一般把这个法律称之为"超级基金"。

在最初的立法热潮之后，时常会出现新的法案。1990 年，《清洁空气法》的修正案限制了火电厂在电力生产过程中可能排放的二氧化硫量，允许建立一个由芝加哥商品交易所管理的准许交易系统。在随后的 20 年里，该系统将导致酸雨的主要原因是二氧化硫排放量减少了 60%。1990 年的修正案几乎全部淘汰了对地球臭氧层造成严重破坏的氯氟烃排放。

《国家环境空气质量标准》（NAAQS）的建立为大都市区提供了空气质量标准，并推动那些没有达到此标准的人们采取措施，减少空气污染，这个标准取得了显著的成果。

1992 年的能源法案要求电力公司购买当地产生的电能（例如允许安装了太阳能光电设备的业主向电力公司出售电力，实际上就是让他们的电表倒转），这样就推动了太阳能和风能事业的发展。由于美国能源使用总量的很大一部分是取暖和照明，所以该法案还建立了照明和家庭供暖系统的能效标准。

在克林顿执政时期（1993 年 1 月至 2001 年 1 月），尽管没有通过一项重要的环境法案，但毕竟还是通过了许多包括特殊项目的法案，如出于保护目的而购买土地。当然，那时出现了一系列法规、总统令和支持环境保护的小步骤，许多步骤与濒危物种保护、伐木、采矿和在公共土地上建设道路的问题相联系。在克林顿总统的领导下发起的一个为数百万美国人所熟悉的项目是能源之星项目，该项目旨在提高冰箱和其他电器的能效。总之，环境保护主义者给予克林顿总统不错的评价。

大部分环境保护主义者不看好乔治·布什总统（2001 年 1 月至 2009 年 1 月）的表现，他们常常称布什总统是"有毒的得克萨斯人"。他对大部分环境法规持有悲观的看法，认为它们是经济活动的负担，是对自由的侵犯。许多环境保护主义者认为，布什总统会任命与环境法规对立的那些人获得执法机关的高官，他们的角色就是限制监管行动。

《能源政策法案》（2005）是布什执政期间通过的一项重大环境影响的法案，这是一项旨在提高国内能源生产的大规模法案。它包括补贴、宽松的执法，对包括石油、煤、核能、风能、太阳能和地热能等所有能源，实施税收优惠，重点给予石油、煤、核能税收优惠。包括为石化能源和可再生能源的技术进步提供研究资金。这个法案还为绿色建筑和改造旧建筑物建立了多种补贴办法，目标是减少能源消耗。虽然这个法案的重点是放在生产一侧，它也确实有一个重要的保护元素。

你可能最熟悉的法案成果是，"这种燃料可能含有 10% 的乙醇。"按照这个法案的规定，在汽油中添加 10% 的乙醇，如果谁使用这种燃料，政府另外按照每加仑 45 美分的标准给予补贴。那时，使用兑了乙醇的汽油似乎是一个不错的想法，通过使用一些可再生能源，减少了美国对石油的进口，还减少了温室气体的排放。但从实施这个《能源政策法案》以来，人们对它颇有微词。一些研究得出了这样的结论，我们在种植玉米、给玉米施肥、运输玉米以及把玉米转化为乙醇中都会使用到石油和煤炭之类的不可再生能源。因此，使用乙醇作为燃料所减少的二氧化碳排放净值是可以忽略不计的。人们一直都在从各种完全不同的角度对乙醇项目展开批判。2011 年，美国把 40%（9100 万英亩中的 3600 万英亩）的玉米产量用于乙醇与汽油的混合。这样做引起了世界粮价的上涨。于是人们提出，在一个并非人人都可以吃饱饭的世界里，是否应该把如此之多的玉米放进我们的油箱里。

2009 年 1 月上任的奥巴马政府标志着国家政府对环境的态度发生了重大变化。奥巴马总统对联邦高官的任命显示了他支持环境保护的立场。奥巴马任命了 1997 年诺贝尔物理学奖得主朱棣文（Steven Chu）为美国能源部部长。朱棣文不仅科学资历光彩夺目，他对环境问题的倾向也是非常清晰的。作为加利福尼亚州劳伦斯·伯克利国家实验室主任，他曾经让这个国家实验室成为生物燃料和太阳能研究方面的一只重要力量，他曾经明确提出不再依赖石油和煤炭燃料的必要性。

无论是在竞选期间还是就职典礼之后，奥巴马总统都明确表示了对全球变暖的严重关注，并承诺要开发其他燃料和保护能源。因为 2008 年发生的金融危机，奥巴马政府的国内首选项目就是通过刺激经济的一揽子计划，《美国经济恢复和再投资法案》（2009），并于 2009 年 3 月让这个 7870 亿美元的拨款成为法律，环境和能源研究、绿色建筑、其他能源开发的补贴、美国国家电网的现代化和扩大，一并包括在这个法案中。美国国家电网的现代化和扩大旨在用电力替代石油煤炭燃料的方向转变，使用核能、太阳能和风能发电。人们当时认识到，不能远距离把电力传送到使用者手里，替代石油煤炭燃料的目标就不能实现。由于国会坚持削减预算赤字，这个一揽子计划没有再更新过。

　　奥巴马几乎从入主白宫的第一天开始，就在努力推进"总量控制与交易"制度，限制碳排放总量。"总量控制与交易"制度与控制二氧化硫排放的制度具有现实性，当然，"总量控制与交易"制度涉及的是整个经济的尺度。《美国清洁能源和安全法案》，也称之为马奇法案（Waxman Markey），即加利福尼亚州民主党众议员威克斯曼（Henry Waxman）和马萨诸塞州民主党众议马基（Edward Markey）两人的名字。这个法案的基本想法是，限制允许大型工商业企业排放的二氧化碳（总量控制），允许它们把二氧化碳释放权出卖给那些已经超出法定排放量的企业（交易）。通过鼓励企业积累可销售的二氧化碳排放权或减少它们必须购买的二氧化碳排放权来提高效率。[①]

　　这个法案经历了漫长和复杂的过程，有许多告诫和例外，其中许多是为了适应立法政治的现实。那些例外的基础其实是很脆弱的。许多经济学家支持一种所谓碳税（每吨被排放的碳的货币价值），他们认为，货币化可以简化行政管理，使行政管理更加有效率。然而，在反对税收的政治气候下，是不可能实施这种碳税的。反对总量控制与交易制度的一方提出，虽然总量控制与交易字面上不是一种税，但它实际上就是一种税。反对总量控制与交易制度的人认为，如同任何一种税，总量控制与交易制度会加大企业成本。结果是价格上涨，销售额下降，继而导致失业，在失业率居高不下的情况下，谈论失业问题当然影响最大。他们还提出，实施这种制度将导致就业机会进一步向那些没有实施碳排放限制的国家转移，因此，除了造成就业机会成本上升，还会增加我们的贸易赤字。

　　2009 年 6 月，这个法案在民主党控制的众议院得以通过，然后送到参议院，但是，一直没有进行表决。2010 年 11 月，共和党控制了众议院，于是这个法案实际上已经成为一纸空文了。

　　虽然奥巴马总统在环境政策方面的立法成就非常有限，但他通过不同的途径产生了很大的影响。在 2007 年 "马萨诸塞州对联邦环保局" 一案中，最高法院裁决，联邦环保局可以管理二氧化碳排放量。过去一直把二氧化硫、一氧化二氮和颗粒物看成污染物，受联邦环保局的法规约束，但二氧化碳不在联邦环保局的管理权限内。最高法院的这个裁决虽然允许联邦环保局管理二氧化碳排放量，但这个裁决并没有要求联邦环保局管理二氧化碳排放量。在布什执政期间，联邦环保局拒绝使用它的权力管理作为一种空气污染物的二氧化碳。当奥巴马入主白宫后不久，他和联邦环保局新局长改变了这个政策。联邦环保局要求已有发

---

① John M. Levy, Essential Microeconomics for Public Policy Analysis, Praeger, New York, 1995, ch.12.

电厂按条例办事，而且限制了新建电厂的二氧化碳排放量，这样，直到本书截稿时为止，美国再也没有建设任何一种新的燃煤火力发电厂。煤发电量正在减少，而是用天然气的发电量正在增加。因为美国全部二氧化碳排放量的 2/5 来自火力发电厂，而天然气单位能量产生的二氧化碳排放量仅为碳产生同等单位能量所排放的二氧化碳量的 50%。同时，燃烧天然气更清洁一些，这样空气中的颗粒物、重金属和其他污染物的数量都会减少。实际上，过去几年，虽然美国的人口和经济都在增长，但二氧化碳排放总量已经稍许减少了。使用天然气而不是煤发电是导致美国二氧化碳排放总量稍许减少的一个主要原因。

由于煤炭工业的政治影响力，加上来自产煤州的议员人数，奥巴马政府根本不能设想通过立法手段实现这种转变。相反，奥巴马政府采用了行政监管措施。联邦环保局有关烟囱排放和燃煤煤渣处理的行政规定，已经迫使而且还会继续迫使许多老的燃煤发电厂关闭。据估计，到 2015 年 6 月，85 个燃煤发电厂的发电量约为 130 亿瓦特（美国生产的全部电能约为 3000 亿瓦特）。大多数燃煤发电厂都在阿巴拉契亚地区。

这些规定都是《清洁能源规划》的一部分，这将使二氧化碳排放量在 2005 年的水平上减少 30%。如果真的实施了这个规划，每个州将有一个目标，由各个州自己选择实现这个目标的方式。一切顺利的话，这个规划的整个结果会是，减少煤产生的电量，增加天然气的使用，增加对可再生能源的使用，如风能和太阳能，增加一定的核能发电，提高用电效率。

人们一直围绕《清洁能源规划》争论不休。2015 年 8 月，联邦公告发表了《清洁能源规划》最终的规定。在 2 个月内，27 个州，基本上是共和党州长执政的州，向法庭提交了诉讼，试图阻碍这些规则的实施。许多公司和商业组织也向法庭提交了诉讼。这些诉讼采取的立场是，总统试图通过行政命令实现他在立法上无法实现的目标，构成了对其合法权力的过度和违宪法的使用。反对总统的那些人断言，这些法规会让电价攀升，削减就业岗位，削弱美国在国际经济中的竞争地位。他们还特别指出，这些法规对整个煤炭工业就业的影响。一些采用比较自由主义意识形态的州，包括纽约州和加利福尼亚州，在《法庭之友》上表达了对奥巴马政府的支持，很多非政府组织也表示了他们对奥巴马政府的支持。2016 年 12 月，美国高等法院裁决，在联邦上诉法院审查之前，"停止"联邦政府执行这些规定。"停止"显然是州取得的胜利，当然，也让这个问题重新回到最高法院做最终裁决留下了可能。结果，法庭再一次按照法官们的思想观念而分裂了。四位具有保守思想观念的大法官选择了终止联邦政府执行这些规定，而另外四位自由派法官反对终止联邦政府执行这些规定。这一次肯尼迪大法官选择站在保守派的大法官一边。

2015 年 12 月，众议院投票决定禁止联邦环保局强制执行限制现存和未来电厂二氧化碳排放的规定。这样，在涉及气候变化和环境问题的行政规定上，奥巴马政府和大部分共和党议员之间的分歧再次暴露出来。参议院在 11 月就通过了类似的提案。因为共和党没有足够的票数推翻总统的否决权，所以这些提案不可能成为法案。那些提案纯粹是象征性的。就在众议院投票时，巴黎正在举行气候峰会，所以这个投票明显想表达，共和党的国会议员们会反对美国参加这次峰会可能提出的任何一个重大行动。参议员詹姆斯（俄克拉何马州共和党参议员）2014年选举后，巴黎气候峰会前，担任了参议院环境与公共工程委员会的主席。1912 年，他出版了一本书，名为《大骗局：全球变暖阴谋如何威胁我们的未来》，这个标题足以看出他对这个问题的看法了。正如第 12 章提到的那样，现在的行政规定要求，2025 年，"企业一般燃油经济"（CAFE）标准为 54.5 英里 / 加仑（87.7 公里 /3.785 升），大约为现行标准的 2 倍。同样，这个规定不能以法律形式出现，但可以通过行政规定而得到实施。

在环境问题上，奥巴马总统可能是最积极的总统，环境思潮一般都会想到他的贡献。奥巴马总统在环境问题上所做的大部分工作是行政命令，因为总统可以颁布行政令，而下一任总统可以撤销上一任总统颁布的行政令，所以，奥巴马总统留下的大部分环境工作遗产是否可以保留，这取决于 2016 年的大选结果。

虽然这一节集中介绍的是联邦政府的行动，我们还必须说，一些州，尤其是加利福尼亚州采取了很大的措施。在联邦政府行动之前，加利福尼亚州就已颁布行政规定，试图改善空气质量，而且对汽车尾气排放有着更为严格的要求。加利福尼亚州最大胆的环境行动是 2006 年州议会通过的"全球变暖解决办法法案"（AB32）。[①] 这个法案建立了一个州的总量控制与交易制度，目标是在 2020 年，把加利福尼亚州的二氧化碳排放下降到这个州 1990 年的水平，这个法案允许在一个很长的时间里控制电力生产。2013 年，工业企业开始使用天然气，交通运输在2015 年开始使用天然气。当然，我们还不能在本书截稿时就对这项法案的绩效做出判断。加利福尼亚州是"西部气候行动"这个组织的成员，如果这样法案能够取得好的效果，那么，其他州是会跟进的。

排放到空气中的二氧化碳是全球循环的。加利福尼亚州的人口不足地球人口

---

① The Air Resources Board of the California Environmental Protection Agency.

的 1%，因此有人会说，加利福尼亚州居民从这个计划中得到不足 1% 的收益，却要吸收实施这个计划的大部分成本。所以这个计划超出纯粹自私自利的经济合理性，跳出了公地悲剧的陷阱，表达了对一个更大理想的承诺。

国家和地方环境规划的衔接

美国现代环境规划发展中最重要的事件莫过于国会通过了《国家环境政策法案》（NEPA）。这个法案要求想获得联邦资助的大型开发项目必须提交环境影响说明（EISs）。简而言之，《国家环境政策法案》要求一项开发活动可能产生重大环境影响的机构必须准备一份环境评估报告（EA）[1]，环境评估报告是一份相对简要的文件，对项目做总体描述，包括"讨论开发这个项目的必要性，开发项目对环境的影响，其他选项，列出开发项目的咨询机构名单。"这份报告的结论或者是一个环境影响说明，或者声明"没有重大影响"，在开发项目不产生重大环境影响的情况下，不需要提交环境影响说明。环境评估报告是一份公开的文件，如果该开发项目引起了公众的严重关注，那么，需要对这份环境评估报告进行审查。这个过程是透明的和负责任的。这样，如果确实存在严重的环境影响，开发机构不能排除提交环境影响说明的程序。

一旦需要提交环境影响说明，一个复杂程序就展开了。开发机构必须在联邦公告上发表通告，表明它打算提交一份环境影响说明。联邦公告是一份每日新闻快报，由联邦政府发布，公布联邦政府的具体的行政法规和各种联邦政府行动。第一阶段是"确定范围"，涉及其他联邦机构、地方政府和公众。在此阶段，确定一个主导机构或承担全部责任的机构。一旦工作范围确定下来，便开始编制环境影响说明草案，编制这份报告的可能是联邦机关、低级别的政府机构或政府机关的合同单位。政府机关的合同单位可能是一个咨询事务所。这种环境影响说明草案包括：

> 讨论这个开发活动的目的和必要性，以及其他的开发选项（如公路建设项目，环境影响说明可能要求讨论改扩建公共交通的优点），这些选项中包括不采取行动的替代方案，对环境影响的分析，逐一讨论计划开发活动和其他选项的环境后果，列出编制这份陈述的人员名单，并列出这份文件所要送达的机构、组织和个人。

---

[1]　Environmental *Quality*, 1983, p. 253.

此时，把这份环境影响说明草案分发给官方和公众征求意见。主持这份环境影响说明草案编制的机构在考虑到它们的意见后，编制环境影响说明的最后版本。再次设定一个评论期，这个时间段结束后，主持机关编制一份"决定记录"。这个决定记录是这个机构的决定小结，指出做出这个决定的基础，曾经考虑过的其他选项等。

这个过程是公开的。"阳光是最好的消毒剂"，喜欢这个表达的人们会十分赞赏这个公开透明的过程。它防止了政府的暗箱操作，让任何市民都可以看到整个过程，让各方都有可能发表意见。

这份环境影响说明可能是一个很长的文档，或者在大型项目的情况下，可能是一个文件架，通常由大量的数据支持。对环境影响说明的要求导致了一个规模不小的咨询产业。对环境影响做出说明的要求也产生大量从事咨询业务的就业岗位。对于那些具体反对某个开发项目的人来讲，最有效的行动就是提起诉讼。提起诉讼的一般基础是，环境审议过程的一个程序存在漏洞。诉讼人不一定非要说这个项目不好。如果真的找到了过程本身的瑕疵（犯法或违反了行政法规），那么必须让项目停下来，直到瑕疵得到改正。

纽约市西路项目就是很多人熟知的一个案例，我们在第 12 章中提到过，正是这类诉讼让该项目成为泡影。在这个长达 10 年的诉讼案的末尾，一位联邦大法官发现，州和联邦官员们一直"隐瞒"了这个项目对哈得孙河的影响，尤其是对河里鲈鱼的影响。

无论诉讼者是不是真的关心鲈鱼，修建这条公路毕竟存在对河里鲈鱼产生影响的问题。由于审查过程很复杂，所以，就存在充分的机会拖延项目启动，在纽约的这个案例中，正是因为一拖再拖，项目最终也没有展开。对环境评审程序此批评态度的人们一直都在抱怨，环境评审程序给反对者提供了许多法律武器，而且让一部分顽固的人破坏了大多数的愿望。为环境评审程序辩解的人们认为，法律意味着必须服从，如果项目没有服从法律，当然应该推迟，直到法律得到了执行。

1970 年的《清洁空气法》和随后出现的修正案让空气质量规划领域得以展开。因为要求按照《国家环境空气质量标准》评估计划项目对空气质量的影响，因此需要空气质量规划师。机动车是最大的流动的污染源，国会作为立法机构建立了排放标准，但它没有把这个任务交给作为行政机关的美国国家环保局。在美国销售的所有新车上都有排放控制设备，这是依据国会建立的排放标准。

1972 年的《联邦水污染控制法》（FWPCA）让地方水质规划工作大规模展开。这个法案的第 208 款要求州政府制定水质规划，州可以直接制定这个规划，或者委托州以下的政府负责。与这种规划要求相伴的是投入大量资金完成水质规划工作。1972 年的《沿海地区管理法》要求沿海各州都要编制沿海分区规划。我们注意到，大约一半的美国人口生活在海岸线附近的县，海岸地区的生态往往很脆弱，出于多种原因，海岸地区对商业和住宅开发具有极大的吸引力。

环境规划中的经济和政治问题

由于多种原因，环境保护和环境规划不可避免地会有冲突。环境法规常常会让一些人群成为输家，而另一些人群成为赢家。设想海岸沿线的环境保护。为了保护某一段海滩，需要停止或大幅缩减住宅开发。已经拥有海滨房产的人是赢家。他们的私人财产得到保护，他们住房的市场价格因为无法再做新的开发而升高了。反之，那些拥有这段海滩沿线房地产的人，因为不允许他们开发而变成了输家，那些想买海滨别墅的人因为限制开发也成为输家。

在许多地方，很难得到建设一个船坞的许可。这种困难不难理解，保持水道畅通，船舶的油污和排放的污染物都会破坏海洋环境。那些已经有了自己船坞的人当然是赢家，因为不会再有竞争对手了。那些想建自己的船坞的人是输家。那些船主也是输家，因为没有竞争，船坞的泊位价格肯定会上升。

环境保护法规要求企业增加环境污染管理的支出，于是，企业的生产成本将会增加，从而减少了它的盈利，握有这个企业股票的人们显然也是一个输家。在极端情况下，执行环境保护规定可能会让企业倒闭，因此不仅股民是输家，其实就业者是更大的输家。然而，同样的法规会让生产污染控制设备的企业获利。那些生产企业也许会迁到海外办厂，因为那些国家对环境的保护相对松懈一些，这就是所谓污染出口。任何形式的法律法规都会带来巨大的收益和损失，不可避免地产生争议，给律师提供了大量就业机会。

特殊的"超级基金"案

环境法规可能产生意想不到的副作用。超级基金，即《全面环境应对、赔偿和责任法案》（1980）（CERCLA）就是一个很好的例子。这个法律授权联邦环保局确定受到污染的场地。那些场地的业主必须使其达到联邦环保局的标准。这个法案要求这种场地"修复"，而不去考虑当初并没有这个环境标准的事实，业主当时污染那个场地不是非法的。例如，一个企业在没有禁止倾倒废弃的油漆溶剂的法令时，把那些油漆溶剂倾倒在那个场地里了，从而污染了场地。除此之外，这个场地现有的业主可能要负责清理前业主留下的污染的场地。所以，购买前业主污染了的场地，企业或个人可能不小心"购买"了一种责任，它的价值远远超过了该场地的价值。这种可能性让那些购买使用过的工业或商业场地买家如履薄冰。但这还不止于此。假定有一个 XYZ 公司，在它还欠银行 100 万美元的情况下就宣布倒闭了，银行用这个场地作抵押。正常情况下，银行会取消这个房地产的赎回权，然后卖掉它，减少一些贷款收不回来的损失。但是，这个场地用于工业生产，假定是 20 世纪的事情，《全面环境应对、赔偿和责任法案》会让银行顾虑重重。如果这个场地随后被指定为受到污染的地区，银行要想恢复这个地区，让它满足联邦环保局的标准，就需要花费 1000 万美元。聪明的办法可能是认了这笔贷款收不回来，让业主依然保留这个场地的赎回权。不过，下次再出现类似情况，银行会拒绝给这个企业提供贷款。

《全面环境应对、赔偿和责任法案》让绿地和棕地进入了人们的视野。绿地通常是指郊区的或乡村从未用于工业或商业目的那些场地。棕地通常是指工业或商业曾经使用过的那些城市用地。按照这个法案，绿地完全不会有所谓没有看到的那些责任。但是，对于棕地来讲，确实会有人暂时没有看到的责任，例如，可能会有场地恢复的责任。这就导致人们倾向于购买郊区的和乡村的土地，而看好建成区的工业或商业地产。[①] 对于那些因为结构性失业和税基不适当而在那里挣扎的城市来讲（见第 13 章），这种偏见是非常不幸的，也是完全无意的。

也许 10 年以后，这种反城市的副作用得到了广泛的认可，并采取了一些措施来消除它们。例如，一些州环保部门制定了一些安排，实际上使企业免于承担未来曝光的超级基金污染责任。为了避免前面描绘的风险，银行有时可以在贷款上做些安排，如果违约，银行可以收回非棕地财产的赎回权，而对具有可能风险的棕地本身不承担责任，而由业主继续承担。按照前边谈到的例子，如果这样做，就意味着银行可以收回 XYZ 公司拥有的非棕地财产。当然，假定 XYZ 公司拥有一个地产，这个地产不涉及其他抵押权。那时，还出现了针对超级基金责任的保险。这样，《全面环境应对、赔偿和责任法案》的副作用至少在某种程度上得到解决。我们这里要说的是，有关环境的法律和规定可以产生很大的和意想不到的副作用。

---

① David Yaussy, "Brownfields Initiatives Sweep Across the Country," *Environmental Compliance and Litigation Strategy*, vol. 10, no. 11, April 1995, p. 1; "Redeveloping Contaminated Sites: Economic Realities," *Urban Land*, June 1995; and James A. Chalmers and Scott A. Roehr, "Issue in the Valuation of Contaminated Property," *Appraisal Journal*, vol. 61, no. 1, January 1993, pp. 28–41.

善意的批评

经济学家、政策分析者、风险评估人以及其他对环境问题采用理性的和定量方式人们可能会善意地批评现行的环境政策。如果可能，经济学家、效益成本分析师和政策分析师会让我们打环境法规的擦边球，以获得效益成本的平衡。这种边界效应意味着花在环境法规上的最后 1 美元确实产生 1 美元的收益，那么，经济学家、效益成本分析师和政策分析师会提出，计划颁布的环境法规（至少那些重要的环境法规）需要受效益成本分析的约束。除非效益成本分析显示，计划颁布的环境法规至少要产生与投入成本相等的收益，否则不能接受这个计划颁布的环境法规。

然而，环境政策并非总是这样制定的。有些项目要求做效益成本研究，有时还需要新的法规才能正式实施。不过，法律也不是没有使用模糊术语的，如"最好的可以使用的技术"或"适当的安全界限"。在一些情况下，法规可能指示受到管理的工业努力实现零风险，不对效益成本之间的关系做任何调整。我们可以投入资金解决这个环境问题或风险，从而获得收益；我们也可以投入资金解决那个环境问题或风险，得到另一种收益。一般来讲，收益之间没有任何平衡可言。国家环保局前局长赖利（William Reilly）如是说：

> 从未有任何法律指导（环保局）寻找最佳机会来降低环境风险；也没有法律指导，我们采用最有效的、最具成本效益的方法来应对环境风险。

然而，这种全球性的、理性主义的方法恰恰是当前政策的学术评论家所青睐的。目前的环境政策为批评者提供了良好的目标：

> 虽然国家环保局管理木材防腐剂的整个成本相对不高，但是，拯救每个生命的成本至少是 5 万亿美元，而且估计每 290 万年才会有一例癌症病例发生。[1]

如果我们纯粹从人类健康和福利的角度来考虑环境质量，结果是成本效益比极高的环境支出实际上增加了人类的死亡率和发病率。从统计数据上看，与贫穷的人相比，富裕的人活得更长、更健康。如果我们把穷国与富国加以比较，把同一个国家里的穷人和富人加以比较，的确如此。假定要求更有效但更贵的汽车尾

---

[1] Bradley K. Townsend, "The Economics of Health Risk Analysis," in Levy, *Essential Microeconomics*, p. 217.

气排放控制，我们就可以呼吸到更加清洁的空气，这将有助于身体健康。但是，把更多的钱花在汽车上会使我们减少花在医疗、健康食品、自行车头盔和其他事情上的钱。哪一种影响将占主导地位？我们不能凭空回答这个问题。回答这个问题需要仔细研究，同时也需要经济学家在边际上平衡成本和效益。从经济学家的角度看，我们既支持巩固甚至增加环境法规和投入，又对现行环境政策的某些方面进行批判。

不友好的批评

1994 年国会选举后，共和党暂时控制了参众两院，这是自 1948 年以来的第一次，国家环境政策遭到了猛烈抨击。这种批判主要是在众议院展开的，以共和党鼓吹的"美国契约"精神为基础，对监管充满敌视态度，认为联邦政府的规模和权力过大，强烈推崇私有财产权。在这些批判的背后是来自西部州的议员们。一个称之为"山艾树反抗"的反控制联盟影响了那些议员。正如我们在第 17 章中要讨论的那样，联邦政府拥有密西西比河以西的大部分土地，联邦政府的机构管理着它们，如联邦的土地管理局。所以，伐木权、采矿权、放牧权以及其他收入来源于公共土地使用的利益构成了一个强大的反监管力量。这种力量得到了广泛的个人主义精神的支持，实际上，西部许多州都有这种传统。2016 年 1 月 2 日，一群武装起来的抗议者占领了联邦政府机构俄勒冈州马卢尔国家野生动物保护区的办公楼，这是个人主义精神的极端表达。数周后，这一事件持续了数周，最终以一人死亡、数人被捕以及后继可能的法律追究而告终。

在西方，许多群体和个人对削减联邦政府环境法规的规模很感兴趣，他们组织了一种称之为"善用"（wise use）的运动。这个运动关注多种行政规定和管理问题，并声称要与商业使用和环境保护相结合。环境主义者显然不喜欢这个运动。西北地区的木材业需要保护自然环境，需要保护零星散落的猫头鹰的栖息地，在这类争议中，该运动还是采用相对支持产业的立场。"善用"运动是反对管理的另一种力量。

我们在第 5 章中曾经介绍过因凯洛诉新伦敦一案引起的政府征用问题，对此类政府征用开展的公决和立法浪潮实际上也是反对管理心态的一部分。环境法规告诉人们必须做什么，在他们的私有财产和商务活动中不能做什么，而且环境法规常常让人怨恨。在美国国税局之后，联邦环保局很可能比联邦政府的任何其他机构更经常受到怨恨和诽谤。

地方环境规划

地方一级的规划可以通过以下几种方式为追求环境质量作出贡献：

1. 控制开发强度；

2. 控制开发类型；

3. 控制开发的位置；

4. 投入公共资金；

5. 一旦开发完成后，控制运行。

地方环境规划实例

如何处理固体垃圾的问题一直困扰着许多社区。一般情况下，固体垃圾来自家庭，按照每天每人多少磅来计算。除此之外，还有来自工厂、商业等机构的垃圾。通常采取填埋、焚烧或倾倒等办法（联邦法令正在禁止向大海扔垃圾）。那些住在垃圾填埋场附近的居民当然厌恶垃圾填埋。这样的场地周围充斥着垃圾车，难看或难闻。除了基本的审美问题外，它们常常让附近的居民感到不安。如果在垃圾填埋场焚烧垃圾，会让人们担心是否污染地下水，地面的酸、地表水或雨水会把污染物夹带到地下水源里。如果填埋场里包含了有毒垃圾，人们的忧虑会更大一些。建设垃圾填埋场常常非常困难，不是一个技术难题，而是一个政治难题（这种冲突也能在国家层面发生，例如围绕内华达州尤卡山核废料库的冲突曾经延续了 10 年之久）。

垃圾焚烧引起人们对空气质量的担忧。垃圾焚烧场附近的居民对专家的保证不以为然。实际上，专家使用"百万分之一"或"每升微克"之类的技术术语解释数据。同时，居民们从根本上就不信任专家。市政府雇用的专家向市民们解释计划建设的垃圾焚烧场，声称对市民的健康不构成威胁，居民常常怀疑，那位专家拿了市政府的咨询费，然后替市政府建设计划唱赞歌。

当承认了如何处理固体垃圾是一件政治上很敏感的事情，我们不妨看看垃圾处理过程更为技术性的一面。当使用垃圾处理系统快要达到极限状态时，市政府开始考虑固体垃圾规划。假定这个地方正在使用填埋方式处理固体垃圾，垃圾填埋场基本上填满了。市政府可以把垃圾运送到另一个城镇去填埋，该城镇市政府表示，一旦垃圾填埋合同到期，不再续签。或者市政府难以单独负担垃圾焚烧装置升级换代的成本，以满足空气质量标准。

规划方法可能如下：

1. **确定问题的范围**。人口和就业预测用于估计必须处理的固体垃圾总量。考察使用中的处理系统，看看它能正常运行多长时间。例如，以磅计算的固体垃圾量可以转换成立方码来计算，利用这个数字就可以确定现有垃圾填埋场还有多大的垃圾处理能力。

2. **对其他可能采用的垃圾处理方式展开初步调查**。可能的垃圾处理方式包括填埋、焚烧、运走。运走也就是把垃圾从这个地区运到其他地方填埋或焚烧。因为"不要在我的后院"（NIMBY）的呼声已经十分流行了，所以运出去处理的可能性越来也不现实了。有关垃圾焚烧有几种可能性，垃圾焚烧可以与垃圾发电结合起来，垃圾产生的热可以发电或生成热气。无论在哪种情况下，一个问题是能源是否有一个很好的市场。就垃圾生成的蒸汽来讲，因为管道输送能力超不过1000码，所以这个市场必须就在垃圾场附近。可以考虑垃圾焚烧后回收各种材料的可能，例如，可以利用磁力找到残留的铁材料。其他系统也可以用来分解出玻璃和非金属材料。需要考虑残留垃圾的处理方式,并填埋残留的垃圾，同时加工那些不燃烧的残留垃圾，生产建筑材料，提供给长期合同方。

由于每一种备选方案的成本和风险可能并不完全清楚，在这个阶段，通常无法做出最后的选择。当然，我们可以忽略某些可能，找到其他看上去很有前途的可能。例如，考虑不同的垃圾填埋场地。解决这一问题的一个常见方法是编制一套标准，在自己的行政辖区范围内，查找符合条件的所有场地。这个标准可能包括最小的场地规模；与居民，与学校、医院或其他社会机构的最小距离，与河流和含水层补水区，以及与湿地的最小距离；百年一遇的泄洪区之外的地区；与主干道的最大距离；可以接受的场地地质条件，还有土壤性质。

3. **估算成本**。例如，对相关场地的价值进行评估，咨询评估师、房地产经纪人，估算购买场地的成本。借鉴现在运行的垃圾填埋场运行成本，估算填埋场建成后的运行成本。把固体垃圾运至填埋场也是将来的一大成本，也应该估算。可以借鉴自身或邻近社区最新的经验获得每吨－英里固体垃圾的运输成本。我们可以把城镇辖区划分成许多区，从每个区的中心出发，到计划建设的垃圾填埋场的距离。估计它们的人口和商业活动可能产生的垃圾量，然后估算吨－英里数。

4. **选定场地**。最后一步是使用某种评分系统来最终选定场地。对成本、环境影响、交通影响分别设定若干级别。这样，在第三阶段就可以对找到的可能场地进行排队，选出可接受的和勉强接受的场地。这种打分系统未必完全客观，因为每个人在判断某项事物时所给出的权重不一定一样，但方向还是合理的。那些认为最终选择有问题的人必须说明他认为哪些属性权重不正确。这种行动本身就要求参与者对所讨论的问题有清晰的认识。

这些阶段都是一个相当简单的技术过程。下一阶段,实际上确定一个场地通常是最困难的。即使一个场地明显优越,但场地选择的过程远远没有结束,场地的选择也不一定是确定的。一般来讲,周围居民肯定是要反对的。反对势力可能采取政治和公共关系活动的形式,街区组织、抗议集会、给报社和议员写信等,也有可能采取诉讼的形式。国家有环境许可制度,反对一个计划的群体可能在程序或实质性问题上面对法律的挑战。

实际上,类似烫手山芋的博弈过程会决定垃圾填埋场地的位置。一个县通常由多个市政当局组成,如果涉及几个行政辖区,县政府最终可能选择阻力最小的行政辖区。

让公众参与这个决策可能很重要。公众听证会或公众集会,给公众机会表达他们的意见,这类公众参与可能是获得国家项目资助的前提条件。因为涉及公众的切身利益,他们对此非常关心。因此,即使没有任何此类法定要求,公众依然会直接参与进来。最近这些年,许多州已经通过了所谓阳光法案,让政府会议和文件对公众开放。作为一个实际问题,大多数地方政府如果没有昭告公众,它的项目不可能展开。在许多案例中,地方政府在选择一个场地时,最好的政策是以非常公开的方式进行整个程序。这样做并没有阻止冲突,甚至也没有减轻"输家"一方的受害感,不过,公众参与至少保护政府不受暗箱操作和行为不当的责难。政治的一个基本规则是所有的人都心知肚明。

读者可能会问,"如果政治可能看重的是结果,为什么还要走程序呢?"一种答案是,虽然程序不是完全合理的,但也不是完全不合理的。规划师的一个角色就是尽可能清晰和准确地规划选项,从而让决策过程尽可能沿着合理的方向展开。在民主社会,规划师只是向选举产生的政体提供咨询,而规划师期望他的建议一定会完全按照给定的方式得到遵守是不现实的。在实际操作层面,如果地方政府在法庭受到了挑战,最好的辩护莫过于完备的记录、更好的研究,按照制度得出的判断。

能源规划

如前所述,能源规划领域是在1973年秋阿以战争发生之后出现的,这场战争让原油价格在数周时间里翻了两番。当时,能源规划的主要目的是适应油价成本的上升,预测未来能源增加的前景。最近这些年,能源规划的重心有了很大的改变,关注的是使用石油煤炭所产生的温室气体。

表 15.1 描绘了美国能源使用和生产的总体情况，也显示了过去数年里已经发生的变化。交通是石油的一个最大用户，几乎占到全部石油用量 1/2。作为石油产品的一种原材料以及产生热能，接下来的大用户是工业、农业。天然气产量的 2/3 用于空间供热和一些工业生产，剩下的用于发电。9/10 的煤炭用于发电，核能源和水能源完全用于发电。在可再生能源方面，主要能源来自生物废料。大约 1/4 来自风能和太阳能，风能和太阳能现在所占比例依然很小，但总量在比例上正在增加。

生产和消费之间的差额就是美国的能源进口量。表 15.1 显示，从 2009~2013 年，由于国内天然气和石油生产的产量增加，美国的能源净进口量大规模下降。这种下降至今还在延续。水压打破页岩，从而有可能下从那里开采过去无法获得的石油和天然气。水平采油有可能从各个方向延伸，远距离采油，而不是过去那种打井采油。

石油天然气方面的技术进步在非常短的时间里产生了新的博弈。几年以前，还有人谈论"石油峰值"，当时有这样一种观念，世界石油生产很快会下降，这就意味着比较高的油价。现在没有谁再这样说了，新的采油技术已经扩大了可以开采的石油储备。如果说未来会有一个石油峰值，那个石油峰值离我们还很遥远。

从国家经济管理的角度看，增加的石油天然气生产是很积极的。它减少了花在进口石油上的开支，支持了天然气出口而获利的前景。天然气出口减少了贸易逆差，与此同时，增加了 GDP 和就业。减少对石油进口的依赖具有明显的地缘政治优势。低成本天然气使美国制造业更具有竞争性，这些年里，美国制造业已经丢失了就业岗位。但是，水力压裂法有着非常难缠的反对者。

水力压裂采油技术包括从地下抽取大量的水力压裂液体（水、砂石和多种化学物质），反对水力压裂采油技术的人们提出，这类液体可能污染地下水，来自页岩层的甲烷可以上升，进入含水层，从那里进入千家万户的供水里。业界声称，没有任何因为使用水力压裂采油技术采油而污染了生活用水的案例。居民和环境保护主义者都不同意这种说法，媒体在这个主题上做过大量的负面报道。处理数百万加仑的水力压裂液体肯定是一个严重问题。许多水力压裂作业是 24 小时运转的，还卷入了大量的货运，所以周围居民会非常抵制采用水力压裂采油技术。

水力压裂采油技术的管理很复杂而且还在变化中。《能源政策法案》（2005）的"哈里伯顿修正案"（Haliburton Amendment）把注入油井的材料排除在污染物之外。"哈里伯顿修正案"用哈里伯顿采油和油井服务公司的名字命名。这家公司原先的首席执行官是小布什政府的副总统切尼（Richard Cheney）。在这个冗长和复杂的提案子中，仅用一行字表达了这个修正案的核心，即注入油井的材料不是污染物。这一行字的结果是，避免了联邦环保局介入水力压裂采油技术的管理。这样，水力压裂采油技术的管理权基本上交给了各州。

然而，各州对水力压裂采油技术所采取的立场非常不同。例如，宾夕法尼亚州非常渴望推广水力压裂采油技术，州长科贝特（Tom Corbett）于2012年签署的《13号法案》，禁止地方分区规划法令违反州有关使用水力压裂采油技术的法规。例如，如果州法令具体规定了水力压裂采油作业面和一定土地使用之间的最小距离，那么地方上不能要求更远的距离。2013年，宾夕法尼亚州最高法院驳回了那部分法令，所以现在不再使用这一条款了。但宾夕法尼亚州政府支持水力压裂采油技术的态度是清晰的。纽约州在采用水力压裂采油技术问题上走向了另一个极端，纽约州与宾夕法尼亚州长长的行政边界横穿巨大的马塞勒斯页岩油田。但是，纽约州完全不允许使用水力压裂采油技术。对于一个州长来说，究竟在水力压裂采油技术问题上站在什么立场，是一个艰难的政治选择。反对水力压裂采油技术的立场会博得许多环境保护主义者的喝彩，可是纽约州长正在让大量工作机会和税收收益从指缝里溜走了。看看北达科他州，使用水力压裂技术采油已经给它带来了繁荣。

水力压裂采油技术的未来有很大的不确定性。国会一直都在试图废除"哈里伯顿修正案"，让联邦环保局制定国家标准。似乎非常有可能会把一个涉及水力压裂采油技术的案子送到美国最高法院，而且改变这场博弈规则某个重要方面。无论怎样，有关水力压裂采油技术的矛盾会消耗规划师和律师很多时间。

地方能源规划

在美国，约21%的能源用于家庭生活部门，供热、降温、照明和各类家用电器。19%用于商业部门，几乎一半也是用在供热、降温、照明和各类电器的使用上。这样，地方政府的行动至少直接影响1/3的全部能源消耗。联邦拨款、税收优惠等政策当然会影响许多地方行动。

在节能方面，市政府能够采取的步骤一般可以分为四类：

1. 土地使用规划；
2. 改变建筑特征；
3. 改变交通；
4. 社区能源。

土地使用规划可以通过多种方式减少能源消耗，通过让交通需求减至最小，是减少能源消耗的最明显的结果。实现这一目标的一种途径是，支持减少出行距离的开发。另外一种比较可行的选项是，鼓励混合使用开发。例如，把住宅与商

2009年和2013年美国能源消费与生产（单位：磅）　　　　　　　表15.1

	总消费		总生产	
	2009	2013	2009	2013
石油	35	35	11	16
天然气	23	26	22	28
煤	20	18	22	20
核能	8	8	8	8
水力发电	3	3	3	3
可再生能源	5	6	5	6
总计	95	96	73	81

注意：因为计算上的舍取、调整，这些数字之和可能不等于总和。可再生能源可能包括地热、太阳能、风能和生物质能。生物质能是最大的单项。BTU 是英国采用的热量单位，即把 1 磅水的水温升高 1 华氏度所需要的能源。美国的热量单位为 10 次幂至 15 次幂的 BUT（资料来源：美国能源信息局、年度能源评论）。

务和零售混合起来，比严格的功能分区更能够减少人们的出行距离（见第 10 章谈到的新传统规划）。土地使用规划鼓励能源效率的另一种方式是，便利快捷的公共交通出行。便利快捷的公共交通出行可能意味着在主干道上设置公交汽车专用线。就大都市区而言，便利快捷的公共交通出行可能意味着设计具有中间隔连带的公路，这个中间隔离带可以在未来建设轨道交通线。例如，华盛顿特区向西延伸的 I–66 公路就建设了中间隔离带，为未来建设轨道交通线预留了空间。20 世纪 80 年代中期，华盛顿特区的华盛顿城铁沿着 I–66 公路延伸到弗吉尼亚北部地区。在较小的城镇，能源有效规划可能是指建设自行车专用道，把自行车和机动车分开，从而鼓励人们骑自行车。加利福尼亚州戴维斯的这种自行车道规划堪称美国之最。那里使用自行车出行占全部出行的比例为 25%，而就全国范围的平均数而言，使用自行车出行占全部出行的比例仅为 2%。概括起来讲，通过居住用地和非居住用地的合理布局，减少我们在 12 章提到的"收集"和"分散"问题，从而推动公共交通的开发。第 10 章讨论的公交导向的开发（TOD）就是一例。通过加大对公共交通设施的投资，如发展小型公交车，预约制度和鼓励拼车，推动新的公共交通的开发。

改变建筑布局可以大大减少建筑的能源消耗。在某些情况下，这样的改变与土地使用规划决定联系紧密；在其他情况下，改变建筑布局是建筑自身的问题。土地使用规划可能鼓励建设排房，而不是单独使用的独栋住房。这种选择不一定会导致人口的高密度聚集，实际上选择的是簇团式开发，在若干建筑之间形成一个共同的开放空间，排房建设的住房可能减少建筑物暴露出来的建筑表面，从而减少一定量的供热。我们可以想象，如果我们真把两幢独立住房拼在一起，共使一面墙，肯定是可以节能的，因为这种设计减少了外部热量的吸收面。

在布置建筑物时要考虑到建筑采光，阳光可以供应一部分热量。把道路按东西向布置，这样，住宅就可以朝南，最大面积地暴露在阳光下。许多城镇都采用了阳光通道分区规划，避免建筑物或树木挡住了照射到建筑物上阳光，或者挡了其他建筑的阳光。

还有一些步骤与土地使用规划没有关系，只与建筑设计本身有关。许多城镇对新建房屋实施了最低限度的隔热要求。有些地方政府鼓励业主更新他们的老建筑，包括提供技术咨询，或者还提供低利率贷款和其他资金奖励。许多城镇要求，在住房出售之前，必须满足最低隔热标准，逐步推行对现存住房的更新。

许多城镇建立了"绿色建筑规范"，要求新建筑实施多种节能环保措施，绿色建筑规范正在迅速展开。许多地方政府对自己使用的公共建筑实施改造，满足节能的要求，如太阳能供热或光伏板。

能源与环境设计指导计划

总部设在华盛顿特区的非营利组织，美国绿色建筑委员会（USGBC），正在实施一项能源与环境设计指导计划（LEED），旨在建设更加环境友好的建筑。

美国绿色建筑委员会已经建立了"能源与环境设计指导"计划的一组绿色建筑标准，要在 6 个主要方面给绿色建筑赋值打分：可持续发展场地，有效利用水资源，能源与大气层，材料与资源，室内环境质量，革新与设计活动。例如，在可持续发展场地中，要对开发密度赋值打分，在美国绿色建筑委员会的术语中，"社区连接"意味着到达这个社区的任何地方都很便利。同时，对棕地的再开发、便利使用公共交通、自行车专用设施、开放空间的恢复、雨洪管理等，都要逐一赋值打分。有效利用水资源类中包含了水质和水源保护方面的问题。能源分类中包含了能量有效方面的建设和可再生能源系统等。

美国绿色建筑委员会根据自己建立的评分标准，认证出白金、金和银三类建筑。符合美国绿色建筑委员会标准的建筑会比一般建筑要昂贵一些，但是，那样做了是有回报的。有一件事是可以确定的，对于那些具有环境意识、打算实现最小生态印记的人来讲，认证是很有吸引力的。

住宅建筑的开发商希望使用美国绿色建筑委员会认证的白金建筑销售自己的房屋，尤其是那些具有环境意识的买主，公司的广告部门可能借此提高企业形象。

一个由"能源与环境设计指导"认证的建筑会随着时间的推移呈现出比较低

的运行成本，从而有可能扯平最初多投入的建设成本，因此绿色建筑也有一个长期运行的成本问题。

市政府可能通过"能源与环境设计指导"认证的建筑向联邦和州政府申请税收优惠、密度奖励或其他资金上的奖励。当市政府购买一幢建筑时，它可能要求一栋建筑经过"能源与环境设计指导"的认证。

美国绿色建筑委员会举办多种训练班，认证执行"能源与环境设计指导"标准和技术的专业人员。截至2007年，美国绿色建筑委员会就通过这种方式认证了约54000人。现在，"能源与环境设计指导"有针对多种类型绿色建筑的标准，这些标准中包括了建筑和节能技术。美国绿色建筑委员会与许多国际组织都有联系，包括世界绿色建筑委员会、加拿大绿色建筑委员会等。

在国家层面，各种税收优惠有助于推动绿色建筑事业的发展，包括安装住宅隔热层和再生能源设施的抵税方案。

奥巴马政府强有力地推动了美国绿色建筑思潮，而且通过了经济刺激一揽子计划。这个法案包括资助绿色建筑的建设，对公立学校、公共住房和公共帮助的住房实施的更新改造，对其他类型建筑的更新改造，它还提供资金培训从事绿色建筑开发的人员。

地方能源生产

许多城镇已经开始城镇能源生产系统。这些系统不是我们所说的节能，而是通过这些系统保护传统能源，许多城镇已经开发或正在开发所谓低水头水力发电系统。例如，随着中心资源的成本相对比较低，人们放弃了过去使用过的能源，如低水头发电站。让这类开发成为现实的一个因素是国家的法律，要求公用事业单位使用小规模发电站生产的电力，为这些设备生产的电力提供一个市场。新英格兰有大量水坝，其历史可以追溯到许多曾经使用水力发电的作坊和工厂，是此类活动的中心。

在许多社区，过去使用填埋或焚烧方式处理的固体垃圾现在用作发电燃料。电力可以供地方使用，也可以提供给电网后再使用。许多城镇已经在探索热电联用的可能性，一个生产过程产生的废热被另一个使用者使用，而不是随便排放到大气中。例如，市政发电设备产生的废热可以装换成蒸汽，给市政府或其他建筑供热。

现在，人们对回收废水中的热量很感兴趣。它是如何工作的？市政排水系统中的污水一般有16℃。室外温度为-1℃，我们希望把建筑中的气温保持在21℃。一个热交换系统下水道里获得热水，把建筑热能系统里的水温提高到16℃。再把

16℃的水温提高到21℃的建筑气温所需要的热量就不多了。这样，污水带来了建筑热能系统里的比较高的基础水温。从16℃升至21℃可以采取多种方式。例如，可以使用屋顶太阳能热水炉来解决白天所需热量的补充，在高峰期，使用天然气加热。从整体上看，这个系统基本上是一种从淋浴、洗碗机、洗衣机以及其他使用热水的家用或商用设备中收集废热的方法。

把这种热水送到较远的地方是不可行的。所以，以回收余热为基础的能量区适合于我们前边讨论过的公交导向开发的设计观念，在一个小地方提供大量的居住或商业建筑空间。这种能量区具有成本优势，减少了温室气体（GHG）排放，节省了建筑空间，因为这个建筑不需要自己的供暖设备。如同其他系统一样，最好在开始时就考虑热回收系统，而不要以后再去改造更为实际。

太阳能发电设施在减少温室气体排放上具有很大潜力，这种潜力会随着太阳能光伏板价格的下降进一步增大。加利福尼亚州在这方面走的最远，2006年，该州通过了《太阳能屋顶法案》，现正在展开"使用太阳能的加利福尼亚"推广行动。太阳能屋顶的一大障碍是前端成本，然后通过两种方式收回投资。一种是公司将生产的电力以低于州电力公司收费的价格出售给房主，因为加利福尼亚州电价很高，所以这个办法可行。另一种选择就是把太阳能发电设施租赁给房主，从月租金中回收这笔投资。

2013年，加利福尼亚州大约有200万瓦特的屋顶太阳能设施在运转，安装数量正在迅速增加。假设一家一天平均使用几度电，这就意味着该州的屋顶太阳能设施可为50万户以上的家庭提供日间电力。屋顶太阳能在其他一些州也迅速发展，尤其是在西南部。地方政府可以通过太阳射入分区的建筑规范，鼓励在屋顶安装太阳能光伏板，按细分要求，以便于太阳能系统的方式安置房屋。

小结

由于问题的规模和污染物在环境中传播的距离很长，因此许多环境规划和监管必须在国家层面进行。地方环境环境规划常常是在联邦政府的拨款和法规的框架内展开的。20世纪60年代，美国的环境问题迅速攀升，从而使《国家环境政策法案》（NEPA）在1969年通过，联邦环保局（EPA）在1970年成立，在20世纪70年代，通过国家其他一些重要的环境保护法规。因为《国家环境政策法案》要求对大型项目展开环境影响评估，作为获得大型项目联邦拨款的前提条件。因此，该法案的通过让大量专门从事环境规划的规划师和企业应运而生。

在国家层面，环境规划涉及建立标准和资助污水处理设施的建设。在地方层面，大量的活动是与联邦法律和拨款（例如，环境影响说明），或者与涉及国家和地方联合出资项目的规划相关，如污水处理场。但是提高环境质量的工作纯粹是在地方层面实现的，包括控制开发强度、开发类型、公共资金的投资模式，以及开发和运行的法规。

能源规划与1973年的阿以战争爆发后的油价上涨一起出现。能源规划师最初关注的是能源的成本问题。最近几年，重心已经转移到减少石油和煤炭的使用，以便控制温室气体的产生。

在地方层面，可以通过城市设计减少不可再生能源的消费，如减少出行长度，建设公共交通系统，或者使用非机动车方式出行（步行或自行车）。通过场地规划可以实现节能，建设高标准的能量有效的新建筑，改造老建筑。绿色建筑思潮已经随着全球气候变化而得到更多人的重视，按照联邦政府2009年刺激经济法案所提供的资金大大推动了绿色建筑运动。随着城镇能源系统的开发，倡导使用如屋顶太阳能装置之类的其他能源，石油消费也会减少。

参考文献

Council on Environmental Quality, *Annual Report*, Washington, DC.（This series begins in 1970.）

Daniels, Tom, and Daniels, Kamerine, *The Environmental Planning Handbook*, APA Press, Chicago, 2003.

Keith, David, *The Case for Climate Engineering*, MIT Press, Cambridge, 2013. Mabey, Nick Hall, Stephen, Smith, Clare, and Gupta, Sujata, *Argument in the Greenhouse*, Routledge, New York and London, 1997.

Mangun, William R., and Henning, Daniel H., *Managing the Environmental Crisis*, 2nd ed., Duke University Press, Durham, NC, 1999.

Maser, Chris, *Sustainable Community Development: Principles and concepts*, St. Lucie Press, Delray Beach, FL, 1997.

McHarg, Ian, *Design with Nature*, Natural History Press, Doubleday & Co., Inc., New York, 1969. Second edition, 1992.

Moffat, Ian, Hanley, Nick, and Wilson, Mike D., *Measuring and Modeling Sustainable Development*, The Parthenon Publishing Group, New York and London, 2001.

National Research Council., *Our Common Journey: A Transition Toward Sustainability*, National Academy Press, Washington, DC, 1999.

Randolph, John, *Environmental Land Use Planning and Management*, Island Press, Washington, DC, 2004.

Verchick, Robert R. M., *Facing Catastrophe: Environmental Action for a Post-Katrina World*, Harvard University Press, Cambridge, MA, 2010.

第16章 大都市区规划

本书讨论的大部分规划都是市政府一级编制的规划。不过，有许多规划问题超出了行政边界，我们最好在比市政规模更大的范围内研究它们。在本章中，我们将讨论都市区层面的规划。

政治问题

大都市区规划的关键问题是政治问题。城市和城镇的行政辖区一般很小，不能适当地提出大都市区问题。但是，大量的权力和责任恰恰是在市政府的层次上。所以，大都市区规划的问题是要建立一种都市区范围的机制，这种机制能够保证编制出卓有成效的规划。这就意味一个组织能够从政府、市政府和州政府的既定机构获得足够的支持与合作，这不是一件容易做到的事情。像大部分人一样，政治家是不会轻易把权力和权威交给别人的。他们需要确信，他们和自己的选民与区域组织有利益共同体。地方和州政治权力机构——当选官员和选民——能够把一个大都市区规划组织看成满足他们需要的区域组织，在这种情况下，大都市区规划组织才能取得成功。因为这是在美国联邦制度内展开的，地方政府拥有大量的权力和责任，如控制土地使用的权力，所以当选官员和选民必须能够把一个都市区规划组织看成满足他们需要的区域组织。

哪些区域问题需要在区域层次上提出来呢？以下列举的问题可能会挂一漏万，但是，它们的确是出现在大多数问题一览中的主要问题。

1. **交通**。因为有大量的人会越过行政边界去工作、购物或参加社会活动和娱乐活动，所以在交通问题上必须采取区域方式。许多交通设施，如机场，一定是区域的交通设施。

2. **给水排水、污水处理和固体垃圾填埋**。供水系统是根据地形和水文条件设计的，不受行政边界的约束。对于人口较少的社区来说，给水排水设施的规模经济可能会使多管辖区的工厂更有效率。建设一个固体垃圾处理场需要考虑到土壤特征、地下水流、道路和人口分布。在大多数情况下，这些设计要求不符合行政边界，洪水控制也是如此。

3. **空气质量**。大都市区内部的一个市镇本身无法解决自身的空气质量问题。

必须在都市区内或空域内采取合作行动。

4. 公园、室外娱乐和开放空间。一个区域核心的人口密度和土地价值都比区域边缘的人口密度和土地价值要高，所以偏远地区提供更多的开放空间和林地是合情合理的，这样我们就需要编制跨行政边界的规划。

5. 经济发展。如果区域在经济发展上统一起来，它就可以把自己作为一个区域经济实体向区域外的世界推广自己，而不是在同一个劳动力市场内的各个城镇之间展开竞争。区域方式还有可能实现市场的规模经济，例如，伦敦、法兰克福或东京，都有一个代表整个都市区的经济发展办公室。

6. 住房。一个城市的住房和土地使用政策会影响整个都市区的房价、租金和空置率。一个城镇的就业增长会影响许多其他大都市的住房需求，所以住房是一个区域问题，也是一个地方问题。当然，出于多种原因，我们必须承认，与城市和区域住房市场的主要力量相比，区域住房规划在规划师的心目中依然还是时隐时现的，因为许多社会服务有着实现自身更大的经济规模的要求。

都市区规划简史

这一节我们将讨论 3 种在大都市层面进行规划制度的方法：公权力机关、区域规划机构和政府委员会。它们当然有所不同，不过，它们确实还是有许多共同之处。

早在 19 世纪和 20 世纪之交，人们就开始认识到需要制定都市区规划。1909 年的芝加哥市规划就包括了交通和开放空间的区域元素。但是，到了 20 世纪 20 年代，人们第一次对区域规划产生了很大的兴趣，当时，私家车的拥有率大幅攀升，郊区的迅速发展，这两个事实成为人们对区域规划产生兴趣的主要原因。19 世纪的紧凑型城市向 20 世纪的都市区转型，尤其在涉及交通和基础设施的建设时，编制都市区规划的需要便更加突显出来了。

当时出现的区域规划机构就是对这一需要的一种回应。我们在第 3 章曾经描述过的纽约地区规划协会，就是第一批区域规划机构中的一个，它涉及纽约、新泽西和康涅狄格三个州 5000 平方英里的区域。到 20 世纪 20 年代末，美国大约编制了 15 个区域规划。就像纽约地区规划，许多区域规划都是完全由私人出资的。这样的规划绝对没有官方约束力或任何法律效力，它们对该区域的影响仅限于影响官员和选民的意见。这一时期的其他区域规划是由政府特许和资助，因此它们与政治机构有法定的关系。即使如此，因为州和地方政府才具有立法权和执法权，只有它们能够编制法案和适当的法条。

公权力

编制区域规划的另外一个途径是建立一个公权力机关。这种权力机关一般是由州政府或两个以上州政府建立的联合行动组织。这种权力机关不同于城镇政府，它是一种准政府组织，具有一些政府权力。例如，一个权力机关常常有权通过发行免税债券而筹措资金。它还有权通过征用或推翻地方土地使用管理的办法获取房地产。一般而言，这种权力机关具有赋予它的一个或一组任务。用现在行政管理的术语来讲，这种权力机关十分"面向任务"。当然，一个权力机关的决定可能影响一个区域，构成另外一个名义下的规划决定。

这种权力机关"随意"存在于创建该权力的州立法机关，至少在原则上，可以由同一个或多个立法机关废除。其董事会由同一立法机构任命，这个特征也构成了立法控制的强大因素。但是，这种权力机关有时形成了一种自己的力量，实现很大程度的自主性。虽然这种权力机关最终是由立法机关控制的，然而，就像城市的公共建设部门一样，它是远离政治控制的。它的运行是独立于市政当局和州政府的，因为它们不是直接由董事会成员投票选举的，所以它离选民更远。

纽约港务局，随后改名为纽约和新泽西港务局，是美国第一个区域规划机关。纽约州和新泽西州的议员于1921年一起建立了这个港务局。本章下一节将会谈到，纽约和新泽西港务局一直都是影响纽约地区的强大力量。

这里提到的区域组织，即在纽约地区建立的区域规划协会和纽约港务局，都不是偶然事件。城市间经济规模和社会规模与空间上的行政辖区会出现不对称。如果这种不对称扩大，就需要展开区域规划和区域发展工作。20世纪20年代，纽约地区是美国最大的都市区，它涉及三个州，而且1英里宽的河流把这个区域划分开来，实现协调更为复杂。毫不奇怪，许多区域合作机构也会应运而生。

第二次世界大战后的区域规划

20世纪20年代，美国出现了区域规划，在此后的几十年里发展缓慢。20世纪60年代，区域规划的发展步伐明显加快。第二次世界大战结束后是郊区长期快速增长的一个因素，事实上，这种郊区增长一直延续至今。第二个因素是我们开始更加重视环境问题了，环境问题就其性质而言，往往是横跨行政区划的。但也许最重要的因素是联邦政府开始引导州和地方政府展开区域规划。[1]联邦政府投入

---

[1] Frank S. So, Irving Hand, and Bruce D McDowell, eds., *The Practice of State and Regional Planning*, American Planning Association, Chicago, IL, 1986, pp. 144–147.

公路、城市更新和环境项目的资金大规模增加。不过，要想得到联邦拨款，地方政府必须满足联邦政府编制区域规划的要求。例如，《联邦公路法案》（1962）提供为公路建设提供配套资金，但要想获得这笔资金，申请人必须证明他们的申请与区域规划一致。《城市轨道交通法》（1964）授权提供数10亿美元的城铁建设资金，申请人必须再次证明申请使用的这笔资金不违背区域规划。这些法案和其他法案不仅让编制区域规划成为获得联邦拨款的前提条件，而且许多法案还提供资金编制区域规划。联邦资金的诱惑当时成为形成政府联盟（COGs）的主要因素，现在，政府联盟是地方政府间合作的主要工具，政府联盟把区域规划和原先的区域规划机构合并到政府联盟本身。

政府联盟。我们在这里使用"政府联盟"这个术语，但同一类型的组织的许多其他名称也在使用，如区域联盟、政府协会、规划区和地区发展区协会。

按照国家区域联盟协会的统计，美国现在有名称各异的450个政府联盟。它们的规模从3~3000人不等。在美国南部和西南部地区，所有的地方政府都是政府联盟的成员，在其他地区，大多数地方政府也是政府联盟成员。有些市政府和县政府可能属于不止一个政府联盟。例如，弗吉尼亚州的每一个县都属于其17个规划区委员会中的一个。可是，弗吉尼亚州东北部地区的县也是华盛顿特区都市区的一个组成部分。如费尔法克斯县和威廉王子县，它们都是华盛顿特区都市区的一部分，也属于大都市华盛顿政府联盟（MWCOG）。

为了满足国家区域联盟协会对政府联盟的定义，这个组织至少51%的成员必须是组成市政府的当选官员。实际上地方当选官员通常超过了这个委员会成员的51%。除了那些当选官员，委员会成员中其他人通常是市政府任命的官员，如市政府规划委员会的成员。政府联盟的委员会制定政策，雇用专职负责人，如同市议会雇用城市经理一样。这个负责人是政府联盟从事具体工作的，他自然是在政府联盟委员会的指导下开展日常工作。

政府联盟是市政府间交流协商的一个平台。例如，作为一个都市规划组织，它把区域规划与公路拨款申请合并在一起来做。该地区将收到的拨款总数是已知的，所以大家的"愿望一览"必须削减至大约可能得到的拨款总数。所以，组成这个政府联盟的各个市政府之间需要交易和妥协。

在以下章节中，我们将介绍三个历史案例来说明之前讨论的问题：有关区域规划机构，我们可以看看明尼阿波利斯 – 圣保罗；关于公权力机关，我们看看纽约和新泽西港务局；关于政府联盟，我们可以看看亚特兰大区域委员会。

明尼阿波利斯－圣保罗：双城记

20 世纪初的明尼阿波利斯和圣保罗还是两个独立的城市，两个城市的总人口大约为 46 万。半个世纪后的 20 世纪 50 年代，它们的总人口上升到了 120 万，两个独立城市逐渐凝聚成了一个绵延的城市地区，密西西比河从这个城市地区穿过。两个城市如同那个时期的其他城市一样，正在迅速郊区化。

郊区扩张问题以及重建两个中心的问题将公民和政府领导层的注意力集中在如何引导明尼阿波利斯和圣保罗地方的持续增长上。当时，与明尼阿波利斯和圣保罗两个城市持续增长相关的两大问题是，都市区下水管网的扩大，州际公路系统的建设（见第 17 章）。如果想避免基础设施的重复建设，不想让一个城镇的建设造成其他城镇建设的困难，必须采用区域方式建设下水管网。因为那个区域的全部下水道系统都排入密西西比河，所以，要想避免一个城镇的排水口紧挨着下游城镇的取水口的问题，必须从整体区域考虑设计和建设两个城市的下水管网。类似的，如果将该区域看成一个整体，那么为整个地区服务的公路系统将是最好的设计。

1957 年，经过两次尝试和大量的讨价还价，明尼苏达州议会通过了一项法案，建立了都市规划委员会（MPC）。这个法案规定成立 28 人组成的委员会，其中 21 个成员代表地方政府。州长任命其他 7 名成员，代表民间、商会和社区的利益。该法案还规定，这个委员会的权力仅限编制规划和提出推荐意见。该委员会没有执行权，都市规划委员会对现行政治体制不构成任何威胁。

在随后的 10 年里，都市规划委员会对这个区域展开了规划。大量时间用在收集信息和推动在区域和规划需要问题上达成共识。当时，正在开展的规划是一个旨在最小化蔓延，把城市开发集中在两个中心城市和许多大规模、自我维持的卫星城镇的发展政策上。开放空间和农田把那些城镇隔开，而都市交通系统把它们连接起来。

实现城镇之间土地使用规划协调的一大障碍是房地产税（见第 9 章）。每一个城镇都希望把土地用在房地产税收入大于市政服务支出的开发上。所以，这个都市规划委员编制的区域规划主张建立一个税收分享制度。一定比例的新的非住宅开发产生的房地产税会交到一个共同账户上，由整个区域的所有城镇共享。这种制度意味着市政府不会去追逐那些会获得更大财政收入的开发，有更多的机会实现适合于整个区域发展的土地使用模式。1966 年，这个区域规划即将完成，到了实施阶段。

1967 年，明尼苏达州议会建立了都市委员会，把这个区域规划变成现实。几年内，都市委员会负责许多领域的政策，包括下水管网和污水处理、固体垃圾处理、开放空间、体育设施、港口设施和公共交通和公路。1971 年，税收分享制度建立了起来。1975 年，《都市区框架规划》法案通过，都市委员会打算建立以下地区：

1. 住房分区集中的城市服务区；

2. 不允许建设独立住房的商业 / 农业地区；

3. 乡村开发区（如没有集中供水和排水设施），除现有开发项目外，不提供城市服务。

注意，这种方式与许多增长管理系统相类似（见第 14 章）。

除了规划工作之外，都市委员会还承担许多联邦授权项目的管理和服务送达机构的功能，如刑事司法、医疗卫生、艺术、为老年人提供的服务。在这一点上，都市委员会与许多政府委员会的功能一样。

最近几年，这个都市委员会的大量工作都是围绕交通展开的。2004 年，轻轨线把明尼阿波利斯城市中心与明尼阿波利斯和圣保罗国际机场和美国购物中心连接起来，不同于许多其他轨道交通项目，该项目每周的乘客量超过 3 万人，远远超过最初的预测。

连接明尼阿波利斯市中心和圣保罗市中心的中央走廊轻轨线工程已经完成，长度为 11 英里。另外，这个都市委员会还建设了自行车道，公交汽车 - 自行车连接线，方便自行车通勤和娱乐。除其他项目外，这个都市委员会还致力于收购公园土地和公园开发。

已经完成了什么？

这个都市委员会本身不直接从事开发工作，但它创建了区域规划的框架。这个区域得益于更好的交通系统和公共设施、规划完善的开放空间系统和更好的环境质量。

3M（明尼苏达采矿和制造）公司的投资也为这个区域带来了更大的经济收益。这家公司认识到，如果能把自己与这个区域的繁荣联系起来，那么，那些影响它和员工的问题就会更有效地得到解决。此外还促进了明尼阿波利斯市和圣保罗市中心的振兴，因为投资者确信市中心的交通和其他问题都会得到解决。

更普遍地说，双城地区被广泛认为拥有高质量的生活，其衡量标准包括公共服务、就业、教育、娱乐和文化设施。人们普遍对这个地方感到自豪，其中一些来自于区域意识的提高以及国家在城市规划、发展和治理方面的领导意识。

纽约和新泽西港务局

1921 年，纽约州和新泽西州议会通过法案建立了美国第一个区域政府机构，纽约港务局，随后又更名为纽约和新泽西港务局。以下我们简称港务局。

港务局最初的使命是改善这个区域轨道货运交通。纽约州－新泽西州的行政边界划分了港区，哈得孙河的中线为边界线。这个港口的两边不可避免的商业竞争加剧了州与州之间的问题。在新泽西一侧，由于该地区被划分为许多行政辖区，行政协调问题更加复杂。港务局看上去像是解决行政管理竞争的一种方法，该机构还提供了一种在不增加税收的情况下完成公众工作的方法。用当时纽约州长史密斯（Alfred E. Smith）的话来讲，港务局会是：

> 我们找到了一种快速完成公共工程的方法，而且不会给我们的员工带来过重的负担。[①]

纽约港务局首先集中解决轨道货运问题，然而，人们很快发现，未来的货运会越来越依靠机动车，而不是火车。于是，港务局的基本使命很快就扩展到协调哈得孙河两岸，使其成为一个都市区。

关于建设什么以及在哪里建设的决定都是从工程、规划和政治考虑的混合中产生的。一个政府机关处理河两岸的整体问题，相关决定是一个政治决定，史密斯州长认为，不应该把重要的基础设施建设项目分别交给不同的投资者，而应该作为一个任务来处理。

从新泽西的帕利塞兹到曼哈顿北部的 179 街横跨哈得孙河的乔治·华盛顿大桥是港务局的第一个大型建设项目。为什么不把桥或过江隧道建在曼哈顿中部，有多种原因。新泽西的州长和新泽西北部的利益攸关群体打算利用这座桥的建设，为新泽西州的北部地区的开发建设打开一扇大门。20 世纪的一位重要的市政工程师、瑞士移民安曼（Othmar H. Ammann）主持了这座桥梁的设计建设。他想把这座桥梁设计成当时世界上最长的单跨桥。在 20 世纪 20 年代，超过 3000 英尺长的悬空中跨无疑是一项工程挑战，它将桥梁建设技术推向极限。安曼相信这个设计是可以实现的，他打算为之而奋斗。安曼是一个有说服力和精力充沛的人，他是一个鼓动展开这个项目的背后推手，他让人们达成共识，即这座桥可以在合理的

---

① David C. Perry, ed., Building the Public City, Urban Affairs Annual Review, no. 43, Sage Publications, Thousand Oaks, CA, 1995, p. 221.

预算内建造，建设费用很快可以回收，建设时间不会太长。事实证明，他的这些想法都是正确的。不到两年的时间，这座大桥在 1931 年就竣工了。① 安曼很有艺术天分，也是一位才华横溢的工程师，他非常注意把这个桥梁当作艺术品来建设。柯布西耶在 1936 年这样评价大桥：

> 哈得孙河上的乔治·华盛顿大桥是世界上最美丽的大桥。由钢索和钢材制成，在天空中闪闪发光，就像一个弯曲的拱门。这是一个凌乱的城市里唯一的优雅之地。

这座桥是该区域的一项重大规划决策。乔治·华盛顿大桥为机动车提供了直接、连续和大容量的连接，极大地推动了新泽西州北部地区的发展。因为现在的郊区比曾经的郊区更能自给自足，如今，这种影响可能不会太大。20 世纪 30 年代，以纽约地区为例，大都市核心曼哈顿的经济作用要比现在大。如果有人说，几个战略位置上的重大决定组成了区域规划，那么修建这座桥显然是一个明智的决定。在随后的岁月里，纽约和新泽西港务局继续建设了许多把这个区域连接起来的基本建设项目，使之成为一个统一的区域（图 16.1）。

此外，修建桥梁和林肯隧道把新泽西和中曼哈顿连接起来，港务局还在公共交通上发挥了重要作用。港务局负责公交汽车线路，在纽约和新泽西之间运行的大部分公交车都是用港务局的公交总站。港务局还运行一个从新泽西到下曼哈顿的通勤铁路线。虽然机场不是港务局建设的，但是，港务局负责这个区域三个主要机场，拉瓜迪亚、肯尼迪和纽瓦克的运行（图 16.2）。

港务局一直对作为港口城市的纽约发挥着重大影响。第二次世界大战之后，曼哈顿的船码头失去了海运业务。纽约市区的道路太拥堵，让货运成本提高，由于缺少可以使用的土地来扩大港口设施，承接集装箱业务，集装箱是二战以后发展起来的运输革命。于是，港务局在新泽西那边建设了纽瓦克港。纽瓦克港占地 3 平方英里，用于处理集装箱货物，并提供通往州际公路系统、铁路和纽瓦克机场的快速通道。纽瓦克港的建设让传统的曼哈顿港失去了货运业务，但是，它确实让这个区域能够保留大量海运业务，否则，这些业务将完全撤出该地区。

如同生物一样，所有的组织都要求生存和求发展。2012 年，港务局的就业人口达到 7000 人，包括 1800 人的警力。2012 年的收入为 41 亿美元，固定资产投

① Jameson W. Doig, "Politics and the Engineering Mind: O. H. Ammann and the Hidden Story of the George Washington Bridge" in *Building the Public City*, op. cit.

资为 33 亿美元。[①] 港务局最初的使命是改善区域铁路交通，从这个初衷出发，港务局的使命发生了很大的改变。

港务局并不是影响着纽约地区的唯一机构。大桥隧道局（TBTA）在哈得孙河纽约一侧建设了许多桥梁和隧道，摩西（Robert Moses）后期管理大桥隧道局。[②] 港务局和大桥隧道局一起建设了许多纽约市本身和大都市区的桥梁和隧道。

发放免税债券（见第 9 章）是港务局等机构筹款的主要方法。使用出售债券获得的资金建设基础设施和公共工程设施，依靠收取的基础设施和公共设施的使用费用偿还债券。这种安排对建立政府机构的市政府或州政府来说都是有吸引力的。这种债券不是一种政府债务，也不在确定政府是否已经到达债务限度时计入。该机构能够实现政府的目的，而无需对该政府承担义务或负担。当机构通过所提供的服务获得了充分收益时，它就可以完全财政自理，就像港务局一样。一项收益大的服务可以补贴不能盈利的服务，但不是每一项活动都能自给自足。例如，桥梁通行收费的结余可以用来补贴公交汽车运营的亏空。

是否有消极的一面？

到目前为止，港务局解开了行政辖区之间的死扣，并在与城市或州财政相对隔离的情况下开展工作。这样做有什么缺点吗？

因为这类机构与选举政治无关，所以能够实施比较长的计划，而不是 2 年或 4 年一选的政府，该机构的官员不必考虑重新选举的问题。因为政治上的相对孤立，它可以完成一些预期任务。不过，由于这类机构在某种程度上处于政治漩涡之外，它可以做出一些作为整体的国家选择不做的决定。对于港务局而言，它的交通决策实际上是重大的规划决定，但至少在一定程度上超出了通常的规划过程。这并不是说这些决定是好还是不好，只是说，那些非常重大的决定是由少数的处于政治活动之外的人做出的。

政治化的问题。政府机构的一个潜在风险是，它可能会变得政治化，其行为方式与之前暗示的公共利益模式的中立服务者不一样。2013 年，港务局提供了一个特例，我们需要对这个故事做些解释。港务局由 12 人组成的董事会管理，纽约州和新泽西州的州长各任命 6 位董事，这个任命需要各州议会确认。州长对港务

---

① "Financial Statements and Appended Notes for Year Ended December 31, 2012," Comptrollers Department, Port Authority.

② Katherine Foster, The Political Economy of *Special Purpose Government*, Georgetown University Press, Washington, DC, 1997.

图 16.1 乔治·华盛顿大桥，从纽约一侧向西看的景色，这是港务局建造的第一个大型项目。以适应不断增长的交通量，第二次世界大战后，桥上增加了一个较低的甲板

图 16.2 港务局在纽约海湾哈肯萨克河和帕塞克河的交汇处新泽西一侧建设的纽瓦克港。注意，这是一个战略区位。紧挨着这个港口西边的是新泽西的收费公路，是州际公路系统的一部分，照片的顶部是纽瓦克机场

局的方向、方针和政策具有很强的控制力。

2013年夏天，港务局决定把新泽西州李堡市通往乔治·华盛顿大桥两个入口通道关闭4天，结果造成了李堡市巨大的交通拥堵。首先，港务局声称，关闭这两条通道与交通研究相关。然而，这个说法很快被证明是假的。州长克里斯蒂（Chris Christie）团队的一个成员和港务局雇用的忠诚于克里斯蒂的人下令关闭的。州长声称，他之前并不知道，也是事后才知道此事的。这个说法从未得到证实。对关闭这两条通道的一种解释是政治报复。克里斯蒂虽然是一个共和党人，但新泽西州许多民主党派的市长一直都支持他。而李堡市的民主党市长索科利奇（Mark Sokolich）不在支持者之中。"确凿证据"是克里斯蒂团队的一个成员发的电子邮件。"李堡市发生交通拥堵的时间到了"，这个邮件是在道路关闭之前很短的时间里发出的。媒体很快把这一幕称之为"桥门事件"，这一事件引起了许多官方的询问和许多调查新闻，有些新闻报道超出了"桥门事件"本身。2014年3月，《纽约时报》上的一篇文章这样写道：

> 早在这个门关闭之前，港务局就已经变成了州长克里斯蒂事实上的政治工具，自从克里斯蒂先生入主州长以来，对港务局运行的审查就提出，如果纽约州有什么，新泽西州必须也得到什么。例如，纽约州得到了重建世贸中心大楼的项目，而新泽西州得到的项目包括为贝永大桥和普拉斯基高架路筹款10亿美元，这对港务局非同寻常，因为这个项目与这两个州无关。①

注意，这里没有犯罪指控。但有人指控，由于政治原因，机构资金分配不当。一个主要的政府机构有很大的权力来完成重要任务，但也有可能被其政治首脑滥用。

亚特兰大区域委员会

政府委员会现在是都市区域规划的主要机构，也是大都市区之外多县和其他行政辖区协调工作的主要机构。亚特兰大区域委员会就是最被人们推崇的政府协会之一。

亚特兰大地区都市区规划的历史可以追溯到1938年。当时人们发现，超出行

---

① Robert Caro, The Power Broker, Alfred A. Knopf, New York, 1974.

政边界的增长正在产生各种各样的问题，亚特兰大市富尔顿县，（包括该市的大部分地区）和该市商会委托国家市政联盟的托马斯·里德（Thomas Reed）博士研究并提出了跨行政区合作的建议，里德强烈支持建立一个区域规划机构：

> 我们觉得，在亚特兰大区域增长中，建立一个都市规划委员会标志着一个新时代的到来。有计划的发展是唯一正确的发展。现在，没有人相信自己能在没有一套蓝图的情况下建造一座比鸡舍大得多的建筑。一个庞大而复杂的大城市社区，如果没有规划，怎么能有序发展？[1]

托马斯·里德的这句话或许比现代规划师对我们通过规划塑造未来的能力更有信心，因为我们可以事后了解城市更新和州际公路系统等重大项目可能产生的计划外影响。在这个意义上讲，20世纪30年代的展望是非常具有代表性的。

第二次世界大战的爆发延缓了这个地区向区域规划的推进。然而，1947年，佐治亚州议会立法建立了都市规划委员会（MPC）。这个都市规划委员会的会员人数不多，只有亚特兰大市（富尔顿县县政府驻地）、富尔顿县和迪尔卡布县，重点基本上放在交通和开放空间上，这是一个正在发展区域的关键问题。1960年，克莱顿县、柯布县和格维内特县加入进来，使这个规划区域的土地面积几乎扩大了一倍，形成了新的组织——亚特兰大区域都市规划委员会（ARMPC）。20世纪60年代，满足各种需要的区域规划编制出来。除了亚特兰大区域都市规划委员会外，还有独立的区域卫生、犯罪和公路机构。为了消除这种政出多门的状态，佐治亚州议会通过了《五号法案》，把那些独立的区域机构合并成为一个机构，亚特兰大区域委员会于1971年挂牌运行。至此，那些各自为政的区域管理工作全部收编到政府委员会的麾下。[2]

现在，亚特兰大区域委员会代表了10个县和300万人口。亚特兰大市的人口估计为42.6万，仅占亚特兰大都市区人口的14%，在亚特兰大区域委员会所管辖的辖区土地面积中，亚特兰大市的土地面积所占比例更小。亚特兰大区域委员会的管理权归组成政府联盟的政府。亚特兰大区域委员会共有23个董事，他们都是在地方选举官员，包括市长、县长。除此之外，最多还有15个董事，他们不能依靠选举产生，而是由23个董事选择任命的。[3]

---

[1] Kate Zernike and Matt Flegenheimer, "Even Before Fort Lee Lane Closing, Port Authority was a Christie Tool," *New York Times*, Section A, p. 1, March 11, 2014.

[2] Atlanta Regional Commission: 50 Year Commemorative *Report*, Atlanta, GA, 1997.

[3] Bylaws of the Atlanta Regional Commission, adopted September 10, 1971, amended through August 28, 1996.

亚特兰大区域委员会的功能是什么？亚特兰大区域委员会的章程显示，它的工作人员分别在5个领域工作：交通、社区服务、总体规划、开发服务和支持服务。总体规划和开发服务两个领域与本书有关。

与许多其他的政府联盟一样，亚特兰大区域委员会给这个区域的各类规划工作提供一个数据库。因此，这个委员会对人口、供水、交通和其他事务所做的预测成为制定区域规划的基础。这种共享的未来蓝图使区域合作成为可能。亚特兰大区域委员会在许多年里一直都致力于解决交通问题。亚特兰大在19世纪30年就是作为一个铁路枢纽站建立起来的，它的交通枢纽功能一直都是经济的关键元素。经过多年的努力，规划建设了围绕亚特兰大的I–285环线公路、亚特兰大国际机场、区域城铁系统（MARTA）。1991年，联邦议会通过了《综合陆路交通效率法案》（ISTEA），包括用于改善交通设施的联邦拨款，亚特兰大区域委员会参与了自行车道和步行道的规划建设。

亚特兰大区域委员会还积极展开了水资源规划，包括水库建设规划、亚特兰大区域的流域保护。亚特兰大区域委员会1972年展开的查特胡奇河流域的研究形成了跨市政辖区保护这条河流的基础，1978年，卡特政府确定河和周围地区为国家休闲区。亚特兰大区域委员会致力于与阿拉巴马州和佛罗里达州合作，它们与佐治亚州共享水域。

如同明尼阿波利斯和圣保罗以及其他都市区一样，区域规划部门的主要工作是建立在市政府之间展开合作的基础上。就亚特兰大区域来讲，亚特兰大区域委员会一直都在展开多种区域活动方面发挥着重要作用，尤其是交通、开放空间、环境质量和供水方面。

小结

大都市区规划的第一次大浪潮发生在20世纪20年代。推动这次浪潮的基本因素是私人汽车拥有量的大幅攀升，以及与此相关的郊区化过程的展开。随着城市化地区越过城市的行政边界，有必要展开跨行政边界的规划。

20世纪20年代，为了满足这一需要，出现了两种类型的组织。一类组织是区域规划机构，如纽约都市区的区域规划协会（RPA）。其中有一些区域规划机构是私立的，完全没有官员来主持，纽约的区域规划协会就是非官方的。其他是由立法法案创建的。无论在何种情况下，区域规划机构本身没有执行权。它们的功能纯粹是咨询，把实施工作全部留给区域内的各政府。20世纪20年代出现的第二类组织是政府机构。州议会建立起着类组织，赋予它们明确的职责（交通、设施等）。具有一部分政府权力，但不是全部。虽然政府没有针对整个都市区规划的具体任务，但他们对公共基础设施所做出的决定常常成为重要的规划决定。二战后期，市政府间合作的第三方出现了，这就是政府委员会。美国现在大约有 450 个政府委员会，大部分城镇政府都属于一个政府委员会。联邦政府用编制区域规划作为获得联邦拨款的前提条件，那些联邦拨款涉及交通、城市改造、环境改善和社会服务等项目。

这一章简要地描绘了三个案例：明尼阿波利斯和圣保罗地区的区域规划的展开、纽约和新泽西港务局的起源与发展、亚特兰大区域委员会的历史。

参考文献

Nelson, Arthur C.L. and Lang, Robert E., *Megapolitan America*: *A New Vision for Understanding American Metropolitan Geography*, American Planning Association, Planners Press, Chicago, IL, 2011.

Perry, David C., ed., *Building the Public City*: *The Politics, Governance and Finance of Public Infrastructure*, Urban Affairs Annual Review, no. 43, Sage Publications, Thousand Oaks, CA, 1995.

第四部分 更大的问题

第 17 章 美国的国家规划

美国有国家规划吗?

美国有国家规划吗? 从某种意义上说,答案是否定的,因为没有人或组织负责为国家制定具体规划。没有与城市、城镇或县的总体规划相对应的国家总体规划。1943 年,当国会终止国家资源规划委员会(NRPB)时,它明确禁止联邦政府中其他任何机构承担该委员会的工作(见第 4 章)。从此,再也没有出现可以与 NRPB 相媲美的国家规划机构。

我们没有国家规划的一个原因仅仅是意识形态,另一个原因可能是任务的艰巨性。最后,也许最重要的是,我们有一个联邦政府体系,在这个体系中,强大的权力很难形成一个统一的国家规划。

虽然现在也没有关于建成区的总体规划,但毫无疑问,联邦政府已经采取了一些行动,并影响着美国的发展模式。本章简要介绍了一些法案,它们构成了实际上的国家规划。

尽管所有这些法案并不能成为一个宏大设计的组成部分,但也有一些共同之处。大多数情况下,胡萝卜比大棒要多,联邦的拨款或土地就是所谓的胡萝卜。联邦指南和奖励制度设定了大方向,州或州以下的政府决定细节。

一般而言,联邦对开发模式的影响从东向西越来越大。联邦土地所有权必然让联邦政府成为决定土地开发模式的主要角色。在美国后革命时期,虽然像其他州一样,大量的土地加入联盟,但是,密西西比河以东的大部分土地属于 13 个殖民地。然而,作为墨西哥战争的结果,密西西比河以西是通过路易斯安娜交易从墨西哥得到的土地,还有俄勒冈交易中大英帝国割让的土地、通过加兹登购买从墨西哥得到的土地,以及通过阿拉斯加购买从俄国得到的土地,从而使联邦政府成为一个巨大规模的土地所有者。气候条件也支持联邦政府在西部地区发挥更大的作用。第100条子午线以西地区（从北达科塔州向南，通过得克萨斯州狭长地带），年降雨量不足20英寸，这样的自然降水是不足以支撑农业的，只能放牧。[①] 作为占美国国土面积一半的西部地区，大部分地区的农业依靠灌溉。这种依赖使联邦供水政策成为影响该区域发展的关键因素。

土地使用模式

按照《联邦协议》通过的《1785年法案》，大陆会议提出了西北地区土地所有权的基本模式，该地区从宾夕法利亚州西部边界向西延伸到密西西比河，南部以俄亥俄河界，北部以五大湖为界。《1785年法案》建立了6英里乘6平方英里见方的城镇，1平方英里作为一个土地划分基本单元。在最初的规划中，土地按1平方英里（640英亩），最低价格为每英亩1美元的价格拍卖。当时打算把拍卖土地的钱作为大陆会议的收入，购买小块土地的人都是规模不大的独立农民。事实证明，每英亩1美元太贵了，于是，大陆会议撤销了这个出售计划，决定以很低的价格把大地块卖给那些投资者和土地投机商。他们购买了土地后，能够开发出新的定居点，然后把土地再卖给一个个的土地所有者，他们这样做的土地售价基本上决定了开发西北地区的方式。《1785年法案》的影响是允许人们迅速地集中到西北地区，而且设置了一个基本网格模式，直到今天，我们依然可以在俄亥俄、印第安纳和上中西部其他地区看到这种模式。将农场大小的土地卖给个人，强化了美国乡村分散农庄的模式，而不是欧洲常见的模式，即乡村人口住在自然村落和村庄里，那些居民的农田环绕着乡村居民点。

19世纪下半叶，联邦政府的许多其他决定在很大程度上影响了西部地区的定居点。1862年的《宅地法案》规定，如果定居者在这块土地上连续居住5年，那么他们有资格免费获得160英亩的公共地块。[②] 最后，大约8000万英亩（约12.5万平方英里）的土地变成了居住兼劳作的土地。大部分农场出现在密西西比河以西地区，而且没有适当的和可以预期的支撑农业的降雨。大约数十年以后，这种情况推动联邦政府在西北地区开发水源方面发挥主要作用。

同样是在1862年，大陆会议通过了《莫里尔公地兴学法案》，给每个州的国

---

① 第100条子午线在北达科塔州东部边界向西道路1/3的位置上通过北达科塔州，然后通过南达科他州、内布拉斯加州、堪萨斯州、俄克拉何马州，形成得克萨斯州狭长地带的东部边缘。关于这个降雨，西北沿海地区是个例外，大约在旧金山和西北沿海地区的一些分散区域。
② 在一些西部干旱地区，160英亩土地不可能支撑一个农业家庭，那里确实允许比较大的宅基地。

会代表团成员提供 3 万英亩的联邦土地。各州将使用出售这些土地所得的资金建立至少一所大学，该大学将负责"农业和机械艺术"（A&M）的教学。今天，美国的许多州立大学都是依靠赠予土地建立起来的。大学名字的后缀 A&M 就是出自这个法案。其他许多学校以后不再使用这个 A&M 后缀了。当时，联邦政府没有要求任何州去创建一个 A&M 学校，也没有规定应该在哪里建设。各州只是得到了一个有吸引力的选择。美国主要州立大学分散在小城镇上，这其实就是《莫里尔公地兴学法案》的一个遗产。

建立铁路网

19 世纪，推动和塑造美国迅速发展的铁路网本身以及建设提速都受到了国会行动的影响。1850 年，美国还没有国家铁路网。当时，美国东部有不到 1 万英里的铁轨，大部分与大城市相连接，但没有形成统一的系统。例如，从纽约出发，西部最远点也不过布法罗而已。除了沿东海岸的铁路外，没有贯穿南北的主要铁路线。到了 1860 年，国家铁路总里程翻了 3 倍，密西西比河以东地区的大部分主要城市都与铁路网连接上了，所以每两个大城市之间的人或货物都能使用铁路运输了。

联邦政府把土地划拨给铁路公司是当时铁路网可以扩展的一大原因。划拨的土地用于修建铁路线，不仅如此，联邦政府还划拨了与铁路线相邻的大量土地，铁路公司可以出售或使用这些土地作抵押，发放债券，获得建设资金。第一次划拨的铁路建设土地合计高达 373.6 万英亩（5837 平方英里），建设一条连接芝加哥和阿拉巴马州的莫比尔铁路线。1860 年，联邦政府已经划拨了 1800 万英亩铁路建设用地。[1] 整个面积达到 2.8 万平方英里，相当于佛蒙特州、新罕布什尔州和马萨诸塞州的总面积。

随着东部地区铁路网的建设基本完成，下一个目标就是建设跨越大陆的铁路。1862 年的《第一个太平洋铁路法案》提供了修建跨越大陆铁路的授权和资金奖励。[2] 这一法案授权联合太平洋铁路公司从密苏里州的圣约瑟夫向西，授权中央太平洋铁路公司从加州萨克拉门托向东，建设铁路线。这个法案划拨的用于修建铁路的土地宽度为 400 英尺，每建设 1 英里轨道，再划拨 5 平方英里与铁路相邻的

---

[1] Richard Hofstadter, William Miller, and Daniel Aaron, *The American Republic*, 2nd edn, vol. 1, Prentice Hall, Inc., Upper Saddle River, NJ, 1970, p. 545.

[2] 这一章提到的 1862 年通过的若干法案并非偶然。开放西部土地用于定居点和选择横跨大陆的铁路线都对平衡自由州和还在采用奴隶制的州之间的力量具有重要意义。这样一来，在南北战争之前，国会达成一致是不可能的，但是，1862 年，与国会中南部州的代表很容易就达成了协议。

土地（2 年后，国会把这个数字提高了 1 倍）。另外，联邦政府发放债券，把获得的资金用于建设基金。这样，投资铁路建设的风险相当小。与铁路建设相伴而生的是相当严重的贪腐和渎职。

> 至少可以说，他们的簿记是原始的，现存的记录可能是故意在 1873 年的一场火灾中被烧毁了。但毫无疑问，收益是巨大的。[1]

联合太平洋铁路公司的南北铁路线克服了重重障碍，施工进度很快。国会的帮助起到了很大的作用。1863 年，国会按照每建成 1 英里铁路线给予 10 平方英里土地的标准，划拨了爱奇逊、托皮卡和圣塔菲，1864 年，给予北太平洋铁路公司的土地面积超过了整个新英格兰地区的土地面积。

联邦政府把公共土地划拨给铁路公司的做法一直延续到 1873 年，至此，联邦政府直接或间接通过州政府划拨给铁路公司的土地面积达到 1.6 亿英亩（25 万平方英里）。[2] 很难想象，还有比这个力度更大的办法推动铁路建设。这些拨款为这条铁路线提供了一个明确且无争议的所有权，把潜在的土地卖给定居者或投机商让铁路公司看到了赚钱的前景。1860 年，美国的铁路线里程数为 3 万英里，1900 年达到 20 万英里，基本完成了我们所知道的铁路网。[3]

水和西部地区

《宅地法案》（1862）和横穿大陆的铁路二者结合在一起，大大加快了人口向西部地区的转移，也产生了与水相关的问题。在美国东部地区，自然降水基本上可以满足农业需要，有关水的政策几乎不是最重要的公共问题。对西部大部分地区，有关水的政策绝对是重大公共问题。南北战争（1861~1865 年）刚结束的那些年里，平原州的人口增长非常迅速。那些年的气候比通常情况要湿润一些，许多西部农民如果没有发财的话，至少还可以维持生存。实际上，有利的天气让一些人相信，"雨跟着犁耙走"，也就是说，大面积耕种会引来降雨。

19 世纪 80 年代，气候转向干旱，事实证明，雨并不跟着犁耙走。许多平原地区的州，农业人口和总人口都明显下降，农民抛弃了他们贫瘠的土地。到 19 世

---

① Dexter Perkins and Glyndon G. Van Deusen, *The United States of America: A History*, 2nd edn, The Macmillan Company, New York, 1968, p. 73.

② Hofstadter, Miller, and Aaron, *American Republic*, p. 683.

③ Perkins and Van Deusen, *History*, p. 69.

纪末，大约有 100 万户家庭试图成为自耕农，不过仅有 40 万户成功了。[1]

西部靠天降雨维持的农业失败了，这种失败推动了人们对灌溉农业的兴趣，试图"开垦"荒漠土地用于农业。但是，私人灌溉工程基本上是不成功的。技术知识不足，资本不足，欺诈和骗子注定让大多数私人灌溉项目归于失败。要求联邦政府展开行动的压力越来越大。

1902 年的《土地开垦法案》建立了国家的复垦服务机构（1923 年成为国家垦务局）。按照这个法案，出售公共土地的收入用于支付灌溉项目，用水方返还（没有利息）投资。一开始，返还期为 10 年，后来延长到 20 年，加上 5 年宽限期，后来甚至继续放宽返还期。[2] 联邦政府对水资源开发实施补贴的原则确定下来。西部的水资源不多。但是，20 世纪 20 年代末，很多事情推动美国展开了近半个世纪的水库建设，水利工程影响了西部大部分地区。

第一次世界大战期间，洛杉矶区域迅速发展起来，人们认识到，如果找不到新的水源，水资源短缺会阻碍那个区域的增长。科罗拉多河是最近的大型水源，这条河的源头在科罗拉多中部地区，海拔 3200 米，河水迂回向西南方向流去，最终在下加利福尼亚和墨西哥大陆之间流入加利福尼亚海湾。不过，这条河没有穿过加利福尼亚州，因此加州不能直接开发科罗拉多河。加利福尼亚人主动展开工作，经过大量的协商，加利福尼亚州、亚利桑那州、新墨西哥州、科罗拉多州、内华达州、犹他州和怀俄明州共计 7 个州签署了"科罗拉多河协议"，根据协议分配水。1928 年，国会授权建设胡佛大坝、下游比较小的大坝以及全美大运河。全美大运河是从这条河流的一个较低点，位于美国亚利桑那州哈瓦苏湖，通过帕克水坝把河水向西引到洛杉矶。这个水利工程的核心是胡佛大坝，1931 年，在国家垦务局的主持下开始建设。1936 年竣工，这个大坝见证了大规模土木工程技术的巨大进步。胡佛大坝高 726 英尺，使用了 6600 万吨水泥。建设起来的运河和渡槽系统，穿越加利福尼亚的广大地区，把科罗拉多河的河水输送到洛杉矶市。再向南，全美运河一直把科罗拉多河的河水送到加州和墨西哥的边界上，把加利福尼亚州帝国峡谷的荒漠变成了美国农业生产率最高的地区之一。

胡佛大坝让人叹为观止，大坝既可以供应巨大的水量，又能生产巨大且便宜

---

[1] Marc Reisner, Cadillac Desert: The American *West and Its Disappearing Water*, Viking, New York, 1986, p. 111.
[2] 就长期贷款来讲，所有偿付的利息总数肯定大于本金。所以，对这些贷款的利息给予宽限肯定是非常重大的补贴。实际上，真正的补贴甚至大于设想的补贴，因为垦务局不会让农民因为债务而离开农田。Kenneth D. Frederick, "Water Resources: Increasing Demand and Scarce Supply," in Kenneth D. Frederick and Roger A. Sedjo, eds., *America's Renewable Resources: Historical Trends and Current Challenges*, Resources for the Future, Washington, DC, 1991. For a more detailed presentation; Richard W. Wahi, *Markets for Federal Water*, Resources for the Future, Washington, DC, 1989.

的电力。同时，大萧条让美国 1/4 的劳动力失业，而联邦政府通过建设胡佛大坝，创造了大量的就业岗位。大坝建设和复垦项目都是吸收失业劳动力和生产有用产品的一种途径。20 世纪 30 年代早期的沙尘暴（干旱和过分种植所致）迫使成千上万的农民背井离乡，如俄克拉何马州，人们向西迁徙到加利福尼亚州。给复垦提供支持的另外一种办法是，给逃离沙尘暴的农民提供土地。建设水库大坝的时代很快就展开了。国家垦务局是管理这项工作的政府机关，当然，有些大坝是陆军工程兵建设的。

关于科罗拉多河上的大坝建设相关工程，一位作者说：

> 如果科罗拉多河突然断流，水库中的水够我们用两年，然后，我们就必须撤离南加州和亚利桑那州的大部分地区，科罗拉多州、新墨西哥州、犹他州和怀俄明州的一些地区。科罗拉多河提供了大洛杉矶、圣迭戈和菲尼克斯超出一半的用水；它种植了美国国内生产的冬季蔬菜；河水生产的电力照亮了拉斯维加斯……其年收入是埃及 GDP 的 1/4，埃及是地球上唯一的一个这么多人如此无助地依赖一条河流的地方。[1]

人们围绕科罗拉多河所做的工作并不独特，只是其他地方即将发生的事情的先兆。在第二次世界大战开始时，美国陆军工程兵在哥伦比亚河上建造的大古力和伯恩维尔大坝，以及加利福尼亚州北部萨克拉门托河上建造的萨士达水坝已经竣工。第二次世界大战以后，建设水坝和管理西部地区的河流以更大的速度展开。到 1971 年，胡佛大坝的规模在国家垦务局管理的已经竣工和正在建设的大坝中仅仅排到第 47 位。[2] 这些大坝中最大是加利福尼亚州圣路易斯填土大坝，大坝体积为 5937.2 万立方米，是胡佛大坝的 30 倍以上。

20 世纪 60 年代，水利项目的建设达到了顶峰，每年新增 2900 万英亩英尺蓄水量，这一建设势头到 20 世纪 70 年代缓慢下滑。此后，水利建设几乎完全停止了。发生了什么？首先，大多数最好的坝址已经开发完成：

> 20 世纪 20 年代，1 立方米的水坝可以产生 10.4 英亩英尺的库容。每 10 年平均数下降一次，到了 20 世纪 60 年代，每立方米水坝仅产生 0.29 英亩英尺的库容。[3]

---

[1] Reisner, *Cadillac Desert*, p. 127.

[2] Major Dams, Reservoirs, and Hydroelectric Plants, Worldwide and Bureau of Reclamation, released by the U.S. Department of the Interior, Bureau of Reclamation, Denver, CO, n.d.

[3] Frederick, "Water Resources," p. 49.

因此，新项目的效益成本比低于旧项目，越来越难以证明联邦政府对这些项目的重大支出是合理的。

其次，我们的保护观念已经改变了。开垦荒漠和让荒漠变良田的想法，对于19世纪和20世纪之交的最伟大的自然保护主义者西奥多·罗斯福（Theodore Roosevelt）来讲，是完全有意义的。但是，现在的自然保护主义者可能恰恰是要"纠正"原先人们的索取。用10美分把水送到农场，而花费联邦数10亿美元让其他地方的农民退耕，我们必须问，这样做有什么意义。在加利福尼亚州的荒漠里种水稻真有意义吗？垦务局和陆军工程兵过去开展的项目既交了朋友，也结下了冤家，这一点越来越明显。农民和使用水电的企业家喜欢水坝和水库。但是，环境保护主义者越来越关切把湿地变成水库所产生的后果，湿地是鸟类鱼类繁殖之地，也是生物多样性发源地，更是鸟类迁徙过程中的栖息之地。环境保护主义者关注，修筑大坝改变了河里的水流状态，从而让一些物种濒临灭绝。渔民和其他人希望河流保持原生态，考古学家不希望历史遗址永远被淹没。总之，环境保护主义思潮让大水利工程的时代走到了终点。

1986年，国会通过了《水资源开发法案》（WRDA）。这个法案规定地方政府要增加对联邦水利工程项目的配套资金，缴纳更多联邦水利项目的使用费。原先，州和地方政府常常忽悠一些对联邦投资没有效率的工程项目，反正州和地方政府几乎不出资，还能得到一些好处，现在，通过大规模降低联邦政府在建设成本中所占比例，结束了这样一个时代。[①]《水资源开发法案》用于陆军工程兵，而不是用于垦务局，但它影响了垦务局。现在，陆军工程兵和垦务局都更加注意协调自然资源的保护和有效使用的问题，而不是大规模的新项目。

在西部地区，一般以"优先占用"原则为基础决定水权，也就是说，以谁先声称这个权利和使用这个资源为基础决定水权。[②]农业让西部地区非常少的人就业，却使用了这个区域非常大的水资源。由于优先占用原则，水资源的供应是有控制的。如果水能够在比较经济的基础上进行分配的话，无论是竞争性的招标，还是简单地按照实际输送成本来定水价，这种变化会更加有利于城市和工业使用者，而不利于农业用水者。[③]如何定水价是一个技术性的问题，以此为基础的决

[①] Martin Reuss, Reshaping National Water Politics: The Emergence *of the Water Resources Development Act*, IWR Policy Study 91-PS-1, U.S. Army Corps of Engineers, 1991.
[②] 在东部地区，这个法律一般依靠沿岸权，这是出自英国普通法的概念，以紧临水资源为基础决定权利。这一概念在东部可以使用，但不适用于缺水的西部地区。
[③] Robert Reinhold, "New Age for Western Water Policy: Less for the Farm, More for the City," *New York Times*, October 11, 1992, Section. 1, p. 18.

定对西部未来的发展有重大影响。

2000 年以来，美国的密西西比河以西地区，特别是西南部地区，一直处在长期干旱的状态。树本年轮的证据显示，过去曾发生过大旱。如果真是这样，合理化水价和保护的压力会进一步加大。

西部地区水资源政策回顾

回到垦荒的年代，谁造就了那个时代呢？有些人，如《卡迪拉克荒漠》的作者莱斯纳（Marc Reisner），把在西部地区筑坝和垦荒看成一种狂妄自大、妄想和丑闻的巨大组合。不过，热爱他们的区域和在西部生活的人们对此有着非常不同的看法。他们会告诉我们，纵然有错，他们也无怨无悔。有些人还会告诉我们，用当今的认识去评判过去的行动是不正确的。20 世纪 30 年代那些在科罗拉多河上和哥伦比亚河上筑坝的人们，当时没有塞拉俱乐部成员现在形成的保护环境的认识，所以我们不应该去责怪他们。

项目，一些由垦务局实施，一些由陆军工程兵实施，还有一些由州或地方政府实施，让美国西部发生了翻天覆地的变化。水坝、渡槽和运河给洛杉矶这样的大都市供水。水电成本仅为火电成本的零头，正是水电成为支撑西部工业发展的基础，西部农业基本上是公共水资源政策的产物。加利福尼亚州的农业产值位居美国 50 个州之首。[①] 在加利福尼亚州的帝国峡谷地区，年平均降雨量为 2~3 英寸。如果没有科罗拉多河的河水，它会干旱得像撒哈拉大沙漠一样。

如果没有大型水利工程的建设，美国西部的人口会比今天的实际人口少很多，而且，西部人口会沿着西部地区的河流一字排开。同样，如果没有大型水利工程的建设，洛杉矶的规模肯定不能与现在的规模相比，雷诺和拉斯维加斯顶多就是小城镇而已，依靠开采地下水过活，西部一定是粮食进口的区域而不是粮食出口的区域，西部的工业基础一定要比现在小很多。人们不会在荒漠里的人工湖上泛舟。庆幸的是，现实并非如此。

如果没有西部大型水利工程的建设，全国其他地区也会有所不同。美国东部的人口会比现在多很多。美国的人口重心将比现在更远，因为从东向西的迁徙规模会小很多。如果没有西部如此之大的粮食产量，美国东部的森林会比现在少很多，东部会有更多的土地用来种植农产品。

① Statistical Abstract of the United States, 112ᵗʰ edition, U.S. Department of Commerce, Economics and Statistics Administration, Bureau of the Census, Washington, DC, 1992, Table 1096.

系统区域规划

对于整个地区的系统规划，人们可以称之为国家规划，这种规划只做过一次。田纳西河流域管理局（TVA）曾经编制过一个这样的规划。田纳西河源于田纳西东部的坎伯兰山脉，向西流，然后向南转，进入阿拉巴马州的北部地区，然后转向北，流入肯塔基州帕迪尤卡的俄亥俄河里，俄亥俄河和密西西比河在上游几英里的地方汇合。田纳西河流域有一半是在田纳西州辖区里，当然，田纳西河流域还包括弗吉尼亚州、北卡罗莱纳州、乔治亚州、阿拉巴马州、密西西比州和肯塔基州等的一部分。

> 田纳西河的自然特征是，春季河水暴涨，形成破坏性的洪水；夏季河水水量不足，影响航运。这些事件的强度和频率阻碍了发展，并导致该河谷持续贫困。[①]

第一次世界大战结束后不久，有人在内布拉斯加州参议员诺里斯（George Norris）的支持下提出了综合开发田纳西河流域的想法。除了这个地区的贫困之外，综合开发田纳西河流域的基础是，联邦政府已经对这个流域做了投资。到第一次世界大战结束时，联邦政府已经开始在田纳西河弗洛伦斯市河段兴建水坝发电和使用电力生产硝酸盐的工业设施。这个工厂经过测试，于1919年"封存"了起来。1925年，这个水坝竣工。战争时期的投资提供了进一步开发的理由，让原先的公共投资发挥其功能。硝酸盐在战争时期可以制成炸药，而在和平条件下，硝酸盐可以用来肥田。1928年，议会通过法案，建立一个类似于田纳西河流域管理局的机构，不过，柯立芝总统否决了这个法案。

大萧条改变了政治平衡。1933年4月，罗斯福总统要求国会通过法案，建立一个政府机构，国会很快照办了。[②] 当时的想法是创造就业机会，减少该区域的持续贫困。这个法案建立了一个处理工程所有问题的政府机构。

水坝可以管理洪水，也能用来发电。水力产生工业生产需要的电力。这个区域的经济增长加大了电力需求，河流产生的电力依然不够。二战后期，田纳西河流域管理局还建设了燃油电厂和核电厂。河流水坝的建设，从田纳西州的诺克斯维尔可以航行到密苏里河与密西西比河，从而推动这个区域的商业增长。水利工程形成的水库为居民提供了休闲的去处，从旅游业的发展中获利。

---

① Frederick, "Water Resources," p. 37.

② Marguerite Owen, The Tennessee Valley *Authority*, Praeger, New York, 1973.

作为一个项目和实验，田纳西河流域管理局既受到责难也得到赞许。政治上的右翼势力一直把这类水利工程项目看成是社会主义的，政府与私人电厂展开不公平的竞争。实际上，私人电力公司曾经提起诉讼，要求法庭禁止田纳西河流域管理局出售电力。这个官司一直打到了最高法院，最高法院坚持政府有权生产和销售电力。政治上的左翼势力批评田纳西河流域管理局做事过于谨慎，计划过于狭窄。田纳西河流域管理局确实把注意力集中在几个领域，防洪、航行和电力，一直避开更全面的规划，避开在社会工程方面发挥作用。赞赏田纳西河流域管理局的人们会提出，田纳西河流域管理局治理洪水，让田纳西河可以航行（从帕迪尤卡到诺克斯维尔，全长超过 652 英里的河段），给这个区域提供了低成本的电力。田纳西河流域管理局让这个处于不发达状态下的区域奋起竞争，而不是萎靡不振。

人们多次提议建立"小田纳西河流域管理局"（TVAs），但国会并没有批准建立类似的机构，国会这样做的一个明显理由是意识形态。曾经在田纳西河流域管理局工作多年的一位作者提出了不建立这类机构的另一个原因是政府机构之间的争斗。田纳西河流域管理局会从这些机构中夺走职能，因此，这位作者断言，陆军工程兵、垦务局和其他一些政府机构一直都在反对建立 TVA 管理局的提议，如果真的建立了，那么他们手中的许多工作都要交出去。虽然 TVA 管理局在美国仅此一家，但规划师、经济学家和发展中国家的行政管理人员都在研究田纳西河流域管理局实验，把它看成如何解决区域发展问题的一个例子。

尽管田纳西河流域管理局（TVA）从未被复制过，但在几个州规划方面所做的综合性努力方面较少。在涉及几个州的规划最大和著名的莫过于阿巴拉契亚区域委员会。阿巴拉契亚区域委员会是在 1965 年建立起来的，当时想依靠委员会解决阿巴拉契亚区域的落后状态。这个用贫困和失业统计数字确定的区域，从纽约州西南角一直延伸到密西西比州的东北角，包括 13 个州的部分地区。美国总统和 13 个州的州长联合任命了阿巴拉契亚区域委员会的执行官。该委员会的基本功能是把联邦资金落实到在这个区域开展的项目上，提高这个区域的竞争性，改善失业带来的社会负面影响。

当委员会成立后得出结论，阻碍这个区域经济发展的一个最大因素是交通，山区地形是造成交通不发达的一个基本原因。联邦资金的最大支出一直都是放在公路建设上，在很大程度上改善了这个区域的交通可达性。联邦资金也直接用于经济开发（如地方政府开发的工业园区，入园企业支出的场地费低于地方政府的开发成本）。联邦资金还用于劳动力培训，改善劳动力的素质，用于医疗以及多种社会服务。阿巴拉契亚区域委员会已经做了很多工作，但就一个地方的综合性和改造而言，它无法与田纳西河流域管理局实现的目标相媲美。

州际公路系统

设计和建设州际公路系统是国家规划的一个重大行动。就建设州际公路系统所动用的土石方来讲，整个系统很可能是人类历史上最大的建筑工程。该系统横跨 300 万平方英里的国土面积，把每个主要城市和 90% 人口超过 5 万人的城市全部连接起来。它在设计施工上采用了同样的标准，是一个重大规划行动，也是联邦政府和 49 个州合作的结果。

1916 年的《联邦资助道路法案》标志了美国公路建设的开始。依据这个法案，联邦政府提供资金帮助各州建设城际公路。《联邦资助道路法案》建立了一种基本模式，即分担公路建设资金、地方同意和参与公路规划，这种模式一直延续至今。

20 世纪 20 年代和 30 年代，汽车数量的增加和人口的分散都超出了州和市政府修建道路的速度。1934 年，国会授权资助州公路规划。与此同时，还对州建设开支给予补贴。这笔资金用于多项交通研究，在国家政治纲领中加进了国家公路网的构想。

1938 年，国会要求公路局（BPR，联邦的一个机构，后来成为联邦高速公路管理局，FHWA）提出一个涉及 6 条收费高速公路系统的设想，3 条从东到西横穿全国、3 条从北向南。之所以提出收费公路，是因为当时正处在大萧条时期，联邦政府和各州都盼望得到财政收入，而且采取道路收费的方式，以路养路。公路局研究了这个问题，最后的结论是，计划中的 1.4 万英里公路系统不能产生足够的收入以补偿建设成本。1939 年，公路局提出了一个 2.6 万英里的国家公路建设计划。随后展开了长达 15 年的规划研究，形成了一个建设 4 万英里国家公路系统的远景设想。[①] 联邦政府和各州联合起来规划这个系统，全国采取相同的设计标准，是一个通行受限的道路。为了维持顺畅和高速通行，通行受限是必要的。从 20 世纪 20 年代末建设的布朗克斯河公园道开始，在极少数的公园道上就证明了这一点。

虽然建立一个单一的、综合和有限的准入系统的远景正在完成，但如何为其筹措资金让这个设想成为现实的立法姗姗来迟。很多研究指出，道路收费承担不

---

① America's Highways 1776/1976: A History of the Federal Aid *Program*, U.S. Department of Transportation, Federal Highway Administration, Washington, DC, n.d.

了这个道路建设和维持的成本，当然，不是没有成功的先例，如宾夕法尼亚州的收费道路。第二次世界大战结束后的 10 年中，这个问题才得到解决。

1956 年，在艾森豪威尔政府的敦促下，国会通过了《联邦资助高速公路法案》。这个法案的第 I 款要求全国统一设计标准，在州之间建立适当资助高速公路资金的办法。但是，这个法案的关键部分是第 II 款，涉及提供巨额公路建设资金的一种机制。这个法案建立了"高速公路信托基金"，新车消费税和汽车燃料营业税进入这个基金。这些资金会是专款专用的，也就是说，它们只能用于高速公路的建设。因为这个法案的通过，汽车拥有率、行车里程和汽油消费迅速上升，于是提供了一个日益增长的税基，长期维持这个高速公路的建设。

联邦高速公路管理局和州官员一起设计这个高速公路系统。联邦高速公路管理局负责对该系统做总体规划，州官员确定道路的精确位置。设计标准全国统一。共 4 道，每道 12 英尺宽，上下行之间有一个隔离带，路肩至少 10 英尺宽。道路设计最高车辆行驶速度为 50 英里、60 英里或 70 英里，取决于道路坡度。最开始是不允许公路本身提供任何服务，而收费公路当时是提供服务的。之所以这样规定，是考虑到保护竞争，避免让公路方得到"垄断地位"。不过，人们可能会推测，当地商人真会支持这个意外的收获，他们会把高速公路看成新增顾客的来源，而不是额外竞争的来源。[1]

在本书截稿时，这条高速公路系统的里程数达到 4.25 万英里，而且几乎完成了。估计该高速公路系统的建设成本为 1290 亿美元。这个标准统一的公路系统在美国几乎所有主要城市中心之间提供高质量的连接，是一次巨大的规划行动。它在很大程度上影响了国家的发展，但必须说，它产生了一些意想不到的影响。

人们从一开始就知道，在州际公路是穿城而过还是绕城之间存在着选择。这种选择会对城市产生重要影响，《联邦资助高速公路法案》（1956）规定，如果做这样的决定，需要召开公众听证会。在几年内，公众强烈反对州际公路穿城而过，所以，州际公路几乎都是绕开。

这种绕城而过的决定带来了我们都熟悉的环路模式，大部分城市都有这样的环路。这是一个深刻的去城市化设计。环路创造了围绕城市展开经济活动的空间位置。在环路边工作的人不再需要住在市中心的通勤范围内。环路实际上成为新的城镇中心。通过环路，加罗（Joel Garreau）所说的"边缘城市"确实有可能出现了。

---

① Mark H. Rose, Interstate Express Highway Politics, revised edition, University of Tennessee Press, Knoxville, 1990.

州际高速公路系统的支持者相信，从其他城市和腹地通往城市中心商务区的道路越好，越能增强城市经济。但他们没有想到，在中心商业区外和城市本身之外创造大量可达性商业空间，它们给那些支持者的信念蒙上了阴影。

在最大的都市区，随着时间的推移，环路及其周边地区的交通拥堵，产生了建设第二条环路的需要。实际上，纽约大都市区有一个双环路系统，当然，由于地形因素和水体，这个双环路系统有几个中断的地方（长岛湾和纽约港的下游）。人们一直对华盛顿特区都市区的 10 英里或 15 英里外建设第二条环路的设想展开讨论。如果真的建设了，这将使数百平方英里的远郊进入大都市区。

州际高速公路的建设加速了美国制造业从铁路货运转变成机动车货运，道路网大大增加了机动车载货的效率。这种转变当然也是一种去中心化的力量。相对其他地区，原先那些遥远的乡村南部地区，因为统一的、高度有效的国家公路系统的建设，还加速了阳光地带的增长。

有人可能会好奇，如果我们不去建设州际高速公路，美国会有什么不同，果真如此，美国的城市一定会更加紧凑些，大量的资金会用来建设高质量的、依靠大量补贴的铁路系统。尽管人们可以这些想，实际上是不可能做出这种选择的。美国人钟爱的汽车和郊区化的过程都是在州际公路系统开始建设时出现的。

州际高速公路实现了它的预期目标，并提供了城市之间与其腹地之间快速、安全、高质量的交通。州际高速公路也让它始料未及的事情成为现实。

资助郊区

涉及金融和房地产税的法案最能影响都市区的物质形式，很少有法案做到这一点。1935 年以前，住房抵押贷款非常不同于现在的住房抵押贷款。那时，银行为了让自己避免借款人拖欠贷款而造成损失，要求支付非常大的首付款。因此，许多人不能成为业主，还有其他一些门槛。

> 放贷人认为 10 年就是长期贷款了。许多抵押贷款只有 1 年、2 年或 3 年，大部分贷款会在期满时一次付清。在这个短期借贷结束时，买房人面对巨大的不确定性。他是否可以续借贷款？续借的利率是多少？如果不能续借，他就只能失去房子了。那个时代一些戏剧作品的剧情并非虚构。[1]

---

[1] Carter M. McFarland, The Federal Government *and Urban Problems*, Westview Press, Boulder, CO, 1978, p. 117.

联邦政府的一项法案迅速改变了这种状况。1935 年，在此之前成立的联邦住房管理局（FHA）可以为购买房屋的人提供住房贷款担保。保险基金来自每一个借款人支付的一笔数量很小的保险费。如果借款人违约，该基金会偿还银行抵押贷款。联邦抵押贷款保险有效地排除了违约风险，于是银行愿意发放25~30 年的长期贷款，而且首付微乎其微。1938 年，联邦政府成立了联邦国民房屋抵押贷款协会（FNMA，俗称房利美）。银行可以把房屋抵押贷款卖给房利美，这样银行就把抵押贷款变成了现金。买房者会继续还贷，但是，他们是去房利美还贷，银行成了中介。银行对是否以及何时看到更有利可图的使用它的基金，不再做出承诺，所以通过建立次贷市场，联邦政府进一步增加了银行发放房屋抵押贷款的愿望。换句话说，房利美的运行消除了大量"机会成本"对房屋抵押贷款借贷方造成的风险。[①] 第二次世界大战结束后，美国退伍军人管理局通过给退伍军人提供房屋抵押贷款保险，几乎不用缴纳首付，进一步鼓励了人们的购房热情。

当时，国会通过法案的目的主要是为了提高住房拥有量，拥有自己的住房是"美国梦"的核心元素。在大萧条期间，国会通过法案的第二个目的是通过刺激住宅建设减少失业。大萧条期间，这一举措收效不大。但是，第二次世界大战结束后的繁荣时期里，这一举措对住房建设和拥有自己住房的比例的影响是巨大的。然而，想让人们拥有自己的住房实际上推动了迅速的和大规模的郊区化，郊区而不是市中心才有大规模的可以用来建设独栋住宅的土地。

正如第 11 章所说，房利美和房地美当时就是在联邦政府的管理下，它们现在也不是独立的。房利美和房地美要求过巨大的联邦紧急救助，国会中的许多人非常反对房利美和房地美为代表的"政府资助的企业"（GSE）模式。尽管联邦政府没有明确表示对它们的债务做担保，但是，人们一般都认为，在必要的时候，联邦政府会出手救助房利美和房地美的，事实果然如此。许多国会议员设想，房利美和房地美是独立的、能够赚钱的，实际上，它们让联邦政府偿还巨额债务。联邦政府在需要的时候会伸出援助之手的，这种想法让房利美和房地美占有了不公平的竞争优势，这种竞争优势让房利美和房地美以低于市场上其他放贷者的利率把钱借给借贷者。2014 年前后，房利美和房地美再次盈利，而且已经迅速地偿还

① James Heilbrun, *Urban Economics and Public Policy*, 3rd edn, St. Martin's Press, New York, 1987; McFarland, *Federal Government*; Henry Aaron, *Shelter and Subsidies*, The Brookings Institution, Washington, DC, 1972; or William Brueggeman and Leo D. Stone, *Real Estate Investment*, 8th edn Richard D. Irwin, Homewood, IL, 1989.

了它们原先从联邦政府那里拿走的救助款。可是国会中的许多反对者，尤其是政治上的右翼势力，一直都在讨论撤销房利美和房地美之类的政府资助的企业，让银行去做房屋贷款事宜，让联邦政府更少地出面。房屋抵押贷款事务很有可能会发生重大改革，不过，究竟采取什么形式现在还不清晰。

郊区化和税收政策

联邦政府还通过税收政策影响郊区化。如果我们拥有一所房子，我们就可以用房屋抵押贷款利息，以及房地产税，抵消我们需要纳税的收入。如果我们出租一所房子或公寓，因为房租中包括了房屋抵押贷款的利息和房地产税，所以房产业主要支付房子的房屋抵押贷款利息，以及房地产税。它们当然不能抵消我们需要纳税的收入。这种对住房业主和租房者的优惠极大地推动了房屋所有权。

这种税收优惠政策没有空间意图。我们可以在郊区买房，也可以在城里的高层建筑里买一个单元。可以用于新房建设的大部分土地在近郊区和远郊区，所以净效应是去城市化。

我们不应该低估给拥有房屋所有权人的这种税收优惠会随着时间的推移而产生巨大的力量。联邦政府的管理与预算办公室（OMB）估计，2012年，联邦政府在房屋抵押贷款利息抵消掉的税收收入为990亿美元，抵消掉的地方房地产税为250亿美元。

甚至还不止这些。《纳税人减税法案》（1997）规定，在一对夫妻出售住房时所得到的50万美元以下的增值（卖出的价格减去当初买房所付出的价格）是免税的。2012年，联邦政府仅此一项就减少了350亿美元的税收。三项税负支出合计1590亿美元，这笔税负支出对人们究竟是买房还是租房，以及花多少钱买房的决策产生着巨大的影响。从一定程度上讲，这笔减税增加了自住房的需求，也对住房价格产生了实质性的影响。

拥有自己住房而减税的政策得到了从中获益的房产主强大的政治支持，因为这种减税增加了住房的整体需求，所以拥有自己住房而减税的政策也得到了房地产业强大的政治支持。奥巴马政府已经提出要限制最高抵税限额。因为大部分税负支出被较富裕人群收入了囊中，他们的房子一般比较贵，是纳税较高的人群，设定的抵税额意味着对他们值更多的钱。无论怎样调整减税，完全没有减税政策似乎不太可能。

至少40年来，关注住房市场的规划师和其他人士已经注意到，住房业主的减税将住房市场推向房屋所有权。租赁者们偿付了房产业主应该缴纳的那笔房地产税。人们反复提出过，要把这个减税政策延伸到房屋的租赁者，造成公平的环境。这个想法虽然不错，但从未获得政治吸引力。

但它有规划吗？ 我们是否应该把描述的联邦政府行动称之为"规划"。就重组住房抵押贷款而言，当时是有一个计划的。这个计划的目标是推动拥有房屋所有权。在这一点上，联邦政府曾经是很成功的。

在税收优惠方面，这个问题不太清楚。美国国税局的代码从一开始就把免除利息和地方房地产税的条款作为它的一部分。《税收改革法案》（1986）取消了对大部分其他地方税和利息税的免除（例如，信用卡欠款的利息或汽车贷款都不是免税的）。不过，国会没有改变针对房屋所有权的税收减免政策。

在过去的几年里，拥有尽可能多的房屋必然是一件好事的想法已经改变了。事实证明，对数百万人来说，拥有房屋所有权是一场金融灾难。更细致的观察是，广泛拥有房屋所有权让劳动力市场失去了一些弹性，因为一些人不能出售或出租房子，因此，他们只能待在一个地方，不能到其他地方就业。这样一来，广泛拥有房屋所有权可能导致更高的失业率。

土地管理

联邦政府大规模涉足土地管理。截至1989年，联邦政府拥有6.6亿英亩土地，约为103.5万平方英里，大部分在密西西比河以西地区。美国土地管理局（BLM）管理着数亿英亩的土地。那些地区的降水量很低，没有道路，所以土地的价值很低。对联邦政府拥有的土地来讲，其作用就是看管，而不是制定开发规划。

在美国，有2.3亿英亩（36.1万平方英里）土地被确定为国家森林，联邦政府几乎拥有其中83%的面积。联邦政府的角色主要是管理。塑造这个国家的定居模式并非主要目的。但是，允许开发多少国家森林和在那里砍伐树木，确实是有经济后果的，而这种后果对居民点模式会有一些影响。长期而言，国家土地局和美国森林管理局有关使用多少土地的决定，影响着周围地区的环境质量。1872年，黄石国家公园可以看作是国家公园建设的开端，现在，国家公园的面积达到约11.9万平方英里。

多年以来，这个土地管理制度似乎一成不变。但在最近几年，尤其是1994年共和党大选在参众两院都获得多数席位以来，已经出现了压力。迄今为止，呼声最大的莫过于要求改变国家土地局管理的土地所有制。要求改变国家森林管理局管理的土地所有制问题的压力相对小一些，它与放牧、采矿和伐木利益集团相关。

法庭维护了联邦土地所有权的合法性，这一点不容置疑。联邦土地管理机构和许多环境保护主义者都提出，为后代看管这些土地，延续这种管理职能是很重要的。许多环境保护主义者担心，如果把土地交给了各州，随之而来的是，迫于政治压力和解决各州财政困难的压力，转到各州的土地会再转到私人手里。接下来，商业上的考虑会先占了后代的利益。不过，人们可以从两方面展开这个问题。反对联邦扮演看守角色的意见是，州政府更为靠近那些土地，可能会更好地管理土地。人们可能还会说，如果私人拥有了那些土地（例如，用来放牧的或林地），业主会在长期管理上有很大的经济利益，那么，他们会比国家土地局做得更好。纯粹从法律角度来看，联邦政府的角色是不太可能撼动的。除非有充分的政治力量迫使国会修改法律，否则联邦政府的角色是改变不了。

下一步是什么？

如果有另外一个涉及国家土地使用规划的重大行动，它会是什么呢？人们讨论最多的可能性是国家电网重大改造。对气候变化的关注，与能源安全相关的很多问题，都让许多人看到了清洁电能经济的问题，清洁电能不太依赖海外能源和石油煤炭资源。这种新能源的主要来源是天然气和非石油煤炭的其他燃料，如核能、太阳能、风能、地热能和生物质能。如果碳封存技术得到证明，"清洁煤"可能也是一个方案。

主要经济部门转而使用电力，需要比现在多得多的电网容量，可能需要新的通道，把生产地与使用地联系起来。另外一些目标包括比较大的系统可靠性和减少长距离输运过程产生的能量丢失。如果借鉴过去的经验，联邦的工作会涉及确定方向，大棒和胡萝卜相结合，可能更多的是激励，州或地方政府和私人部门负责制定详细的规划和实施。大萧条时期，美国乡村电气化管理局开展的乡村电气化项目规模很大，而且很成功，它可能有借鉴意义。

我们在第15章中提到，美国天然气的蕴藏量很大，开采它的成本仅是开采石油的零头。如果与开采天然气相关的环境问题得到解决，液化的天然气（LNG）可能替代现在交通中使用的石油产品。美国贸易赤字的减少和就业的增加可能会非常大。如果这种能源替代成功了，国家范围需要建立起一个LNG系统。开发LNG系统与前面讨论的电网系统都是国家规划的重大行动。

小结

　　自 1943 年国家资源规划委员会终止以来，美国从未制定过国家规划，也没有一个国家资源规划委员会。但是，在过去的 200 年中，联邦政府通过大量的项目和政策，在塑造美国定居模式上发挥了重要作用。一般而言，联邦政府的工作方式是提供指南，拨款资助，让州、地方和私人做具体工作。这一章讨论了联邦行动和法案包括《西北法令》（1785）、《宅地法案》、《莫里尔土地补助法》，以及给铁路提供土地、垦务局的工作、田纳西河流域管理局、州际公路系统的建设、联邦抵押贷款保险和自住房屋的税收待遇。我们还简要地提到，联邦政府现在拥有并管理着美国 100 多万平方英里的土地，主要位于密西西比河以西。

参考文献

Frederick, Kenneth D., and Sedjo, Roger A., eds., *America's Renewable Resources*, Resources for the Future, Washington, DC, 1991.

Owen, Marguerite, *The Tennessee Valley Authority*, New York, 1973. Rose, Mark H., *Interstate Express Highway Politics*, revised edition, University of Tennessee Press, Knoxville, 1990.

Wahl, Richard W., *Markets for Federal Water: Subsidies, Property Rights, and the Bureau of Reclamation*, Resources for the Future, Washington, DC, 1989.

第 18 章 　 其他国家的规划[*]

在本章中，我们将简要介绍其他国家的规划。这一章的大部分内容集中在欧洲，不是因为"欧洲中心"，而是因为美国和欧洲的规划实践有许多共同点，并且相互影响很大。因此，欧洲经验可以在美国的规划中得到一种引人深思的反映。我们首先考察西欧的几个规划案例，然后简要地考察东欧的规划现状。这一章还简要介绍了亚洲的规划，并以此作为结论。显而易见，我们不可能在一章中对世界各地的规划实践进行系统的回顾。这一章只是一个样本。

西欧的城市规划

在讨论具体案例之前，我们注意一下美国和西欧城市规划之间的一些背景差异。这些背景差异是概括性的，并不是所有的差异都适用于每个国家。

1. 要了解 20 世纪下半叶欧洲城市规划的历史，必须考虑第二次世界大战的影响。在这场战争结束时，欧洲许多国家的城市地区一片瓦砾。所以，战后初期，欧洲国家把重点放在恢复被战争摧毁的城市和重建住房上，尤其是内城地区的重建。

2. 20 世纪的最后 20 年左右，欧洲的城市规划环境受到了另一个欧洲大陆力量的影响，这一次对欧洲产生深远影响的是和平的力量，而这个和平的力量是欧洲一体化的到来。欧洲共同体（EC）日益在经济上成为一个国家，至少在 2011 年欧洲债务危机发生之前是这样（第 1 条和第 2 条相关，仅在 1/4 个世纪里，就连续发生了两场世界大战，这种经历大大推动了欧洲的一体化）。

3. 在 20 世纪下半叶的不同时期，社会主义曾经是欧洲许多国家的重要政治力量，与此相反，美国从来就没有一个强大的社会主义运动。这种意识形态上的差异带来了有关政府特权和义务的一组不同的观念。换句话说，我们可以关注公共部门在国民生产总值（GNP）中所占份额的差别。美国公共部门支出占国民生产总值的比例低于 35%。对于西欧大部分国家来讲，其比例高于 40%

---

[*] 这一章是与另外两名作者一起撰写的，他们是希尔特（Sonia Hirt）和杰森（Johann Jessen）。弗吉尼亚理工学院和州立大学的希尔特教授撰写了东欧部分，斯图加特大学的杰森教授撰写了德国部分。

或 50%。政府在国家总体生活中的较大作用通常还包括较大的规划作用。

4. 大多数欧洲国家的人口密度大于美国的人口密度。美国本土 48 个州的人口密度大约为每平方英里 100 人。英国和德国大约为每平方英里 600 人，荷兰的人口密度几乎达到每平方英里 1200 人，法国为每平方英里 280 人，瑞士为每平方英里 470 人。因为人均土地不多，所以许多欧洲国家很强调集中开发，更有效率地使用土地。

5. 与美国相比，不说全部，至少欧洲大多数国家不太重视房地产业主的权利。因此，欧洲人能够容忍政府对私人房地产的使用在一定程度上加以控制，而美国人则不同，他们从政治或法律上都不能容忍政府对私人房地产的使用加以控制。我们可以想想美国宪法中有关保障财产权的那些条款（见第 5 章）。在欧洲，政府对私人房地产使用的控制显然加强了规划师的能力。

6. 在美国，只有一小部分的住房是政府建设和产权归政府拥有的（见第 3 章）。与此相对比，西欧许多国家政府建设的住房（一般称之为"社会住房"）占全部住房的比例非常高。这种所有制让政府在营造人工环境时发挥了重要作用。

7. 许多欧洲国家，尤其是斯堪的纳维亚，大量城市土地的产权在政府手里，因此，市政府绝对控制土地的开发时间和方式。

8. 在许多西欧国家，大量的中上阶层的人们似乎喜欢住在公寓里，而不是郊区或远郊的独栋住宅里，至少直到最近，非常多的美国选择居住在郊区或远郊的独栋住宅里。欧洲的税收制度并不像美国那样支持拥有房屋所有权。

9. 与美国相比，欧洲更多依靠行政决定来解决规划争议，而相对较少依靠法院来解决规划争议。因此，欧洲的市政府不必谨小慎微，他们不怕因为管理私人所有土地的使用而被告上法庭。

10. 除德国、奥地利和瑞士之外，大多数欧洲国家的政治权力比美国联邦制度更集中。欧洲高度的政治集中使得各国政府能够要求地方规划与国家规划相一致。

11. 最后，实体规模问题确实存在。与土地面积小的国家相比，美国的国土面积大，制定国家层面的规划困难更大。

英国的城市规划

有人可能会认为，鉴于文化和法律（大部分美国法源于英国的共同法）有许多相似之处，美国和英国的规划可能会以相似的方式进行。但是，事实并非如此。在英国，相对于地方政府，国家政府的权力比美国大得多。英国并没有成文宪法。这样，议会比美国的国会更自由行事。在撒切尔（Margaret Thatcher）担任首相期间，议会暂时取消了许多市政府，包括大伦敦政府，把它们的工作收回到国家层面。

英国制度的另外两个特征也要注意。一般而言，与美国相比，市民参与和媒体对地方政府行动的报道要有限得多。

　　英国人选举他们的政治家，并期待他们继续做他们被选举出来的工作。①

这一点非常不同于美国人，美国人倾向于选举政客，怀疑他们是骗子，并把他们看成骗子一样。

英国制度的另一个特征是，在美国由法庭解决的问题，在英国通过行政来解决。房地产业主不满意市议会（地方政府的一个单元）的决定，他可以向国家上诉，不过，房地产业主不会把这个问题拿到法庭上去。自从 1947 年通过《城乡规划法》以来，英国一直都没有分区规划。甚至一个项目的每个细节都符合地方议会的土地使用规划，并且要在建设之前得到政府的专门机构批准。英国的建筑商不能像美国那样"正当建设"（见第 9 章）。

第二次世界大战以来英国的城市规划。20 世纪 30 年代，像许多西方国家一样，面临大萧条带来的高失业率。当然，失业率是分区域的，在伦敦大都市区就业困难不大，但一些偏远地区确实经历了真正的经济灾难。那些严重依赖制造业、造船业或采掘业的地区尤为困难。限制伦敦都市区增长，把经济增长转向其他地方，英国官员和规划师在 20 世纪 30 年代后期把这两个问题看成国家城市规划的问题。

第二次世界大战期间（1939~1945 年），几乎不能实现这个愿景，然而，甚至在战争初期，还不知谁输谁赢的时候，城市规划并未停滞。战争结束后的 10 年里，议会通过了一系列国家发展战略的法律。战后初期出现的规划的重点是：

1. 限制伦敦和其他几个大城市的增长。

2. 尽可能保留英国剩下的农田和乡村不再开发。

3. 增强落后地区的经济，阻止那里的人口衰退。

当时，为了实现这些目标，国家规划有三个主要元素：

1. 围绕伦敦和其他大城市的绿带系统。②

2. 建设新城。

---

① J. Barry Cullingworth, The Political Culture of *Planning*, Routledge, London, 1993, p. 197.
② 第二次世界大战爆发前夕，英国进口了其消费粮食总量的 4/5。战争期间，严重依赖船舶带来粮食是一个重大问题，人们期待尽可能储备更多的农田。

3. 利用补贴和法规将经济增长转移到国家的落后地区。[①]

最后一个元素，即利用补贴和法规来引导经济增长，并非很成功，但是，严格执行了第一个元素和第二个元素，并且一直都在改变着英国的面貌。

《城乡规划法》（1947）阐述了绿带概念，直到今天，绿带政策依然保留着。绿带是英国城市规划的最鲜明的表达。设想一位美国规划师驱车从牛津市到伦敦市，两市之间的距离约为 40 英里，他会碰到一种非常"非美国式的"景观。牛津市的人口约 10 万，按照美国标准，它是高密度开发的，但当这个旅行者一离开牛津市，乡村马上就出现在他或她的周围。没有过渡的郊区或远郊区，进入伦敦的公路经过的是乡村，乡村里有田野、树林、远处偶尔会有一所房子或村落。在伦敦之行结束时，从乡村到城市的转变也同样突然。前一刻，旅行者正在穿越田野和牧场，下一刻，旅行者就进入了密集的城市环境中。

显然，通过市场力量产生的那种蔓延和分散的开发被阻止了。如何做到这一点？《城乡规划法》只是冻结了绿带地区的开发。已经开发的允许保留，但禁止新开发。政府给失去开发权的房地产业主一定数量的补偿。政府基本上"国有化了开发权"。实际上，议会规定，房地产业主无权从土地升值中获利，如果政府阻止他们以最有利可图的用途开发土地，也无权获得赔偿。70 年以来，虽然政治钟摆左右摆动，但基本的绿带规划一直都没有改变。

有人可能会问，如果不这样的话，所有的人口和住房增长都会进入被指定的绿带地区，部分被吸收进了建成区。英国规划师一直都使用"城镇填鸭"这个术语。随着建成区住房和商务活动所需要的土地增加，房地产价值高涨，在城镇展开高密度开发和利用每一块可以利用的土地是一种可以理解的倾向。代价总是不可避免的，一面是城镇更加拥挤的，另一面是未被破坏的大片绿地。

另一部分增长的人口住进了新城。第二次世界大战结束后到 20 世纪 80 年代，英国有 30 多个新城镇开始建设。1946~1951 年是新城镇建设的第一个浪潮，包括围绕伦敦建设的城镇和在落后地区建设的城镇。1960 年以后，为了减少对其他城市构成的人口压力，开始建设另一批新城。按照霍尔（Peter Hall）的主张，大约在 1990 年，自从第二次世界大战结束以来建设的新城包含了 70 万个住房单元，人口达到 500 万。[②] 虽然新城镇吸收了一部分新增人口，而未被吸收的新增人口，

① Peter Hall, Urban and Regional *Planning*, 3rd edn, Routledge, London, 1992, ch. 4. See also J. Barry Cullingworth and Vincent Nadin, *Town and Country Planning in Britain*, Routledge, London, 11th edn, 1994, and earlier editions, ch. 1.

② Hall, Urban and Regional Planning, p. 81.

只能依靠长距离的通勤，这不是计划的一部分。

强大的中央政府和相对薄弱的地方政府，这种英国体制推动了新城镇的建设。《新城法》（1946）是新城建设的开始。城乡规划部任命这个委员会的成员，该委员会再雇用从事规划和行政工作的工作人员。这个委员会有着广泛的权力，它通过购买或征用获得土地，建造住房、商业和公共建筑，建设道路和城市基础设施来支撑这个城镇。[①]《新城法》要求城乡规划部任命委员会与地方议会协商，但实际权利还是掌控在国家政府任命的董事手里，地方政府的愿望可以被推翻。支持新城镇建设的资金来自国家政府发放的长期债券，有一部分由推迟付款的安排来补贴。我们可以把英国的新城建设与第7章描述的美国规划社区的建设相比较。在美国，无论是小社区规划，还是拥有数千英亩土地的社区规划，如弗吉尼亚州雷斯顿（见第10章）和马里兰州哥伦比亚，都是在开发商拥有的土地上建设起来的，而且是有盈利风险的。整个规划社区的建设投资几乎或完全是私人的。这种规划社区在建设上依赖于地方政府的许可。开发商要对土地控制进行调整，重新分区，如果地方政府不批准开发商的请求，这个项目就不能展开。这种规划社区的土地是通过私人土地的自由买卖获得的。在某些情况下，如马里兰州哥伦比亚，是由劳斯（Rouse）公司建设的，它通过各种挂名的机构在非常审慎的情况下购买的，如果劳斯公司的意图真的被人知道了，那么土地价格就会大幅上涨，该项目就不能进行下去了。

埃比尼泽·霍华德的构想从许多方面影响了新城镇的建设（见第3章）。霍华德提出，公共投资产生土地价值，公众而不是个人房地产业主应该得到公共投资产生的土地价值。[②]在新城，大部分土地和许多建筑的所有权都归建设新城的委员会所有，所以，土地和房产的增值也属于这个委员会，委员会能够通过涨房租或出售房地产而得到盈利。通过房地产升值而变现的货币用来偿还新城建设所发放的债券。

那些新城的实体规划也反映了霍华德的想法。最初的城镇规划一般设计人口为3万~6万人，这个规模与霍华德提出来的规模相仿。（一些新城，如密尔顿凯恩斯的人口规模要大多了，它位于伦敦以北，乘火车大约1小时）霍华德主张人口规模要大到足以支撑一定经济活动的程度，而不是让新城成为一座睡城。另一方面，霍华德认为，新城镇应该小到商业区与人们的住所合理靠近，因此自然环境会在新城中留下来。霍华德还主张建设环路（最初的设想中的一条铁路线），让

[①] Pierre Merlin, New Towns, Regional Planning *and Development*, Methuen and Co., London, 1971.
[②] 这个构想有点类似于19世纪末美国作家亨利·乔治（Henry George）对经济和社会问题的思考。

图 18.1，图 18.2　密尔顿·凯恩斯地处伦敦以北 60 英里，是第二次世界大战之后建设的一个新城镇。这个城镇的商业中心在火车站附近。大多数住房都在小村落里，而小村落被开放空间环绕。城镇有两套道路系统，一套是机动车道，一套是自行车道和步行道。图 18.1（上图），从 2 个自行车道交汇处的环岛上所看到的商业区。注意，左上方是机动车道，机动车道下有一个涵洞，自行车从那里穿过机动车道。图 18.2（下图），从一条道路上所看到的一个村落，这个村落的另一边是机动车道

车辆绕开城镇，又把新城与中心城市和大都市区的其他地方连接起来。最后，霍华德的最初远景要求在环路外建设工厂，让工厂与居住区分开。所有这些设计元素都出现在许多新的城镇规划中（图 18.1 和图 18.2）。

　　虽然绿带和新城都是英国战后城市规划的最重要的特征，但是还有其他一些重要元素。如同其他经济发达国家，英国必须面对私家车保有量的大幅增加。因此，在过去几十年里，英国规划的一个重要部分一直都是高速公路设计，类似于美国州际公路系统的总体设计。交通拥堵始终都是英国城市规划的一大问题。汽车拥有率高，加上人口高密度聚集，使交通拥堵问题不可避免。

第二次世界大战刚一结束,中心城区建设了大量财政补贴住房,与此相关,那里清除了大量的贫民窟。需要新住房替代战争中被炸毁的住房,还要解决大萧条时期住房建设缓慢而留下住房短缺的问题,同时,需要替代战争中留下来的非常简陋和破烂的住房。出于多种历史原因,英国的城市住房条件一直都比欧洲大陆很多国家的住房条件差。工业革命始于英国,城市增长过程的展开要比其他欧洲国家快很多。例如,德国的工业化要比英国慢了整整半个世纪,而斯堪的纳维亚国家的工业化比英国落后了一个世纪。因此,英国就有了大量的密集开发,低标准的城市住房可以追溯到19世纪初。从一些物理指标看,如过度拥挤、低劣的管道设施,通过建设和拆除相结合,极大改善了城市住房质量。

20世纪70年代以来的英国规划。虽然大量的工作已经完成,但是,新问题又出现了,对第二次世界大战结束后展开的规划的成果表示不满意的声音出现了。英国在政治上也正在改变,一些人很不满意英国的福利状态,称它为"保姆政府"(nanny state),一些人认为,如果真给市场多一些自由,国家少干预市场,英国经济会好很多。总而言之,英国在政治上走向右翼。1979年,撒切尔领导的保守党执政。撒切尔是20世纪执政时间最长的首相,以后由梅杰接替,梅杰的色彩不明显,但十分保守。1997年,保守党败选,工党胜选,布莱尔担任首相(Tony Blair,1997–2007)。那时,英国政治重心已经向右移动,以至于布莱尔颁布的大部分国内政策与先前的保守党政府十分相似。

然而,甚至在撒切尔执政之前,城市规划的议题已经开始转变。显然,以前提到的成就中,没有一项对市中心地区的萧条问题起到多大作用。实际上,在都市边缘地区建设新城和开发新住房(英国常常称作"住宅区")实际上增加了内城地区的萎靡不振,提出这样的判断其实不难。这种情况与美国类似,战后郊区化吸收了内城地区的收入和就业岗位,把低收入人群留在了城市核心区,他们不能分享国家的繁荣。还有一个国家经济竞争问题,英国的经济增长率比起欧洲大陆其他国家的经济增长率低很多,造成这种低迷的原因可能与法规和沉重的税负具有相关性。[①]

撒切尔政府实际上叫停了制定大国家规划。实施了从全面规划方式向增量规划方式的转变,我们会在第19章介绍。英国政府开始把城市规划的重心转移到破败的城市地区,试图吸收私人资本,实施内城地区的更新改造。撒切尔的一个动议就是"开发区",这是英国规划师彼得·霍尔(Peter Hall)提出来的一个概念。

---

① 随后几年,情况发生了变化,英国的增长率比欧洲大陆高,保守党把这种增长归因于撒切尔和梅杰的亲市场政策,布莱尔的工党政府延续了这种政策。

把一个城市的萧条地方设计成"开发区",在这个开发区里,建筑商和企业会有资格得到多项减税,并且将不受许多法规限制。这个想法后来横跨大西洋,出现在美国的许多州,到了克林顿执政时期,联邦政府层面称之为"授权区"。

另一个与撒切尔政府关系密切的举措是"城市开发公司"(UDC)。由国家指派和出资的组织。在城市开发公司派驻的地区,它有权掌握房地产和推翻地方政府的规划。城市开发公司董事会重视商业人士,重心放在发展经济上。当时,城市开发公司的目标是创造开发条件,如提供清理完毕车场地和完成基础设施建设,把它们所在地区建设可以吸引私人投资的地区。特别是"城市更新",与美国的城市政策非常相似。

犬岛(Isle of Dogs)上的金丝雀码头的建设是"开发区"和"城市开发公司"政策的一个最明显的成果,那里是伦敦码头地区的一部分。在犬岛开发区里,大量私人投资展开了办公和零售开发,建设过程十分坎坷。加拿大的一家开发企业奥林匹亚和约克承担了大量的建设工程,但是,在开发期间,它们竟然破产了。不过,金丝雀码头的建设还是非常引人注目的。至少它成为那个时期欧洲最大的办公园区,可以供4.5万人就业。

总之,英国的城市规划的方向转入所谓"房地产导向"的开发,也就是说,私人在房地产上的投资竞争基本上决定了开发模式。政府寻求私人投资,而且,开发依赖于私人投资。因此,妥协是必然的,一些决策权必然从公共部门转到了私人手里。这种房地产导向的开发倾向实际上同时出现在欧洲大陆的许多国家。原因大体相同,公共财政紧张,希望在经济上具有竞争性。强调私人投资和各地区争夺私人投资,从这个角度上讲,英国的规划情景与美国的规划情景大同小异。

撒切尔政府还引入了许多美国风格的项目,旨在推动竞争,以及把那些用来解决基本社会和经济问题的方案与建设项目结合起来。中央政府给一些项目拨款,提高城市的竞争力,培训劳动力,提高贫困地区居民的就业能力。[1] 这一做法与美国的政策同样非常相似。之后的布莱尔和布朗领导的工党政府基本上没有改变英国的规划政策。

但是,在卡梅伦(David Cameron,2010)保守党政府的领导下,规划权开始下放,而且进一步强调了增长。这类变化可能是意识形态的,有些变化也是因为2008年金融危机导致的英国经济形势所致。就在本书截稿时为止,英国政府面对着很大的预算赤字,作为一种应对办法,已经解雇了许多公共部门的就业者,提

---

[1] Cullingworth and Nadin, *Town and Country*, pp. 205–213.

高了公立大学的学费，削减了"社会保障"。所有这些举措都是期望减少政府赤字，保持英镑的地位。形势显然不利于主要的城市规划编制。在英国三级规划制度内，责任已经下移，国家负责的一些规划工作下放到了区域一级，而区域负责的一些规划工作下放到了地方一级。

2011年，英国议会通过了《地方法》，这个法律取消了制定区域空间战略（RSS）的工作。[①]卡梅伦政府的这些举措都是为了促进许多地方的住房建设速度和人口增长速度。这样，大量的权力被下放给了地方住房管理部门，中央政府放弃了制定国家住房计划的想法。《地方法》规定建立一个街区论坛，由该论坛提出地方一级的规划建议。这个论坛可以很小，小到只有3个人。有一个英国规划师把这个论坛描绘为"妈妈、爸爸和小狗"。当然，为了坚持卡梅伦政府的优先选项，这类规划建议一定是推动增长的。

现在，英国最大的规划问题也许是住房供应和价格。新建房屋的速度是新建家庭的一半。一个结果是，住房价格的上涨远远大于收入，也快于总体价格。这种情况已经延续了一段时间。《经济学人》（在大西洋两岸出版的英国周刊）提到，"如果自1971年以来，日用杂货的价格真像住房价格那样上升的，现在一只鸡的价格会是51英镑（相当于81美元）。"[②]

和美国人一样，英国人也喜欢拥有自己的房屋产权。横跨整个20世纪，自有房产权的比例大幅上升，2001年达到了自有房产权数的峰值，为69%。然后曾经一度下降到了64%，主要原因是建设受到了限制。有人可能会想，住房价格居高不下会引起更大的住房建设活动，然而，事实并非如此。可以预计，许多英国人正在因为昂贵的住房价格而不再可能拥有自己的住房产权了，许多英国家庭合住，越来越多的人占用不合标准或非法的空间。

这个问题与土地使用控制有很大关系。在英国对新住房需求最大的地区，尤其是南部地区，以及伦敦都市区和它的周围地区，绿带保留了大量不能用于开发的土地。前面提到的"城镇填鸭"已经减少了城镇里可以用来建设住房的土地。在有可以开发土地的地方，地方政府在"不要在我的后院搞开发"的压力下抵制开发。在《地方法》通过时，人们指望下放权力可能会减少官僚制度造成的拖延，用市场智慧替代集中的决策，但收效甚微。

这种情况显然令人沮丧，压力正在集聚。无论如何要用某种办法来解决英国的住房问题。一个明显的办法是打破绿带。但自从1947年以来，绿带就一直没有

---

① "A Plain English Guide to the Localism Act".

② "An Englishman's Home," *The Economist*, January 11, 2014, p. 12.

被碰过，许多人对绿带非常依恋。英国人究竟如何解决这个问题还有待观察。

法国的城市规划

许多欧洲国家一直都把规划看成解决区域不平衡的一种途径，法国就是这样一个国家。自从 19 世纪以来，巴黎都市区的增长超过法国其他地区，它包含了不成比例的国家高等教育机构、文化资源和管理活动，甚至全国制造业总就业岗位也不成比例地聚集在这个都市区。很多时期，巴黎都市区的人口增长占全国人口增长的很大份额。第二次世界大战一结束，法国的地理学家格拉维尔（Jean Francois Gravier）就撰写了他的非常有影响的著作《巴黎和法国的荒漠》。他的主要观点是，巴黎区域与法国所有其他地区的发展是不平衡的。应该对此有所作为。①

就巴黎独占鳌头的问题，法国政府当时找到了 8 个城市增长极。② 它实际使用的术语是"都市平衡"（métropole d'équilibre），也就是说，想利用增长极吸引人口，增强增长极的经济实力。这些增长极的每一个都由一个城市或 2~3 个相距不远的城市组成。

这些城市形成了直径数百英里的环。这个环的东部紧靠法德边界，环的西部延伸到法国的大西洋沿岸。北部延伸到英吉利海峡，南部延伸到地中海，法国的蔚蓝海岸。最近 50 年里，相对巴黎区域，增强这些城市增长极一直都是法国的国策。

> 自 20 世纪 60 年代末以来，历届法国政府有计划地把公共投资转向这些增长极，增强它们的经济增长潜力，以此吸引私人投资。③

霍尔注意到，用于高等教育设施的投资，用于限制性接近的高速公路系统的投资以及用于高铁客运线的投资，都用来支持了这些区域中心的增长。④

除了增强其他区域相对巴黎地区的实力，法国规划师还试图把增长从城市本身

---

① Hall, Urban and Regional Planning, p. 168.
② "增长极"这个术语是法国经济地理学家佩鲁（Francois Perroux）创造的。他用此来描绘推动国家工业发展的领军工业部门，不是一个特定的地区，尽管如此，增长极很快具有了地理意义，美国区域经济学家汉森（Niles Hansen）推广了这个术语。
③ Hall, Urban and Regional Planning, p. 172.
④ 法国客运高铁系统（TGV）依靠政府大量补贴。美国达不到法国的客运服务水平。实际上，除了法国客运高铁系统，法国的客运轨道系统都超过了美国。一个原因是法国有意补贴客运轨道交通。人们一直都在批评美国勉强补贴现代和高质量的客运轨道系统。但是，对美国这种补贴进行辩护的人可能指出，这样做不是没有道理。美国的人口密度比法国的人口密度低很多，土地使用模式非常扩散，私人车辆拥有率很高。

图 18.3 和图 18.4　从两个角度看到的拉·德芳斯。它距离巴黎中心 4 公里，是一个大型公私办公楼开发项目。图 18.3 是新凯旋门，用来纪念法国大革命 200 周年（1789）的建筑，期望成为 20 世纪版的凯旋门。它是一个高 106 米的立方体，两边是办公楼，窗户朝内

转移到巴黎地区的其他地区。这样，公共资金将用于建设卫星城镇和边缘开发区。建设区域轨道系统（RER）和环形公路等举措支持了这个计划（图 18.3 和图 18.4）。

　　只有在一个权力非常集中的国家才有可能使用这里描述的国家规划方法，规划机构才能认真制定国民经济和人口政策。从历史上讲，法国中央政府一贯都是强大的，而地方政府从来就是薄弱势的。实际上，称之为省长的许多地方行政首长都是中央政府任命的。规划是自上而下的过程，中央政府绘制蓝图，地方政府

制定详细规划，然后再由中央政府批准。20 世纪 80 年代初，法国有过一次重大的政治改革，分散了一部分政治权力。[①] 例如，由民选官员替代被任命的省长。不过，与美国相比，法国政治体制还是高度集中的。美国自 1943 年撤销国家资源规划委员会以来，一直都没有一个国家级的规划机构。

不仅规划高度集中，政府对土地使用的控制也比美国大很多，而且政府还使用另外一种方式来控制开发。大量的城市开发都是由公私混合的开发组织"混合经济协会"（SEM）承担的。因此开发利益和政府利益没有分开。

> 一般情况下，公共合作方持有该公司的多数股份。这样就保留了政治控制，这样的公司结构允许更大的运作弹性，不受市政厅行政规则的控制。地方政府或私人方都可以建立混合经济协会。

这种安排符合法国对国家和私人部门之间适当关系的看法，在这种混合体制下，政府和资本之间是一种合作关系。在战后的几十年里，法国的国家规划方式曾经叫做"指导性规划"，政府和商界联合建立目标和政策。

法国的城市规划如同西欧其他国家的城市规划一样，地方层次上的法国城市规划通常与美国的侧重点有所不同。法国城市规划一般更强调优美的城市结构，强调保护，强调城市设计的细节和步行友好的环境。人们往往更注重人与人之间互动的空间。当设计选择必须偏向行人或汽车时，比起美国，法国的城市规划更倾向于行人。

最近这些年，法国人和英国人一样，已经发现"房地产导向的开发"正在增加。在法国，若干因素正在推动这种增加。20 世纪 80 年代的政治权力分散化使地方政府在开发博弈中成为更重要的决策者。同时，削减了从中央到地方的财政拨款，地方政府的反应是争夺商业投资。在这一点上，法国的情形与美国十分相似。

郊区贫民窟问题。法国现在最大的规划问题可能是郊区贫民窟问题。[②] 这个法文词汇（banlieues）直接翻译成英文是"郊区"，不过，在法语里，这个词汇有着更宽泛的含义，"郊区"是特指城市之外的一个地方，那里有大量的廉租房，廉租房大多数为高层公寓楼，失业率、犯罪率和毒品使用率都很高，那里的多数人更仇视社会。所以，这个法语词汇其实更接近美国人所说的"城市贫民窟"，不同的是，法国的贫民窟不在城里，而在城市之外的郊区。在许多贫民窟里，多数居

---

① Peter Newman and Andy Thornley, *Urban Planning in Europe*, Routledge, London and New York, 1996, ch. 7.
② "France's Forgotten Suburbs," *The Economist*, February 23, 2013, p. 14.

图 18.5　克雷台尔新城。建在巴黎地铁一条线路的终点，很容易去巴黎市中心上班（上）

图 18.6　人工湖沿岸的住宅和商业混合开发（下）

民不是法国出生的，而是非洲人，多数是穆斯林。贫困和失业加上源于种族和宗教的差异，导致那里的居民与社会疏远（图 18.5 和图 18.6）。

　　与非洲的联系在很大程度上源于法国的殖民史。第二次世界大战结束后，在北非地区，法国依然对摩洛哥、阿尔及利亚、突尼斯和利比亚实施着殖民统治。在撒哈拉大沙漠以南地区，法国依然对贝宁、马里、尼日尔、塞内加尔、布基纳法索、

图 18.7　法国阿纳西的历史街区。曾经用来运货的运河，作为一个景点保护了下来（上）
图 18.8　保护起来的古老建筑，避免车辆交通，让街道保持商业氛围（下）

乍得、中非共和国以及刚果共和国实施着殖民统治。甚至在 20 世纪 50 年代和 60 年代去殖民化以后，法国与许多前殖民地依然保持着紧密的经济和政治联系。

　　许多郊区贫民窟的住房是 1950~1970 年建设的，最初是法国工人和中产阶级居住。之后他们陆续搬到了比较富裕的地区，一批更贫穷，主要是移民的人口也搬了进来（图 18.7 和图 18.8）。

2005 年，许多郊区贫民窟发生了骚乱，虽然骚乱被平息了，但郊区贫民窟问题还是明确地提上了政治议程，批准用大量的资金改善那里的条件。郊区贫民窟的骚乱一直都有，只是规模没有 2005 年的大了。人们把郊区贫民窟的骚乱叫做"法国起义"，类似于约旦河西岸地区巴勒斯坦人反抗以色列统治的活动。

20 世纪 60 年代中期和后期，城市骚乱的浪潮曾经席卷美国，此后，美国采取了一系列措施来解决这个问题。法国在郊区贫民窟骚乱平息之后所采取的措施类似于美国。法国也通常拆除了一些最反常的高层公寓楼，提供资金开展一系列社会服务。

但是，郊区贫民窟问题一直都没有消失。人们认为，减少郊区贫民窟问题的一个办法就是增加那里居民的就业，尤其是为年轻人提供就业机会，他们的失业率非常高。然而，2008 年的金融危机之后，法国经济进入萧条，就业增长缓慢。有些人可能认为一个美国方式的扶持行动，增加郊区贫民窟居民的就业，一定会有好的效果，然而，这种想法与法国人的政治信念大相径庭，法国人反对这种做法。一种可能的方式就是试图通过物理手段打破郊区贫民窟社会问题的集中。但是，郊区贫民窟很大。法国非洲裔人口估计大约有 500 万人，移民和高生育率导致它的人口迅速增长，远远超过了作为整体的法国人口。

郊区贫民窟问题超出了传统城市规划的范围，提出了全社会有关移民、宏观经济政策、劳动力市场政策和许多其他社会问题。并非夸大其词，郊区贫民窟里的疏远、孤独和失业都与恐怖主义和恐怖行动有联系，如 2015 年 1 月的赫布多（Charlie Hebdo）杀人案，甚至 2015 年 11 月发生的更大的恐怖袭击。郊区贫民窟问题并非就是法国的问题，而是许多西欧国家的通病，区别主要在于规模。在法国，由于上述历史原因，这个数字特别大。

荷兰的城市规划

荷兰是另一个拥有严格的集中城市规划体制并致力于国家级规划的欧洲国家。荷兰的人口密度是美国本土 48 个州人口密度的 13 倍。通过长期实施围海造地的国策，荷兰的土地状态已经发生了巨大的变化。一部分人口生活在海堤围起来的低于海平面数英尺的土地上。这样，荷兰人采取不同于美国人的态度对待城市规划就没有什么意外了。荷兰人必须相互合作使用土地，别无选择。同时，荷兰的土地面积比康涅狄格州的面积稍微大一点，而且荷兰的整个国土一马平川，没有大规模自然屏障划分国土。因此，以统一远景为基础来规划整个国家容易多了。纽曼（Peter Newman）和索恩利（Andy Thornley）提出，荷兰一直称之为欧洲"最有规划的"国家。美国规划师到了荷兰，很有可能觉得这个说法是正确的。

如同欧洲其他国家，荷兰的城镇和乡村之间的差距非常大。建成区和农田之间没有一个郊区开发夹在其间。人们对荷兰景观的第一印象就是荷兰很有秩序，荷兰几乎没有一分浪费掉的空间，每一亩地都有某种用途。荷兰最大的城市阿姆斯特丹虽然是高密度开发的，但也秩序井然和充满魅力。阿姆斯特丹非常现代和实用，同时也保留了大量历史建筑。阿姆斯特丹的城市核心不大，基本上没有空置的土地。那里是商务活动和旅游者青睐的地方，人们也乐于长期居住在那里。如果没有对阿姆斯特丹房地产市场的规划控制，极高的地价真会很快改变它的核心地区，通常高度为5~6层的建筑很快就会被拆除，取而代之的是更高的建筑，街道系统很快就会被淹没，因为它基本上是前汽车时代的布局。那里富有魅力的和具有步行特征的城市景色很快就会消失。阿姆斯特丹的魅力有一部分是与妥善保护下来的运河网分不开的，过去这个运河网承担着运输功能，现在基本上用来作为景色和休闲娱乐。如果没有规划控制，让市场决定土地的使用，阿姆斯特丹的运河早就不复存在了。显而易见，阿姆斯特丹的规划控制是非常严格的和有效的。

荷兰的城市规划体制是自上而下的。中央政府制定约束规划的法律，同时周期性地制定国家规划。在三级行政管理体系中，省政府是一个中间层，负责向地方政府解释国家的规划，为地方政府编制规划指南，地方规划一定要符合国家规划。在地方层面上，有一个结构规划（*structuurplan*），也就是美国人所说的总体规划。为了实施这个结构规划，地方政府还要编制一个详细规划（*bestemmingsplan*），规定每一个地块期待的和可以接受的使用。这个详细规划就是美国的分区规划法令和详细规划图。[①] 这里描述的系统可能让人觉得缺少灵活性，而且很武断。实际上，上下之间是有大量沟通的，公众有机会对规划提出意见。当然，在提意见和做调整的时期结束后，所有规划就具有约束力了。几年前，我参加了一次会议，一位荷兰规划师对一群美国规划教授做演讲。在这位规划师解释完这里的规划制度后，一个美国人问道，"荷兰的规划真是按照这种方式制定出来的吗？"这位荷兰规划师的回答是，它真是那样，他似乎被这个提问弄糊涂了。美国人完全理解这个问题，他们都了解政治在规划过程中的作用，以及诉讼和上诉过程，而且对私有财产的热爱。所以，他们难以置信这个荷兰规划师的回答（图18.9）。

---

① Newman and Thornley, *Urban Planning*, p. 48.

图 18.9　距离阿姆斯特丹市中心约一英里的一段运河

　　兰斯塔德，荷兰的城市心脏，是最引人注目的荷兰国家层面城市规划的例子。如图 18.10 所示，兰斯塔德是一个城市化的地区，它由 6 座城市围绕一个开放空间组成。因为核心的地理位置决定了它的四通八达，很容易把所有城市联系在一起而成为一个城市群，所以，土地非常有价值。如果把那里的开发纯粹留给市场去操作，那么开放空间就会变成城市开发空间。事实并非如此，其布局没有顺应土地市场，而是通过大规模规划和严格的土地使用管理形成的。这种布局有几个优越性。首先，与 450 万人集中在一个城市里的居民相比，这种布局让兰斯塔德的居民更容易接近大自然，并减少了居民的通勤时间，一个小城市里的平均出行距离会比一个大城市的平均出行距离短一些。[①] 这种布局还有环境方面的优越性，例如，与一个同等人口规模和经济活动的城市相比，这 6 个城市的空气质量肯定更好些。霍尔提出，兰斯塔德 3 个大城市是有相当大的专业分工的。鹿特丹地处莱茵河的入海口，是一个港口城市，实际上，它是欧洲第一大港。海牙是荷兰政府所在地，还是几个国际组织的所在地，如国际法庭。阿姆斯特丹是一个商业、

---

① Hall, *Urban and Regional Planning*, pp. 197–202.

图 18.10　这就是我们在文中描绘的兰斯塔德城市圈。兰斯塔德城市圈的直径约为 50 英里，类似伦敦或纽约都市区。兰斯塔德以北 70 英里是巨大的海堤，海堤内（阴影区）是围海造田所产生的平坦的低于海平面的农业土地

金融和文化中心。这种专业化在一定程度上是历史形成的，或者是地理位置决定的。但有些是有计划的，使城市在经济上比以前更有效率。因为这些城市的空间距离不远，而且有非常有效的交通联系，所以构成了一个经济实体。从经济意义上讲，仿佛是一个大都市区，实现了规模经济优势。[①] 与此同时，这些城市还获得了通常与小城镇相关的环境和生活质量方面的优势。

斯堪的纳维亚的城市规划

与荷兰的情况不同，斯堪的纳维亚（欧洲西北部文化区，包括挪威、瑞典和丹麦，有时也包括冰岛和芬兰）的规划不是一个国家问题，而是一个市政辖区和区域事务。一个原因是，与许多欧洲国家相比，地方政府相对于国家政府更为强大。

[①]　美国规划师阿朗索（William Alonso）曾经使用"借来的规模"这一术语描绘一个小地方，它靠近一个大地方，从而获得了聚集经济效益。James Heilbrun, *Urban Economics and Public Policy*, 3rd edn, St. Martin's Press, New York, 1987.

瑞典市政府和区域政府从土地和住房两方面高水平地控制了建设模式，这使得瑞典的规划实践不同于美国的规划实践。首先，市政府通常在自己的辖区里拥有一定比例的土地。实际上，中央政府鼓励市政府储备10年可以开发的用地。法律允许市政府为了储备土地，可以征用私人所有的土地。[①] 这种做法与美国地方政府的做法一样，市政府指责私人财产不是用于特定的公共用途，而是在特定的时间用于特定的目的。令人怀疑的是，任何美国法院都会支持这种做法，或许多市政府法规会资助这种做法。

公有土地让政府强有力的掌控着开发过程。政府通过释放土地，或卖或租，掌控开发时间。因为土地开发商受销售或租赁协议中任何合同的约束，所以，政府全面控制了土地开发（图18.11和图18.12）。

瑞典市政府在住房建设中发挥非常重要的作用，这是政府严格控制城市建设的第二种方式。第二次世界大战结束后的很多年里，住房在瑞典基本上是国有化的产业。中央政府出资，地方政府指导住房建设的类型和地点。虽然大部分建设项目都是私人企业完成的，但这些企业实际上是地方政府的承包商。

> 瑞典政府当时采取了一种针对全体人口的强有力的社会住房政策，并认为无论收入多少，人们都有住好房子的权利。与大多数发达国家形成鲜明的对比，瑞典政府不仅控制低收入家庭的住房，还努力掌管整个国家的住房。称之为"百万住房计划"的项目在郊区建起了高层住宅楼，同时，更新改造已有的城镇中心。建立了一个管理这个庞大住房计划的组织结构。这导致了对住宅开发的广泛控制，远远超出了传统的规划体制。公共部门管理住房建设，它的目标是消除对土地和住房的投机。中央政府负责制定规则和供应资源，地方政府确保住房建设得以开展。

这种方式非常符合战后瑞典的政治意识形态。有时，人们把这种方式称之为"社会民主"模式，一种更加社会主义而不是资本主义的模式，或者更加资本主义而不是社会主义的模式，即人们有时所说的"第三条道路"的方式。

正如本书其他地方谈到的那样，在大多数城市，住房是一个使用土地最多的项目。在一些城市，住房使用的土地超过所有其他功能使用的土地之和。这样一来，如果政府严格控制了几乎整个住房市场的话，那么很容易在一定程度上影响整个建设模式。

---

① Newman and Thornley, *Urban Planning*, p. 209.

图 18.11 瓦林比，坐落在斯德哥尔摩都市区里的一个新城镇。这个城镇围绕一个城铁车站展开，居民很容易乘车去斯德哥尔摩中心商务区上班。上图是地铁车站附近的步行购物区（上）

图 18.12 是一个居住区，可以步行到地铁车站，前面有步行道和自行车道。机动车通道在建筑物的另一侧（下）

在斯德哥尔摩本身及其周围地区，基本规划曾经是通过把增长集中到围绕地铁车站规划的新城镇里，以此应对斯德哥尔摩当时面临的增长压力和蔓延。把开发活动集中到规划的新城镇里，用休闲娱乐和避暑的绿地把新城镇分割开来。最近这些年，这种模式已经延伸了，不只是铁路车站，还包括道路沿线。但是，绿带环绕的紧凑型开发模式依然不变。与霍华德模式非常相似。20 世纪 80 年代以来，瑞典规划体制已经有了一些改变，多了一些灵活性，原因大体类似英国和法国。

图 18.13 斯卡普拉克，坐落在斯德哥尔摩都市区里的另一个新城镇，乘坐地铁，需 20 分钟就可以到达斯德哥尔摩中心商务区。斯卡普拉克基本上是一个睡觉的城镇，它面向有孩子的家庭。内部道路系统将庭院周围的公寓楼连接起来。停车场位于一个多层结构中，离这里摄影点有几个街区（上）

图 18.14 大多数住房是低层多户住宅。如同瓦林比，这里没有独栋住宅（下）

对福利国家某些方面的不满导致了一些政治派别的右倾运动。经济增长减缓造成了财政压力。总之，已经出现了向房地产导向的开发苗头。如前所述，在政府寻求私人投资的地方，必然有协商和妥协（图 18.13 和图 18.14）。

这里描述的瑞典方式的许多元素在斯堪的纳维亚其他地方也能找到。例如，在芬兰首都和最大城市赫尔辛基，规划师通过公有制的土地制度控制了建设模式。

20 世纪 90 年代中期的数据显示，赫尔辛基市大约 50% 的土地所有权属赫尔辛基市政府。

塔皮奥拉是距赫尔辛基市几英里并使用高速巴士服务连接的新的卫星城，是芬兰最著名的规划成果。塔皮奥拉有一个带状的商业核心，商业带两边有住房和开放空间。有一些独栋住宅，但大部分都是多户住宅。这种安排允许中等人口密度与城镇内相当大的开放空间共存。整个城镇可以通行汽车，同时也可以步行和骑自行车。从居住区到商业核心的距离不长，而且有很多人行道和自行车道。塔皮奥拉的居民乘车半个小时就可以到达赫尔辛基的市中心，工作结束后，人们可以回到一个真正靠近大自然环境中。

德国的城市规划

德国的现代城市规划可以追溯到 19 世纪的最后 10 年，当第一部规划法颁布和规划机构成立时。1879 年，德国出版了第一部城市规划教科书。20 世纪 20 年代，鲁尔工业区迅速发展的采矿和钢铁厂几乎完全破坏了那个地区的自然景观，为了保护鲁尔地区的自然景观，"鲁尔煤矿住宅区协会"（SVR）成立，就在那时，区域规划出现了。据说，"鲁尔煤矿住宅区协会"是世界上第一个区域规划机构，比美国的田纳西流域管理局早 10 年。

一般特征。德国是一个联邦国家，采取三级政府管理体制：联邦政府、州政府和市政府。第二次世界大战后颁布的宪法明确规定了三级政府之间的权力划分。强大的法律框架和分散化的决策体制构成了德国规划制度的特征。在国家一级，只有一般法律指南。这个法律框架由《空间规划法》和《联邦建筑规范》组成，它对州一级的空间规划和地方一级的城市规划提供了法律依据。该框架确保了地方一级规划的一致性。但是，每一个州都有自己的区域规划制度。市政府具有高度的规划自主权，并积极捍卫这一点，反对一切集权的要求。

德国规划和空间政策的整体目标是可持续发展——1992 年联合国里约会议让可持续发展的概念在世界流行起来，许多国家都把可持续发展作为规划的基本目标。自从 1997 年以来，可持续发展已经进入了《联邦建筑规范》。规范包括以下：

- **改善城市区域的经济竞争性**：高效的交通系统、现代基础设施、充满活力的大都市区域，优秀的大学和研究设施等。
- **保护自然资源**：节约能源；减少土地消耗；减少对空气、水、土壤等的污染；应对气候变化："绿地开发前的棕地开发"。

- **支持社会和文化凝聚力**：为所有社会群体提供经济适用房和充足的教育和医疗卫生。

- **获得同等价值的生活条件**：减少城乡差别，减少衰退区和繁荣区之间的差别。

这些目标包含了许多矛盾。因此，与其他国家一样，城市和区域政策从来都是妥协的产物。虽然目标是相同的，但选择和追求的战略可能完全不同，这取决于所处区域是繁荣的，还是衰退的；是一个乡村环境中的小镇，还是一个充满活力的都市区。德国南部的慕尼黑和斯图加特区域都具有现代工业，如汽车和电子工业，都是很繁荣的。对比而言，西边的鲁尔地区和东边的上劳西茨地区，采矿和冶炼产业都衰退了，失业率很高，经济增长停滞。另外，非都市区之间又有很大的差别。有些非都市区繁荣，吸引着现代工业，例如，上巴伐利亚和靠近博登湖的上斯瓦宾。有些非都市区是偏远和乡村地区，农业很落后，新兴产业和旅游业不会与它们有联系，例如，西部的下萨克森州，或原东北地区的前波莫瑞。自德国统一以来，贫穷的前东德和德国其他地区之间的很大差异掩盖了前西德不同区域之间的差异。

德国统一以后的规划。1945年第二次世界大战结束时，德国被分为两个国家，德意志联邦共和国（西德）和德意志民主共和国（东德），西德成为西方联盟的一部分、北大西洋公约组织（NATO）的一员；东德成为苏联阵营的一部分、华沙条约组织的一个成员。这两个国家不仅被铁幕分开，还被对立的政治制度分开。所以，环境、目标、规划手段都存在很大的差别。在第二次世界大战结束后的几十年里，西德的发展基本上遵循了西欧国家的路线；与此相反，在东德，所有层面的集体规划都反映出了共产主义制度的核心特征，其他中欧和东欧国家都是如此。

1989年，铁幕的倒塌导致了西德和东德的统一。这完全改变了欧洲的政治地理，改变了中欧地区几乎每个城市的区域环境。西德和东德统一是一次独特的历史经验。它需要政策解决这个从未遇到过的问题：两个德国虽然语言相同，但政治、经济和社会制度迥然不同。两个德国有着不同的文化和社会态度，如何把两个德国合在一起。从政治层面上讲，把西德的法律、组织、行政管理和政治制度全部用于东德地区，从而解决这些问题。德国政府还对前东德地区进行了巨大的投资。大部分投资是在城市：内城地区的更新改造，对社会主义时期建设起来的公共住房进行维护和现代化，扩大和现代化道路网络和铁路系统等。尽管德国做出了巨大的努力，但统一的任务至今也远远没有完成。比起德国其他地区，前东德地区依然很贫困，而且失业率很高。

德国统一后的第一年里，因为西德地区的工作机会比较多一些，所以许多东德人搬去了西德。这样，西德的城市区域面临着走向新繁荣的机会。城市增长，20世纪80年代末取消的住房补贴，这两个因素引起了巨大的住房短缺。20世纪90年代开始，市政府再次需要对边缘地区延伸出来的城市地区实施规划和建设，出于环境原因，人们都认为，应该保留没有开发的绿地。

20世纪90年代，德国开始重新开发大量废弃的军事用地，这是美国和大多数西欧国家都不曾有过的一次机会。冷战结束，随后，苏联、美国及其盟军的军事力量撤出，给德国城市和州大量的规划机会：把前军事用地转变成城市开发用地。前东德的一些驻军城镇甚至有大量废弃的军事用地。它们周围还有许多几十年里都不许公众靠近缓冲区，现在也打算把那些地区与原先的驻军城镇合并起来。

通过扩建和更新机场，扩大高速铁路网（ICE），把它与横跨欧洲的交通网更紧密地结合起来，对公路实施改造使之现代化，通过持续不断地改善基础设施，强化大都市区承载增长的能力，所有这些都是德国规划系统面临的重大而且困难的问题。

最近20年，我们在德国规划的组织上看到了一些矛盾的倾向：一方面，出现了日益关注自然环境的倾向，这一点反映在一系列涉及地面、水和空气保护、节能减排的法律上，从而在规划过程中引入了越来越多的监管元素。另一方面，总体趋势是以房地产为主导的开发倾向，这一倾向同样在英国、法国和瑞典出现。随着市政府一级的财政越来越捉襟见肘，大型城市项目必须调动私人资本。为了吸引私人投资，减少监管就必然成为德国规划政策的重大问题。

自世纪之交以来，几个主要的社会和政治倾向对德国的城市发展产生了重大影响：第一，过去10年里，德国与不同欧洲国家的经济、社会、文化和政治联系越来越紧密了。由于欧洲一体化进程，城市、基础设施和环境政策议程的重大部分不再由国家层面决定，而是由欧洲层面决定。

第二，德国的人口开始下降，未来将急剧下降。德国现在的人口总数为8200万。到2050年，德国的总人口预计减少6700~7300万。这个人口变化与持续的低出生率有关（生育率为1.4，而更替水平为2.1）。这就意味着，不仅人口总量减少了，但老年人口的数量非常高。这就是为什么德国一直把从其他国家移民训练有素的劳动力看成德国经济未来的一个必不可少的前提条件。现在，德国的移民人数超过了500万。在法兰克福，1/3的居民拿着外国护照。

　　第三，虽然统一后的德国对原先的东德地区做出了巨大的政治努力和财政支持，但东德地区和西德地区之间还存在巨大的社会、经济和空间差别。大多数西德城市仍然在增长，并处于繁荣之中，而东德的大多数城市都处在持续的萎缩之中。人口和工作岗位永久地丧失已经产生了重大影响：失业率高达17%~20%、大量的人口依靠社会福利生活，人口迅速老龄化，住房市场不健康，土地价格下降，购买力衰落，地方税衰减。这些后果越来越明显。大量的荒地和废弃的商业场地、城市道路两旁闲置的商业设施和办公空间比比皆是，破旧的工厂和居民楼、得不到利用或废弃的公共设施，还有无人问津的公园和广场。

　　在慕尼黑、汉堡、斯图加特这些繁荣的城市里，规划工作仍然集中在坚持环境目标基础上的城市增长管理。规划师把大型城市更新项目看成是提高城市经济和文化在全球竞争地位的关键要素。现在，汉堡的哈芬城（Hafen City）项目就是最明显的一例。它是欧洲目前正在建设的最大的滨水项目（图18.15）。

　　东德正在萎缩的城市面临着完全不同的规划问题。如何建设一个新的地方经济基础？如何处理大量的住房和公共基础设施？20世纪90年代末，住房空置率达到不能容忍的高度，长此以往，会让整个住房市场坍塌，导致大型住房公司破产。

图18.15　汉堡的哈芬城——一个非常靠近中心商业区的前港区，通过改造，把它变成一个充满活力的新城区，可以居住1.2万人，拥有4万个工作岗位，并拥有建筑和高质量的公共空间设计

2002 年，联邦交通、建设和城市建设部推出了一个标题为"东德城市更新"的补贴项目。实际上，大部分资金用到了拆除工程上。现在，住宅公司获得每平方米底层 50~60 欧元的补贴。2002~2007 年的 5 年间，通过拆除，20 万个住房单元退出了东德住房市场。城市更新改造方案中包括了住房拆除工程和许多改善剩余住房条件的措施。除此之外，对萎缩城市的改造还包括更新公共空间，把荒地建设成为绿色空间，让现存的公共设施适应变化的需要。

东欧的城市规划

东欧包括很多具有不同历史、文化、经济和政治体制的国家，因此，试图对这个区域做出任何概括都是很困难的。这里所说的"东欧"基本上是指冷战时期的"卫星国"或参加了"华沙条约"的国家，还包括 3 个波罗的海国家。"卫星国"包括波兰、东德、捷克斯洛伐克（现在分为捷克共和国和斯洛伐克共和国）、匈牙利、保加利亚和罗马尼亚。苏联在 1944 年和 1945 年占领了这些国家，最终在战争结束时把德军赶回了德国。3 个波罗的海国家是立陶宛、拉脱维亚和爱沙尼亚，1940 年，它们并入苏联，直到 1991 年苏联解体时，它们才成为独立国家。

苏联的城市规划方式

苏联的城市规划方式是高度集中的。我们所知道的西方国家的公众参与在苏联时期的大部分时间里几乎不存在，尽管在 20 世纪 80 年代有一些市民参与规划活动，那时国家的政治体制正在转型。苏联风格的规划师强调工业发展的需要，往往以牺牲环境为代价。这种情况之所以可能，是因为它们执行的是计划（非市场）经济，大部分城市土地是国有土地。所以，在把土地指定给工业使用的时候，没有土地成本压力，没有需要解决的土地所有权方面的冲突。当时的计划经济和国有土地让政府给公众提供大量的公空间，包括公园。不过，与西方城市居民相比，东欧城市的市民通常更好地享受着公园和公共空间。

东欧国家的住房供应模式也是独特的。国家认为它本身有义务让所有人都有房子住。这种承诺变成了无数巨大的、国家建设的住宅小区，从布拉格到圣彼得堡，它们现在形成了大部分东欧大城市的郊区。实际上，苏联时期的快速工业化政策需要大量乡村居民进入城市。为了兑现对新工人的承诺，阻止大规模住房危机，国家只能高效、快速地建设新的住房，这就意味着，使用预制构件，建设大型的和统一的公寓楼群。与自由市场经济国家那种比较分散的、私人部门主导住房建设方式相反，东欧城市的大多数新住宅都是使用预制构件建设起来的千篇一律公寓楼群。美国城市一般是被蔓延的郊区环绕起来，而那时的东欧城市相对紧凑和密集，住宅区的高楼清晰地划定了城市轮廓（图18.16）。

还有另外两大特征可以用来区别东欧与西欧城市。首先，因为东欧国家强调工业，它们忽略了商业商品和服务活动。所以，东欧城市的商业空间大大少于西欧，这一点在东柏林和西柏林十分突出。其次，由于市民的购买力低（进而导致私人拥有汽车的比例低下），而且城市密度比较高，所以东欧城市都有非常完善的公共交通。

向市场经济的过渡

伴随着苏联的解体，东欧国家从计划经济向市场经济过渡。最初的几年里，这种过渡是痛苦的。生产和已经低下的生活标准下降，失业有时很普遍，高收入和低收入之间的差距拉大。20世纪90年代中期，一些东欧国家开始复苏，还有一些国家在进入21世纪后才开始复苏。过去几年，直到2008年的金融危机发生为止，大多数东欧国家每年的GDP增长速度大体维持在5%~10%，大大高于西方国家GDP的一般增长速度。

在社会和政治巨变的背景下，东欧城市也经历了巨大的转变。简单地讲，东欧城市逐渐失去了原先东欧城市的特征，出现了一些西方城市的特征。个人收入的增加导致了私人拥有汽车数量的增加。由此而产生的后果是，东欧地区大部分

图18.16　大规模是苏联规划风格的一个标志。这是苏联时代在东柏林建设的住宅项目

大城市现在建设了郊区圈，那里不仅有独栋住宅，还有西方风格的商业设施，如购物中心和超级市场。市中心区和苏联风格居住区里的商业使用空间的比例增大。迅速的商业开发确实产生了经济效益，同时也产生了一些问题。市中心失去了很多居民。除了布拉格之外，几乎没有哪个城市能够保护其历史中心免遭市场力量的冲击。

自 1990 年以来，公共部门在城市建设方面的作用已经大大减少了。大多数新开发项目都是私人投资者，恰恰只有私人开发商才有建设资金，而市政府是没有足够的建设资金的。原先国有的大量城市用地已经私有化了。不幸的是，公共空间也大大减少了。例如，在保加利亚的首都索菲亚，估计在 15 年中，索菲亚已经丢失了 15% 的公共绿色空间。这种公共空间私有化的倾向同样也出现在街区设计中。

规划究竟如何应对这些巨大的城市变化，还是不确定。毫无疑问，规划过程经历了几次积极的发展，如增加了市民的参与。然而，萎缩的公共空间、受到威胁的历史标志，以及西方风格的蔓延几乎提供不了好规划的证据。由于经济、政治和法律条件的不稳定，由于困扰该行业的合法性危机，对东欧国家的规划师来讲，20 世纪 90 年代是困难重重的年代。这种合法性危机有一部分来自半个世纪的苏联统治。对私有财产神圣不可侵犯的热情掩盖了对整个公共利益的关注，实际上，关注整个公共利益是城市规划的基础。

私有化的问题

在苏联统治时期，大量的土地和建筑的所有权被归还给公众，这是整个东欧和波罗的海地区面临的一个重大私有化问题。产权不清的问题、记录不完整的问题、让原始业主的子嗣受益或受损的问题等，都是非常重要的问题。私有化的过程不可避免地涉及财富转移，而财富转移给腐败提供了机会。例如，俄国的所谓**寡头大亨**，即自 1991 年苏联解体以来，少数人成为亿万富翁，他们通过以低廉的价格，把工业、商业和其他国有资产收入私人囊中。

对所有国家来讲，一个难题一直都是怎么处理过去建设的公寓楼所使用的土地和那些公寓楼之间的土地。一般而言，它曾经是私人农业用地。但是，它不可能简单地归还给原业主，因为这将导致公寓大楼之间的所有绿地都不存在了。因此，在大多数国家，这些土地仍然归市政府所有，并制定了各种方案来补偿其土地所有者。

欧盟成员国和东欧未来的规划

从 2004 年开始，东欧和波罗的海国家加入欧盟是使该地区经济和政治稳定的一大因素。接纳成为欧盟成员国，这使他们融入了一个经济更加繁荣、政治和经济体制更加成熟的国家集团。如前所述，在这些新近成为欧盟成员的国家里，城市规划正面临合法性危机。就欧盟来讲，人们非常关注平等和公共利益，限制市场对公共利益的侵扰，欧盟还有高度的政治和人身自由，以及较高的生活水平（图 18.17）。

日益关注城市和区域的可持续发展问题是东欧重新建立城市规划的一个重要标志。欧盟的新中欧和东欧成员已经把他们国家的环境法规与欧盟标准协调起来。例如，波兰 1999 年通过了它的《国家空间发展理念》。这个文件着重强调集中的多中心原则，限制开发蔓延到都市区的腹地，这些原则与欧盟的《欧洲空间发展前景》观念异曲同工。当然，实施这些原则取决于采用严格环境标准的实际成本，以及公众的支持，因为在该区域的实施情况差异很大（图 18.18）。

图 18.17 位于布拉格老城中心主广场的一角。这个地区需要更多的保护，才能在市场力量下生还。然而，提供这种保护可能对东欧国家很困难

图 18.18　这是保加利亚首都索非亚郊外的一个新居住区

亚洲的城市规划

欧洲的城市规划形形色色，亚洲的城市规划更是如此。一个原因是亚洲各国之间的收入差距巨大。表 18.1 对几个亚洲国家和美国的人均 GDP 进行了比较。亚洲最富裕的国家日本，它的人均 GDP 是亚洲最穷的国家孟加拉国人均 GDP 的 20 倍。

2010年所选国家的人均GDP（美元）	表18.1
孟加拉国	1660
印度	3400
印度尼西亚	4300
中国	7400
韩国	30200
日本	34200
美国	47400

注：数字基于等值购买力。
资料来源：美国联邦调查局脸书

亚洲各国人口增长率的差异也比欧洲大。富裕的韩国的出生率为 1.2，其人口已经达到峰值，短时间里，韩国人口总量会开始减少，除非生育率大幅提高。印

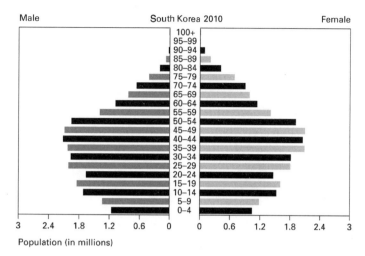

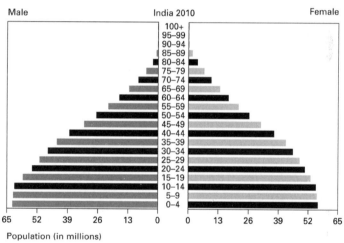

图 18.19（韩国，2010） 在韩国人口中，中年组的人数很集中，对经济增长有利。不过，在随后的 20 年里，进入退休年龄的人群会很大，对经济增长不利。注意，年龄在 40~44 岁的人数规模几乎是 0~4 岁人数规模的 2 倍。除非生育有很大的增加，否则，人口的大幅下降会替代现在的人口稳定

图 18.20（印度，2010） 在印度人口中，最年轻的年龄组是最大的，因此，如果真的发生人口萎缩，那也是几十年以后的事。金字塔形底部的变化坡度表明，印度的持续高生育率已经在衰退

资料来源：美国国家统计局数据库

度尽管有了迅速发展，但仍然不富裕，它的人口出生率为 2.7。印度每年出生的人口大约为 2500 万，每年增加人口 1600 万[①]。

因此，我们同样很难概括亚洲的城市规划，例如韩国。这个国家的生活水平很高，制造业在国际上很有竞争性。韩国的人口为 4800 万，他们也许拥有 2000

---

① U.S. Bureau of the Census International Data Base，available online at www.census.gov/population/ international/ data/idb/。这个数据库提供了现在和过去的人口数据，未来预测的人口数据对许多国家的人口金字塔的过去和未来进行了描绘。

图 18.20　韩国松岛的"智慧城市"

万辆机动车，生活在 3.8 万平方英里的土地上，国土面积不及弗吉尼亚州的面积。韩国规划师关注的所有事情与欧洲或美国规划师关注的事情大同小异。因为人口的高密度聚集和高的私人机动车拥有率，所以韩国规划师很强调公路规划和公共交通规划。韩国首都首尔的人口为 1000 万，拥有世界上第三大的地铁系统以及大规模的公交汽车和相关交通网络。首尔几乎容纳了这个国家一半的人口，甚至在整个国家的人口稳定下来以后，首尔的人口还会继续增长。因此，韩国的规划师主要关注的是新城镇规划（图 18.19）。

对规划师来讲，国际经济竞争也是一个问题。利用在仁川海滨围海造出的 1500 英亩土地建设了松岛"智慧城市"，它在首尔以西 40 英里的地方，计划目标很明确，就是帮助韩国参与国际贸易和金融竞争。这个城市看上去很西化，实际上，总体规划是美国建筑规划事务所科恩佩德森福克斯设计的。在韩国待过一段时间的美国规划师和工程师常常对韩国规划师从总体规划到完成项目详细规划的速度印象深刻。与德国分成东德和西德时期的情形相似，这是笼罩着韩国规划上的巨大不确定性（图 18.20）。

亚洲还有一些增长迅速但并非繁荣的地区，它们的规划关注点可能有很大差异。在大部分地区，有些国家已经努力建设公共住房，然而，有效资金对于如此规

图 18.21　这是印度钦奈许多年以前一个公共设施场地的项目。市政府提供公共设施和平价宅基地。有些建筑材料来自当地，如芦苇、棍棒和干泥。有些建筑材料是现代的，如水泥块

模巨大的问题只能是捉襟见肘。许多国家采取了提供场地和基本公共设施。资金来自市政府、省政府或国家，有时来自国际捐献机构，一般的做法是，市政府提供公共设施的场地，例如一个社区水龙头，下水道，或仅提供下水道和供电设施。未来的房屋业主支付一些场地费，并自己建设住房。那些住房可能很简陋，使用当地的建筑材料，如棍子、泥土等，都是业主可以找到的建筑材料。有时也使用更结实的建筑材料。随着时间的推移，更大和更结实的建筑结构一般会替代最初的那些陋室。这种市政府提供建设公共设施场地的方式一般比直接提供住房好，不过，市政府所能提供的与实际需要的住房还有很大差距（图 18.21）。

　　在中国和印度，巨大的中产阶级随着现代经济部门的出现而出现，中国把重点放在制造业，而印度把重点放在信息技术等先进服务。

　　有些规划师关注贫困问题，其他人可能关注完全不同的问题。现在上海正在进行商业和住宅高层建筑比世界上任何其他城市都多。上海的规划师必定会关注城市设计、公共交通等问题，并接受不断增长的汽车人口。因此，许多规划师与西方同行一样会关注环境问题。关于优先选项和资源分配的冲突是不可避免的。

　　为人口大迁移而规划。中国正在展开亚洲最宏伟的城市规划。2013 年，《纽约时报》做出这样的报道：

中国正在推进一项全面计划，在未来的十几年里，将 2.5 亿乡村居民迁入新建城镇，可能引发一个新的增长浪潮。

2014 年，《华尔街日报》报道，这个计划已经正式批准了，但该杂志说的是 2020 年而不是 2025 年，而且相应的行动次数也较少。[①]

这个计划涉及征用数百万农民的财产和他们房屋的拆迁，对此政府有所补偿，以及重新安置，主要是在新建的高层建筑中。当然政府在公寓房的价格上给予帮助。具体情况还在不断变化，这个计划还涉及各种基础设施的巨额支出。

巨大且不断增长的制造业产品出口、非常高的投资率，以及相应的中国人口非常高的储蓄率，这些因素构成了中国经济飞速增长的经济模式的基础。大部分思考中国经济增长模式的经济学家都认为，中国必须转移消费模式，减少对出口的依赖，增加中国人口对服务业和制成品的消费。这就是对这个城镇化计划的理由的简要解释。

2014 年的一个政府网站如是说：

> 国内需求是我国经济发展的根本推动力，城市化是扩大国内消费的最大潜力。

如果中国人口城镇化的规模达到上述规模，那么实施这个计划肯定是人类有史以来所进行的最大的社会工程行动。从许多国家的发展来看，乡村人口向城市迁移是不可逆转的。加速城镇化，通过在乡村地区建设大量的城镇实现城镇化，这个决定是新的。在何时何地，究竟采用自然发生还是人为控制和强制推行的办法，通过建设新城镇还是利用现有城镇来容纳从乡村迁移到城市的人口，哪一种方式更好？我们现在还不得而知。

在这一章开始时，我们曾经提到英国最近的规划决定，从全面规划方式（见第 19 章）转变成向增量规划方式。中国的做法与此完全相反，它全面采纳了大规模的综合模式。

本节首先讨论了亚洲和各国在收入和人口方面的巨大差异。在未来的岁月里，我们也许会看到一些趋同。我们注意到，印度的生育率很高，达到 2.7。但 15 年前，印度的生育率曾经是 3.4。可能还会下降，下降至替代水平，当然印度会用几十年的时间让人口稳定下来。按照西方的标准，印度和中国还很贫穷，然而它们

---

① "China Plans to Promote More Urbanization," *Wall Street Journal*, World, March 17, 2014.

都在经历着极端快速的经济增长。未来的几十年间，印度和中国会达到现在韩国和日本那样的富裕水平。亚洲另外一个人口众多的国家，印度尼西亚可能也会同样走向富裕。

直到现在，城市规划理念和技术主要是从西方流向亚洲。前往印度城市的规划师不会错过英国城市规划传统在公园、公共空间和街道布局等方面的标志。法国规划师柯布西耶规划了印度昌迪加尔的一部分。希腊规划师迪斯（Constantine Doxiadis）规划了伊斯兰堡的一部分，伊斯兰堡曾是印度的一部分，1947年印巴分治后，成为巴基斯坦的首都。大量的亚洲规划师是在欧洲和美国规划学院接受的专业训练。美国和欧洲的规划和建筑咨询企业为许多亚洲客户提供了设计咨询服务。随着亚洲在规划方面的日益成熟，思想和专业知识的流动几乎肯定会变得更加平衡。

小结

本章从西欧和美国规划状况之间的一些差异切入。这些差异有：第二次世界大战对城市地区的破坏、欧洲的一体化、对政府作用的不同态度，中央政府一般比省和地方政府更强大一些，以及欧洲更希望控制私人房地产的使用。

在这一章里，我们谈到英国的新城建设和绿带建设，谈到法国通过支持建设区域中心，努力减少巴黎和巴黎大区的支配性地位，谈到荷兰相对集中的规划制度和兰斯塔德的建设。在谈到瑞典情况时，我们介绍了地方政府使用土地公有制和政府主导住房市场的方式影响了瑞典城市的发展模式。

20世纪80年代和90年代，西欧大部分地区的地产开发导向增加了，因此，欧洲的规划环境比之前更类似于美国。发生如此变化的原因是政治上普遍右倾、不同地方之间的经济竞争增加，财政压力加剧，以及可以调动的公共资金不多。

在谈到东欧地区时，我们谈到工业需求优先，大规模住房项目的建设，在苏联时期，相对较低强调服务活动的需求。在苏联解体之后的10年里，城市规划局面一直不确定。公众对城市规划的怀疑是因为这个概念与苏联统治时期相联系。现在东欧国家都成了欧盟成员，这种态度可能开始改变。

在谈到亚洲的城市规划时，我们谈到国家之间收入的巨大差异、人口增长的巨大差异，以及政治结构的广泛多样性。我们还谈到，在大量现代部门与大量乡村和城市贫穷人群并存的地方，目标和资源上的冲突是不可避免的。

参考文献

Brenner, Neil and Keil, Roger, Eds., *The Global Cities Reader*, Routledge, New York, 2005.

Cullingworth, J. Barry and Nadin, Vincent, *Town and Country Planning in Britain*, 11th edn, Routledge, London and New York, 1994.

Hall, Peter, *Urban and Regional Planning*, 3rd edn, Routledge, London and New York, 1992.

Merlin, Pierre (trans. Margaret Sparks), *New Towns*, *Regional Planning and Development*, Methuen and Co., London, 1971.

Newman, Peter and Thornley, Andy, *Urban Planning in Europe*, Routledge, London and New York, 1996

Silver, Christopher, *Planning the Megacity*: *Jakarta in the Twentieth Century*, Routledge, New York, 2008.

第 19 章　规划理论

这一章，我们从两个角度讨论规划理论：（1）把规划视为过程的理论，包括应该怎样制定和如何制定城市规划，（2）一些思想意识问题。不过首先还是提出一个合情合理的问题：规划理论是必要的吗？规划师能在没有理论指导的情况下简单地把他的智慧用到某一特定的情境吗？

理论是必要的吗？

理论是否只是浪费时间的问题，其实就是一个"匠人"嘲笑哲人的问题。理论是不可避免的，我们都有构成我们行动基础的理论。对事情是怎样的和世界如何运转的，我们大家都会有想法。匠人和哲人的一个区别是，匠人不假思索地就接受了这些想法，与此相反，哲人有意识地区思考这些想法，而且让这些想法清晰起来。当一个人活动起来的时候，他肯定以某种有关事物运转的理论为基础来活动。一个人还能在其他什么基础上活动吗？

一些人认为凯恩斯（John Maynard Keynes）是 20 世纪最伟大经济学家，他在 1936 年这样写道：

> 经济学家和政治哲学家的思想，无论是正确还是错误，都比人们通常理解的更强大。实际上，世界也不是不受控制的。匠人认为他们自己不受思想影响，其实，他们通常是某个过时经济学家的奴隶。那些疯狂的掌权者为之狂热的东西其实来自许多年以前的一些名不见经传的学者。[①]

凯恩斯所说的"疯狂的掌权者"，希特勒、墨索里尼都有欧洲 20 世纪 30 年代特定背景。但凯恩斯要说的是，甚至那些不可一世的人本身，也是受到他们所掌握的观念控制的，这个观点过去是有效的，现在依然有效。

我们在第 6 章提出，规划师可以扮演几个不同的角色。一个人如何决定他是做一个倡导者，还是做一个中性的公务员，如果没有社会如何运转的理论，如何

---

① John Maynard Keynes, The General Theory of Employment, Interest and Money, first published in 1936.

做出决定，如何确定什么是正确的，什么是错误的？在更加具体的层面上讲，假定一个城市被住房问题困扰着，请规划师制定一个租金控制条例是否是个好主意。没有某种有关住房市场如何运转的理论，他如何开始思考这个问题呢？控制房租在某种程度上会让一部分人获利，而让另外一些人受损。除非我们有如何构成社会公正的理论，否则，我们如何让决定控制房租是好事还是坏事？如果理论是不能回避的，那么，最好是让理论清楚明白易于理解。

理论与实践之间的区别很常见，而且很容易夸大这种区别。在很大程度上讲，我们是在实践获得的经验基础上发展理论和检验理论。所有的匠人在某种程度上都是一个理论家。反之，实践经验可能让理论家取得更好的理论成果。不与实践相结合的理论家不把自己的理论用到实践中去检验，所以没有判断他的理论是否有效的基础。没有实践经验，很难区分好的理论和坏的理论，有用的理论和无用的理论。

公共与私人规划的区别

公共规划和非公共规划，如由公司制定的规划，有很多共同之处。然而至少有一个重要差别。制定公共规划通常比制定私人规划困难要大，公共规划的结果有时似乎不那么合理。道理很简单，公共规划通常要让各方都满意，而各方之间总是存在这样或那样的冲突。私人规划通常满足一个人或非常少数的人就行了。因此，私人规划常常更加协调一致。

考虑一下计划建造公寓楼的建筑商。他可能会有一个大目标——利润。[1]没有理由期待建筑商将一栋建筑对城市的影响作为一个整体来考虑。分区规划、建筑标准、税收等，社会已经制定了各种各样的规划。在这些规则内，建筑商自由地追求他的利益。

我们现在再来看一个正在建设住房的公共机构。它要估算成本和收益，这一点与私人建筑商一样。但是，这个公共机构还要考虑许多私人建筑商不考虑的事情。这个住宅项目如何影响与融合相关的社区目标？该项目如何影响城市绅士化进程？如果这个项目涉及拆除，那些即将拆除房屋的居民住在哪里？该项目的房租结构如何符合这个城市居民收入水平？如此等等。

还有政治上的约束。正在建设住房的公共机构的运作是公开透明的，对整

---

[1]　Edward C. Banfield, "Ends and Means in Planning," in *A Reader in Planning Theory*, Andreas Faludi, ed., Pergamon Press, New York, 1973.

个城市的全体人民负责，选民、工会、街区群体、市民团体、房客组织，业主组织等。公共机构最终形成的计划并没有让所有人都满意。这个计划未必让每一个人都得到什么，然而，如果真想让这个项目得以实施，各个方面都一定要有所得。

规划过程

有时，"直接的"理论和"程序的"理论是有区别的。这里所说的直接理论是规划中的理论；例如，与交通规划相联系的引力模式。程序理论是有关规划行动的理论。很多规划理论讨论都可以归纳到程序理论的分类下。注意，两类理论是相关的。我们必须有具体想法（有关世界如何运转的想法）才能形成程序理论。

我们提出规划活动四种方式：

1. 理性规划模式；

2. 分离式渐进规划模式；

3. 中间模式；

4. 合作的理性规划模式。

理性规划模式

理性规划模式几十年以来一直都是主流，可能被认为是正统的观点。[1]这种哲学在总体规划中得到了反映。理性规划模式的支持者都会承认，现实世界不能精确实施规划所描述的那样，即使这样，许多人还会说，理性规划模式依然是我们顶礼膜拜的圣杯。这个模式背后的观念是，尽可能让规划过程合理和全面。并非每一个作者可以确切地列举出这个模型序列，不过，大家的想法都是相同的。

1. **界定问题**。如果不止一方卷入了这个规划过程，那么，有必要让各方对问题达成一致。

2. **澄清价值观**。假定提出来的问题是不适当的住房存量。在制定政策前，我们必须就我们对某些条件的重视程度达成一致。住房的物理条件有多重要？物理条件是否比住房成本更重要？居住区的交通条件好坏很重要吗？增加住房单元数量很重要吗？我们常常会发现，实现一种目标的行动会让我们背离另一个目标。拆除不合标准的住房单元肯定会改善住房质量。但是减少了市场上的住房数量，

---

① Martin Meyerson and Edward C. Banfield, "Supplement: Note on Conceptual Scheme," *Politics*, *Planning and the Public Interest*, The Free Press, Glencoe, IL, 1955, pp. 314ff.

会推高房租。我们应该拆除不合标准的住房吗？我们不能回答这个问题，除非我们把自己的价值观弄清楚。

3. **选择目标**。通过了第一和第二阶段后，我们现在处在选择与问题相关的一个或更多的目标的位置上。

4. **制定替代计划或方案**。

5. **预测各种方案的可能后果**。

6. **评估和选择一个或更多的实施方案（各种选项）**。

7. **制定详细实施各类方案的计划**。

8. **审查和评估**。一旦实施阶段展开，当初规划是否得到贯彻，是否变更了和调整的，有规律地对此进行评审是必要的。

虽然这里列举了这些阶段，但规划过程会是反反复复的。例如，当第四阶段提出，第三阶段选择的一定目标不能实现，或者实现的成本太高，规划师可以重新回到第三阶段，选择另一个替代目标，显然确定问题和澄清价值是相互联系的。我们不知道我们看重什么，直到我们知道它的价格，然后决定是否支付。在这种情况下，以后一些阶段通常会让我们重新回到前三个阶段。

对理性规划模式的批判。尽管合理规划模式似乎非常合理，但它一直都遭到了很多批判。有些批判断言，这里描绘的阶段其实并不是如何制定规划的实际步骤。如果这个模式不能，很粗糙地反映现实，那又有什么好的？

让我们看看前四个阶段。几乎没有真正的问题可以接触到，仿佛规划师面前是一张白纸。法律、政治和其他限制清除了一些可能性和其他必要性。实际上，立法机构给董事会、委员会、地方政府施加了一些限制，提出了一些强制性的要求，有意限制那些组织。那些限制和要求阻止董事会、委员会、地方政府回到原点和重新思考，解决最初确定的问题。

批评家还认为，价值澄清听起来合乎逻辑，但往往无法做到。如果必须一致行动，价值澄清是进入下一阶段的前提条件，然而，各方的价值选项和权重是不会相同的，所以规划过程不可能再进行下去。在第二次世界大战期间，美国、英国和苏联同意在打败德国的问题上进行必要的合作，但他们的价值和目标完全不同。合作是通过求同存异而实现的，存异包括压抑、搁置或否定一些非常深层的差别。如果作为规划过程的第一阶段要求诚实的价值澄清，那么就不会有任何过程。

对理性规划模式的批判还提出，规划过程的后面阶段没有很好地描绘实际情况。由于时间或资源的限制，我们通常不可能提出和研究大量替代方案。许多情况下，规划师很快就列出了一个备选方案的简短清单，然后把重心放在实施上。

无一遗漏的研究所有选项，然后作出最优选择，实际上是不可能的。

批判理性规划模式的最后一点是，理性规划模式的目标是优化，从大量的可能选项中选择最好的。这些可能选项本身是通过一个尽可能全面且包容的过程推出的。在多数情况下，谈不上优化，只是各方"满意"而已，也就是说，各方努力取得满意或适合具体情况的方案。① 优化太困难了。

对理性规划模式提出的异议基本上是从实际情况出发的。林德布洛姆（Charles Lindblom）提出，甚至作为一种理想模式，理性规划模式可能不是最好的。林德布洛姆提出，假设参与规划活动的每个人都能考虑到全部目标和目的，并思考哪些行动产生最好的结果。然而林德布洛姆认为，这是不现实的。我们生活在一个党派、选区、特殊利益的世界里，我们不能期望参与者表现得像圣徒候选人。我们不能得到更好的结果吗？

林德布洛姆主张一种不太结构化的集中方式。参与规划过程的人们各有心思，在某种程度上，他们代表着特殊的利益群体（与作为整体的公共利益相反）。忽视任何一个主要群体的利益是令人怀疑的。

> 这种设想的劳动分工的好处是，每一个重要的利益或价值都有它的监督者。在美国这样的社会里，个人可以自由地结合起来去追求他们可能拥有的几乎所有的共同利益，而政府机构对这些群体所施加的压力心知肚明，这个制度是可以接近的。几乎每一种利益都有它的监督者。我们的制度并没有声称，监督每一种利益的人一定有实力，我们的制度可以保证更全面地考虑整个社会的价值。②

对于那些支持"监督者"的判断来讲，我们注意到，多数派中那些意图清晰的成员，往往不了解什么对少数派成员是重要的或少数派成员觉得重要。20世纪50年代，有多少白人知道黑人对社会对他们施加的限制有多么痛苦？最近，男性如何理解许多女性对自己有限的工作机会有多愤怒？有多少异性恋人能够感受到同性恋者对他们二等公民身份的那种沮丧？我们可以提出一个可信的判断，即除了该群体本身的成员外，任何人都不能完全理解该群体的核心思想。如果真是这样，无论我们多么有善意，比起没有对抗的规划过程，善意本身就承载着一个沉重的假设。

---

① Herbert Simon, Administrative Behavior, The Macmillan Company, New York, 1955.
② Charles E. Lindblom, "The Science of Muddling Through," *Public Administration Review*, spring 1959. Reprinted in Faludi, *Planning Theory*, p. 163.

林德布洛姆关于对抗性活动所提出的判断与美国严格的盎格鲁撒克逊人的司法和政治传统一脉相承。我们的法庭就是在对抗基础上运转的，我们不指望每一方的律师都客观地摆出事实。实际上，在法律的约束下，我们指望律师为他所代表的一方提出最有可能的案例。我们假定，真理越辩越明，我们极端怀疑法官、检察官和律师由一人担当的法律制度。

美国和其他西方民主国家的政党政治显然是对抗的。我们真的很怀疑每一个没有真正冲突的政治制度，我们会怀疑，表面的一团和气掩盖了压迫。

对理性规划模式的辩解。许多从事具体规划工作的规划师和从事规划教育的学者，可能为理性规划模式辩解，他们可能会这样回答。

价值并非总是能够完全澄清，但它们可以在一定程度上澄清，这样做不无智慧。并非每一方都想在规划过程中把自己的真正目标暴露在光天化日之下，不过，目标同样可以在一定程度上清晰地提出来，这样做并不傻。我们并不缺少具有矛盾和理解目标和目的的公共项目，也许，有意识地采取理性规划模式不会一无所获。[1]

追根溯源并非一个多么严厉的批判。我们在考虑每个问题时总是要刨根问底的。我们走多远取决于问题的重要性，还有多少时间和资源，以及其他一些具体考虑。合理规划模式建议，尽可能地刨根问底。

规划过程中的对抗有可能起到监督作用，这种判断不易驳斥。但是，支持理性规划过程的人可能提出，采取某种措施，在制定规划的机构中需要充分的多样性的利益攸关者，让冲突的看法得到表达。如果最终是社区的政治机构选择和授权规划组织，那么，社区的行政和立法机构对此负责。

分离式渐进规划模式

因为对理性规划模式的批判，人们非常怀疑理性规划模式的可行性和基本理论，所以，它们提出了对规划过程的另一种看法。以林德布洛姆为先锋的另一种规划过程方式一直都在使用这样一些术语，**渐进规划模式、分离式渐进规划模式、摸着石头过河、持续的有限比较**。[2]

林德布洛姆认为，一开始的价值澄清虽然在原则上听起来很有吸引力，但通常并不实用，重要的是在目标上达成一致。归根结底，政治不是优化的艺术，而是

---

[1] 人们一般把联邦住宅政策看成是这种矛盾的常见例子。多年以来，我们通过城市更新、社区发展、城市开发行动拨款以及住房补贴等，花费了数十亿的联邦资金来恢复城市中心地区的经济活力。

[2] Lindblom, "Muddling Through."

"妥协的艺术"。林德布洛姆提出，可能的行动方案范围不应该包括完全向下的综合模式。他认为，规划师应该很快拿出一系列可能性清单，并关注这些可能性。历史和经验应该对规划师和政策制定者产生重大影响，他们应该认识到，以前的政策曾引起细微和渐进变化，体现了政策选项的优势。强调细微变化的判断有两个：第一，调整或微调原先的政策比起大变的政策更有可能被接受；第二，细微和渐进调整所要求的知识和理论不多。即使我们不了解为什么一个政策或计划产生了细微和渐进的变化，但是，我们通常可以看到，当我们对政策做一点调整，那么政策就会运转的稍微好一点。在林德布洛姆的这段话里，理性规划模式成了"痴迷事实"：

> 理性规划模式是通过大量事实建立起来的……对比而言，比较的（渐进的）方法也需要事实，但是削减了对事实的需要，引导分析者把注意力放在与决策者面对精细选择时所需要的事实上。

"痴迷事实"不是一件小事。收集事实是要花时间和成本的，有时期待的事实怎么都得不到，理论也一样。理论建设需要时间和成本，有时该说的都说了，该做的都做了，替代理论会证明同样可信。然后依靠什么呢？也许最后依靠的分离式渐进规划模式的微调。

支持这种渐进方式或者摸着石头过河方式的判断是有力的，而且大部分主张合理规划模式的人们也会承认，有时渐进论是最实际的途径。但我们必须说，确实也有渐进方式不合适的情形，在这种情况下，决策必须转变到新的方向上去。20世纪60年代，美国开始面临核废料的处理问题。根据没有一个现有的计划可以逐步调整，以解决十年前不存在的问题。我们在全国几十个场地里临时存放"热"燃料棒，这也许真就是我们采用了渐进的方式的原因。

对渐进模式的批判还有可能提出，过度依赖渐进方式可能让一个人过度拘泥于先例和过去的经验，而对有价值的新观念视而不见。太依靠渐进规划方式可能让人过度拘谨，而且失去机会。

理性规划模式和渐进规划模式之间的选择代表了一个人在多大程度上愿意冒险。理性规划模式可能坚持期待大收益，因为从头开始可能产生一种新的和更高级的方式。但是，如果一个从头做起，结果全做错了，那么，就很有可能招致大损失。渐进规划模式坚持依靠经验和先例，减少了获得大收益和大损失的机会。表19.1简要说明了一个人可能选择这种或那种规划模式的条件。

使用那种模式　　　　　　　　　　　　　　　　　　表19.1

选择合理规划模式	选择渐进规划模式
有充分的理论依据	缺乏足够的理论
新问题	老问题的修正
资源宽松	资源有限
花大量时间做研究	研究的时间不够
与其他政策问题的众多关系	与其他政策问题几乎没有关系
宽泛的政策可能在政治上可以接受	政治现实限制了政策选择

中间模式

理性规划模式和分离式渐进规划模式代表了两个极端。各种中间方法也被提出，其中最著名的可能是社会学家伊茨欧尼（Amitai Etzioni）提出的"混合审视模式"。[1]

这个想法不复杂。伊茨欧尼所提倡的无非是一种可以分成两个阶段展开的规划过程。首先，使用一般审视的方式宏观地了解整体，而且确定出值得做微观的详细考察的那些元素。伊茨欧尼用卫星气候检测系统与我们这里讨论的规划模式做了一个类比。

> 理性方式（理性模式）会对气候条件做一个彻底调查——尽可能审视整个天空，然后，展开具体调查分析。如果我们真想对所有因子展开分析，就算使出了全身解数，我们也不可能完成。

接下来，伊茨欧尼把理性规划模式的方式与他的混合审视模式进行对比。

> 混合审视模式会把两种方式的元素结合起来——它们像两种照相机，一个广角相机可以覆盖整个天空，但不是很详细，第二个照相机的功能是聚焦，对第一个照相机显示的区域需要更细致的考察。综合审视可能漏掉一个非常精密的照相机才能揭示出有麻烦的地区，但是，综合审视不太可能像渐进规划模式那样漏掉我们不熟悉地区的明显麻烦部分。

伊茨欧尼指出，混合审视模式是分阶段展开的，并详细描述了他设想的混合审视模式。我们可能很快审视一个很大的地区，根据我们究竟想了解什么，然后更全面地审视一个比较小的地区。一旦定位了需要详细调查的地方，我们就可以对那个地方展开全面分析，适当地利用理性规划模式。

---

[1]　Amitai Etzioni, "Mixed Scanning: A 'Third' Approach to Decision Making," in Faludi, *Planning Theory*, pp. 217–230.

伊茨欧尼认为，混合审视模式避免了像渐进规划模式那样过度依靠先例和过去的经验。同时，混合审视模式比刻板的理性规划模式更切实可行："混合审视模式把整个地区某些部分的详细考察与其他部分的不完全考察结合起来，不是详细地考察整个地区。"伊茨欧尼的方法与战略规划师使用的方法类似。战略规划师使用的方法有时用字母 SWOT 表示，即优势、弱势、机会、威胁。一般的调查工作完成后，就可以按照这个分类给规划部门的工作定位，使用类似理性规划模式的方式开展具体规划的编制，不用担心遗漏了重要因素。

一些规划师对如何规划或规划什么感兴趣。人们一般认为，混合审视模式对他们的兴趣作出了积极响应。混合审视模式似乎描绘了规划师的实际工作方式。从事具体规划工作的规划师可能会用一点时间迅速了解正在规划地区的基本情况，然后，很快把关注点集中到为数不多的一些可选项目上。混合审视模式让使用者了解两种模式的优势，同时尽量减少它们的缺点。

合作的理性规划模式

合作的理性规划模式是最近出现的一种规划方式，用来解决复杂的和往往涉及多个行政辖区的规划问题。倡导这种方式的人认为，合作的理性规划模式超越了我们前面讨论的理性规划模式。这个模式的两位先驱，布赫和因尼斯（Booher，Innes）提出了三大基本要求：多样性、相互依赖和可靠的对话。

多样性意味着规划过程代表了利益攸关者广泛的利益和看法，换句话说，让尽可能多的利益攸关者在在规划过程中体现他们的利益。一旦规划过程启动，如果新的利益攸关者出现了，多样性的观念主张让他们进入规划过程，而不是把他们拒之门外。

相互依赖意味着利益攸关者认识到，问题的本质是利益攸关方明白，相互满意的解决方案才是他们利益的最好体现。如果人们认为，他们最好坚持自己的意见，不做任何妥协，那么，他们可能得出这样的结论，宁可进行艰苦的斗争而成为赢家，也不去找到一个共同的解决方案。

可靠的对话意味着必须广泛而诚实地分享信息、观点、利益和价值。在有一个会议协调人的地方，协调人的任务就是尽可能实现分享，开放交换或不蓄意把规划过程推向预期的结果。与等级制度下的姿态相比，可靠的对话是一种非常不同的姿态。在等级制度下，利益攸关方朝着他们预先设想的结果推动决策的一种谋略是，在你知道你需要知道的基础上，控制知识，可能还会限制信息流。

合作的理性规划模式的基础不同于理性规划模式。主张合作的理性规划模式的人可能不会认为有一个利益攸关方应该追逐的最好规划。主张合作的理性规划模式的人可能断定，现实的世界里根本就没有"最好的规划"，"最好的规划"可以理解为大多数利益攸关方接受的规划。

合作的规划可能进展缓慢。实际上，因为需要大量利益攸关方之间真实的对话，不可能很快。布赫和因尼斯以萨克拉门托地区水资源论坛为例，把它视为非常成功的合作规划案例。因为此事不简单，多个行政辖区卷入其中，所以规划阶段花了 6 年时间，出台了 400 页的报告，作为未来规划实施的基础。布赫和因尼斯断定，在这个基础上产生的结果还不错，因为这个过程最终产生了对问题的广泛接受的认识和共识。

合作的理性规划的哲学根基不少。布赫和因尼斯提到哈贝马斯（Jurgen Habermas）和许多法兰克福学派的成员，他们显然给合作的理性规划定了一个相对和反体制的基调。布赫和因尼斯还提到混沌理论，这个理论提出，我们的预测能力比我们曾经相信的要有限，而理性规划模式的哲学基础则高估了我们的预测能力，我们有能力做出最好的选择，并且有信心达到预定的目标。

这里我们提到了四种规划模式，前三种模式——理性规划模式、分离式渐进规划模式，以及介于二者之间的规划模式，或混合审视模式，明显构成是连续的。实际上，我们究竟把一项规划工作看成理性规划模式的案例，还是看成分离式渐进规划模式的案例，在一定程度上是一个尺度问题。设计一个具体项目的决定可能是按照渐进的方式做出的，然后，使用理性规划模式解决细节问题（例如，使用成本效益分析选择完成这个项目的可能方式）。合作的合理规划模式在性质上有所不同，因为其哲学基础不同。不过，合作的理性规划模式与其他 3 个规划模式还是有相似之处。例如，理性规划模式与合作的理性规划模式都是很费时的活动，两者可能涉及大量具体资料，考察大量不同的选项。

倡导性规划：为谁规划的问题

前面描述的四种规划方式并没有具体说明为谁规划。如果没有关于这一点的具体说明，我们自然会认为规划的目标是为了服务于一些公共利益。20 世纪 60 年代，一个完全不同的规划理论出现了。这种规划理论关注的不是如何规划，而是为谁规划，规划师应该忠诚于谁。

达维多夫（Paul Davidoff）是倡导性规划的创始人。[1] 他在城市规划职业生涯

---

[1] Paul Davidoff, "Advocacy and Pluralism in Planning," *Journal of the American Planning Association*, vol. 31, no. 4, November 1965.

的起步上与其他规划师没有什么区别，那时，他是康涅狄格州一个小镇的规划师。但他很快决定，他真正想要为之服务的并非富裕郊区的那些人。所以，他随后的职业生涯致力于反对郊区的排斥性分区规划。他通过讲演、撰文和诉讼等办法推广自己的主张。

除了郊区分区规划的具体问题之外，达维多夫发展了倡导性规划的一般理论。在倡导性规划的观念中，规划师的适当角色不是服务于一般公共利益，而是服务于社会中的弱势群体或不太富裕人群的利益，他们可能是贫穷群体和少数族裔。[1]达维多夫否认规划与人的价值无关，是一个纯粹技术和客观的过程：

> 社会在财富、知识、技能和其他社会商品分配的公正性上是明显有争议的。不能从技术上推论出分享财富和其他社会商品问题的方案，它们必须来自社会态度。

达维多夫的看法显然来自政治左翼。他不希望依靠市场来分配财富和特权，而政治右翼恰恰主张这样。达维多夫还认为，规划师代表的不是公共利益，而是一个客户的利益，就像一名律师代表他的客户一样。这名规划师看到的应该是一个多元的规划，而不是一个规划：

> 应该有共和党人和民主党人关于城市建设的主张。应该有保守党人和自由党人的开发计划；应该有支持私人市场的计划，也有支持政府实施更大控制的计划。社区发展的途径不可能只有一条，而是许多条，应该有很多计划展示它们。

达维多夫的看法让许多规划师无所适从。没有一个要去为之提供服务的中心公共利益，传统规划职业赋予规划师的角色与这个看法大相径庭。许多规划在实际规划工作中意味着什么？我们不能从一大堆反对的计划中建造一幢建筑。

为客户而不是公众提供规划服务也提出了一些个人伦理问题。设想你同意倡导性规划的观念，但你被聘为城镇城市规划师。我们认为应该为某个群体大声疾呼，我们欠那个群体多少忠诚，我们又欠支付我们工资的纳税人多少忠诚？如果城镇雇用我们做规划咨询顾问，问题当然基本上一样。我们欠这个国家机构而不是某个群体多少忠诚？如果我们不能完全忠诚付给我们费用的客户，我们拿那笔钱合适吗？这些问题不容易回答。

---

[1] John Rawls, *A Theory of Justice*, Belknap Press of Harvard University, Cambridge, MA, 1971.

我们应该看到 20 世纪 60 年代倡导性规划出现的历史背景，那时，人权运动正在如火如荼地展开，种族主义和越南战争正在把美国一分为二。现在，依然还有一部分规划师把自己看成倡导性规划师，这个思潮在多年前达到顶峰。

右左规划

在本节中，我们将讨论基于意识形态的规划批判，包括对规划观念和规划实践活动的批判。读者会看到，本节中有一定数量的国家或系统资料。因为许多关于规划的意识形态之争，即便是一个小的行政辖区，都是以对国家政治和经济制度不同看法为基础的。

对城市、城镇或区域规划的右翼批判基本上都是在对政治和经济制度不同看法的条件下制定了目标地区的规划。具体而言，几乎所有的公共规划都要求用规划师、技术员、官员等人的谋划替换一些市场标志。例如，我们前边提到过，分区规划阻止土地的使用，干涉市场的自由运作，如果真是纯粹随市场操纵，房地产业主确实会在盈利基础上选择房地产的使用功能。那些站在右翼立场上的人无一例外地相信市场的智慧和亚当·史密斯（Adam Smith）的"看不见的手"的作用。有人可能认为，在集中计划经济中的效率低和个人自由的丧失并非偶然，而是大规模集中控制和不充分依靠市场的必然结果。有了这样一种世界观，人们可能会对具体的规划实例产生一定程度的怀疑。

与右翼的观念相反，对城市规划的左翼批判一直都不是针对规划观念。部分左翼议程就是通过政治决策取代一些市场决策。左翼的一大特征就是，倾向于与市场相反的规划和集体决策。左翼的批判常常是针对当前正在实施中的城市规划。

来自右翼的看法

右翼的批判可以概括为两点。首先，在资源分配上，市场做的比规划好。现代经济涉及数千种不同的半成品和成品，每天都有数百万笔交易。要计划如此庞大的活动需要一定程度的能力和远见，而对任何组织的期望都是不现实的。其次，从另一个角度，除了技术能力，也不能要求规划师在编制规划时了解所有利益攸关方的好恶和利益。反对规划的人会说，因为市场是分散的，所以无需了解。反对规划的人还会说，分散的市场比起中央计划经济下的市场能够更迅速地应对变化，并且做出调整。过剩和短缺、价格上涨和下降给商品和服务的供应者送去迅速和明确的信号。任何没有计划的事物可以给不变的条件提供稳定性和容易的调整吗？自由市场的支持者会做出肯定的答复。

集中规划的行政成本和官僚制度下的缓慢决策进一步补充上述判断。最后，反对规划（我们是从一般意义上使用的"规划"这个术语）的人可能会要求对他们的判断还心存疑虑的人考虑现实世界。什么经济似乎运作顺利，什么经济被短缺和混乱所困扰？

对于自由市场的支持者来讲，比效率更重要的是，经济自由和政治自由是不可分割的。保守的经济学家和诺贝尔奖获得者弗里德曼（Milton Friedman）提出：

> 提供经济自由的经济组织，即竞争的资本主义，也推进政治自由，因为竞争的资本主义把政治权力与经济权力分开，是一方抵消另一方。
>
> 对政治自由和自由市场之间的关系历史证据只有一种声音。据我所知，那些政治自由的社会总是具有相应的自由市场来组织主要经济活动。[①]

注意，弗里德曼的判断是限制性判断。虽然他说市场对政治自由是必然的，但并没有说市场保证了自由，而只是说，没有市场肯定没有自由。我们还要注意他说的主要经济活动。他没有说，政治自由是以全部经济活动都进入市场为条件的。

中间派别的规划师如何对此做出反应呢？其中有两点很重要。

1. 公共物品。必须在市场之外提供一些物品和服务，因为不可能和无法为这类物品和服务建立市场。国防不能通过市场机制建立，因为要么每个人都被保护，要么没有人被保护。所以，没有付钱与付钱的一样得到服务。灯塔就是这类物品，无论付钱还是不付钱，大家都能看见灯塔。因为不能创造一个市场，所以，或者提供给所有人，或者完全不提供。另一些物品，如城市道路，原则上可以通过市场机制来提供。但实行起来很困难。

2. 外部性或溢出。当我们只说买方和卖方的利益时，如果正在考虑的物品或服务对交易中没有代表的人群产生重大影响，那么，市场会对整个社会产生次优结果。如前所述，与土地使用相关的第三方效应是分区规划的主要理由之一。

有关公共产品和外部性或溢出效应的观点并不激进，可以在任何标准经济学文本中找到。这些看法无非是说，市场必然有其局限性，因此，一定程度的规划不可避免的。问题不是规划与否，而是如何规划和规划到多大程度。

中间派的规划师可能进一步提出，把问题处理在萌芽状态会好一些，在这个

---

① Milton Friedman, Capitalism and Freedom, University of Chicago Press, Chicago, IL, 1962.

基础上，保守派应该支持公共规划工作。① 我们会看到，一些激进分子恰恰就是指责规划师未雨绸缪。

就政治自由而言，中间派也有可能提出基本保守的判断，但还是提出了重要的告诫，本书所描述的规划几乎与所谓中央计划经济条件下的集中规划不能同日而语。我们在本书中讨论的当代城市规划与苏联时期的中央计划经济条件下的规划在程度上有很大差别。虽然二者都用**规划**，但我们不应该被语义上的相似性而误导。

来自左翼的看法

20世纪70年代，政治上的极左派对城市规划专业和实践中的规划猛烈开火。70年代和80年代，马克思主义理论重新回到学术界。激进的人们可能说，这是马克思主义本身的价值所致。怀疑论者可能回应说，这是历史所致，当时，越南战争激化了社会矛盾。

在规划教育工作者中，激进的左翼主张并非主流，当然，这种主张在学校比在从事具体规划工作的部门要普遍得多。其中一个原因是激进的左翼人士会与一个他们不尊重的体制合作，实现他们无法承诺的目标，所以，他们会觉得难受。这种心理上的不和谐令人痛苦不堪。

激进分子的观点是什么呢？美国的自由资本主义或被称为福利资本主义是相当模糊的（虽然许多激进分子承认，现在的资本主义比起早期的资本主义确实要更人性一些）。激进分子认为，资本主义包含了极端富裕和极端贫困，所以资产阶级的利益基本上主导着资本主义。他们还认为，工人阶级或"大众"基本上接受了资本主义制度，因为他们看不到真相，资本主义制度本身控制了信息和人们的思想意识。在这种观点中，媒体和教育系统掩盖了现实，因为它们被资本家拥有或控制，或者在某种程度上受制于资本家。规划师有意无意地通过去政治化（把本来是政治性的问题变成了技术性的问题）配合规划过程，拉拢那些对制度严重不满的人。②

中间派的反应是怎样的呢？他可能首先拷问批判现行资本主义的最基本的观点。例如，中间派人士可能断言，与其他制度相比，资本主义制度基本上是善的，而不是恶的。他们可能提出，资本主义制度进行了长期的改革，采取了各类措施，从废止童工到给穷人提供食品券，这个制度有时非常积极。当人们发现资本主义

① 例如，失业保障金、集体交易权以及大萧条时期的社会保障制度的改革目标一直都被认为是阻止美国发生巨大社会变革的因素。
② Norman I. Fainstein and Susan S. Fainstein, "New Debates in Urban Planning: The Impact of Marxist Theory Within the U.S.," *International Journal of Urban and Regional Research*, vol. 3, no. 3, 1979, pp. 381–402. Reprinted in *Critical Readings in Planning Theory*, Chris Paris, ed., Pergamon Press, New York, 1982, pp. 147–174.

制度是善的，那么，应该与之合作问题不大。他们可能通过断言社会的多元化与激进的批判争论。尽管资产阶级确实对国家施加很大的影响，中间派人士可能会提出，其他群体，包括劳工、学者、联邦政府和地方政府的工作人员等，也在对国家行动施加重大影响。中间派人士可能否认马克思主义者的一个基本判断，国家是资产阶级的"执行委员会"。由于国家本身的多元化，其服务并非限于一个人数不多的阶级，所以我们没有理由不为国家服务。

中间派可能认为，把规划师看成一种资产阶级的合作者或消除不满的人，激进批判者的这种判断不是很有力。相反的事实显然否定了这个判断。如果谁对什么事情不满意，贫穷、住房、大街上的噪声或街角需要一盏新的路灯之类相对小的问题，这种不满正在减少。

中间派也可能同意激进派的观点，即规划师用技术术语表达政治问题，实际上是将政治问题非政治化。然而，规划师没有减少政治热度，带来一些事实和数字，以便增加合理解决问题的机会吗？总而言之，去政治化未尝不是一件好事？

最后，中间派可能会注意到，持有变改立场的学者和从事规划工作的规划师承担他不必承担的风险。正如规划教育者布鲁克（Michael Brooks）所说：

> 当然，进步精神更容易在学术殿堂中茁壮成长，那里实际上没有任何风险，而在美国市政厅则不然。[1]

许多人是带着理想从事规划职业的，激进的批判让许多规划师不安。城市规划被当作不公正制度的工具，激进的批判让一些人自我反省和心理痛苦。在一定程度上，它会使人灰心丧气，具有破坏性。由于前面提到的原因，刚才描述的批判从未得到从业者的太多关注。

大约在过去的30年里，美国的政治钟摆向右倾斜了。无论是在法庭还是在房地产权的公投上，在法庭对"凯洛诉新伦敦市案"的裁决激怒民众之后，至少有些规划师依然初心不改。现在，激进的批判更关注历史和理论，而不是某一个实际问题。

小结

城市规划活动的方式有：（1）理性规划模式；（2）分离式渐进规划模式；（3）中间模式，如"混合审视模式"；（4）合作的理性规划模式。

---

[1] Michael Brooks, "Four Critical Junctures in the History of the Urban Planning Profession," *Journal of the American Planning Association*, spring 1988, pp. 241–248.

理性规划模式是一种全面的方法，从确定问题开始，然而通过澄清价值来选择目标，制定可能的行动方案、预测执行的后果、选择实施方案、制定详细的规划、评估和调整。理性规划模式是全面和系统的，它选择从头开始，追逐最优行动方案。我们可以认为理性规划模式是传统的规划模式，现在已经受到各种批判。

渐进规划模式强调求同，做微小的调整，依靠先例，林德布洛姆是最著名的支持者。基于各种理由，他认为，使用理性规划模式往往既不可能也不明智。

伊茨欧尼提出的混合审视模式基本上是上述两种方式的综合。不是事无巨细地关注整个问题，而是仅关注整个问题的一部分。因为许多规划师就是这样工作的，所以，规划师一般都接受这种模式。

合作规划强调尽可能多的利益攸关方参与，并延长真正对话的时间。支持合作规划的人认为，合作规划没有理性规划活动那样分层次，不太强调专家的作用，而更加强调利益攸关方的利益、感受、经验和直觉。

从右翼对城市规划的批判一般基于这样的看法，即市场机制比行政管理决策更能有效地分配资源。有些右翼观念的基础是，在私人而不是集体分配资源的决策环境中，政治自由最有可能活跃起来。

从左翼对城市规划的批判一直都不是直接针对作为一种观念的规划，而是针对作为一种方式的规划，美国人一般认为规划是一种方式。具体而言，激进的左翼声称，实践中的规划支持了资产阶级的利益（左翼认为资产阶级是统治阶级），而且，用微小的改革和缓和措施掩盖了重大的不公正和贫富悬殊。

这一章提出了一种或多或少中间派的规划师应对左翼和右翼批判的方式。我们的整体政治和意识形态立场决定了我们如何看待城市规划。

参考文献

Birch, Eugenie L., ED., *The Urban and Regional Planning Reader*, Routledge, New York, 2008.

Brooks, Michael P., *Planning Theory for Practitioners*, Planners Press, American Planning Association, Chicago, IL, 2002.

Faludi, Andreas, ED., *A Reader in Planning Theory*, Pergamon Press, New York, 1973.

Friedman, John, *Planning in the Public Domain*, Princeton University Press, Princeton, NJ, 1987.

Meyerson, Martin and Banfield, Edward C., *Politics, Planning and the Public Interest*, The Free Press, Glencoe, IL, 1955.

Stein, Jay M., ED., *Classic Readings in Urban Planning: An Introduction*, McGraw-Hill, Inc., New York, 1995.